反应堆
热工水力学

（第3版）

俞冀阳　编著

清华大学出版社
北　京

内 容 简 介

本书主要叙述了核反应堆热工水力学分析的基础理论和一些主要的分析方法。由于考虑到与先修课程的衔接,本书也介绍了一些热力学和传热学的基本知识和分析方法。

本书的主要内容包括核能系统中的基本热力过程、核反应堆内材料的选择、堆芯内的热量产生、燃料元件内的导热过程、燃料元件和冷却剂之间的传热过程、流动系统的水力和输热分析等,并在此基础之上,进一步介绍了核反应堆稳态热工设计原理。

本书可作为高等院校核反应堆工程专业高年级本科生的专业基础课教材,也可供相关专业的工程技术人员参考。

图书在版编目(CIP)数据

反应堆热工水力学/俞冀阳编著. —3 版. —北京:清华大学出版社,2018(2024.8重印)
ISBN 978-7-302-49952-7

Ⅰ. ①反…　Ⅱ. ①俞…　Ⅲ. ①反应堆－热工水力学　Ⅳ. ①TL33

中国版本图书馆 CIP 数据核字(2018)第 066120 号

责任编辑:朱红莲
封面设计:傅瑞学
责任校对:王淑云
责任印制:宋 林

出版发行:清华大学出版社
　　　　网　　　址:https://www.tup.com.cn,https://www.wqxuetang.com
　　　　地　　　址:北京清华大学学研大厦 A 座　　　　邮　　编:100084
　　　　社 总 机:010-83470000　　　　　　　　　　邮　　购:010-62786544
　　　　投稿与读者服务:010-62776969,c-service@tup.tsinghua.edu.cn
　　　　质量反馈:010-62772015,zhiliang@tup.tsinghua.edu.cn
印 装 者:三河市君旺印务有限公司
经　　销:全国新华书店
开　　本:185mm×260mm　　　印　　张:18.75　　　字　　数:454 千字
版　　次:2003 年 3 月第 1 版　　2018 年 5 月第 3 版　　印　　次:2024 年 8 月第 5 次印刷
定　　价:56.00 元

产品编号:078295-02

前言

随着人们对核电安全需求的不断提高,核反应堆热工水力学的理论和分析方法也在这种需求的推动下不断地改进和提高。现在人们已经可以用各种各样的计算机程序相当准确地预计和模拟核反应堆内发生的热工水力过程。本书的目的就是使读者全面地掌握现代核反应堆热工水力学分析的基础理论和计算分析方法。

本书主要介绍了核反应堆热工水力学分析的基础理论和一些主要的分析方法。热工水力学包括两大部分的内容,即热工学和水力学。热工学是研究核反应堆中的热量产生和传递的科学,水力学是研究核反应堆系统中流动规律和流动稳定性的科学。本书主要叙述了核能系统的基本热力过程、核反应堆堆芯材料以及热物性、燃料棒内的释热和导热,并对单相流和两相流分别进行水力学分析和传热分析,在此基础之上进一步介绍了核反应堆稳态热工设计原理。

全书共分8章。第1章叙述了核反应堆的发展概况,扼要介绍了各种类型动力堆的结构和原理,并在此基础之上介绍了核反应堆热工水力学分析的目的和任务。写这部分内容的目的是:一方面为了给后续部分的分析打好基础;另一方面还为了避免非核工程专业人员在阅读本书时发生困难。

第2章主要讲述了核能系统中的基本热力过程,包括基本的热力参数、水物性查表计算、蒸汽动力循环和核电厂普遍采用的回热式蒸汽动力循环。这章我们只是对本书中将要涉及的一些热力学基本概念进行了必要的阐述。

第3章阐述了堆芯内材料的选择方法和堆芯内热源的计算方法,在此基础上,第4章重点对燃料元件内的传热进行了深入的分析,包括芯块内的导热、芯块和包壳之间的气隙传热等。

第5章与第6章分别介绍了单相流和两相流的分析方法。为便于理解和掌握,把单相流的流动和传热放在一起进行阐述。对于沸腾两相流引入了与单相流分析不同的一些方法和基本概念,对两相流压降和沸腾传热进行了深入的介绍,逐步建立起沸腾临界的概念和计算方法。

第7章介绍了核反应堆稳态热工设计的方法——单通道分析方法和子通道分析方法。

第8章介绍了一些特殊的热工水力现象,包括临界流、自然循环、流动不稳定性等。

　　本书第3版的修订反映了反应堆热工流体分析领域最新的进展,是针对48~64学时的课程编写的,对于学时数量较少的课程设置,第6章的两相流摩擦压降、第7章的子通道分析方法和第8章的内容可以选择性地使用。

　　本书的重点是核反应堆的稳态热工设计原理,包括燃料元件内的传热过程、单相流和两相流的热工水力分析、单通道分析方法和子通道分析方法。为了知识体系的完整,最后还介绍了一些诸如临界流、流动不稳定性等特殊的热工水力现象。

　　本书对单相流和两相流的分析方法进行了新的探索,由浅入深,推理严谨,并将热力学、传热学、水力学与实际的核反应堆工程密切结合起来进行阐述,因此是一本理论性和工程性都很强的教材。

　　本书要求读者具备一定的核反应堆物理、传热学和水力学的基础知识。本书在内容安排上,力求体系完整、由浅入深。通过本课程的学习,学生能获得全面的热工水力学分析基础知识,并为以后的科研和工程实践打下一定的理论基础。

　　随着开设核专业的院校逐渐增多,本书被广大兄弟院校采用的同时,也得到了来自各方面的宝贵反馈意见。为了适应新形势下的教学需要,此次修订进行了较大的调整,在内容的选取、内容讲解的深度、推导的过程、习题的设置等方面均进行了优化。然而,由于各种原因,书中难免还会有片面、不足甚至错误之处,诚望读者和使用本教材的广大师生提出宝贵意见,不胜感激。

编著者

2018年1月于清华园

符 号 表

符 号	名 称	单 位
A	面积	m^2
Br	布林克曼数	—
c	比热容	$J/(kg \cdot K)$
C	核素的丰度	—
d,D	直径	m
D_e	水力直径	m
D_h	热力直径	m
e	富集度	—
E	能量	J
f	摩擦阻力系数	—
$\pmb{f}$	质量力矢量	N/kg
F	释热份额 力	— N
$\pmb{F}$	矢量力	N
g	重力加速度	m/s^2
$\pmb{g}$	重力加速度矢量	m/s^2
Gr	格拉晓夫数	—
h	换热系数 比焓	$W/(m^2 \cdot K)$ J/kg
H	焓 高度	J m
$\pmb{i,j,k}$	单位矢量	—
I_k	积分热导率	$W \cdot m^{-1}$
$\pmb{I}$	单位张量	—
$\pmb{j}$	体积流密度	$m^3/(m^2 \cdot s)$
$\pmb{J}$	通量	—
k	热导率	$W/(m \cdot \text{℃})$
K	局部阻力系数 临界 Weber 数	— —
Ku	Kutateladze 数	—
l	长度	m
L_e	外推高度	m
m	质量	kg

符　号	名　称	单　位
Ma	马赫数	—
M	摩尔质量	g/mol
$\boldsymbol{n}$	法向向量	
N	核子密度	$1/cm^3$
Nu	努塞尔数	—
p	棒间距 压力	m Pa
P	功率	W
Pe	贝克来(Peclet)数	
P_h	流道热周	m
Pr	普朗特数	—
P_s	汽液界面周长	m
P_w	流道湿周	m
Q	热量 体积流量	J m^3/s
q	单位工质吸热量 热流密度	J/kg W/m^2
q_l	线功率密度	W/m
q_m	质量流量	kg/s
q_V	体积释热率	W/m^3
$\boldsymbol{r}$	空间向量	—
r,x,y,z	空间坐标	m
R	热阻 裂变率 半径	℃m^2/W $1/(cm^3 \cdot s)$ m
R_e	外推半径	m
Re	雷诺数	—
s	比熵 复变量	J/(kg·K)
S	滑速比 表面 熵	— — J/K
t	温度 时间	℃ s
t_F	温度	℉
T	温度 振荡环节的时间常数	K —

符　号	名　　称	单　位
u	比内能	J/kg
U	内能	J
v	速度	m/s
v^+	无量纲速度	—
v	比体积	m^3/kg
V	体积 控制体 特征速度	m^3 — m/s
w	比功,单位质量工质做的功	J/kg
W	功	J
y^+	无量纲距离	—
α	抽汽率,单位质量工质的抽汽 体积份额,空泡份额	—
β	固体的线膨胀系数 流体的体膨胀系数 流动体积含汽率	1/℃ 1/℃ —
χ	蒸汽干度,质量含汽率	—
ε	燃料空隙率 表面灰体辐射系数 截面比	— — —
γ	比定压热容和定体积比热容的比值	—
Γ	相变率,汽化率	kg/(m^3 · s)
η	效率 空隙修正系数	— —
φ	中子注量率	1/(cm^2 · s)
λ_{tr}	中子的输运平均自由程	m
μ	动力黏度	Pa · s
ν	运动黏度	N · m
θ	空间坐标	rad
ρ	密度	kg/m^3
σ	微观截面 斯蒂芬-玻耳兹曼常数	cm^2 W/(m^2 · K^4)
Σ	宏观截面	1/cm
τ	切应力张量	N/m^2
ω	角速度	rad/s

下 角 标 表

符 号	含 义
1φ	单相
2φ	两相
a	实际值(actually)
acc	加速(accelerate)
b	汽泡(bubble) 弯曲变形
c	包壳(cladding) 堆芯(core) 导热(conduction)
cir	圆管
cl	中轴线
cs	包壳外表面
E	工程因素
eu	用平均温度作为定性温度
f	饱和液 裂变(fission) 流体(fluid)
fg	汽化
fric	摩擦
form	局部形状
g	气体(gas) 气隙(gap) 饱和汽
gen	热源的
grav	重力
h	热的(hot)
h	比焓
i	内侧
iner	惯性(inertia)
L	液(Liquid) 轴向
Lo	折算液相(Liquid only)
m	质量(mass) 平均(mean)

符　号	含　义
max	最大
mf	质量力
min	最小
mix	两相混合物
n	法向 名义值
N	核的因素
o	外侧
p	泵(pump)
p	压力或定压过程
q	热流密度
r	可逆过程(reversable) 热辐射(radiation) 相对(relative)
ref	参考
s	表面(surface) 饱和状态
sc	欠热区
sh	轴(shaft)
st	静态的
sub	欠热度
T	汽轮机(Turbine) 总的(Total)
TP	两相
u	可用的 铀(uranium)
un	不可逆的
v	容积或定容过程 汽(vapor)
vo	折算汽相(Vapour only)
w	壁面(wall) 湿的(wet)

缩略语表

符　号	含　义
BWR	沸水堆
CANDU	CANDU 型重水堆
CHF	临界热流密度
CHFR	临界热流密度比
DNB	偏离泡核沸腾
DNBR	偏离泡核沸腾比
HGTR	高温气冷堆
IAPS	国际水蒸气性质协会
IAPWS	水和水蒸气性质国际联合会
IFC	国际公式化委员会
MCHFR	最小临界热流密度比
MDNBR	最小偏离泡核沸腾比
PHWR	加压重水堆
PWR	压水堆

目录

第1章

绪 论

提供丰富的电力是任何一个国家发展经济的重要基础,电力是经济发展的牵引力。人们常用人均电力消费来度量一个国家或地区的电力发展水平。所谓的人均电力消费,是指一个国家或地区的总发电装机容量除以人口基数。目前,全世界还有约 1/3 的人生活在人均电力消费不足 100W 的环境中,在人均电力消费不足 100W 的地区,洗衣机和冰箱还属于电力消费的奢侈品。与此相比,日本、法国等经济发达国家的人均电力消费在 800W 以上,美国的人均电力消费在 1500W 以上。

电力,在所有的能源形式中,是使用最普遍、最方便的能源形式之一。生活中大量使用的电器、电子设备,一旦缺乏了电力的供应,就会成为一堆废物。因此人们对于电力的需求与日俱增是可以理解的。

根据国际原子能机构的预测,20 年后的电力需求将是现在的 2 倍,50 年后将达到现在的 3 倍。这种电力需求的巨大增加,给世界各国提出了一个重要问题:用什么能源来补充新的电力需求呢?生产电力的方法是多种多样的,常见的有水力发电、火力发电、核能发电、太阳能发电、风力发电等。

现在,世界上有 400 多座发电用核反应堆,向世界提供着约 16% 的电力。随着核能工业开发的不断成熟,人们逐渐认识到核能是经济的、安全的,并且是一种没有暖化气体释放的、环境友好的、可大规模开采的优质电力源。为了解决能源引起的大气环境污染的各个国家,都纷纷开始考虑加大核电的份额。在未来的世界能源需求中,核能必将发挥巨大的作用;而且,作为不会排放暖化气体、能进行大规模开发的唯一的技术,其作用将越来越重要。

本书将着重讨论与核反应堆热工水力学分析有关的基本理论,核反应堆内的热工水力过程的基本规律及其特点,并在此基础上介绍稳态分析中经常采用的单通道分析模型。由于不同的核反应堆堆型的结构形式、冷却剂特性、运行参数和安全要求等方面都有很大差异,考虑世界各国核反应堆发展的现状和我国的实际情况,本书选择压水堆作为主要讨论对象,同时也适当介绍沸水堆、重水堆、高温气冷堆、钠冷快堆等堆型中热工水力学分析的一些特点。

知识点:
- 什么是人均电力消费?
- 当前我国的人均电力消费是多少?
- 核能发电有什么优点和缺点?

1.1　核反应堆分类

1942年,费米在美国芝加哥大学建成了世界上第一座自持链式裂变反应装置——核反应堆(图1-1),从此开辟了核能利用的新纪元。

核反应堆是一个能维持和控制核裂变链式反应,从而实现核能到热能转换的装置。核反应堆由堆芯、冷却剂系统、慢化剂系统、反射层、控制与保护系统、屏蔽系统和辐射监测系统等组成。

核反应堆是核能发电厂(简称核电厂或核电站)的心脏,可控的核裂变链式反应在其中进行。链式裂变反应释放出来的能量,绝大部分首先在燃料元件内转化为热能,然后通过热传导、对流传热和热辐射等方式传递给燃料元件周围的冷却剂;而小部分能量则直接在慢化剂中通过中子的传递直接转化为热能。

图1-1　人类建造的第一个核反应堆

核反应堆的结构形式是千姿百态的,根据燃料形式、冷却剂种类、中子能量分布形式、特殊的设计需要等因素可建造成各种不同结构形式的核反应堆。目前世界上有大小核反应堆上千座,其分类也是多种多样的。

按中子能谱可分为热中子堆、中能中子堆和快中子堆。按冷却剂可分为轻水堆(即普通水堆,又分为压水堆和沸水堆)、重水堆、气冷堆和钠冷堆。按用途可分为研究试验堆(用来研究中子特性,进而对物理学、生物学、辐照防护学以及材料学等方面进行研究)、生产堆(主要是生产新的易裂变的材料^{233}U,^{239}Pu)和动力堆(将核裂变所产生的热能用作舰船的推进动力和核能发电)。

从热工水力学角度,我们更关注核反应堆内热量的传输问题,所以通常根据冷却剂种类的不同对核反应堆堆型进行划分,大体上可以分为水冷堆、气冷堆和液态金属冷却堆。水冷堆包括轻水堆和重水堆,而轻水堆又分为压水堆和沸水堆;气冷堆中有代表性的堆型是高温氦气冷却石墨球床堆;液态金属冷却堆的代表堆型是钠冷快中子增殖堆。

本章将介绍各种不同类型核反应堆的基本特征,包括燃料形态、燃料富集度、中子能谱、慢化剂、冷却剂、燃料组件设计、堆芯设计和热力循环回路等。

表1-1是目前世界上应用比较广泛的水冷堆、气冷堆和液态金属冷却堆的一些基本特征。表1-2是几种典型参考堆的热力循环基本特征参数[1,2]。

表1-1　几种核反应堆的基本特征

堆　型	中子谱	慢化剂	冷却剂	燃料形态	燃料富集度
压水堆	热中子	H_2O	H_2O	UO_2	3%左右
沸水堆	热中子	H_2O	H_2O	UO_2	3%左右
重水堆	热中子	D_2O	D_2O	UO_2	天然铀或稍加浓铀的浓度
高温气冷堆	热中子	石墨	氦气	$(Th,U)O_2$ 或 UC	7%～20%或90%
钠冷快堆	快中子	无	液态钠	$(U,Pu)O_2$	15%～20%

表 1-2　几种典型参考堆的热力循环基本特征参数

参　数	PWR	BWR	PHWR	HTGR	LMFBR
生产厂家	Westinghouse	GE	AECL	General Atomic	Novatome
型号	Sequoyah	BWR/6	CANDU6	Fulton	Superphenix
热功率/MW	3411	3579	2180	3000	3000
电功率/MW	1148	1178	638	1160	1200
热效率/%	33.7	32.9	29.3	38.7	40
一回路压力/MPa	15.5	7.17	10.0	4.9	约0.1
一回路入口温度/℃	286	278	267	318	395
一回路出口温度/℃	324	288	310	741	545
一回路流量/Mg/s	17.4	13.1	7.6	1.42	16.4
一回路容积/m³	306	—	120	—	—
二回路压力/MPa	5.7	—	4.7	17.2	17.7
二回路入口温度/℃	224	—	187	188	235
二回路出口温度/℃	273	—	260	513	487

知识点：
- 什么是核反应堆？
- 核反应堆主要由哪些系统组成？
- 核反应堆有哪些主要类型？

下面我们分别来介绍表 1-1 中各种类型核反应堆的基本特征。

1.1.1　压水堆

压水堆(pressurized water reactor，PWR)，顾名思义是加压水冷堆，最初是为核潜艇设计的一种堆型。经过几十年的发展，这种堆型在安全性、成熟性上都得到了很大的发展，经过一系列的重大改进，已经成为技术上最成熟的堆型之一。目前主流的三代核电机组，基本上都是压水堆。

以压水堆为热源的核电厂称为压水堆核电厂，它主要由核岛、常规岛和辅助系统等组成。压水堆核电厂核岛中的四大部件是蒸汽发生器(在不至于引起混淆的情况下，也简称为蒸发器)、稳压器、主泵和堆芯。在核岛中的系统设备主要有压水堆本体、一回路系统，以及为支持一回路系统正常运行和保证核反应堆安全而设置的辅助系统。传统压水堆和AP1000 压水堆的一回路系统如图 1-2 所示。常规岛主要包括汽轮机、发电机等二回路等系统，其形式与常规火电厂类似。

压水堆的冷却剂是轻水。轻水不仅价格便宜，而且具有优良的热传输性能。所以在压水堆中，轻水不仅作为中子的慢化剂，同时也用作冷却剂。但是，轻水有一个明显的缺点，就是沸点低。要使热力系统有较高的热能转换效率，根据热力学原理，核反应堆应有高的堆芯出口温度参数。要获得高的温度参数，就必须增加冷却剂的系统压力使其处于液相状态，所

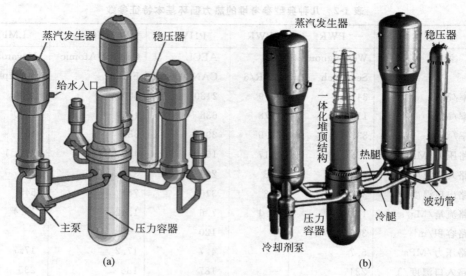

蒸汽发生器　稳压器

给水入口

主泵　　压力容器

(a)

蒸汽发生器　稳压器

一体化堆顶结构

热腿

压力容器　冷腿　波动管

冷却剂泵

(b)

图 1-2　压水堆核电厂的一回路系统

以压水堆是一种使冷却剂处于高压状态的轻水堆,例如大亚湾核电厂就是一座压水堆核电厂。

由于轻水的慢化能力及热传输能力都好,所以用轻水作慢化剂和冷却剂的压水堆,具有结构紧凑、堆芯的功率密度较大等特点。体积相同的情况下,压水堆功率较高;或者说在相同功率水平下,压水堆比其他热中子堆型的堆芯体积要小。这是压水堆开始被核潜艇使用的主要原因。技术成熟度好,主要设备标准化设计,是压水堆的基建费用低、建设周期短的主要原因。

压水堆的燃料是高温烧结的圆柱形二氧化铀陶瓷芯块。燃料芯块直径约 8mm,高约 13mm。其中 ^{235}U 的富集度(^{235}U 占的质量百分比)约为 3%～5%。燃料芯块一个一个地叠放在外直径约 9.5mm、壁厚约 0.5mm 的锆合金管内。锆合金管两端再用端塞盖上,就构成了燃料元件棒。

因此压水堆的燃料芯块是完全封装在锆合金管内的,锆合金管构成了放射性裂变产物的第一道实体安全屏障。

燃料元件呈细长的棒状,用多个定位格架进行定位,并组装成横截面是正方形排列的燃料组件。在定位架上有混流片,以增强冷却剂在燃料元件间的横向混流,并改善燃料元件的传热。每一个燃料组件包括 200 多根燃料元件,一般是将燃料元件排列成 17 行 17 列的正方形燃料棒束(见图 1-3)[3]。燃料组件中间一些棒的位置是用一根空心管来代替的(里面不装燃料芯块),以便插拔控制棒或作为安装各种测量引线的通道。这些空心管也起着燃料组件力学骨架的作用。

同样呈细长棒状的控制棒的上部连成一体结合成控制棒束,每一个控制棒束都可以在相应的燃料组件内上下运动。控制棒在堆内布置得比较分散,以便在堆内形成较为平坦的功率分布。压水堆的燃料组件外围不加装方形组件盒,以利于冷却剂的横向流动(这和沸水堆有显著差异)。连同端部构件,整个燃料组件长约 4m,正方形横截面边长约为 20cm。

燃料组件一个一个地排列在一起,并用堆芯上、下栅格板固定起来,这样就组成了一个堆芯。

堆芯由 100 多个燃料组件拼装而成,典型的由 157 个组件构成的堆芯如图 1-4 所示。

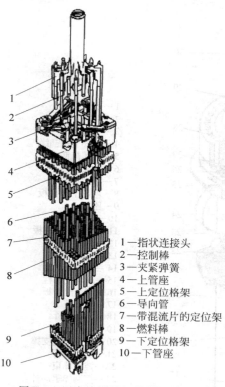

1—指状连接头
2—控制棒
3—夹紧弹簧
4—上管座
5—上定位格架
6—导向管
7—带混流片的定位架
8—燃料棒
9—下定位格架
10—下管座

图 1-3 压水堆燃料组件结构示意图

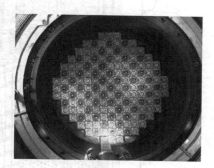

图 1-4 由 157 个组件构成的堆芯示意图

这些燃料组件总共包括几万根 3m 多长(华龙一号新的设计达到了 4m 多长)、比铅笔略粗的燃料棒。堆芯的四周由围板所包围,以便冷却剂更有效地冷却堆芯。堆芯的横截面近似为一个圆形,整个堆芯座在一个圆筒型的吊篮中。整个吊篮和由它承载的堆芯被置于一个很大的圆柱形的压力容器内,吊篮悬挂在压力容器的壳体和上封头连接的法兰结合面处,如图 1-5 所示。

图 1-6 是更为详细的压水堆压力容器内结构示意图。控制棒由上部插入堆芯,在压力容器顶部有控制棒束的驱动机构。作为慢化剂和冷却剂的水,由压力容器侧面流入后,经过吊篮和压力容器内壁之间的环形间隙,再从压力容器的下部转向 180°后自下而上进入堆芯。冷却剂通过堆芯后吸收堆芯的释热,温度升高,密度降低,从堆芯上部流出压力容器。一般入口水温 300℃ 左右,出口水温 330℃ 左右,堆内压力 15.5MPa。一座 100 万 kW 的压水堆,堆芯每小时冷却水

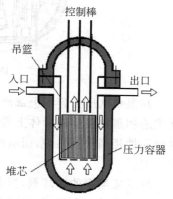

图 1-5 压水堆压力容器内的结构设计简图

的流量约 6 万 t。这些冷却水被封闭在冷却剂回路内往复循环,并在循环过程中不断抽出一部分水进行净化,净化后再返回到冷却剂回路。冷却剂回路有时又称为一回路。

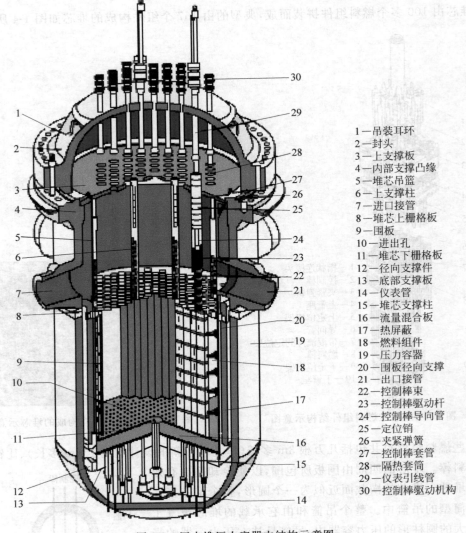

图1-6　压水堆压力容器内结构示意图

1—吊装耳环
2—封头
3—上支撑板
4—内部支撑凸缘
5—堆芯吊篮
6—上支撑柱
7—进口接管
8—堆芯上栅格板
9—围板
10—进出孔
11—堆芯下栅格板
12—径向支撑件
13—底部支撑板
14—仪表管
15—堆芯支撑柱
16—流量混合板
17—热屏蔽
18—燃料组件
19—压力容器
20—围板径向支撑
21—出口接管
22—控制棒束
23—控制棒驱动杆
24—控制棒导向管
25—定位销
26—夹紧弹簧
27—控制棒套管
28—隔热套筒
29—仪表引线管
30—控制棒驱动机构

　　高温水从压力容器上部离开核反应堆堆芯以后,进入蒸汽发生器,如图1-7所示。压水堆堆芯和蒸汽发生器总体上像一台大锅炉,只不过在这里锅与炉分了家,核反应堆堆芯内的燃料元件相当于加热炉,而蒸汽发生器相当于生产蒸汽的锅,通过冷却剂回路将锅与炉连结在一起。

　　核反应堆内的冷却剂,当温度由室温升到300多摄氏度时,体积会有很大的膨胀。由于体积膨胀及其他原因,如果不采取措施,在密闭回路内冷却剂的压力会波动,从而使核反应堆的运行工况不稳定。因此,在冷却剂的出口和蒸汽发生器之间设有稳压器。稳压器内冷却剂的温度大体保持在与冷却剂系统压力相对应的饱和温度的水平。利用水的沸腾温度和压力——对应的关系,通过调节稳压器内的水的温度来调节系统的压力。稳压器是一个空心圆柱体,下部为水空间,顶部为水蒸气空间。稳压器内采用电加热方式加热升压,加热产生的蒸汽会浮升于它的上部,利用蒸汽的弹性来保持堆内冷却剂压力的稳定。要降压的时

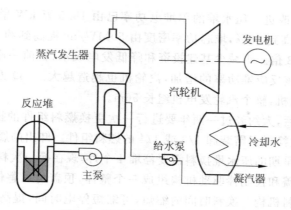

图 1-7 压水堆的热力系统示意图

候,采用温度较低的水在顶部进行喷淋,凝结水蒸气达到降压的目的。

冷却剂从蒸汽发生器的管内流过后,经过冷却剂回路循环泵又回到核反应堆堆芯。冷却剂回路循环泵又称主泵(包括压力容器、蒸汽发生器、主泵、稳压器及有关阀门的整个回路的固体边界),是冷却剂回路的压力边界。一回路的冷却剂压力边界,是一个封闭的空间,构成了放射性裂变产物的第二道实体安全屏障。

蒸汽发生器内有很多传热管,传热管外为二回路的水。冷却剂回路的高温水流过蒸汽发生器传热管内时,将携带的热量传输给二回路内流动的水,从而使二回路的水变成 280℃ 左右的、6~7MPa 的高温蒸汽。所以在蒸汽发生器里,冷却剂回路与二回路的水在互不交混的情况下,通过管壁发生了热交换。蒸汽发生器是分隔冷却剂回路和二回路的关键设备,冷却剂回路和二回路通过蒸汽发生器传递热量。

从蒸汽发生器产生的高温蒸汽,流过汽轮机的高压缸后,一部分变成了雾状水滴。经过高压缸后的汽水混合物需要经汽水分离器将雾状水滴分离,再热后的蒸汽进入汽轮机的低压缸继续膨胀做功,推动汽轮机的叶轮转动。从汽轮机低压缸流出的蒸汽压力已很低,无法再加以利用,需要在凝汽器(也称为冷凝器)里将这些低压蒸汽凝结成水。冷凝水经过两组预热器后,又回到蒸汽发生器吸收冷却剂回路内的热量,变成高温蒸汽,继续循环。整个二回路的水就是在蒸汽发生器,汽轮机的高压、低压缸,凝汽器和预热器组成的密封系统内来回往复流动,不断重复由水变成高温蒸汽,蒸汽冷凝成水,水又变成高温蒸汽的过程。在这个过程中,二回路的水从蒸汽发生器获得能量,将一部分能量交给汽轮机,带动发电机发电,余下的大部分不能利用的能量交给凝汽器。两组预热器则以从汽轮机抽出来的蒸汽为热源,目的是为了提高热效率。

冷却凝汽器用的水在三回路中流动,凝汽器实质上是二回路与三回路之间的热交换器。三回路是一个开式回路,利用它将汽轮机排出的乏汽中难以利用的热量带入江河湖海。在凝汽器里,三回路的水与二回路的水也是互不接触的,只是通过凝汽器内的管壁交换热量。三回路的用水流量是很大的,一座 100 万 kW 的压水堆,三回路每小时需要 40 多万吨冷却水。三回路的水与一、二回路的冷却水一样,也需要加以净化,不过净化的要求远没有一、二回路那么高。

从 20 世纪 60 年代第一代商用压水堆核电厂诞生以来,压水堆的发展和它的燃料元件一样，都经历了几代的改进。压水堆的单堆电功率已由 18.5 万 kW 增加到 130 万 kW，热能利用效率由 28% 提高到 33%，堆芯功率密度由 50MW/m³ 提高到约 100MW/m³，燃料元件的燃耗也加深了约 3 倍。为减少基建投资和降低发电成本，目前一座核反应堆一般配一台汽轮机。所以随着核反应堆功率的增加，汽轮机也越造越大。130 万 kW 核电厂的汽轮机长达 40m，配上发电机，整个汽轮发电机组长 56m。

压水堆初次装料后，大约经过一两年要进行一次更换燃料组件的操作，称为首次换料。此后就定期换料，每次换料只需装卸 1/3 或 1/4 的燃料组件。卸出的燃料组件，放在核反应堆旁边的贮水池内。早期的压水堆换料需要停堆 4 个月，现在换一次料最短只需两个星期。这就要求压力壳的顶盖和控制棒驱动机构组成一个整体，顶盖可以整体打开。此外换料操作还需要采用快速换料机构。换料时间的缩短，可缩短停电时间，提高核电厂利用效率，有利于核电厂更好地为电力用户服务。

压水堆中最关键的设备之一是压力容器，它是不可更换的。一座 90 万 kW 或 130 万 kW 的压水堆，压力容器直径分别为 3.99m 和 4.39m，壁厚 0.2m 和 0.22m，重 330t 和 418t，高 13m 以上。这么巨大的压力容器，它的加工和运输都是需要认真对待的问题。

一座压水堆核电厂，冷却剂回路有三或四条并列的环路。除了压力容器外，主循环泵也是重要设备。每台主循环泵的冷却水流量为每小时 2 万多吨，泵的电机功率为 5~9MW。泵的关键是保持轴密封，以免堆内带放射性的水外漏。核电厂的主循环泵除了密封要求严格以外，还由于安放在安全壳内，处于高温、高湿及 γ 射线辐射的环境下，因而要求电机的绝缘性能好。放置压力容器、主循环泵、蒸汽发生器和稳压器的安全壳，直径可达 40m，高 60~70m。

到目前为止，核电厂的燃料元件、主循环泵、蒸汽发生器、稳压器、压力容器的设计，正向标准化、系列化的方向发展[4]。核电厂的研究开发工作主要是为了进一步提高其安全性和经济性。有关各国在这方面都有庞大的研究计划，并开展广泛的国际合作。民用压水堆核电厂安全可靠，已经成为一种成熟的堆型，是核动力市场上最畅销的"商品"。

知识点：

- 为什么压水堆需要加压运行？
- 压水堆的稳压器是根据什么原理运行的？
- 压水堆的主要特点有哪些？
- 压水堆压力容器内的冷却剂流道是如何设计的？

1.1.2 沸水堆

在压水堆中，冷却剂回路的水通过堆芯时被加热，随后在蒸汽发生器中将热量传给二回路的水使之沸腾产生蒸汽。那么是否可以让水直接在堆内沸腾产生蒸汽呢？沸水堆 (boiling water reactor，BWR) 就是出于这种考虑而发展起来的。

图 1-8 是沸水堆示意图，图 1-9 是对应的沸水堆的热力系统示意图。

沸水堆与压水堆相比有两个主要的特点：第一是省掉了一个回路，因而不再需要昂贵的蒸汽发生器；第二是工作压力可以降低，为了获得与压水堆同样的蒸汽温度，沸水堆只需

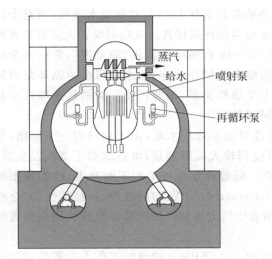

图 1-8　沸水堆示意图

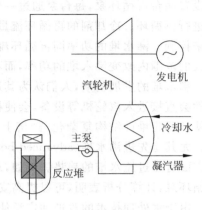

图 1-9　沸水堆热力系统示意图

加压到 7MPa 左右,这个工作压力只是压水堆的一半。

典型的沸水堆堆芯内共有约 800 个燃料组件,燃料组件为 8×8 的正方形排列,其中含有 62 根燃料元件和 2 根空的中央棒(水棒)的棒束。沸水堆堆芯内的燃料组件如图 1-10 所示。

将这样的棒束装在一个元件盒内组成燃料组件,具有十字形横断面的控制棒安排在每一组 4 个燃料组件的中央。

冷却剂流经堆芯后大约有 14%(质量比)被变成蒸汽。为了得到干燥的蒸汽,堆芯上方设置了汽水分离器和干燥器,如图 1-11 所示。由于堆芯上方被它们占据,沸水堆的控制棒只好从堆芯下方插入。

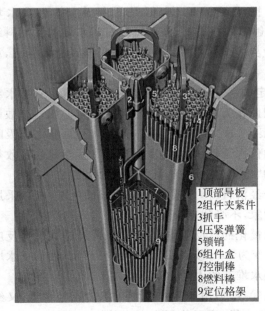

1 顶部导板
2 组件夹紧件
3 抓手
4 压紧弹簧
5 锁销
6 组件盒
7 控制棒
8 燃料棒
9 定位格架

图 1-10　沸水堆堆芯内燃料组件示意图

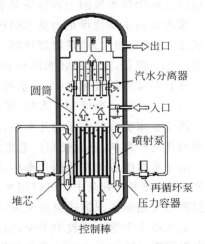

图 1-11　沸水堆压力容器内结构示意图

沸水堆具有一个冷却剂再循环系统。流经堆芯的水有14％左右变成水蒸气,而其余的水必须再循环。从圆筒区的下端抽出一部分水由再循环泵将其送入喷射泵。大多数沸水堆都设置两台再循环泵,每台泵通过一个联箱给10~12台喷射泵提供"驱动流",带动其余的水进行再循环。冷却剂的再循环流量取决于向喷射泵的注水率,注水率可由再循环泵的转速来控制。沸水堆的功率同再循环流率大体上呈线性关系,调节再循环泵的转速即可在相当大的范围内改变沸水堆的功率,而不必移动控制棒。

沸水堆的发展初期,人们认为其运行稳定性可能不如压水堆;由于它只有一个回路,放射性会直接进入汽轮机等设备,会使检修人员受到较大辐照剂量;虽然取消了蒸汽发生器,但使核反应堆内结构复杂化,经济上未必合算。随着沸水堆技术的不断改进,性能越来越好。尤其是先进沸水堆(advanced boiling water reactor,ABWR)的建造,在经济性、安全性等方面有超过压水堆的趋势。例如,ABWR用置于压力容器内的再循环泵代替原先外置的再循环泵,计算分析表明,可以提高安全性。

由于水处理技术的改进和广泛使用各种自动工具,ABWR检修时工作人员所受放射性剂量已大幅度降低。所有这一切使人们对于沸水堆已经刮目相看,日本的核电计划基本都采用沸水堆,我国台湾省的核能四厂也采用了ABWR型的沸水堆。但是在2011年日本福岛核电厂事故以后,人们对沸水堆的安全性进行了重新的研究和思考。

> **知识点:**
> - 和压水堆比较沸水堆的主要特点是什么?
> - 沸水堆的燃料组件为什么需要采用组件盒?

1.1.3 重水堆

虽然轻水堆已经在核动力市场上占据了统治地位,但是近年来,由于重水堆(pressurized heavy water reactor,PHWR)能够节约核燃料,甚至可以对压水堆的乏燃料继续进行利用,因而引起不少国家政府和核工业界人士的重视。在新开辟的核动力市场上,重水堆已经成为轻水堆的主要竞争对手。

重水堆的主要特点是由重水的核特性决定的。20t天然水中含有3kg重水[5]。重水和天然水(也就是轻水)的热物理性能差不多,因此作为冷却剂时,为获得高的堆芯出口参数都需要加压。但是,重水和轻水的核特性相差很大,这个差别主要表现在中子的慢化和吸收上。在目前常用的慢化剂中,重水的慢化能力仅次于轻水,可是重水的最大优点是它吸收热中子的几率比轻水要低200多倍,使得重水的"慢化比"远高于其他各种慢化剂。

由于重水吸收热中子的几率小,所以中子经济性好,以重水慢化的核反应堆,可以采用天然铀作为核燃料,从而使得建造重水堆的国家,不必建造浓缩铀工厂。

由于重水吸收热中子的几率小,所以重水慢化的核反应堆,中子除了维持链式裂变反应之外,还有较多的剩余中子可以用来使^{238}U转变为^{239}Pu或者使^{232}Th转变为^{233}U,使得重水堆不但能用天然铀实现链式裂变反应,而且比轻水堆节约大约20％天然铀。

重水堆由于重水吸收中子少,而具有上述优点,但由于重水的慢化能力比轻水低,又给它带来了不少缺点[6]。由于重水慢化能力比轻水低,为了使裂变产生的快中子得到充分的慢化,堆内慢化剂的需要量就很大。再加上重水堆使用的是天然铀,重水堆的堆芯体积比压水堆大 10 倍左右。

虽然从天然水中提取重水,比从天然铀中制取浓缩铀容易,但由于天然水中重水含量太低,所以重水仍然是一种非常昂贵的材料。由于重水用量大,所以重水的费用约占重水堆基建投资的 1/6 左右。

重水堆由于使用天然铀作燃料,堆芯的后备反应性少,因此需要经常将烧透了的燃料元件卸出堆外,补充新燃料。倘若经常为此而停堆装卸核燃料,对于要求连续发电的核电厂而言是不能容忍的,这就要求重水堆核电厂能够进行不停堆换料。

我国的秦山三期核电厂采用的是 CANDU 型重水堆。除了堆芯设计和压水堆核电厂有重大差别以外,其他系统都差不多。

CANDU 型重水堆核电厂采用标准化的燃料棒束,如图 1-12 所示。

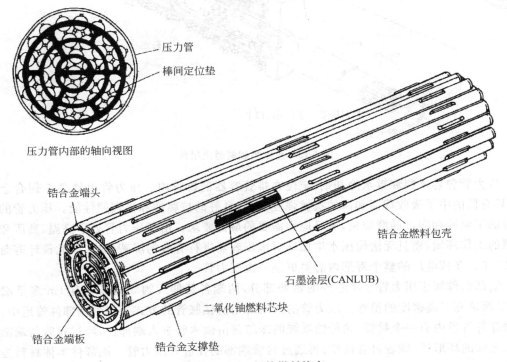

压力管
棒间定位垫

压力管内部的轴向视图

锆合金端头

锆合金燃料包壳

石墨涂层(CANLUB)

二氧化铀燃料芯块

锆合金端板

锆合金支撑垫

图 1-12　37 根棒燃料棒束

燃料棒内装的燃料芯块和压水堆的燃料芯块一样,是压制、烧结的天然二氧化铀圆柱体。把燃料芯块封装在锆-4 合金包壳管中构成燃料棒。燃料棒的长度比压水堆要小得多,每根棒中装有约 30 个芯块,单根棒的总长度大约只有 50cm。和压水堆燃料棒相比还有一个不同之处是在芯块和包壳之间涂有石墨涂层,以减轻包壳与芯块之间的相互作用。用两个端板与燃料端头焊接,将 37 根燃料棒构成一个整体棒束结构。在每根棒的中部焊上定位垫,以保证所需要的棒间距,防止棒相互接触。在棒束外圈的每根燃料棒靠近两头及中部焊上支撑垫,以保证棒束与压力管之间的间隙。

燃料通道(即压力管通道)由一根压力管和两端的部件组件组成,如图 1-13 所示。图中主要显示了两个端部的机械设计情况,中间 6m 长的管道被省略掉了。

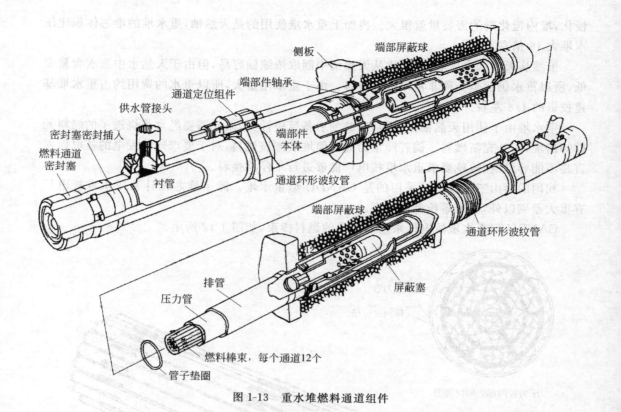

图 1-13 重水堆燃料通道组件

压力管包容燃料和重水冷却剂,定位在排管容器的排管内。压力管由锆-2.5 铌合金制成,具有低的中子吸收截面和高的机械强度,并有良好的抗腐蚀和抗辐照性能。压力管的壁厚考虑了腐蚀和容许的磨损量,满足应力需要的最低要求。由于压力管处于高温、高压和高辐照的工作环境,而且无法像压水堆那样对承压容器进行有效的屏蔽保护,因此设计寿命只有 25 年。在核电厂的整个寿期内需要更换一次压力管。

端部组件属于压力管在堆芯外的延伸部分,两端各延伸大约 3m,其中有 1m 多是端屏蔽,里面填充了高密度的铅球。压力管的两端均用机械胀管的方式连接到端部件管道中,每个端部件管道内有一个衬管,热传输系统的冷却剂由供水管进入端部件,经过衬管与端部件管道之间的环形区,绕着衬管流动,再通过衬管端部的孔进入压力管。端部件本体材料为改进型 403 不锈钢,衬管材料为无缝 410 不锈钢。

每个端部件的衬管内有一个屏蔽塞,在换料时屏蔽塞可卸下并储存在换料机的料斗内;完成换料后,再装入屏蔽塞,提供通道所需要的屏蔽。屏蔽塞还可用于燃料束的定位。每个端部件的端头在装换料时与换料机的机头连接,在功率运行时,能进行燃料的插入或卸出。换料时,换料机将燃料通道密封塞拆除并储存。在换料机离开燃料通道之前,将密封塞重新装在端部件上。由于每次换料操作均需要打开端盖,然后再次关闭,因此不可避免地会有重水的损失,每天都需要向系统补充几千克的重水,属于重水的日常消耗。

端部件的侧向供水管管嘴与反应堆进口集管之间连接的供水管以及出口端的侧向管嘴与堆出口集管之间连接的供水管,均为热传输系统的一部分。每个供水管与端部件用法兰连接。

焊在端屏蔽栅格管处的波纹管将燃料通道压力管与排管之间的环隙加以密封,并且有挠性，以适应热膨胀和蠕变变形引起的移动。

燃料通道两端均装有定位组件，燃料通道组件通过定位组件固定在一端的端屏蔽管板上，相反方向的一端是自由约束的，允许通道的热膨胀和蠕变移动。这种布置能调整两端轴承对压力管总的轴向蠕变伸长。根据计算及运行经验，在 12.5 个满功率运行年以后，定位组件需要进行重新调整，即将原来由定位组件固定的一端松开，变成自由端，另一端则变为自由约束。

排管容器组件是 CANDU 型重水堆本体的一个重要组件，由排管容器、两个端屏蔽、两个端屏蔽支撑、两个预埋环和为端屏蔽及排管容器腔室提供冷却的内部排管组成。该组件为一整体多舱室结构，容纳重水慢化剂和反射层、燃料通道组件以及反应性控制装置。

排管容器由一卧式分段圆柱形外壳、两端的排管容器管板和内部的数百根排管组成。两端的排管容器管板、排管和排管容器外壳构成慢化剂的压力边界(见图 1-14)。

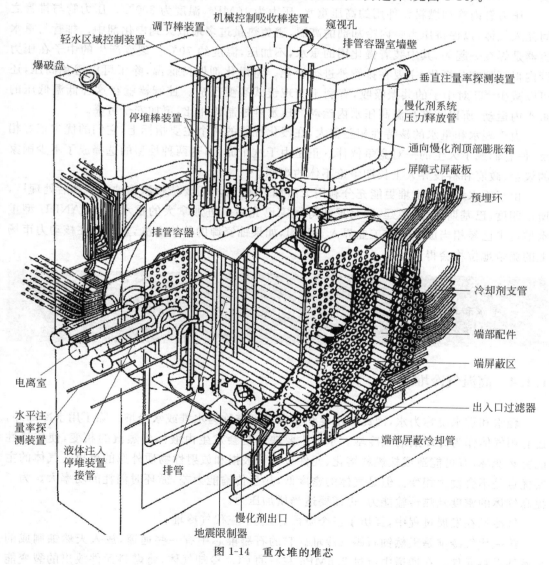

图 1-14　重水堆的堆芯

重水堆的燃料元件,被安装在几百根互相分离的排管内。压力管被同心地置入外套管内,外套管也称为排管。压力管与排管之间充以 CO_2 气体。压力管破裂前会有少量泄漏,容易发现和处理,而且当压力管破裂造成失水事故时,事故只局限在个别排管内。由于冷却剂与慢化剂分开,失水事故时慢化剂仍留在堆内,因而失水事故时燃料元件的剩余发热容易被堆内大量的重水慢化剂所吸收。而轻水堆压力边界的任何一处发生泄漏,造成的后果都涉及整个堆芯。由于轻水堆热容量小,所以失水事故后放出的热量会造成堆芯温度较大的升高,因而轻水堆失水事故的后果比重水堆要严重。

重水堆每根压力管管内有 12 束元件,同轴地水平放置,可以在核反应堆运行时进行换料操作。CANDU6 在每次换料时,将 8 束新元件从一个压力管的一端依次推进去,从另一端顶出 8 束烧过的旧元件,而最新设计的 NG CANDU 则每次换两束燃料元件。可见,连续换料的操作是十分灵活的。CANDU9 有 480 根压力管,而每根压力管内有 12 束燃料组件。

压力管内冷却燃料元件用的高压重水,压力为 10MPa,温度为 300℃。压力管与排管之间充入气体,以保持压力管内冷却剂的高温,避免热量过多地散失到慢化剂中。排管与重水容器是焊在一起的,其中装着慢化用的重水,不加压,温度约 70℃。裂变产生的中子在压力管内得不到充分慢化,主要在排管外进行慢化。将慢化剂保持低温,除了可以避免高压,还可以减少 ^{238}U 对中子的共振吸收,有利于实现链式裂变反应。控制棒就在这种低温低压的重水内运动,所以与在高温高压水内运动的压水堆控制棒相比,更加安全可靠。

由于轻水和重水的核特性相差很大,在慢化性能的两个主要指标上,它们的优劣正好相反,使它们成了天生的一对竞争伙伴。正是由于这个原因,这两种堆型的选择成了不少国家的议会、政府和科技界人士长期争论不休的难题。

由于重水堆比轻水堆更能充分利用天然铀资源,又不需要依赖浓缩铀工厂和后处理厂,所以印度、巴基斯坦、阿根廷、罗马尼亚等国家已先后引进加拿大的重水堆。CANDU 型重水堆技术已经相当成熟。核工业界人士认为,如果铀资源的价格上涨,重水堆在核动力市场上的竞争地位将会得到加强。

> **知识点:**
> * 重水和轻水的区别。
> * 重水堆的燃料经济性。

1.1.4 高温气冷堆

轻水和重水统称为水,因此轻水堆和重水堆可统称为水堆或水冷堆。除了用水冷却外,还有用气体作为冷却剂的气冷堆。水的主要缺点是会发生由液体到蒸汽的相变,使传热性能突然变坏,有可能造成核燃料熔化、元件包壳管破损和放射性物质外逸的事故。气体的主要优点是不会发生相变。但是气体的密度低,热量传输能力差,循环时消耗的功率大。为了提高气体的密度及热传输能力,也需要适当增加压力。

气冷堆在发展过程中,经历了三个阶段,形成了三代气冷堆。

第一代气冷堆是天然铀石墨气冷堆。它的石墨堆芯中有一些通道,放入天然铀制成的金属铀燃料元件。在通道中流过 2.5MPa 左右的 CO_2 冷却气体,将燃料元件放出的裂变能带出堆外。在蒸汽发生器里,由堆内来的高温 CO_2 使二回路的水变成高温蒸汽,推动汽轮发电机组发电。但石墨的慢化能力比轻水和重水都低,为了使裂变产生的快中子充分慢化,就需要大量的石墨。加上 CO_2 热传输能力差,使这种堆体积庞大,其平均体积释热率不到压水堆的 1/100。CO_2 温度超过 360℃时,会使用于制作各种结构件的钢材受到腐蚀,因而限制了冷却剂的温度,使得热能利用效率只有 24%。鉴于此,英国从 20 世纪 60 年代初期起,就转向研究改进型气冷堆。

改进型气冷堆是第二代气冷堆,它仍然用石墨慢化和 CO_2 冷却。为了提高冷却剂的温度,元件包壳改用不锈钢。由于采用 UO_2 陶瓷燃料及浓缩铀,随着冷却剂温度及压力的提高,这种堆的热能利用效率达 40%,功率密度也有很大提高。第一座这样的改进型气冷堆 1963 年在英国建成,建成后普遍认为性能不错。但当时英国过高地估计了所取得的成就,就跳过示范堆直接发展商用堆,准备建造 10 座 130 多万千瓦的改进型气冷堆双堆电站。然而在开始建造后不久就发现蒸汽发生器由于腐蚀及振动引起的疲劳而不能使用,且问题一个接着一个,使原定 1974 年建成的电站,推迟到 1983 年才开始送电,基建投资增加了将近 4 倍。后建的几座堆虽有所改善,但进度也推迟了 4～6 年,实际投资也超过预算很多。由于工程进度推迟,不得不建造火力发电厂发电,造成的经济损失达一二十亿英镑。

英国的气冷堆曾在世界民用核动力发展史上盛极一时,它累计发出的核电量,在 20 世纪五六十年代曾超过世界所有其他国家核发电量的总和。但由于改进型气冷堆的波折,加上轻水堆的大量发展,英国在核电上的技术迅速被美国、日本、法国和苏联等国超过。由于改进型气冷堆在经济上的竞争能力差,英国政府于 1974 年决定,放弃对改进型气冷堆的研究,从 80 年代后期开始,从美国引入压水堆。

第三代气冷堆即高温气冷堆[8],是一种安全性、经济性好的新型核反应堆,它用氦气作冷却剂,石墨作慢化材料,采用包覆颗粒燃料和石墨构成的球形燃料元件,并采用全陶瓷的堆芯结构材料。高温气冷堆发电效率很高,并可用于煤的液化和气化、稠油热采、制氢等,在未来的能源系统中具有广阔的应用前景,对于改善环境、实现可持续发展具有重要意义。

高温气冷堆采用耐高温的陶瓷型涂敷颗粒燃料元件,以化学惰性和热工性能良好的氦气作为冷却剂,耐高温的石墨作为慢化剂和堆芯结构材料。

英国自 1956 年起开始研究发展高温气冷堆技术,1962 年与欧洲共同体合作开始建造热功率为 20MW 的高温气冷试验堆——龙堆(Dragon),1964 年 8 月首次临界,1966 年 4 月达到满功率运行。以后重点转向发展改进型气冷堆,停止了高温气冷堆发展计划。与此同时,美国和德国开始发展高温气冷堆技术。美国于 1967 年建成电功率为 40MW 的桃花谷(Peach Bottom)实验高温气冷堆核电厂,1974 年 10 月停堆退役。德国也于 1967 年建成电功率为 15MW 的球床实验高温气冷堆核电厂,1974 年将该堆的一回路氦气温度由 750℃提高到 950℃,成为世界上运行温度最高的核反应堆,1988 年停堆退役。美国以后又建造了电功率为 315MW 的圣·符伦堡(Fort. st. Vrain)原型高温气冷堆核电厂,于 1976 年达到临界,1979 年并网运行,1999 年停堆退役。德国于 1971 年开始建造电功率为 300MW 的原型钍高温气冷球床堆(THTR-300),1985 年 9 月建成达临界,1986 年 9 月达到满功率运行,1990 年关闭。

1981 年德国电站联盟(Kraftwerke Unio AG,KWU)国际原子公司(Interatom)和 1984 年美国通用原子公司(General Atomic Company,GA)相继提出模块式高温气冷堆核电厂设计方案,以其小型化、标准化和具有高度固有安全性为目标,把高温气冷堆核电厂的发展推向商业应用阶段。但由于以后全世界整个核电发展迟缓,高温气冷堆核电厂至今尚未建成该堆型的示范核电厂。根据高温气冷核电厂现在的成熟程度和经济性能,有可能在 21 世纪初叶建成实用的高温气冷堆核电厂。

高温气冷堆的特点:①具有高度的固有安全性:由于堆芯功率密度低,热容量大,并具有负反应性温度系数,因此即使在反应堆冷却剂失流事故的情况下,堆芯余热也可依靠自然对流、热传导和辐射传出。同时冷却剂氦气是惰性气体,与结构材料相容性好,氦气中子吸收截面小,难于活化,因此在正常运行时,氦气的放射性水平很低,有利于运行和维修。②燃料循环灵活,转换比高和燃耗深:不仅可以使用低富集铀燃料,也可以使用高富集铀和钍燃料,实现钍—铀燃料循环。燃料的燃耗深度可高达 100000MW·d/tU,提高了燃料的经济性。③热效率高:由于高温气冷堆出口温度高,可以产生 19.0MPa、535℃的高温高压过热蒸汽,配以常规汽轮机组,热效率可达 40%,如果实现高温氦气轮机的直接循环,热效率可提高到 50%~60%。④未来用途广泛:高温气冷堆还可提供 900~950℃左右的高温工艺气体,用于炼钢、黑色金属生产、煤的气化和液化、氨和甲醇的生产以及轻纺、海水淡化等工业。

高温气冷堆采用了涂敷颗粒燃料和模块式堆芯结构。高温气冷堆用的涂敷颗粒燃料是以直径为 200~400μm 的氧化铀或碳化铀燃料为核心,外面涂敷 2~3 层热解碳和碳化硅,涂敷厚度约 150~200μm。涂敷颗粒(直径为1mm 左右)有两种类型,一种称为 BISO 颗粒,采用两层涂敷层,内层是低密度的疏松热解碳层,用以储存裂变气体,外层是高密度的致密热解碳层,用以承受裂变气体的压力,防止裂变产物进入氦回路;另一种称为 TRISO 颗粒,采用三个涂敷层,即在热解碳的疏松层外的两层致密层之间加一层碳化硅(SiC)层,用以防止金属裂变碎片铯、锶、钡等的扩散迁移。将涂敷颗粒弥散在石墨基体中压制成球形或柱状燃料密实体,制成球形或棱柱状石墨燃料元件(见图 1-15)。

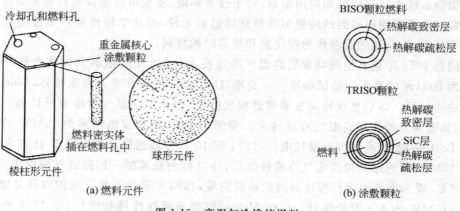

图 1-15　高温气冷堆核燃料

模块式高温气冷堆堆芯目前有球床堆芯和柱床堆芯两种结构形式。

(1) 球床堆芯:以德国 HTR 模块为例(见图 1-16),堆芯由球形燃料元件和石墨反射层组成。直径 60mm 的球形燃料元件由堆顶部连续装入堆芯,同时从堆芯底部卸料管连续卸出乏燃料元件。卸出的乏燃料经过燃耗测量后,将尚未达到预定燃耗深度的燃料球再次送回堆内使用,使每个燃料元件的燃耗深度基本一致。反应堆堆芯内装有约 360000 个燃料元件球,燃料元件在堆内平均经过 15 次循环,在堆内平均停留时间为 1000 天。反应堆设有两套控制和停堆系统,均设置在侧向反射层内。第一套控制棒系统用于功率调节和反应堆热停堆;第二套是小球停堆系统,吸收体小球直径为 10mm 的含碳化硼的石墨球,用于长期冷停堆。

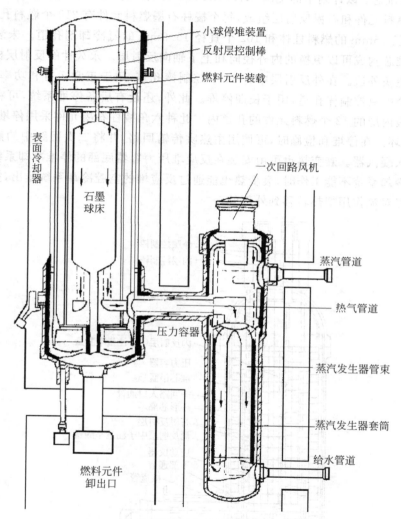

图 1-16 球床模块式高温气冷堆结构布置图

反应堆和热交换器分别布置在各自的钢压力容器内,在反应堆和蒸汽发生器之间由装有高温气体和低温气体的同轴管道相连接,形成"肩并肩"式布置,其优点是设备易于装配、更换、维护、检查和修理,有利于高温气冷堆提供高温工艺热。

一组表面式冷却器安装在反应堆压力容器的周围,用于正常运行时散热以及停堆时或事故条件下导出衰变热。

球床堆芯的优点是:①球形燃料元件的设计和制造较为简单;②堆芯内可方便地混合装载适当比例的石墨元件和少量吸收元件,并可采用不停堆装卸料和实现多次再循环,因而功率分布和燃料的燃耗深度都较均匀;③采用不停堆换料有利于提高堆的可用率;④燃耗较深。

其缺点是:①为实现燃料多次循环而设置的装卸料系统比较复杂,其可靠性不如常规的停堆换料装置;②反射层更换较难,需采用寿命长、耐辐照的高品质石墨。

(2) 柱床堆芯:以计划中的美国 MHTGR-350 为例(见图 1-17)。反应堆的堆芯由六角形棱柱石墨燃料元件和石墨反射层组成,每个棱柱石墨燃料元件有 210 个燃料孔道,装填直径 12.7mm、长 75mm 的燃料柱体和 102 个直径 15.9mm 的氦冷却剂孔道。未装燃料的石墨棱柱围绕堆芯构成可以更换的内外径向和上下轴向反射层。永久性的反射层棱柱放在可以更换的石墨块外边。在外反射层中有 24 个控制棒孔道,用于正常运行和功率调节,内反射层中有六个中央控制棒孔道,用于长期停堆。此外,还设有后备停堆系统,可将碳化硼吸收小球落入最内层的 12 个燃料元件的孔道内。此种六角棱柱石墨元件采用停堆换料,一次通过,不再循环。在停堆和检修时,可使用主热阱传输回路,并将二次回路中的蒸汽绕过汽轮机直接进入凝汽器。衰变热也可由安装在反应堆压力容器底部的停堆冷却系统排出。当这两个能动冷却系统不能工作时,衰变热也能通过反应堆的空腔冷却系统排出,空腔冷却系统是利用自然对流作用把热转移到外部的。

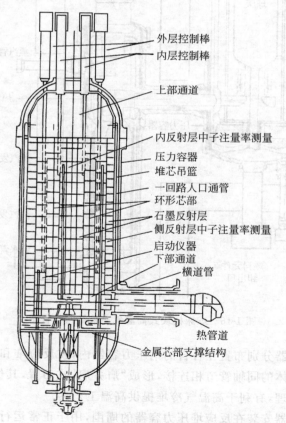

外层控制棒
内层控制棒

上部通道

内反射层中子注量率测量
压力容器
堆芯吊篮
一回路入口通管
环形芯部
石墨反射层
侧反射层中子注量率测量
启动仪器
下部通道
横道管

热管道
金属芯部支撑结构

图 1-17　柱状模块式高温气冷堆结构布置图

核蒸汽供应系统也和球床堆 HTR 模块一样,采用"肩并肩"式布置方案。

柱床堆芯的优点是:①易做成环状堆芯,有利于传热,因而在堆芯尺寸相同的情况下,环状堆芯功率输出可比圆柱堆芯提高约 40%；②柱状堆芯有固定的冷却剂流道，因此氦冷却剂在堆芯内的压力降较小，可减少循环风机的功率；③柱状堆芯的所有部件易于更换，因而对石墨品质（尤其是抗辐照性能）的要求比球床堆芯石墨的低；④停堆安全裕度大。

其缺点是为了降低堆芯轴向功率不均匀因子，需沿轴向装载不同含轴量的燃料元件，为此需采用富集度为 19.9% 的铀加上钍的燃料，这对一次通过式燃料循环来说，经济性较差。

高温气冷堆的一个很重要的特点是涂敷层把裂变产物包得紧紧的，出不来，因而十分安全。同时涂敷层很难去除，至今世界上还没找到合适的工艺。这一方面有利于防止核扩散，另一方面使核燃料不能循环利用，只能一次通过。

高温气冷堆使用球形元件时，可以连续装卸核燃料。另外，高温气冷堆可以装载大量的钍，由于石墨吸收热中子几率小，因此这种堆型除维持裂变链式反应以外，还有较多的剩余中子可用来将 ^{232}Th 转化为 ^{233}U，有利于钍资源的利用。

由于堆内有大量的石墨，所以堆芯热容量大。压水堆发生堆芯失水事故几分钟后燃料芯块温度就可升高到 2000℃ 以上，而高温气冷堆发生氦气系统破裂事故后，要过一两天才会使堆芯燃料温度由于剩余发热而升高到 2000℃。再加上堆芯熔化的可能性很小，所以堆芯应急冷却系统即使失效，也可以仅仅依靠物体热传导、自然对流和自然循环等自然规律，而不需要人为的措施，就将事故的后果控制在允许的范围内。因为它安全性好，放射性释放量少，所以这种堆更能靠近大城市建造，从而可以减少能量输送时的损失。

高温气冷堆的发展过程中也碰到多种难题，目前比较一致的看法是，高温气冷堆如果不在氦气直接循环和高温供热上取得技术突破，要想在市场上与水冷堆竞争是很困难的。但不可否认的是高温气冷堆具有其他堆型无法代替的优点，在能源结构中具有特殊的地位和发展前景，因而值得人们进一步探索和研究。我国在 10MW 高温气冷堆的成功运行后，已经在山东的石岛湾启动了 200MW 高温气冷堆示范工程。

知识点：
- 高温气冷堆的主要特点。
- 高温气冷堆的安全性。

1.1.5　钠冷快堆

快堆采用钚或高浓铀作燃料，一般用液态金属钠作冷却剂，不用慢化剂[7]。快堆装入足够的核燃料后，由于维持链式裂变反应后剩余的中子多，所以只要添加 ^{238}U，由 ^{238}U 转化成的 ^{239}Pu，除能满足链式裂变反应的继续消耗外，还有较多剩余。热堆核电厂是消耗核燃料生产电能的工厂，快堆核电厂则是可以同时生产核燃料和电能的工厂。快堆是当前核反应堆发展的方向，将逐渐在各种类型的核反应堆中占主导地位。

由于热中子引起核燃料裂变的几率大，因而热堆只需较少的核燃料就可以实现链式裂变反应。特别是当用重水和石墨慢化时，可以使用天然铀作核燃料。在缺乏浓缩铀能力的核工业发展初期，这是一个优点。热堆较易控制，需要的核燃料少，还可以用天然铀作为核燃料，所以较易建造，发展得最早。

在热堆中,热中子除泄漏和被俘获外,一部分使^{235}U裂变,另一部分被^{238}U吸收,使之转化为^{239}Pu。^{239}Pu继续吸收热中子也可以裂变,而且还有极少一部分^{238}U,能被尚未来得及慢化的快中子击中而裂变。所以,热堆既可以利用^{235}U作核燃料,也可以利用^{238}U实现核燃料的转化。

如果我们将核反应堆中"烧"过的燃料元件中剩余的^{235}U及^{239}Pu,在后处理中提取出来,制成新的燃料元件放入核反应堆,如此反复多次,则可以使更多的^{235}U和^{238}U通过裂变或转化得到利用。但由于后处理投资大、费用高等原因,目前还主要是采用"一次通过"的方式。燃料元件在核反应堆内"通过"后,就存放在核反应堆旁的贮水池内,以备将来后处理之用。由于"烧"过的燃料元件没有后处理,目前的热中子动力堆对铀的利用率低于1‰。由于热堆只能利用铀中很少的一部分,所以目前已探明的铀储量中,只有那些含铀量超过万分之几、开采方便的铀矿才有经济价值。目前陆地上已探明的经济可采铀储量大约是二三百万吨。尽管热中子核反应堆目前是一种安全、清洁、经济的工业能源,但到本世纪中叶,可以经济开采的铀资源枯竭时,热堆的经济性就会受到严重的挑战。

当前,热堆的主要问题是,只能利用包括裂变燃料^{235}U和转换材料^{238}U在内的铀资源中极少的一部分。必须采用行之有效的措施,从根本上消除目前热堆对铀资源的浪费,使包括^{238}U在内的铀资源,能在核反应堆中得到充分利用。只有采用能使核燃料增殖的、以铀—钚燃料循环为基础的快堆,才能摆脱即将面临的铀资源日益枯竭的困境。早在1945年,领导世界上第一座核反应堆建造的费米就指出:首先发展快中子增殖核反应堆的国家,将在核能的利用上取得巨大的竞争优势。

在快堆中由于没有慢化剂,再加上堆内结构材料、冷却剂及各种裂变产物对快中子的吸收几率很小,因此中子由于被俘获造成的浪费少。此外,每个^{239}Pu原子核裂变放出的中子多,^{238}U原子核裂变的几率也大,所以平均每个原子核裂变所放出的中子,除了维持自身链式裂变反应外,还可以剩余1.2~1.3个中子,用来使^{238}U转变为^{239}Pu。因而在快堆内,只要添加^{238}U,每烧掉一个^{239}Pu原子核,除了放出大量裂变能外,还可以产生1.2~1.3个^{239}Pu原子核。这就是说,在快堆内只要添加^{238}U,核燃料就越烧越多,这种情况称为核燃料的增殖。这是快堆与目前热堆的主要区别,也是快堆的主要优点。因此快堆又称增殖堆或快中子增殖核反应堆。

快堆的结构不同,堆内中子平均能量等就略有差别,因而核燃料的增殖特性也就略有不同。增殖特性的差别,用增殖比表示,可定义为

$$增殖比 = \frac{产生的核燃料的原子核数}{消耗的核燃料的原子核数}$$

在快堆中,增殖比可达1.2~1.3;在轻水堆中,相应的比值为0.6;高温气冷堆的比值接近0.8。由于它们都小于1,所以不叫增殖比,人们称之为转换比。

由于快堆仅在启动时需要投入核燃料,所以它对核燃料价格的上涨,不如热堆那么敏感。理论上快堆可以将^{238}U,^{235}U及^{239}Pu全部加以利用。但由于反复后处理时的燃料损失及在核反应堆内变成其他核素,快堆只能利用70%以上的铀资源。即使如此,也是目前的热堆对核燃料利用率的80倍。由于快堆对核燃料的涨价不如热堆那么敏感,因而含铀量低的铀矿也有开采的经济价值。而且目前浓缩铀工厂库存的贫铀,热堆中卸出的乏燃料,都可以成为快堆的燃料来源。这样,快堆能够给人类提供的能量并不只是热堆的80倍,而是成

千上万倍。

由于快堆中能实现 ^{239}Pu 的增殖，如果我们通过后处理，将快堆增殖的核燃料不断提取出来，则快堆电站每过一段时间，它所得到的 ^{239}Pu，还可以装备一座规模相同的快堆电站。这段时间，称为倍增时间。经过一段倍增时间，一座快堆会变成两座快堆，再经过一段倍增时间，这两座快堆就变成四座。按照目前的情况，快堆的倍增时间是 30 多年。也就是说，只要有足够的 ^{238}U，每过 30 多年，快堆电站就可以翻一番。

快堆的功率密度大，又不允许冷却剂对中子产生强烈的慢化作用，这就要求热传输能力强、慢化作用小的冷却剂。目前采用的冷却剂主要有两种：液态金属钠和氦气。根据冷却剂的种类，可以将快堆分为钠冷快堆和气冷快堆。气冷快堆由于缺乏工业基础，而且高速气流引起的振动以及氦气泄漏后堆芯失冷时的问题较大，所以目前仅处于探索阶段。世界上现有的、正在建造的和计划建造的，都是钠冷快堆。

钠的中子吸收截面小，比热容大。它的沸点高达 886.6℃，所以在常压下可以有很高的工作温度，而且在工作温度下对很多钢种腐蚀性小，无毒。因此钠是快堆的一种很好的冷却剂。但钠的熔点为 97.8℃，在室温下是凝固的，所以要用外加热的方法将钠熔化。钠的缺点是化学性质活泼，易与氧和水发生化学反应。当蒸汽发生器传热管破漏时，管内的水与管外的钠相接触，会引起强烈的钠水反应。所以在使用钠时，要采取严格的防范措施，这比热堆中用水作为冷却剂时问题要复杂得多。

压水堆的出口水温约 330℃，燃料元件包壳的最高温度约 350℃；而快堆为了提高热效率并适应功率密度的提高，冷却剂的出口温度为 500～600℃，燃料元件包壳的最高温度达 650℃，比热堆包壳的温度高得多。很高的温度、很深的燃耗以及数量很大的快中子的强烈轰击，使快堆内的燃料芯块及包壳碰到的问题比热堆复杂得多。由于以上原因，虽然快堆早在 20 世纪 40 年代起步，只比热堆的出现晚 4 年，而且第一座实现核能发电的是快堆，但是现在还未发展到商用阶段。然而，通过一系列试验堆、示范堆和商用验证堆的建造，上述困难已基本克服，快堆技术现在已日臻完善，为大规模商用准备了条件。

现在世界上建造的快堆都是钠冷快堆。按结构来分，钠冷快堆有回路式和池式两种类型。由于钠的沸点高，所以快堆使用钠作冷却剂时只需两三个大气压，冷却剂的温度达五六百摄氏度。在冷却剂回路与汽水回路之间有一条中间钠回路，先通过中间热交换器将冷却剂带载的热量传给中间钠回路中的工质钠，再通过蒸汽发生器传输到汽水回路，以减缓钠水反应可能对堆芯造成的威胁。在回路式结构中，如果冷却剂回路有破裂、堵塞，或钠循环泵出现故障，钠就会流失或减少流量，从而造成像压水堆的失水事故那样的失钠事故或失流事故，这时燃料元件会因得不到良好的冷却以致温度升高而烧毁，导致放射性外逸。

池式快堆将堆芯、钠循环泵、中间热交换器放在一个很大的钠池内，如图 1-18 所示。

通过钠泵使池内的钠在堆芯与中间热交换器之间流动。中间钠回路里循环流动的钠，不断地将从中间热交换器得到的热量带到蒸汽发生器，使汽水回路里的水变成高温蒸汽。所以池式结构仅仅是冷却剂回路放在一个大的钠池内而已，中间钠回路和汽水回路则与回路式结构基本类似。

在池式结构中，即使钠循环泵出现故障，或者管道破裂或堵塞造成钠的漏失或断流，堆芯仍然浸泡在一个很大的钠池内。池内大量的钠所具有的足够的热容量及自然循环能力，可以防止失流或失冷事故造成严重的后果，因而池式结构比回路式结构的安全性好。但是

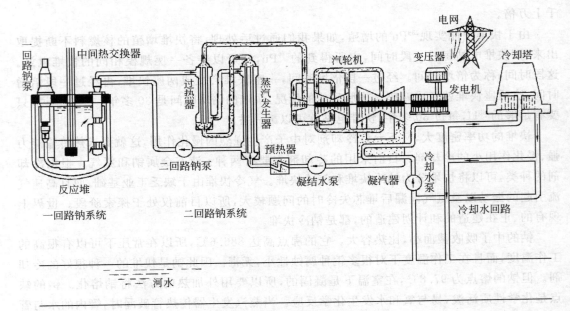

图 1-18　池式钠冷快堆系统图

池式结构复杂,不便检修,用钠多。目前各国专家对这两种结构的看法不尽一致。法国"狂想曲"试验快堆采用回路式后,已转向池式,"凤凰"快堆及以后更大功率的快堆均为池式结构。

1973 年初,法国与德国、意大利商定,利用法国的快堆技术,从 1975 年起,在法国境内合资建造"超凤凰"快堆电站。"超凤凰"快堆电站热功率为 300 万 kW,净电功率为 120 万kW,热能利用效率达 40%,采用池式结构,冷却剂回路并列的 4 台钠循环泵和 8 台中间热交换器都放在钠池内。钠池内径 21m,高 19.5m,堆芯高 1m。采用外径 8.5mm 的不锈钢管作燃料元件包壳,271 根燃料元件棒组成一个燃料组件。堆芯共 364 个燃料组件,通过堆芯的钠流量为 5.9 万 t/h,增殖比为 1.2,功率密度为 285kW/L。

一些专家的计算表明,假定"超凤凰"快堆运行时,安全系统都失效,则它的堆芯会剧烈地释放出相当于 130t 黄色炸药爆炸时放出的能量。这是"超凤凰"快堆有可能出现的最大事故,即极限事故。但"超凤凰"快堆有两层安全壳,内层安全壳能吸收相当于 190t 黄色炸药爆炸时放出的能量。即使内层安全壳被炸破了,外层安全壳还能保证堆内放射性物质不会外逸。"超凤凰"快堆在万一出现失控时释放的能量是很有限的,而且它具有一系列纵深设防的安全措施,可以将各种可能的事故消灭在萌芽中。正是由于这些严密的安全措施,使"超凤凰"的投资增加,因而它的发电成本是压水堆的 2.2 倍。

法国有关人士认为,"超凤凰"只是商用验证堆,商用快堆要 150～200 万 kW 电功率才比较经济。所以"超凤凰"建成后,法国打算继续建造 150 万 kW 电功率的"超凤凰二号"。法国专家估计,当建成 4 座"超凤凰二号"快堆以后,发电成本就只是压水堆的 1.2 倍,可以与煤电站、油电站相竞争了。

早在 20 世纪 60 年代,中国就已开始快堆研究,建造了零功率装置和若干条钠试验回路,但直到纳入国家高科技发展"863"计划后,才有了实质性的进展。我国的快堆路线采用的是俄罗斯的技术路线。БН-600 核电厂的反应堆本体包括堆芯、各种组件、堆内构件、顶盖、主泵、中间热交换器和主容器等部件。

БН-600 堆芯直径为 2.06m,高 0.75m,内装 369 个燃料组件。燃料用的是氧化铀(UO_2)和混合氧化铀钚$[(Pu,U)O_2]$,在实验堆中进行小规模试验的有钚铀锆合金、混合碳化铀钚$[(Pu,U)C]$以及混合氮化铀钚$[(Pu,U)N]$。燃料被置于直径 6~8mm 的包壳管内,形成燃料棒。БН-600 的燃料棒外径为 6.9mm。燃料棒成紧凑三角形排列,径向用绕丝定位。燃料组件套管是六角管,每个组件所含棒数随堆的规模而变化,少到 37 根,多至 271 根,БН-600 的燃料组件内有 127 根燃料棒。燃料棒包壳材料和组件的结构材料一般采用铬镍奥氏体不锈钢。为了提高其抗辐照肿胀和蠕变性能,可采用钛稳定的和冷加工铬镍奥氏体不锈钢材料。

快堆控制棒组件一般采用 ^{10}B 丰度高的碳化硼(B_4C)作为中子吸收材料。结构材料也采用铬镍奥氏体不锈钢。

转换区组件的外形尺寸与燃料组件相同,但棒的芯体是贫铀 UO_2,且棒径较粗。从堆芯外泄的中子在转换区与铀-238 产生核反应,生产钚-239。堆芯内的铀-238 也会产生类似的反应。

反射层组件的功能是将中子反射回堆芯以减少中子损失,一般用镍或不锈钢制成。

屏蔽层组件一般用 B_4C 制造,用以吸收泄漏的中子,保护反应堆构件和主容器池壁。

堆内构件由支撑堆芯和各类组件的栅板联箱以及把热钠与冷钠分开的一些隔板组成,一般用不锈钢焊成,并固定在钠池上。

顶盖是一个约 2m 厚的支撑和屏蔽构件。顶盖中央是一个由大旋塞和小旋塞组成的双旋塞系统。小旋塞偏心地布置在大旋塞上。在小旋塞上偏心地布置着燃料操作机构和带有控制棒驱动机构的中央测量柱。在正常运行时,中央测量柱位于堆芯的正上方,测量堆芯钠出口参数。当停堆换料时,控制棒与其驱动机构脱开,大、小旋塞旋转,使燃料操作机构的提升机与需要更换的燃料组件位置对中,此时即可进行插入或抽出燃料组件的操作。

主泵是立式的离心泵,悬挂在顶盖上。由于它的轴很长,驱动电动机与泵体之间要很好密封以防止钠与空气接触,因而结构十分复杂。

中间热交换器也悬挂在顶盖上。放射性的一回路钠在其中将热量传给没有放射性的二回路钠。

主容器是一个大钠池,凡与一回路钠接触的部件都置于主容器内。БН-600 主容器的直径为 12.8m,高 12.6m。一回路钠在堆芯内被加热后,进入中间热交换器一次侧,将热量传给二回路钠后进入主泵吸入口,被唧送到压力联箱,再重新进入堆芯。

从安全方面考虑,采用三回路布置,即在放射性钠的一回路与汽-水三回路之间插入一条二回路,它的工质也是钠,但没有放射性。这样,一旦处于二、三回路之间的蒸汽发生器发生泄漏而产生钠水反应时,也不致造成放射性外泄。该系统由二回路钠泵、蒸汽发生器、管道和阀门组成。二回路钠在中间热交换器内得到热量,由泵唧送通过蒸汽发生器,在其中将三回路的水加热,产生过热蒸汽。

快堆核电厂中所有与钠接触的部件都用铬镍奥氏体不锈钢制造,钠与它有良好的相容性。

三回路是汽-水回路。由于快堆钠温度高,可以产生过热蒸汽,因此它的汽轮机不是采用饱和蒸汽,而用过热蒸汽,且其参数可以接近常规火电厂的水平。БН-600核电厂的蒸汽压力为14.2MPa,温度为505℃。

快中子增殖堆燃料组件是由几十根到几百根燃料棒按正三角形点阵排列镶嵌在导轨式格栅上,再装入六角形外套管而组成的。外套管上端有组件操作机构,下端有组件定位管座(见图1-19)。

目前建成的快堆大多数采用铀钚混合氧化物(UO_2-PuO_2)燃料。燃料棒由包壳管、燃料芯块、上下再生材料块、压紧弹簧、套管和上下端塞构成。

快堆燃料操作有如下特点:①每个组件的反应性相当大,必须停堆换料;②燃料比功率高,燃耗深,停堆后衰变热大,因此换料操作要在钠液面以下进行;③钠不透明,因而操作是不可见的;④燃料进入水储存池之前必须进行除钠和检查。由于要严格防止钠与空气接触,所有钠容器液面上都要用惰性气体(氩)覆盖,燃料和其他组件都要在密闭状态下进行"暗箱"操作,因而快堆燃料操作系统是相当复杂的。

快堆燃料储存有多种方案。一般是先将乏燃料在堆内作初级储存,经过一段时间衰变后,再运出堆容器送到水池中储存。

中国发展快堆技术的第一步是建造一座实验快堆(China experiment fast reactor,CEFR)。其建造目的主要是:①获取快堆设计、建造和运行的工程经验;②建造一座能对快堆燃料、材料和主要设备进行考验和研究的装置;③培养造就一支快堆科学技术队伍,为将来快堆发展打下人才基础。在"七五"期间,经国内各方面专家反复论证后,确定快堆为"863"计划能源领域先进反应堆的首选项目。1992年3月经国务院批准正式立项。几年来经过初步可行性、可行性、初步设计、初步安全分析、环境影响等审查,于2000年6月浇灌第一罐混凝土,开工兴建,于2014年首次临界。

目前快堆示范工程也有望在福建省得到批准。

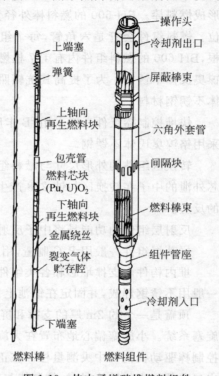

燃料棒   燃料组件

图1-19 快中子增殖堆燃料组件

（图中标注：操作头、冷却剂出口、屏蔽棒束、六角外套管、间隔块、燃料棒束、组件管座、冷却剂入口；上端塞、弹簧、上轴向再生燃料块、包壳管、燃料芯块(Pu,U)O_2、下轴向再生燃料块、金属绕丝、裂变气体贮存腔、下端塞）

知识点:
- 什么是增殖比?
- 快堆为何不能用水作为冷却剂?

1.2　核反应堆热工水力学分析的目的和任务

对于各种用途的核反应堆,尤其是对于动力堆,最基本的要求是安全性和经济性。

在核能领域,涉及安全的有几个概念,包括"Nuclear Safety(核安全)"、"Nuclear Security(核安保)"和"Nuclear Safeguard(核保障)"。其中,核安全是一种技术安全的概念,即考虑核设施内部的物项失效、自然灾害以及内外部的人为失误,有针对性地采取工程安全和管理措施;核安保主要针对恐怖主义或犯罪团伙对核设施和核材料的可能攻击、破坏和盗窃等采取防范措施;而核保障则是防止核扩散的一整套安排。三个概念处理不同领域的事情。我们这里所讨论的安全性,主要是第一个范畴的核安全。

为了保证核反应堆的安全,就要求核反应堆在整个寿期内不但能够长期稳定地运行,而且能够适应启动、功率调节和停堆等工况的变化。其次,是要保证在一般事故工况下,堆芯不遭破坏,甚至在最严重的事故工况下,也要保证堆芯中的放射性物质被包容,不扩散到周围环境中去。

在满足安全要求的前提下,要尽量提高核反应堆的经济性。为此,要设法缩小堆芯的体积,减少燃料的装载量,降低造价,提高循环效率,减少厂用电的消耗等。

对于某些特殊用途的核反应堆,还会有一些特殊的要求。例如,对于核潜艇用的核反应堆,就要求核反应堆和整套核动力装置在满足动力要求的前提下结构尽量紧凑,重量尽可能轻,以提高核潜艇的机动性。

上述一系列要求是靠核反应堆的物理、热工水力、结构、材料、控制、化工等多方面的设计来共同保证的,但热工水力设计在其中起着特别重要的作用。这是因为核反应堆是一个非常紧凑的热源,堆芯单位体积的释热率要比火电站锅炉大得多(高的可达每立方米几百兆瓦)。释热率太高,燃料元件若得不到很好的冷却,其温度就会过高,使燃料元件面临强度降低、腐蚀加剧甚至熔化的危险。所以燃料元件的释热率最终要受到元件周围的冷却条件和材料性能的限制。在燃料和结构材料都已经选定的情况下,为保证核反应堆的安全运行,确保在任何工况下都能够及时输出堆芯发出的热量,就必须设计出一个良好的堆芯输热系统。此外,一个完善的堆芯方案能否实现,核反应堆的安全性和经济性如何协调,也都要在核反应堆热工水力设计中体现出来。

因此,反应堆热工水力设计的目标是要设计一个既安全又经济的反应堆。安全性和经济性是一对矛盾的两个方面。如果用成本来度量经济性,核电的经济性和安全性之间的定性关系可以通过图 1-20 表示出来。

核反应堆的设计会尽量去找图 1-20 中两条线的交点,也就是说满足安全要求的成本最小点。核安全监管部门则会按照安全标准来审查和监管核电厂。

核反应堆热工水力学是研究核反应堆及其回路系统中冷却剂的流动特性和热量传输特性、燃料元件的传热特性的一门工程性很强的学科,其内容涉及到核反应堆的各种工况。通过对额定功率下核反应堆稳定运行的分析,可以在初步设计阶段对各种方案进行比较,协调各种矛盾,并确定核反应堆的结构参数和运行参数。瞬态分析则要研究启动、功率调节、停堆和各种事故工况下的瞬态过程。通过瞬态分析,可以确定核反应堆在各种事故工况下的

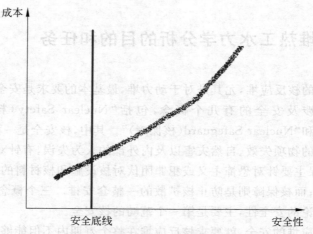

图 1-20 核电的经济性和安全性的关系曲线

安全性，提出所需要的各种安全保护系统和工程安全设施及其动作的整定值和动作时间，制定合理的运行规程，并对核反应堆的稳态设计提出修正。

另外，核反应堆热工水力学分析在选择电站总体参数时是十分重要的。通常主回路的温度和压力是选择冷却剂和电站热效率的关键参数。根据热力学原理，电站热效率是由系统产生蒸汽的最高温度 T_v 和凝汽器进口的最小温度 T_0 决定的（图 1-21）。由于凝汽器进口的温度就是海水或其他冷源的温度，是由环境温度决定的，通常相对来说比较固定，因此要提高电站的热效率，就需要提高产生的蒸汽的温度 T_v，而 T_v 又与核反应堆出口冷却剂的温度，即图 1-21 中的热腿温度 T_{hot} 和冷腿温度 T_{cold} 是密切相关的。

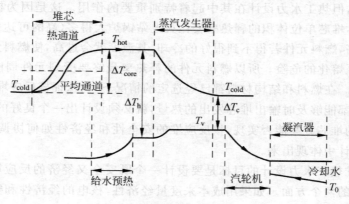

图 1-21 压水堆核电厂温度分布图

在早期设计的压水堆中，不允许堆芯中最热的通道出口出现沸腾，因此通常要求热腿内冷却剂温度 T_{hot} 保持一定的欠热度。热腿温度与冷却剂的选择有密切关系。例如，液态金属冷却剂在保证出口不沸腾的情况下只需要很低的压力就可以达到 550℃ 左右的温度，而水则需要很高的压力（约 15MPa）才能达到 330℃ 左右的温度。而对于高温气冷堆，则没有这样的压力与温度之间的关系，但是由于气体的热传输性能与压力密切相关，因此系统压力是由所需要的热传输能力来确定的。高温气冷堆的一回路系统压力通常为 4～5MPa，而堆芯出口温度可以达到 700℃左右。

对于压水堆核电厂来说,由于蒸发器内传热需要一定的温差,所以冷却剂回路的出口温度要比蒸汽的温度 T_v 高几十摄氏度。而对于沸水堆,由于冷却剂回路直接产生蒸汽,达到同样高的蒸汽温度 T_v,系统压力比压水堆要低得多,通常只有 7MPa 左右。由于电站的热效率是由系统产生蒸汽的温度 T_v 来决定的,压水堆和沸水堆的蒸汽温度差不多,因此压水堆和沸水堆的热效率也差不多,大约都是 33%。

在整个核反应堆设计过程中,其他各个方面的设计都要以保证和改善堆芯的输热特性为前提。例如,不论是选择核反应堆燃料、冷却剂、慢化剂和结构材料,还是确定燃料元件的形状、栅格排列形式、可燃毒物或控制棒的布置、堆芯结构以及核反应堆回路系统方案和运行方式,都要以热工水力设计为前提。热工水力设计要对控制系统、安全保护系统和工程安全设施的设计提出要求,要为安全保护系统提供安全整定值和动作时间等。当各个方面的设计出现矛盾时,也往往要通过核反应堆热工水力设计来进行协调。因此核反应堆热工水力设计在整个核反应堆的设计过程中,起着主导和桥梁的作用。

核反应堆内的热工水力过程是很复杂的,为了分析这些过程,需要对核反应堆内的热工水力过程建立一系列的计算分析模型。在核反应堆发展的初期,由于对核反应堆内的热工水力过程的机理还缺乏了解,理论分析和实验研究都还不充分,加上核反应堆的运行经验也很少,所以制定的计算分析模型往往比较粗糙。出于安全考虑,在设计中往往留有较大的裕量,因而经济指标也比较低。从 20 世纪 70 年代以后,随着核能技术的飞速发展,对核反应堆的安全性和经济性要求越来越高,从而推动了热工水力学分析技术的发展。比如,为了弄清堆芯内的工况,在单通道分析方法的基础上提出了子通道分析方法,提高了核反应堆的经济性和安全性;对于大破口和小破口失水事故进行了大量的实验研究和理论研究,建立了许多先进的物理模型和数学模型,并在此基础上编制了许多通用事故分析程序(例如 RETRAN02[9],RELAP5[10]、TRAC、CATHENA[11] 等,以及基于 RELAP 和 TRAC 发展起来的最新的 TRACE 程序)。热工水力学分析的深入还促进了诸如汽液两相流动和传热以及测试技术等学科的发展,而这些学科的发展又使热工水力学分析的基础更加扎实。另一方面,计算机的发展为分析计算工作提供了强有力的工具,使我们有可能利用比较完善的理论,编制大型计算机程序,得出更符合实际的计算结果。特别是近几年来计算流体力学的迅猛发展,为核反应堆热工水力学分析提供了强有力的三维流动计算工具。目前,把核反应堆系统分析方法和计算流体力学结合起来的涉及到沸腾两相流工况下的大型三维计算程序已经得到充分的重视。

由于分析模型的精细化,从而排除了许多人为的保守因素,使核反应堆的经济性得到了提高。同时,由于人们对事故过程有了进一步深入的了解,并相应采取了更周密的安全措施,核反应堆的安全性也增强了。

应该特别指出,核反应堆的热工水力学分析与热工水力实验是密切配合的。在分析中使用的许多原始数据和关系式要靠实验来确定,物理模型要靠实验来发展,计算分析的结果要靠实验来验证。特别是有些复杂的工况,由于影响因素非常多,单靠理论分析是无法弄清楚的,这时必须建造专门的大型试验台架进行实验研究。

> **知识点：**
> - 反应堆热工水力设计的主要目标是什么？
> - 如何评价反应堆的安全性与经济性？

参考文献

[1] ALDERSON M A，UKAEA H G. Personal communications[C]，October 1983 and December 1983.

[2] KNEIF R A. Nuclear Energy Technology：Theory and Practice of Commercial Nuclear Power[M]. New York：McGraw-Hill，1981.

[3] 于平安，朱瑞安，喻真烷，等. 核反应堆热工分析[M]. 2版. 北京：原子能出版社，1985.

[4] 郑福裕，邵向业，丁云峰. 压水堆核电厂运行[M]. 北京：原子能出版社，1998.

[5] AECL. Canada Enters the Nuclear Age[M]. Montreal：McGill-Queen's University Press，1997.

[6] 王奇卓，翻婉仪. 重水堆核电站译文集[M]. 北京：原子能出版社，1983.

[7] 邱仁森. 钠技术和液态金属钠回路[M]. 北京：科学出版社，1987.

[8] 高文. 高温气冷堆[M]. 北京：原子能出版社，1982.

[9] PAULSEN M P，PETERSON C E，MCCLURE J A，et al. RETRAN-02：A Program for Transient Thermal-Hydraulic Analysis of Complex Fluid Systems[J]. Paper of Electric Power Research Institute，NP-1850-CCM. 1981.

[10] RELAP5 Code Development Team. RELAP5/MOD3 Code Manual[J]. Paper of Idaho National Engineering Laboratory，INEL-95/0174. 1995.

[11] HANNA B N. CATHENA：A thermalhydraulic code for CANDU analysis[J]. Nuclear Engineering and Design，1998，180：113-131.

习题

1.1 调研AP1000（第三代核电厂的代表）在安全系统设计上不同于大亚湾核电厂（改进型第二代核电厂的代表）的至少4条重要的设计改进，并讨论之。

1.2 调研高温气冷堆的技术发展现状。

1.3 调研钠冷快堆的技术发展现状。

第2章

核能系统中的热力过程

热力学第一定律指出[1]：自然界中一切物质都具有能量，能量既不能被创造，也不可能被消灭，而只能从一种形式转变为另一种形式，在转换过程中，能量守恒。热力学第一定律是能量守恒与转换定律，它确定了热能在与其他形式的能量转换时在数量上的关系。也可以表述为：当热能与其他形式的能量相互转换时，能的总量保持不变。热力学第一定律是热力学的基本定律，它适用于一切工质和一切热力过程。

热力学第一定律并没有说明满足能量守恒的过程是否都能实现，经验告诉我们，自然过程是有方向性的，这就是热力学第二定律。

热力学第二定律指出：不可能将热从低温物体传至高温物体而不引起其他变化。应该指出的是，随着科学技术的进步和研究领域的扩展，尤其是 1951 年核自旋系统试验揭示了负热力学温度的存在，进一步证明了负热力学温度比正热力学温度更高，从而对热力学第二定律的表述提出了新的质疑，但是在正热力学温度范围以及一般工程技术领域中，热力学第二定律仍然具有重要的指导意义。

在本章我们将先介绍几个热力学基本概念，然后围绕热力学第一定律和热力学第二定律来介绍核能系统的基本热力学过程。

2.1 状态参数

研究热力过程时，通常根据研究问题的需要，人为地划定一个或多个任意几何面围成的空间作为研究对象，所划定的空间内的物质的总和就称为热力系统。描述一个热力系统在某一瞬间所处的宏观物理状态就需要状态参数。通常我们称热力系统内的物质为工质（参加循环工作的物质），因此热力系统的宏观状态就可以用工质的状态参数来进行描述了。所选择的状态参数要求是系统状态的单值函数，也就是说，状态一确定，描述状态的参数也就唯一地确定了；若状态发生变化，则至少有一个状态参数随之发生改变。另外，要求状态参数的变化只取决于系统的初始和最终状态，而与变化过程中所经历的一切中间状态或所经历的路径无关。

压力、比体积和温度是三个最基本的状态参数，其他的状态参数可以依据这几个基本的状态参数之间的关系间接导出。

知识点：

• 热力学定律。

• 状态参数。

2.1.1 压力

单位面积上所受作用力的法向分量工程上称为压力(物理学上也称为压强)，通常用 p 表示，有

$$p = \frac{F_\mathrm{n}}{A} \tag{2-1}$$

其中，F_n 为作用于单位面积上的作用力的法向分量，SI[①] 单位是 N；A 为面积，单位是 m^2；p 的单位是 Pa，$1\mathrm{Pa}=1\mathrm{N/m}^2$。压力还有其他非 SI 单位，例如 bar，atm(标准大气压)，at(工程大气压)等，它们与 Pa 的换算关系如下：

$$1\mathrm{bar} = 10^5\,\mathrm{Pa} \tag{2-2}$$

$$1\mathrm{atm} = 1.01325 \times 10^5\,\mathrm{Pa} \tag{2-3}$$

$$1\mathrm{at} = 1\mathrm{kgf/cm}^2 = 98066.5\,\mathrm{Pa} \tag{2-4}$$

在英制单位里面，压力的单位是 psi，是 pound-force per square inch 的缩写，即每平方英寸面积上承受了多少磅力。

当以绝对真空为基准来衡量压力时，测得的为绝对压力；当以标准大气压为基准时，测得的为表压。由于几乎所有的压力表在向大气敞开时示数都为零，因此才有了表压的概念。压力表测量处于大气环境中的液体的压力时，它所测得的是液体和气体产生的压力的差。

如果被测压力低于一个标准大气压，那就称之为真空。绝对的真空相当于压力为 0。所有绝对压力的数值都是正数，因为负的压力在任何流体中都是不可能的。而表压在大于大气压时为正值，小于大气压时为负。图 2-1 说明了绝对压力、表压、真空度和大气压之间的关系。

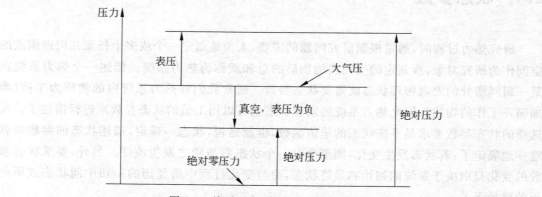

图 2-1 绝对压力、表压、真空与大气压

---

① 国际单位制单位(简称 SI 单位)是我国法定计量单位的基础，一切属于 SI 的单位都是我国的法定计量单位。

下面举个例子来帮助理解表压和绝对压力的概念。

例 2-1 已知潜水员的手表最多只能承受 6atm 的绝对压力,请问潜水员最多能潜至水下多少米才能避免手表进水?假设水密度为 1000kg/m³。

解 $p_{abs} = 1atm + p_表$

$$6 \times 1.01325 \times 10^5 Pa = 1.01325 \times 10^5 Pa + p_表$$

$$p_表 = 5 \times 1.01325 \times 10^5 Pa = 1000 \times 9.81 \times H$$

得到 $H = 51.54m$。

> 知识点:
> * 压力的各种单位之间的转换。
> * 绝对压力和表压。

2.1.2 温度

温度表示物质的冷热程度,是确定两个系统是否处于热平衡的物理量,是热平衡的判据。日常生活中用的温度计就是利用热平衡来测量物体温度的。

要进行温度的测量,就需要先建立温标,就好比要量长度首先要有尺子一样。温标是人为建立的。例如热力学温标,规定水的汽、液、固三相平衡共存的状态点的温度为 273.16K,这样规定的温度称为热力学温度。摄氏度温标将大气压下纯净水的冰点温度定为 0℃,沸点温度定为 100℃。这两个基准点之间的温度,按照温度与测温物质的某物理特性(例如液柱体积或金属电阻)的线性函数来确定。摄氏度温标确定的温度称为摄氏温度,摄氏温度 t 与热力学温度 T 之间的关系[2]为

$$\frac{t}{℃} = \frac{T}{K} - 273.15 \tag{2-5}$$

其中的 K 与℃都是 SI 单位。还有一种温标叫华氏温标 t_F,单位℉是非 SI 单位,℉与 K 及℃的换算关系为

$$\frac{t_F}{℉} = \frac{9}{5} \frac{t}{℃} + 32 = \frac{9}{5} \frac{T}{K} - 459.67 \tag{2-6}$$

式中,斜体字母表示的是物理量(例如 t),正体字母表示的是物理量的单位(例如 K),其中的 K 与℃都是 SI 单位。物理量除以其量纲以后会得到一个纯粹的数。因此式(2-6)是一个无量纲的等式。

例 2-2 用华氏温度计量某一个人的体温是 100℉,请问转换为摄氏温度是多少?

解 根据式(2-6)可以得到

$$t = \frac{\frac{t_F}{℉} - 32}{1.8} = 37.8℃$$

> 知识点:
> * 温标与温度的单位。
> * 物理量与纯数。

2.1.3　比体积

比体积[①](专业上习惯称为比容)是描述分子聚集程度的参数,单位质量的工质所占的体积称为比体积,记为 v,单位是 m³/kg。通常还有一个状态参数叫密度,记为 ρ,密度是单位体积工质的质量,因此在数值上,密度是比体积的倒数,即

$$\rho = 1/v \tag{2-7}$$

2.1.4　比内能、比焓与比熵

储存于系统内部的能量称为内能,记为 U,单位是 J。内能与系统内工质的内部粒子微观运动和粒子的空间位置有关,包括分子的移动动能、分子的转动动能、分子间的位能和分子内部的能量(比如原子的振动动能和位能)。此外,分子内部的能量还包括与分子结构有关的化学能和原子内部的原子能,由于我们研究的工质的热力过程一般不涉及化学反应和核反应,因此这部分能量保持不变。

单位质量工质所具有的参数称为比参数。例如 2.1.3 节所述的比体积,就是单位质量工质所具有的体积。单位质量工质所具有的内能称为比内能,通常用 u 来表示,单位是 J/kg。工质的比内能取决于工质的温度和比体积,即

$$u = f(T,v) \tag{2-8}$$

在研究流动工质的时候,我们通常引入比焓来进行计算,比焓用 h 表示,单位是 J/kg,其定义为

$$h = u + pv \tag{2-9}$$

也就是说,比焓是比内能和推进功 pv 的总和。

熵是可逆过程传热的标志,熵 S 的定义式为

$$dS = dQ_r/T \tag{2-10}$$

熵的单位为 J/K。上式中,Q_r 是可逆过程中与外界交换的热量。单位质量工质的熵就是比熵,记为 s,比熵的单位是 J/(kg·K)。

> 知识点:
> * 焓和熵的物理含义。
> * 焓和比焓的差别。

2.1.5　水的物性

水在核反应堆中具有重要作用,这里介绍一下水的物性。水的物性包括热力学性质、输运性质[3,4]。热力学性质包括温度、压力、比体积、比热容、比焓和比熵,输运性质包括热导

---

① 根据中国核能动力学会反应堆热工流体专业委员会编写的《核反应堆热工流体力学术语》,单位质量的工质所占的体积称为比容,本书采用国家标准,称为比体积。

率、动力黏度、运动黏度和表面张力等。

　　水和水蒸汽作为一种常规工质，在动力系统中得到广泛的应用。第六届国际水蒸汽性质会议成立的国际公式化委员会 IFC(International Formulation Committee)制定了用于计算水和水蒸汽热力性质的 IFC 公式，并在此基础上不断制定新的计算公式，为大家所熟悉的就是"工业用 1967 年 IFC 公式"(简称 IFC-67 公式)，IFC-67 公式在较长一段时间内得到了广泛的应用。

　　1984 年 9 月在莫斯科召开的第十届国际水蒸气性质会议上通过了普通水三个国际骨架表，即《1985 IAPS 热力学性质国际骨架表》(简称骨架表)，并于 1985 年 11 月由国际水蒸气性质协会(International Association for the Properties of Steam，IAPS)公布。它包括饱和水、饱和水蒸气的比体积和比焓骨架表，水和水蒸气的比体积骨架表与水和过热水蒸气的比焓骨架表，温度范围为 273.15～1073.15K，压力范围为 $6.11659 \times 10^{-4} \sim 1000\text{MPa}$。

　　随着工程技术以及科学研究水平的不断提高，对水和水蒸气热力性质计算精度和速度要求不断提高，IFC-67 公式存在的诸如计算精度低、计算迭代时间长、适用范围窄的缺陷也就越来越明显起来。因此，在 1997 年德国 Erlangen 召开的水和水蒸气性质国际联合会(International Association for the Properties of Water and Steam，IAPWS)通过并发表了由德、俄、英、加等 7 国 12 位科学家组成的联合研究小组提出的一个全新的水和水蒸气计算模型，即 IAPWS-IF97 公式[5]。

　　因此确定水的物性有两种基本的方法。一种是采用 IAPWS-IF97 公式计算，该公式是一组复杂的拟合公式，通常需要采用计算机程序进行计算。另一种方法是采用骨架表差值法计算，骨架表见附录 C。

　　初步设计时采用差值法计算比较快捷，但计算误差较大。较精细的计算需采用拟合公式。插值计算的方法有很多种，比如线性插值、多项式插值、样条插值等。在核反应堆热工计算中，通常采用的是线性插值，只有在精度要求比较高时，才采用样条插值或多项式插值。若采用多项式插值，一般次数不会超过三次多项式。

　　在进行插值计算的时候要注意以下几点：一是尽可能采用内插，因为骨架表里面的数据没有外推性；二是不能用两相数据插值，如果插值点正好在两相点附近，要采用骨架表上所在相(汽相或液相)的数据和饱和态的数据进行插值，因此通常要先判断插值点的状态，是处于液相还是汽相状态。

　　例 2-3　求 16MPa，310℃时水的热导率。

　　解　首先要判断所处的状态，先计算 $p=16\text{MPa}$ 时的饱和温度，根据附表 C-1，压力为 14.608MPa 时的饱和温度为 340℃，压力为 16.537MPa 时的饱和温度为 350℃，采用线性插值，得到

$$T_s = \left[340 + \frac{16 - 14.608}{16.537 - 14.608} \times (350 - 340) \right] \text{℃} = 347.22\text{℃}$$

所以，压力为 16MPa 时的饱和温度大于 310℃，此时的水处于单相液态。附表 C-7 中 300℃以上相邻的数据就是 350℃，由于 350℃大于饱和温度 347.22℃，所以 350℃时的状态已经是水蒸气状态了。因为不能采用两相的数据进行插值，所以需要首先计算饱和温度为 347.23℃时的热导率。查附表 C-1 得到压力为 14.608MPa 时的热导率为 0.460，压力为 16.537MPa 时的热导率为 0.434，进行线性插值得到压力为 16MPa 时的热导率为

$$k_s = \left[0.460 + \frac{16 - 14.608}{16.537 - 14.608} \times (0.434 - 0.460) \right] W/(m \cdot ℃) = 0.441 W/(m \cdot ℃)$$

查附表 C-7 得到 300℃、15MPa 时水的热导率为 0.5658W/(m·℃);300℃、17.5MPa 时的热导率为 0.5705W/(m·℃),所以 300℃、16MPa 时的热导率为

$$k_{300} = \left[0.5658 + \frac{16 - 15}{17.5 - 15} \times (0.5705 - 0.5658) \right] W/(m \cdot ℃) = 0.568 W/(m \cdot ℃)$$

这样就可以通过线性插值得到 310℃、16MPa 下水的热导率为

$$k = k_{300} + \frac{310 - 300}{t_s - 300} (k_s - k_{300})$$
$$= \left[0.568 + \frac{310 - 300}{347.25 - 300} \times (0.441 - 0.568) \right] W/(m \cdot ℃)$$
$$= 0.541 W/(m \cdot ℃)$$

知识点:
- 水物性的计算方法:拟合法和插值法。
- 插值法的计算过程。

2.1.6　水的热力学性质图

热力学性质图和蒸汽表经常被用来研究给定系统的理论以及实际的性质和效率。

物质的相和物质属性的关系主要通过热力学性质图来描述。热力学性质图定义了大量的状态参数以及状态参数之间的关系。例如,在标准大气压和 100℃ 温度下的水以蒸汽形式存在而不是液体;在 0~100℃ 温度下则为液态水;而低于 0℃ 时是冰。另外,冰、液态水和水蒸气的性质是相关联的。100℃ 和标准大气压条件下的饱和蒸汽的比体积是 1.673m³/kg。在不同的温度或压力下,饱和蒸汽有不同的比体积。例如在 10MPa 压力下,饱和温度是 311℃,饱和蒸汽的比体积是 0.01803m³/kg。

在热力学性质图中主要描述了物质的五种状态参数,分别是:压力(p),温度(T),比体积(v),比焓(h)以及比熵(s)。当考虑两种相混合的时候,比如液态水和蒸汽混合,第六个状态参数,蒸汽干度(χ)也将被用到。

常遇到的有六种不同类型的性质图,分别是:压力-温度$(p$-$T)$图,压力-比体积$(p$-$v)$图,压力-比焓$(p$-$h)$图,比焓-温度$(h$-$T)$图,温度-比熵$(T$-$s)$图,以及比焓-比熵$(h$-$s)$图,也称莫里尔图。

1. 压力-温度$(p$-$T)$图

p-T 图是用来表示物质的相态的最常用的方式。图 2-2 是水的 p-T 图。将固相和气相分开的曲线叫作升华线。将固相和液相分开的曲线叫作融化线。将液相和气相分开的曲线叫作气化线。三条线相交的点是三相点。三相点是三种相能稳定存在的唯一的状态点。而气化线结束的端点叫作临界点。压力和温度大于临界点处的值时,不管有多大的压力作用,没有物质能以液态形式存在。

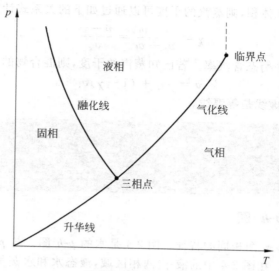

图 2-2　压力-温度图

知识点：
- 三相点。
- 临界点。

2. 压力-比体积(p-v)图

p-v 图是另一个常用的性质图。图 2-3 是水的 p-v 图。p-v 图与 p-T 图在一个特别的地方十分不同。在 p-v 图中有一个区域是两种相可以同时存在的。在图 2-3 中的液-汽两相区域，液态水和水蒸气可以同时存在。例如在图 2-3 中，与 B 点比体积(v_f)相同的水和与 C 点比体积(v_g)相同的蒸汽同时存在于 A 点。

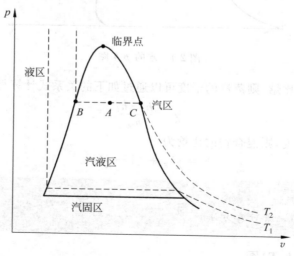

图 2-3　水的 p-v 图

若已知混合物的比体积,则蒸汽的干度可以通过如下的关系式计算得到

$$\chi = \frac{v - v_f}{v_g - v_f} = \frac{v - v_f}{v_{fg}}$$ (2-11)

这个干度也称为平衡态含汽率。若已知蒸汽的干度,则混合物的比体积为

$$v = \chi v_g + (1 - \chi) v_f$$ (2-12)

另外,图 2-3 中的虚线是等温线。

知识点:
- 蒸汽干度。
- 平衡态含汽率。

3. 压力-比焓(p-h)图

p-h 图表现出与 p-v 图相同的特征。图 2-4 是水的 p-h 图。与 p-v 图相似,p-h 图也有两相同时存在的区域。在图 2-4 中的液-汽两相区域,液态水和水蒸气可以同时存在。例如在点 A,与点 B 比焓(h_f)相同的水和与点 C 比焓(h_g)相同的蒸汽同时存在。图 2-4 中的虚线是等温线。

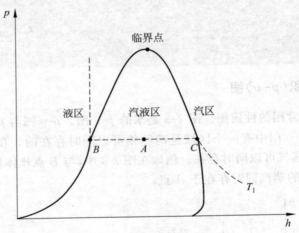

图 2-4　水的 p-h 图

若已知混合物的比焓,则蒸汽的干度可以通过如下的关系式计算得到

$$\chi = \frac{h - h_f}{h_{fg}}$$ (2-13)

若已知蒸汽的干度,则混合物的比焓为

$$h = \chi h_g + (1 - \chi) h_f$$ (2-14)

知识点:
- 汽水混合物的比焓计算方法。

4. 比焓-温度(h-T)图

图 2-5 是水的 h-T 图。与之前所述的性质图相似,h-T 图也有两相同时存在的区域。

在饱和液和饱和汽之间的区域表示两相同时存在的范围。两条饱和线之间的垂直距离表示
汽化潜热。如果存在状态位于饱和液体线上点 A 的水,并且提供等同于汽化潜热的热量的
话,水将在保持温度不变的情况下从饱和液转化成为饱和汽(点 B)。在饱和线以外进行热
量交换将产生过冷液体或者过热蒸汽。在液-汽两相区域的任何一点的蒸汽干度可以通过
与 p-h 图相同的关系式(2-13)计算。

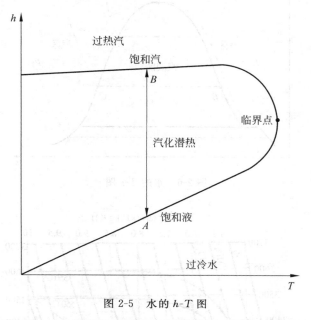

图 2-5　水的 h-T 图

知识点:
- 汽化潜热。

5. 温度-比熵(T-s)图

T-s 图是最常用的用来分析能量传输系统循环的性质图。这是因为系统所做的功或对
系统做的功,以及热量的吸收或释放都可以通过 T-s 图看到。根据熵的定义,系统吸收或释
放的热量与 T-s 图中过程曲线下部的面积相同。图 2-6 是水的 T-s 图。

在图 2-6 中的液-汽两相区域,液态水和蒸汽可以同时存在。例如在点 A,与点 B 比熵
(s_f)相同的水和与点 C 比熵(s_g)相同的蒸汽同时存在。在液-汽两相区域任何一点混合物的
蒸汽干度都可以通过如下的关系计算得到:

$$s = x s_g + (1 - \chi) s_f \tag{2-15}$$

$$\chi = \frac{s - s_f}{s_{fg}} \tag{2-16}$$

6. 比焓-比熵(h-s)图

h-s 图也称为莫里尔图,如图 2-7 所示。它与 T-s 图有着完全不同的形状。莫里尔图有
一系列的等温线、等压线、等湿或者等蒸汽干度线,以及一系列的等过热线。莫里尔图只有
在蒸汽干度超过 50% 时或者针对过热蒸汽时有用。

化（即相变）过程。2.6图是水在一相相图中各个不同阶段的变化过程。

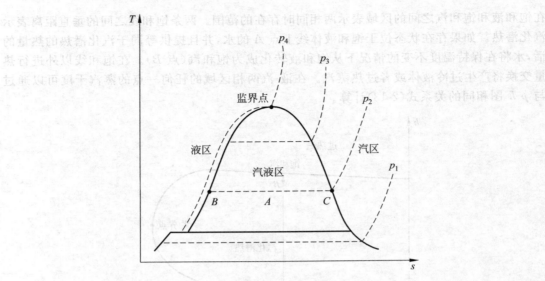

图 2-6 水的 T-s 图

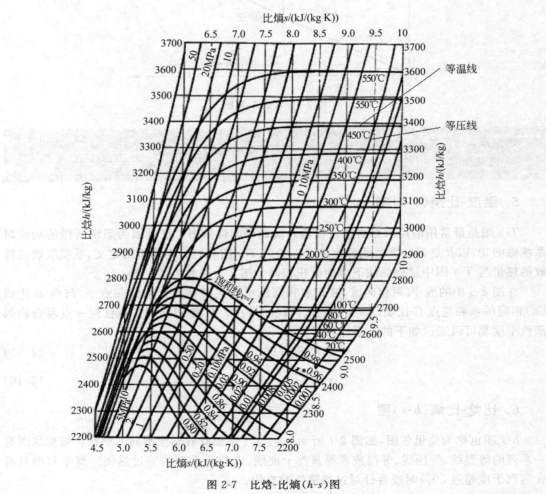

图 2-7 比焓-比熵（h-s）图

知识点:
* 莫里尔图。

2.2　蒸汽动力循环

蒸汽动力循环是指采用蒸汽作为工质的动力循环[6]。目前世界上的大部分核电厂都采用水蒸气作为工质,由汽轮机带动发电机发电。船用的核动力系统则用汽轮机带动螺旋桨作为动力。

大部分核电厂的蒸汽动力循环采用朗肯循环。朗肯循环由水泵、蒸汽发生器、汽轮机和凝汽器四个主要装置组成(图 2-8)。水在水泵中被压缩升压,然后进入蒸汽发生器被加热汽化,直至变成蒸汽后,进入汽轮机膨胀做功,做功后的低压蒸汽被冷却凝结成水,再回到水泵中完成一个循环。下面我们对实际的循环进行简化和理想化,以便于分析主要参数对循环的影响。

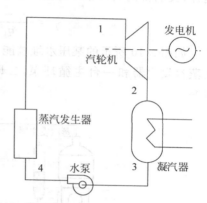

图 2-8　朗肯循环示意图

1—2 过程:绝热膨胀过程。绝热膨胀过程中系统没有与外界交换热量,根据式(2-10),系统的熵不变,因此是定比熵膨胀过程。

2—3 过程:蒸汽在凝汽器中被冷却成饱和水,可以简化为定压可逆冷却过程。

3—4 过程:水在水泵中被压缩升压,此过程中流经水泵的流量较大,水泵向周围的散热量折合到单位质量工质可以忽略,因此该过程可以简化为绝热压缩过程,也就是定比熵压缩过程。

4—1 过程:水在蒸汽发生器中被加热的过程,简化为一个定压可逆吸热过程。

这样四个过程就组成了一个朗肯循环,将其表示在 p-v 和 T-s 图上,如图 2-9 所示。

在蒸汽发生器内,水吸收的热量是由定压可逆吸热过程 4—1 完成的,因此有

$$q_1 = h_1 - h_4 \tag{2-17}$$

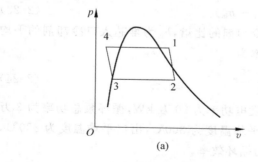

(a)

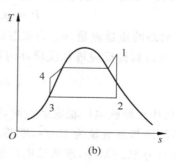

(b)

图 2-9　朗肯循环的 p-v 和 T-s 图

在汽轮机中,水蒸气经过绝热膨胀过程 1—2,单位质量工质对外做的功为

$$w_T = h_1 - h_2 \tag{2-18}$$

在凝汽器中,水蒸气经过定压可逆冷却过程 2—3 冷凝为水,放出的热量为

$$q_2 = h_2 - h_3 \tag{2-19}$$

3—4 过程:水在水泵中被绝热压缩,单位质量工质接受泵的功为

$$w_p = h_4 - h_3 \tag{2-20}$$

由于水是压缩性极小的物质,即在压缩过程中,体积的变化可以忽略,水泵中的压力的升高为 $\Delta p = p_4 - p_3 = p_1 - p_2$,因此可以近似估算出水泵的功耗为

$$w_p = v \Delta p \tag{2-21}$$

这样,我们得到朗肯循环的循环效率为

$$\eta = \frac{w_T - w_p}{q_1} = \frac{(h_1 - h_2) - (h_4 - h_3)}{h_1 - h_4} \tag{2-22}$$

如图 2-10 所示的某压水堆核能系统的一回路主冷却剂系统有两个环路,每个环路有一台蒸汽发生器和一台主循环泵,二回路的蒸汽系统有一台汽轮机、一台凝汽器和一台给水泵。

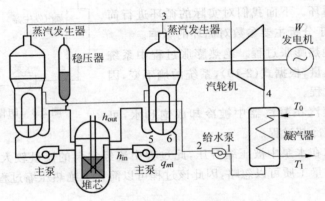

图 2-10   压水堆系统简化图

现在我们把图 2-10 所示的全部设备组成一个系统,这样对系统外的环境发生能量交换的有:外界给三台泵提供的电功率 W_p,汽轮机对外输出的电功率 W,凝汽器入口冷却水温度 T_0,出口冷却水温度 T_1,质量流量 q_m。若堆芯发热功率为 P,则根据能量守恒,有

$$P = q_{m1}(h_{out} - h_{in}) \tag{2-23}$$

其中,q_{m1} 为一回路的质量流量,h_{out} 为堆芯出口冷却剂的比焓,h_{in} 为堆芯入口冷却剂的平均比焓。这样可以得到核反应堆系统循环的热效率为

$$\eta = \frac{W - W_p}{P} \tag{2-24}$$

例 2-4   某压水堆核电厂稳定运行时,额定发电功率为 90 万 kW,循环泵总功率为 3 万 kW,流过堆芯的冷却剂流量为 15t/s,堆芯入口平均温度为 300℃,出口平均温度为 330℃,冷却剂系统压力为 15.5MPa,求该核电厂的热力循环效率。

解   查附表 C-3 进行插值计算可以得到 15.5MPa、300℃时水的比焓为 1337.81kJ/kg,15.5MPa、320℃时水的比焓为 1517.87kJ/kg。根据式(2-23)和式(2-24)得到热力循环效

率为

$$\eta = \frac{W - W_P}{P} = \frac{W - W_P}{q_{m1}(h_{out} - h_{in})} = \frac{87 \times 10^4}{15 \times 10^3 \times (1517.87 - 1337.81)} = 32.2\%$$

知识点：
- 朗肯循环的过程。
- 朗肯循环效率的计算方法。
- 反应堆发热功率的计算。

2.3　蒸汽再热循环与回热循环

为了提高动力循环的热效率，除了提高蒸汽的温度和压力之外，通常还采用再热循环和回热循环。所谓再热循环，就是蒸汽在汽轮机中膨胀到某一中间压力的时候全部引出来，进入到回热加热器中加热后，再回到汽轮机继续膨胀做功（见图 2-11）。

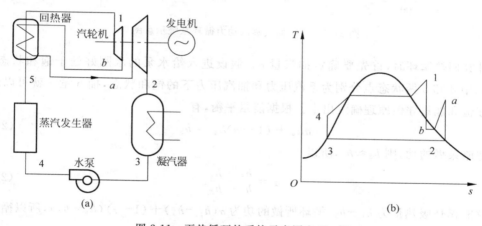

图 2-11　再热循环的系统示意图和 T-s 图

如果忽略泵所做的功，则循环吸热量为 $(h_1 - h_4) + (h_a - h_b)$，循环所做的功为 $(h_1 - h_b) + (h_a - h_2)$，所以再热循环的热效率为

$$\eta = \frac{(h_1 - h_b) + (h_a - h_2)}{(h_1 - h_4) + (h_a - h_b)} \tag{2-25}$$

在核能系统里面，通常不是采用再热循环，而是采用回热循环的方式来提高循环热效率。

从原理上说，回热就是把本来要放给冷源的热量利用起来去加热工质，以减少工质从外界（热源处）吸收的热量。在朗肯循环中，放给冷源的热量是由膨胀做功之后的乏汽在凝汽器里面完成的，显然这部分热量不能直接用于加热将要回到蒸汽发生器的水。目前采用一种切实可行的回热方案是，将汽轮机中还没有完全膨胀的、压力和温度仍不太低的少量蒸汽，从汽轮机中抽出，去加热低温的蒸发器给水。由于这部分抽汽的潜热还没有放给冷源,而是用于加热工质,达到回热的目的,因而这种回热循环也称为抽汽式回热循环。

图 2-12 是一次抽汽蒸汽动力循环系统示意图。1kg 的新蒸汽进入汽轮机,膨胀到某一压力 p_a 时,抽出部分蒸汽 α(单位：kg)引入回热加热器,其余 $(1-\alpha)$(单位：kg)蒸汽继续膨胀做功到乏汽压力,进入凝汽器被冷却凝结成水,然后经冷凝泵加压进入回热加热器,被 α(单位：kg)抽汽加热为接近饱和水,然后再经给水泵加压进入蒸汽发生器,完成循环。

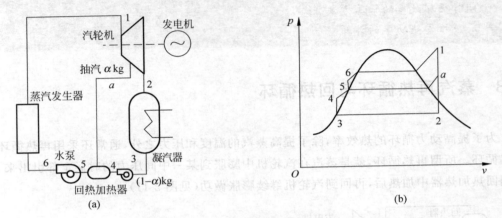

图 2-12　一次抽汽蒸汽动力循环系统示意图

计算回热循环时,首先要确定抽汽量 α。假设进入给水泵的水刚好处于饱和状态,即图 2-12 中 3 和 5 两状态点分别为乏汽压力和抽汽压力下的饱和状态,抽气量 α 就可以通过质量守恒和能量守恒原理确定出来。根据能量平衡,有

$$\alpha h_a + (1-\alpha)h_4 = h_5 \tag{2-26}$$

忽略泵做的功,则 $h_3 \approx h_4$,所以

$$\alpha = \frac{h_5 - h_3}{h_a - h_3} \tag{2-27}$$

这时循环吸热量为 $h_1 - h_5$,循环所做的功为 $\alpha(h_1 - h_a) + (1-\alpha)(h_1 - h_2)$,所以循环的热效率为

$$\eta = \frac{(h_1 - h_a) + (1-\alpha)(h_a - h_2)}{h_1 - h_5} \tag{2-28}$$

蒸汽动力循环采用回热方式,由于增加了回热加热器、管道、阀门以及水泵等装置,必然增大设备投资,系统也较朗肯循环复杂。但回热循环提高了系统循环热效率,而且降低了汽轮机的设计成本,因此现代大、中型蒸汽动力循环几乎都采用回热循环。抽汽的级数可以多达 8 级,参数越高、容量越大的机组,回热级数也越多。图 2-13 是某核电厂的二回路热力系统示意图。

知识点：
• 再热和回热。

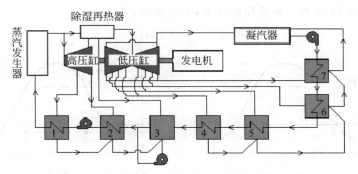

图 2-13 某核电厂的二回路热力系统示意图

参考文献

［1］ 严济慈. 热力学第一和第二定律［M］. 北京：人民教育出版社,1966.

［2］ 傅宝琴. 量和单位国家标准实用手册［M］. 北京：中国标准出版社,1994.

［3］ 钟史明. 具有火用参数的水和水蒸气性质参数手册［M］. 北京：水利电力出版社,1989.

［4］ 范仲元. 水和水蒸气热力性质图表［M］. 北京：中国电力出版社,1996.

［5］ The International Association for the Properties of Water and Steam. Release on the IAPWS Industrial Formulation 1997 for the Thermodynamic Properties of Water and Steam［R］. Erlangen, Germany. 1997.

［6］ 龚茂枝. 热力学［M］. 武汉：武汉大学出版社,1998.

习 题

2.1 查水物性骨架表计算水的以下物性参数：

(1) 求 15.5MPa 时饱和水的动力黏度和比焓；

(2) 若 344℃下汽水混合物中水蒸气的质量比是 1%,求汽水混合物的比体积；

(3) 求 15.5 MPa 下比焓为 1600kJ/kg 时水的温度；

(4) 求 15.5 MPa 下 310℃时水的热导率。

2.2 图 2-5 所示的某压水堆系统,回路参数见下表,试计算整个核电厂循环的热效率。

位　置	T/K	p/kPa	$h/(kJ \cdot kg^{-1})$	状　态
给水泵入口		6.89	163	饱和液
给水泵出口		7750	171	欠热液
蒸发器二次侧出口		7750	2771	饱和气
汽轮机出口		6.89	1940	两相混合物
蒸发器一次侧入口	599	15500		欠热液
蒸发器一次侧出口	565	15500		欠热液

2.3 试计算图 2-14 中的三种循环的效率,并比较之。

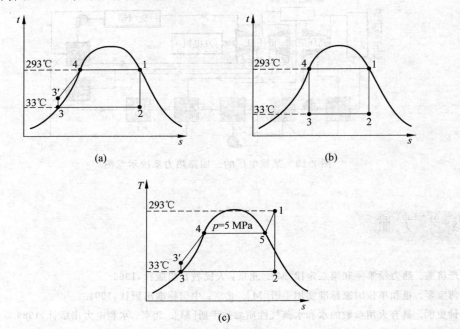

图 2-14 三种循环

第 3 章

材料与热源

在考虑核反应堆结构材料的时候,通常把堆芯内结构材料与堆芯外结构材料分开来考虑。因为前者有辐照效应问题而后者没有。堆芯外的结构材料与一般的结构材料基本相同,以使用条件下的强度和耐腐蚀性为主要考虑因素,但因它是核反应堆装置的一部分,对其性能和使用的安全性比一般结构用材料的要求更加严格一些。本章主要探讨堆芯内结构材料,而且讨论研究的重点为材料的热工方面的性能。至于材料的强度、耐腐蚀性等要求,读者需要参阅材料学相关的参考书。

堆芯内结构材料应能在保证核反应堆安全的同时满足核反应堆经济性的要求。从安全角度出发,由于材料的使用条件极其苛刻,要求材料具有较高的抗动载荷能力(例如热应力、强振动、高辐射等)。在实际工程中,选择堆芯材料要考虑的因素很多,诸如强度、塑性、工艺性、热应力、交变应力作用下的抗疲劳性、辐照稳定性、腐蚀稳定性、导热性、各种材料之间的相容性以及对中子的吸收截面等。

堆芯内结构材料包括燃料元件用材料(又可以分为燃料芯块材料、燃料包壳材料、燃料组件和部件材料、导向管材料等)、慢化剂、冷却剂、反射层、控制材料(包括热中子吸收材料及控制棒材料、控制棒包壳材料、控制棒构件、液体控制材料等)、屏蔽材料、核反应堆容器材料等。

本章结合压水堆核电厂的设计,重点探讨核燃料、包壳、冷却剂和慢化剂的热工方面的性能,以及确定材料后堆内热源强度的计算方法。

3.1 核燃料

可用作核燃料的核素并不多,^{233}U,^{235}U,^{239}Pu 和 ^{241}Pu 的热中子裂变截面都较大,可以用作热堆的核燃料。其中 ^{233}U,^{235}U,^{239}Pu 已被用作核燃料,而 ^{241}Pu 由于存在各种技术难点,工程上目前还没有被采用。

^{235}U 是存在于天然铀矿中的核燃料。在天然铀中,大量存在的是 ^{238}U,约占 99.28%,^{235}U 的含量大约只占 0.714%,其余的约 0.006% 是 ^{234}U。

^{233}U 和 ^{239}Pu 是在生产堆中用人工方法获得的两种核燃料。它们分别是由 ^{232}Th 和 ^{238}U 俘获中子而形成的,其中 ^{239}Pu 是早期核弹头的主要材料。

^{241}Pu 的半衰期短,放射性强,裂变截面大,在核反应堆里面的积累量很少,所以很少单独提取。

　　另外还有一些超钚元素具有裂变材料的重要特点,适合于作为小型核武器和氢弹的引爆材料,它们是 ^{242}Am(镅), ^{245}Cm(锔), ^{247}Cm, ^{249}Cf(锎)和 ^{251}Cf 等。

　　综上所述,裂变反应堆用核燃料大体上可以分为易裂变材料和可转换材料两大类。易裂变材料可以在各种不同能量中子的作用下发生裂变反应,自然界存在的易裂变材料只有 ^{235}U 一种。可转换材料在能量低于裂变阈能的中子作用下不能发生裂变反应,但在俘获高能中子后能够转变成易裂变材料,例如 ^{232}Th 和 ^{238}U 是很好的可转换材料。

　　目前,绝大部分热中子核反应堆的核燃料外面都有包壳材料。用包壳材料包装和密封的核燃料,通常称为燃料元件。根据不同几何形状,可分为棒状燃料元件和板状燃料元件等。包壳材料可以防止冷却剂腐蚀燃料,并能阻止高放射性物质的泄漏,另外还起着保持核燃料元件几何形状及位置的作用。

　　为避免热流密度过大和燃料温度过高,还有将易裂变材料弥散在基体中的燃料形式。还有一种是慢化剂、冷却剂和核燃料混合在一起的所谓液态燃料,它的研究历史已很长,现仍有部分在继续研究中。

　　选择核燃料的形式时首先要考虑的是材料对中子的裂变截面,裂变截面越大越好;其次要考虑的是燃料的密度,通常希望燃料密度大一些;此外还应考虑组成燃料元件的物质是否容易获得,加工制造和后处理是否困难,以及耐腐蚀、耐高温、耐辐照的性能如何等。综合考虑这些因素,目前的商用核电厂大多数采用化合物形式的陶瓷体燃料,用得最广的是 UO_2。

　　根据核燃料的物理相态、基本特征和设计方式的不同,大致可分为固体燃料、液体燃料和弥散体燃料(见表 3-1),目前还没有气体核燃料和固液混合核燃料。

表 3-1　核燃料分类表

燃料形式	形　态	材　料	适用堆型
固体燃料	金属	U	石墨慢化堆
	合金	U-Al	快堆
		U-Mo	快堆
		U-ZrH	脉冲堆
	陶瓷	U_3Si	重水堆
		$(U,Pu)O_2$	快堆
		$(U,Pu)C$	快堆
		$(U,Pu)N$	快堆
		UO_2	轻水堆、重水堆
弥散体	金属-金属	UAl_4-Al	重水堆
	陶瓷-金属	UO_2-Al	重水堆
	陶瓷-陶瓷	$(U,Th)O_2$-(热解石墨,SiC)-石墨	高温气冷堆
	金属-陶瓷	$(U,Th)C_2$-(热解石墨,SiC)-石墨,UO_2-W	高温气冷堆
液体燃料	水溶液	$(UO_2)SO_4$-H_2O	沸水堆
	悬浊液	U_3O_8-H_2O	水均匀堆
	液态金属	U-Bi	
	熔盐	UF_4-LiF-BeF_2-ZrF_4	熔盐堆

固体燃料的典型结构形式是用包壳材料将燃料包封起来做成燃料元件。包壳可以防止燃料被冷却剂腐蚀,还可以阻止裂变产物从燃料芯块内跑出来。因此包壳成了放射性物质屏蔽的第一道屏障。细分起来,固体燃料又可以分为金属、合金和陶瓷型燃料三大类。在核反应堆发展初期就开始研究液体燃料,液体燃料具有系统简单、可连续换料、无制造燃料元件和固有安全性高等显著优点。液体燃料多以某种形式将燃料、冷却剂和慢化剂溶合在一起,又可以分为水溶液、悬浊液、液态金属和熔盐。但是由于液体燃料会腐蚀材料,而且辐照不稳定,燃料的后处理较困难,因此目前还没有达到工业应用的程度。弥散体燃料的最初设计思想是为了提高燃料元件的传热效率,有的还把燃料和作为慢化剂的石墨做在一起,是一种比较有前途的燃料形式。

在陶瓷型核燃料中,UO_2 的应用最为广泛,目前大多数商用核电厂均采用不同富集度的 UO_2 作为运行燃料。UO_2 最明显的优点是熔点高,使核反应堆可以高温运行,给核反应堆提供了提高热效率的可能性。UO_2 的第二个显著特点是它的化学惰性强,与冷却剂水、锆包壳的相容性很好,它几乎不与水发生任何反应。假如包壳损坏了,同金属元件上类似的情况相比较,这种惰性不但能减少裂变产物向核反应堆冷却剂释放的数量,降低其危害性,而且对核电厂负荷因子的不利影响也较小。另外,UO_2 没有同分异构体,允许有较深的燃耗,耐腐蚀性能也很好,燃料后处理和再加工也相对比较容易。但陶瓷型燃料导热性能差,在热梯度或热振动下脆性大,这一特点将限制陶瓷型燃料的运行温度。而包壳材料的熔点及传热性能又进一步限制了陶瓷型燃料的运行温度。

UO_2 的性质与它的制备条件、O/U 比(氧铀比)等都有密切关系。用于核反应堆的 UO_2 通常烧结为药片状的芯块,烧结的 UO_2 芯块与粉末状的 UO_2 的很多性质是不同的。在我们讨论某种材料的性质的时候,通常指的是其物理性质、机械性质和化学性质。UO_2 的物理性质包括密度、熔点、热导率、比热容和体膨胀系数等;机械性质包括强度、弹性、硬度、热变形抗力和蠕变特性;化学性质包括氧化性能和与其他物质的反应性。下面我们重点讨论 UO_2 的跟热工相关的物理性质。

> **知识点:**
> - 易裂变材料和可转换材料。
> - 包壳材料的作用。
> - UO_2 的特点。

3.1.1　UO_2 的密度

先来看理论密度,所谓理论密度是指根据材料的晶格常数计算得到的密度。计算得到 UO_2 的理论密度 ρ_0 是 $10.96\text{g}/\text{cm}^3$。然而实际制造出来的 UO_2 芯块是由粉末状的 UO_2 烧结出来的,由于制造工艺造成内部不可避免地存在空隙,达不到理论密度,计算中一般取 95% 理论密度下的值,即

$$\rho = 95\%\rho_0 = 10.41 \text{ g}/\text{cm}^3 \tag{3-1}$$

3.1.2 UO₂的熔点

UO₂的熔点随 O/U 比和微量杂质而变化,由于 UO₂在高温下会析出氧,使得 O/U 比在加热过程中要发生变化,因此 UO₂的真正熔点难以测定。正是由于这个原因,不同的研究人员测得的熔点各不相同,但大体都在 2800℃左右,一些研究人员已测得的未经辐照的 UO₂的熔点数据是[1] (2840±20)℃,(2860±30)℃,(2800±100)℃,(2760±30)℃,(2860±45)℃,(2865±15)℃,(2800±15)℃等。本书取未经辐照的 UO₂的熔点为(2800±15)℃。

燃料芯块被辐照后,随着固相裂变产物的积累和 O/U 比的变化,燃料的熔点会有所下降。通常把单位质量燃料所发出的能量称为燃耗深度,单位是 J/kg,工程上习惯以装入堆内的每吨铀所发出的热能作为燃耗深度的单位,即 MW·d/t(U)。根据不断积累的核反应堆运行经验,燃耗深度每增加 10^4 MW·d/t(U),其熔点下降大约 32℃。

例 3-1 计算燃耗深度为 50000MW·d/t(U) 的 UO₂燃料的熔点。

解 $t = (2800 \pm 15 - 5 \times 32)℃ = (2640 \pm 15)℃$。

3.1.3 UO₂的热导率

UO₂的热导率在燃料元件的传热计算中具有特别重要的意义,因为导热性能的好坏将直接影响芯块内的温度分布和芯块中心的最高温度。

热导率取决于电子和声子等载热子的活动性,许多金属在一定温度范围内由于声子的散射平均自由程随温度升高而变小,因而热导率反比于热力学温度。尽管对 UO₂的热导率进行了很多研究,但实验数据仍然比较分散。大部分研究结果表明[2],影响 UO₂热导率的主要因素有温度、密度、燃耗深度和氧铀比。

图 3-1 是美国燃烧公司得到的 95%理论密度下的 UO₂芯块的热导率与温度的关系[3]。

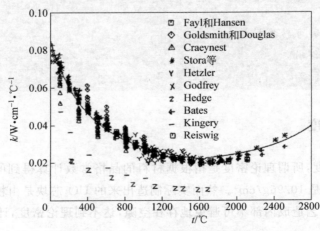

图 3-1 UO₂热导率与温度的关系

从图 3-1 可以看到,在大约 1800℃ 时热导率最小。对图中的实验数据进行拟合,得到的关系式为

$$k_{95} = \frac{38.24}{t + 402.4} + 6.1256 \times 10^{-13} (t + 273)^3 \tag{3-2}$$

美国西屋公司推荐使用的关系式是

$$k_{95} = \frac{1}{0.0238t + 11.8} + 8.775 \times 10^{-13} t^3 \tag{3-3}$$

其中,k 的单位是 W/(cm·℃),t 的单位是℃。这两个公式计算得到的热导率的比较如图 3-2 所示。

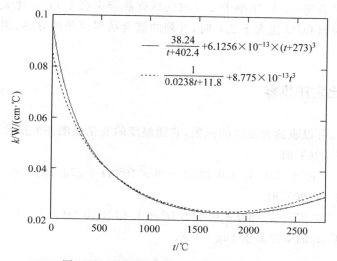

图 3-2　不同公式计算得到的热导率比较

其他密度下的热导率可以用麦克斯韦-尤肯(Maxwell-Euken)关系式计算,有

$$k_\varepsilon = \frac{1 - \varepsilon}{1 + \beta\varepsilon} k_{100} \tag{3-4}$$

其中,ε 是燃料空隙率(体积份额);β 是由实验确定的常数,对于大于或等于 90% 理论密度的 UO_2,$\beta = 0.5$,其他密度下,$\beta = 0.7$。这样可以得到

$$k_\varepsilon = \frac{1.025(1 - \varepsilon)}{0.95(1 + \beta\varepsilon)} k_{95} \tag{3-5}$$

另外,在燃料元件分析程序 MATPRO 中[4],使用如下关系式计算 UO_2 的热导率:

0℃ ≤ t ≤ 1650℃ 时,

$$k = \eta \left[\frac{B_1}{B_2 + t} + B_3 \exp(B_4 t) \right] \tag{3-6}$$

1650℃ ≤ t ≤ 2940℃ 时,

$$k = \eta [B_5 + B_3 \exp(B_4 t)] \tag{3-7}$$

其中,k 的单位仍是 W/(cm·℃);t 的单位是℃;η 是空隙修正系数,

$$\eta = \frac{1 - \beta\left(1 - \dfrac{\rho}{\rho_{100}}\right)}{1 - \beta(1 - 0.95)} \tag{3-8}$$

其中

$$\beta = 2.58 - 0.58 \times 10^{-3} t \tag{3-9}$$

表 3-2 列出了式(3-6)与式(3-7)中系数 $B_1 \sim B_5$ 的值。

表 3-2 热导率关系式中的系数

燃　料	B_1	B_2	B_3	B_4	B_5
UO_2	40.4	464	1.216×10^{-4}	1.867×10^{-3}	0.0191
$(U, Pu)O_2$	33.0	375	1.540×10^{-4}	1.710×10^{-3}	0.0171

很多实验结果表明,O/U 比小于 2.0 时的试样热导率高于 O/U 比大于 2.0 时的试样热导率。这是因为当 O/U 比大于 2.0 时,过剩的氧会妨碍声子的导热,因此 O/U 比越高,热导率就越小。

3.1.4　UO_2 的比定压热容

比定压热容 c_p 可以表达为温度的函数,它随温度的变化如图 3-3 所示[5]。

在 25℃$<t<$1226℃时

$$c_p = 304.38 + 0.0251t - 6 \times 10^6 (t + 273.15)^{-2} \tag{3-10}$$

在 1226℃$\leqslant t<$2800℃时

$$c_p = -712.25 + 2.789t - 0.00271t^2 + 1.12 \times 10^{-6} t^3 - 1.59 \times 10^{-10} t^4 \tag{3-11}$$

其中,t 的单位是℃,c_p 的单位是 J/(kg·℃)。

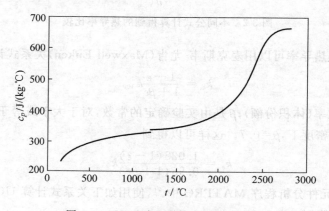

图 3-3　UO_2 比定压热容与温度的关系

在图 3-3 中可以看到,在 1226℃处存在间断点,这在分段计算物性的关系式中经常会遇到,有时甚至会使计算无法收敛。这时通常的做法是在不连续点附近的一个很小的区域内进行两个关系式的插值处理。我们把图 3-3 的局部放大得到图 3-4。实际的程序计算中,可以用图 3-4 中的虚线代替实线进行计算,至于虚线斜率的选取,要根据计算的误差要求和收敛性要求来确定。

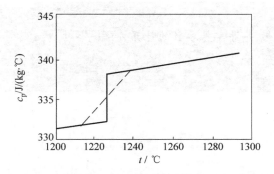

图 3-4　UO_2 比热容与温度的关系曲线中的间断点处理

3.1.5　UO_2 的线膨胀系数

在分析核燃料在核反应堆内的行为时,线膨胀系数也是一个重要的性质。虽然试验结果不很一致,如图 3-5 所示,但在 1000℃ 以下的线膨胀系数大约为 1×10^{-5}/℃。在大于 1000℃ 的时候,可以取 1.3×10^{-5}/℃。由于 UO_2 在 2450℃ 以上会显著蒸发,因此高温下的线膨胀系数只是定性的。

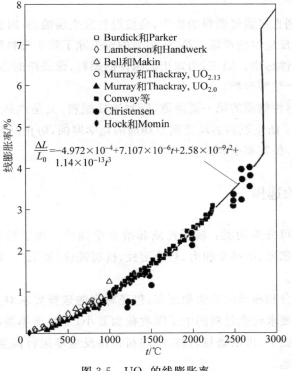

图 3-5　UO_2 的线膨胀率

线膨胀系数为单位温升下的线膨胀率,有

$$\beta = 7.107 \times 10^{-6} + 5.16 \times 10^{-9} t + 3.42 \times 10^{-13} t^2 \tag{3-12}$$

知识点：
- UO_2 的密度、熔点、热导率等参数的计算方法。
- 氧铀比。
- 燃耗深度。

3.2　包壳材料

燃料元件将裂变产生的能量以热的形式传给冷却剂。如果燃料是裸露的，与冷却剂直接接触，那么裂变反应产生的裂变产物就会进入冷却剂中。这种结果是不希望有的，所以一般把燃料套上包壳，这种包壳所用的材料就是包壳材料。装在包壳内的燃料芯块是含有裂变物质的材料，这种芯块通常做成圆棒状、板状或粒状。

3.2.1　包壳的作用

从工程上来看，在燃料和冷却剂之间引入一种非裂变材料——包壳，起着几重关键的作用。

第一，如果冷却剂直接流经燃料的表面，会使燃料发生腐蚀，有时腐蚀速度会很快，从而把放射性产物带出核反应堆活性区。第二，适当的包壳除了防止燃料被腐蚀之外，还能减小主冷却剂回路的放射性污染。第三，当选用非刚性的燃料，像疏松的芯块或辐照下易碎裂的燃料时，包壳还是一个结构容器。

因此，包壳是放射性物质的第一道屏障，既封装核燃料，又是燃料元件的支撑结构。包壳的作用可以归纳为：防止燃料芯块受到冷却剂的化学腐蚀，防止燃料芯块的机械冲刷，减少裂变气体向外释放，保留裂变碎片。

3.2.2　包壳材料的选择

包壳材料的性质可分为两类：核子性质和冶金学性质。核子性质主要指中子吸收截面。冶金学性质包括强度、抗蠕变能力、热稳定性、抗腐蚀性、加工性、导热性、与芯块的相容性以及辐照稳定性等。

就特定的燃料成分和核反应堆类型而言，包壳材料的选择要求对上述诸因素做综合考虑。考虑核子性质时要求包壳材料的中子吸收截面要小，尽可能不要吸收中子。在优先考虑中子吸收截面的前提下，再根据与燃料、冷却剂在核反应堆运行温度下的相容性，对有希望的包壳材料进行筛选。

除核子性能和相容性要求以外，还要求包壳材料的热导率要大，这样有利于热量向冷却剂传输，降低燃料中心温度。另外，抗腐蚀性能、抗辐照性能、加工性能和机械性能也是要考虑的因素。这样考虑后，就只有很少的材料适合于制作燃料包壳了，例如铝、镁、锆、不锈钢、镍基合金、石墨等。目前在压水堆中广泛应用的是锆合金包壳,快堆用不锈钢和镍基合金,高温气冷堆则采用碳化硅和石墨作为包壳材料。

锆合金的中子吸收截面小,在压水堆的运行工作条件下具有良好的机械性能和抗腐蚀性能,因此在水堆中得到广泛应用。

锆合金是良好的包壳材料,在核反应堆中用的主要是 Zr-4 合金和 Zr-2 合金两种。锆合金唯一的不足之处是有吸氢脆化的趋势。Zr-4 和 Zr-2 这两种锆合金除了吸氢性能外其余性能都很相似。在相同条件下,Zr-4 合金的吸氢率只有 Zr-2 合金的 1/3~1/2。目前,压水堆中一般采用 Zr-4 合金,而在沸水堆中习惯采用 Zr-2 合金,不过,沸水堆中也有采用 Zr-4 合金的趋势。下面来讨论 Zr-4 合金的物理性质。

3.2.3 Zr-4 合金的热导率

Zr-4 合金的热导率可用如下经验公式:
$$k_c(t) = 7.73 \times 10^{-2} + 3.15 \times 10^{-4}t - 2.87 \times 10^{-7}t^2 + 1.552 \times 10^{-10}t^3 \quad (3\text{-}13)$$
其中,k 的单位是 W/(cm·℃),t 的单位是℃,图 3-6 是由式(3-13)得到的曲线。

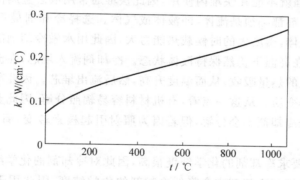

图 3-6 Zr-4 合金热导率与温度的关系曲线

3.2.4 Zr-4 合金的比定压热容

Zr-4 的比定压热容随温度变化的关系式为
$$\begin{cases} c_p = 286.5 + 0.1t, & 0 < t < 750℃ \\ c_p = 360, & t > 750℃ \end{cases} \quad (3\text{-}14)$$
其中,c_p 的单位是 J/(kg·℃)。

知识点:
- 包壳的作用。
- 锆合金热导率和比定压热容的计算方法。
- 锆合金热导率和 UO_2 热导率的比较。

3.3　冷却剂和慢化剂

早期的核反应堆主要目的是用于研究或生产钚，不希望由于裂变反应产生的热使堆芯温度上升太高，于是使流体流经堆芯进行循环，把热量排出去，这种流体就称为冷却剂。这个名称一直沿用至今。但对今天的动力堆来说，冷却剂的作用是把堆芯产生的热输送到用热的地方（热交换器或汽轮机）。它对核反应堆进行冷却，并把链式裂变反应释放出的热量带到核反应堆外面。

慢化剂是热中子堆中用来将燃料裂变反应释放出的快中子慢化成热中子以维持链式裂变反应的材料。

可供核反应堆使用的冷却剂种类是很多的，但并不是所有冷却剂都适用于各种类型的核反应堆，这是因为核反应堆类型不同，对冷却剂的要求也会有所不同。例如采用天然铀燃料的核反应堆不能使用中子吸收截面大的冷却剂，而只能使用重水；在采用石墨固体慢化剂的核反应堆中则通常用气体做冷却剂。氢或碳含量高的那些冷却剂，例如轻水、重水和有机液体，由于慢化能力强就不能在快堆内使用，因此快堆通常用液态金属作为冷却剂。

各种各样的冷却剂都必须是流体，即液体或气体。选择冷却剂最重要的是载热性能要好。同一种物质的流体，密度大的时候载热能力大，因此用水做冷却剂的动力堆中冷却剂系统是加高压的，使得在高温下仍然保持液体状态。冷却剂流入堆芯，在流经包壳表面时将此处包壳内燃料所产生的热量吸收，从而温度升高，然后流出堆芯。因此冷却剂必须能承受大量中子照射而不分解变质。从这一点看，有机材料容易辐照分解，因此要对它进行处理。液体金属之类的单原子冷却剂不会分解，但若因为照射引起核素转变，那么就会增加杂质，造成感生放射性。

此外，由于通常要求冷却剂的化学纯度很高，因此对冷却剂的化学纯度控制必须认真考虑。由于管道材料溶解到冷却剂中会降低冷却剂的化学纯度，因此用于冷却剂的水不但要精制，还要添加必要的物质，以防止管道材料的溶解。这就是轻水堆或重水堆等水冷堆的水化学问题。

因此，在选择冷却剂的时候，通常要考虑以下因素：冷却剂的中子吸收截面、冷却剂本身的热物性、相容性（主要是与结构材料的相容性）、稳定性（包括辐照稳定性和热稳定性）、冷却剂的慢化能力以及经济成本。

可以用的液体冷却剂主要有轻水、重水、碳氢化合物、液态金属（锂、钠、钾、铅、铋等）和低熔点的熔盐（氟化物等），可以采用的气体冷却剂有氦气、二氧化碳、水蒸气等。

在由热中子引起裂变反应的热中子核反应堆中，为了把裂变时产生的快中子的能量降低到热中子能量水平，要用慢化剂。质量数接近中子的轻原子核对中子的慢化最有利。此外，要求慢化剂材料的回弹性能良好，并且在慢化过程中尽量少吸收宝贵的中子。慢化后形成的热中子在与核燃料的原子核碰撞之前若被慢化剂吸收也是非常不利的，因此要选用中子吸收截面小的材料作慢化剂。

选择慢化剂首先是考虑中子性能，即要求慢化能力好，中子吸收截面尽可能小，轻水、重水和石墨都是良好的慢化剂。

另外,冷却剂和慢化剂必须和其他材料的相容性要好,自身的辐照稳定性要好,成本低,易于获得。

考虑以上因素,压水堆中采用 H_2O 兼作冷却剂和慢化剂。用水作冷却剂主要的缺点是沸点较低,因此一回路需要高压运行,故称"压"水堆。

冷却剂水的物性已经在上一章介绍过了。

> 知识点:
> * 选择冷却剂需要考虑的因素。
> * 选择慢化剂需要考虑的因素。

3.4　堆热源及其分布

核燃料裂变时会释放出巨大的能量。虽然不同核燃料元素的裂变能有所不同,但一般认为每一个 ^{235}U, ^{233}U 或 ^{239}Pu 的原子核,裂变时大约要在堆芯内释放出 200MeV 的热量。为了讲述核反应堆内的热源问题,即热量在核反应堆内的分配,我们有必要对裂变释放的能量分布情况有所了解。

3.4.1　压水堆裂变能分配

若不考虑不可利用的中微子等携带的能量,裂变时释放出来的可利用的能量大体上可以分为三类,见表 3-3[6]。第一类是在裂变的瞬间释放出来的,包括裂变碎片动能、裂变中子动能和瞬发 γ 射线,从表中数据我们可以看到,绝大部分的能量集中在裂变碎片动能;第二类是指裂变后发生的各种过程释放出来的能量,主要是裂变产物的衰变产生的;第三类是活性区内的燃料、结构材料和冷却剂吸收中子产生的(n,γ)反应而放出的能量。其中第二类能量在停堆后很长一段时间内仍继续释放,因此必须考虑停堆后对燃料元件进行长期的冷却,对乏燃料发热也要引起足够的重视。

表 3-3　裂变能分布

类型	来源	能量/MeV	射程	释热位置
瞬发	裂变碎片动能	168	极短	在燃料元件内
	裂变中子动能	5	中	大部分在慢化剂内
	瞬发 γ 射线能量	7	长	堆内各处
缓发	裂变产物衰变 β 射线	7	短	大部分燃料元件内
	裂变产物衰变 γ 射线	6	长	堆内各处
	过剩中子引起的非裂变反应加上(n,γ)反应产物的 β 衰变和 γ 衰变	约 7	有短有长	堆内各处
总计		约 200		

裂变碎片的射程最短,小于 0.025mm,因此可以认为裂变碎片动能基本上都是在燃料芯块内以热能的形式释放出来的。裂变产物的 β 射线的射程也很短,在铀芯块内也就几毫米,它的能量大部分也是在燃料芯块内释放出来的。因此,裂变能的绝大部分(工程上通常取 97.4%)在燃料元件内转换为热能,少量在慢化剂内释放。

另外,堆内热源及其分布还与时间有关,新装料、平衡运行和停堆后都不相同。

> 知识点:
> * 裂变释放的能量与热量的差别。
> * 每次裂变释放 200MeV 能量,其中 97.4% 在燃料内转化为热量。

3.4.2　核裂变截面

为了讨论中子与原子核的相互作用,需要确定中子与原子核相互作用的微观截面。中子与核反应的截面[7](nuclear reaction cross section of neutrons)是中子作为入射粒子,与物质的原子核产生各种核反应的概率的一种度量。因此中子核反应截面是用以描述中子核反应概率大小的一个物理量。中子核反应截面有微观截面和宏观截面,我们先来看微观截面。

微观截面 σ 表示平均一个入射中子与一个靶核发生相互作用的概率大小的一种度量[8]。物理意义是单个粒子入射到单位面积内只含一个靶核的核反应概率,反应截面具有面积的量纲。假如有一单向均匀平行中子束,其强度为 I(即单位时间内通过垂直于中子飞行方向平面的单位面积上有 I 个中子),垂直入射在单位面积的薄靶上,薄靶厚度为 Δx,靶片内单位体积中的原子核数(核子数密度)是 N,由于某种核反应使出射中子束强度减弱了 ΔI,如图 3-7 所示。

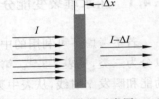

图 3-7　薄靶示意图

则微观截面定义为

$$\sigma = \frac{-\Delta I/I}{N\Delta x} \tag{3-15}$$

式中,$-\Delta I/I$ 为平行中子束中与靶核发生作用的中子所占的份额;$N\Delta x$ 为单位面积薄靶上的靶核数。式(3-15)是用于测量微观截面的计算公式,比较难以理解,下面我们用通俗一点的方法来介绍一下微观截面的概念。

先思考一下这样一个假想的问题:假如足球场上均匀撒有足球,如图 3-8 所示,平均每平方米内有一个足球,此时从高空扔下一个小米粒,请问小米粒能够砸中足球的概率有多大?

先不着急计算,我们先来分析这个概率和哪些因素有关。首先,和足球场的大小有关吗?只要确保该小米粒能够落到足球场内,则小米粒砸中足球的概率和足球场大小没有关系,只和足球场内单位面积的足球数量有关系。其次,和足球的大小有关系吗?显然有关系,确切地讲,应该和足球的截面(平行光束下的投影面积)有关系。因此足球的截面是小米粒砸中足球的概率大小的一种度量。

　　若足球的截面是 $0.03\mathrm{m}^2$，每平方米有 1 个足球，则小米粒砸中足球的概率是 0.03。若每平方米有 3 个足球，且每个足球的位置都是随机的，则概率为 $1-0.97^3=0.087$；若每个足球的位置不能重叠，则概率等于 $3\times0.03=0.09$。

　　●小米粒

图 3-8　小米粒砸足球示意图

　　因此微观截面具有面积的量纲，是一个中子和一个靶核发生相互作用的概率大小的一种度量。或者说其数值等于一个中子和单位面积上的一个靶核发生相互作用的概率。需要注意一点，"概率"是没有量纲的，而"概率大小的度量"可以是有量纲的。

　　$^{238}\mathrm{U}$ 原子核的半径大约是 $7.74\times10^{-13}\mathrm{cm}$，$^{235}\mathrm{U}$ 原子核的半径和它差不多。因此一个铀原子核在平行光束下的投影面积大约是 $2\times10^{-28}\mathrm{m}^2$。度量原子核的微观截面一般用巴（b）作为单位，$1\mathrm{b}=10^{-28}\mathrm{m}^2$，或 $1\mathrm{b}=10^{-24}\mathrm{cm}^2$。

　　由于中子和靶核之间可以发生多种核反应，不同的核反应会有不同的微观截面。我们用 σ_a 表示微观吸收截面；σ_s 表示微观散射截面等。微观总截面 σ_t 为各种微观截面之和，即：$\sigma_t=\sigma_a+\sigma_s+\cdots$。几种常用核材料对 $0.0253\mathrm{eV}$ 能量的中子的裂变截面和吸收截面见表 3-4。

表 3-4　几种材料对 0.0253 eV 能量的中子的裂变截面和吸收截面

材料	裂变截面 σ_f/b	吸收截面 σ_a/b
$^{233}\mathrm{U}$	531	579
$^{235}\mathrm{U}$	582	681
$^{238}\mathrm{U}$	—	2.70
$^{239}\mathrm{Pu}$	743	1012

　　下面我们举个例子来加深对微观截面概念的理解。

　　例 3-2　假设 $1\mathrm{cm}^2$ 的面积上随机均匀分布有 10^5 个 $^{235}\mathrm{U}$ 原子，速度为 $2200\mathrm{m/s}$ 的一个中子飞进该面积内，和 $^{235}\mathrm{U}$ 原子发生裂变反应的概率是多少？若面积为 $1\mathrm{nm}^2$，则概率又为多少？

　　解　根据表 3-4，对于 $2200\mathrm{m/s}$ 的中子，$^{235}\mathrm{U}$ 原子裂变截面是 582b。若在中子飞行方向上原子没有互相重叠，则概率为

$$p=n\frac{\sigma}{A}=10^5\times\frac{582\times10^{-28}}{1\times10^{-4}}=5.82\times10^{-17}$$

若面积为 $1nm^2$，假设原子不能互相重叠，则概率为

$$p = n\frac{\sigma}{A} = 10^5 \times \frac{582 \times 10^{-28}}{1 \times 10^{-18}} = 5.82 \times 10^{-3}$$

若能互相重叠，则概率为

$$p = 1 - \left(1 - \frac{\sigma}{A}\right)^n = 1 - \left(1 - \frac{582 \times 10^{-28}}{1 \times 10^{-18}}\right)^{100000} = 5.803 \times 10^{-3}$$

从例 3-2 可以看出，当概率在 10^{-3} 量级以下的情况下，不考虑可重叠引起的误差不大。在测定核俘获反应截面(吸收截面)时还表现出某些有趣的特点。图 3-9 显示了某元素的吸收截面随中子能量的变化情况，在某些能量附近存在一些界面突然增大的共振峰。虽然在一定能量下的中子实际吸收截面随着核的种类而有很大不同，但当中子能量变化时，这些截面数值却表现出相似的变化趋势。低能中子的吸收截面比较大，而高能中子(即快中子)的吸收截面则小得多。由于慢中子与原子核的许多反应(不限于辐射俘获反应)发生得比快中子反应迅速，因此为了增大反应概率，常常故意使快中子减低速度。这就是许多核反应堆内采用慢化剂的目的。

在慢中子区，吸收截面按"$1/v$ 律"的方式随着中子速度的增加而减少。这就是说，在这一区域中，截面数值与中子对核的速度成反比。从物理上看，这可以想象成中子与核相互作用概率取决于中子在核附近的逗留时间，而后者是与 $1/v$ 成比例的。

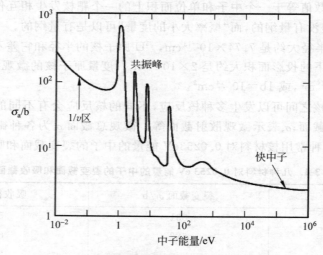

图 3-9　典型的吸收截面和中子能量的关系

在中间能量区的下部，例如对于能量约在 $1 \sim 1000eV$ 间的中子，常常在某些能量上出现某种核反应率(即截面)变得特别大的现象，这种现象在中等或高质量数核素中格外显著。这种现象属于共振现象。具有等于(或接近)共振值能量的中子，进行某一核反应的概率就比具有较高或较低能量的中子大得多。

在快中子区，由于中子的速度足够快了，截面基本就接近于原子核的投影面积了。

我们来看一个共振峰的例子。^{236}U 有一个 $6.8MeV$ 的量子能级，由于 ^{235}U 原子吸收一个中子释放出来的结合能，可以通过质量亏损进行计算，为

$$(235.043925 + 1.008665 - 236.045563) \times 931MeV = 6.54MeV$$

所以 ^{235}U 原子对 $(6.8-6.54)\mathrm{MeV}=0.26\mathrm{MeV}$ 的能量的中子会发生共振吸收。

有了微观截面的概念之后,我们再来建立宏观截面的概念。宏观截面 Σ 是一个中子与单位体积内原子核发生核反应的概率大小的一种度量。先来看一个例子,若 $1\mathrm{nm}^3$ 内均匀分布有 10^5 个 ^{235}U 原子,速度为 $2200\mathrm{m/s}$ 的一个中子飞进该区域内,和 ^{235}U 原子发生裂变反应的概率是多少?

和前面的例子不同的是,中子穿过第一层靶核后,还有机会和后面的靶核发生反应,原来 2 维的概率问题变成了 3 维的概率问题。为此我们定义一个物理量,叫做宏观截面。宏观截面是微观截面与单位体积内靶核数(核子数密度)的乘积,即

$$\Sigma = N\sigma \tag{3-16}$$

对于 $1\mathrm{nm}^3$ 内均匀分布有 10^5 个 ^{235}U 原子的情况,核子数密度是 $10^5/10^{-27}=10^{32}/\mathrm{m}^3$,则宏观截面是 $\Sigma=N\sigma=5.82\times10^6\,\mathrm{m}^{-1}$。为了确定这种情况下一个中子与 ^{235}U 原子发生裂变反应的概率,还需要知道靶的厚度。若入射面积是 $1\mathrm{nm}^2$(在这个面积上中子随机射入),则靶的厚度为 $1\mathrm{nm}$,而概率约为 5.82×10^{-3}。这个概率等同于 $1\mathrm{nm}^2$ 内有 10^5 个 ^{235}U 原子时的 2 维情况下的概率(例 3-2)。可见,同样的体积情况下,概率会随入射面积的变化而变化。因此宏观截面描述的是具有单位表面积的单位体积内,1 个中子和原子核发生反应的概率大小的一种度量。

宏观截面是一个中子穿行单位距离与靶核发生相互作用的概率大小的一种度量,它的单位是 m^{-1}。宏观截面不是面积,而是为了计算三维情况下中子和靶核相互作用的概率而从微观截面延伸出来的一个概念。对应于不同的微观截面有着相应的宏观截面,例如:$\Sigma_a=N\sigma_a$,表示宏观吸收截面。同样,宏观总截面 Σ_t 为各种宏观截面之和。

3.4.3　裂变率与体积释热率

下面我们先引入几个基本概念:裂变率、核子密度和体积释热率。

1. 裂变率

在单位时间($1\mathrm{s}$)、单位体积($1\mathrm{cm}^3$)燃料内发生的裂变次数,称为裂变率,如图 3-10 所示,有

$$R = \Sigma_f \varphi = N_5 \sigma_f \varphi \tag{3-17}$$

其中,R 为裂变率,单位是 $1/(\mathrm{cm}^3 \cdot \mathrm{s})$;$\Sigma$ 为宏观截面,单位是 $1/\mathrm{cm}$;σ 为微观截面,单位是 cm^2;N_5 为 ^{235}U 的核子密度,单位是 $1/\mathrm{cm}^3$;φ 为中子注量率,单位是 $1/(\mathrm{cm}^2 \cdot \mathrm{s})$;下角标 f 表示裂变。

在一般的工程手册中,通常给出的是中子能量在 $0.0253\mathrm{eV}$ 时的截面数值(表 3-4),对于其他能量的热中子的平均裂变截面,可按下式计算:

$$\sigma_f = \frac{\sqrt{\pi}}{2}\sqrt{\frac{293}{273+t}}\times\sigma_{f,0.0253}f(t) \tag{3-18}$$

其中,$f(t)$ 为非 $1/v$ 修正函数,t 的单位是℃。

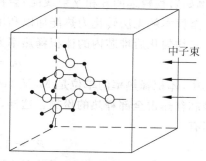

图 3-10　裂变率示意图

> 知识点：
> - 裂变率。
> - 微观裂变截面。
> - 不同温度下的微观裂变截面计算方法。

2. 核子密度

某核素的核子密度是指单位体积内的该核素原子核数目，如 UO_2 中 ^{235}U 的核子密度为

$$N_5 = \frac{\rho_u}{M_u} A_{00} C_5 \qquad (3-19)$$

其中，常数 $A_{00} = 6.022 \times 10^{23}\,\text{mol}^{-1}$，$M_u$ 是 UO_2 的摩尔质量，C_5 是该核素的丰度（同位素原子数之比），对于 ^{235}U，有

$$C_5 = \frac{\text{单位质量铀内}^{235}_{92}U \text{ 核子数}}{\text{单位质量铀内}^{235}_{92}U + ^{238}_{92}U \text{ 总核子数}} \qquad (3-20)$$

工程上通常给出的是 ^{235}U 的富集度，富集度是 ^{235}U 在铀中的质量数之比，丰度与富集度之间的关系可以描述如下：

$$C_5 = \frac{\dfrac{e_5}{M_5} A_{00}}{\dfrac{e_5}{M_5} A_{00} + \dfrac{1-e_5}{M_8} A_{00}} = \frac{1}{1 + 0.9874\left(\dfrac{1}{e_5} - 1\right)} \qquad (3-21)$$

其中，M_5 是 ^{235}U 的摩尔质量，M_8 是 ^{238}U 的摩尔质量，C_5 是 ^{235}U 的丰度（核子数之比），e_5 是 ^{235}U 的富集度（质量数之比）。

> 知识点：
> - 同位素丰度。
> - 核燃料富集度。
> - 核子密度。

3. 体积释热率

体积释热率是指单位时间、单位体积内释放的热量。要注意的是，体积释热率指的是在该单位体积内转化为热能的能量，并不是在该单位体积内释放出的全部能量，因为有些能量（例如射程较远的 β 和 γ 射线能）会在别的地方转化为热能，有的能量（例如中微子的能量）甚至根本就无法转化为热能加以利用。

均匀化后堆芯内的体积释热率为

$$q_v = F_c E_f R = F_c E_f N_5 \sigma_f \varphi \qquad (3-22)$$

其中，体积释热率的单位是 $\text{MeV}/(\text{cm}^3 \cdot \text{s})$；$E_f$ 是每次裂变释放的能量，单位是 MeV；F_c 是堆芯释热占全部释热的份额。这样，根据体积释热率，我们就可以得到堆芯的总热功率了，即有

$$P_c = 1.6021 \times 10^{-10} F_c E_f N_5 \sigma_f \bar{\varphi} V_c \qquad (3-23)$$

其中，P_c 是堆芯总热功率，单位是 kW；V_c 是核反应堆堆芯总体积，单位是 m^3，$\bar{\varphi}$ 是平均中子

注量率,单位是 $1/(cm^2 \cdot s)$。

由于屏蔽层、各种结构件和冷却剂内等处的释热也是核反应堆总功率的一部分,因此核反应堆总热功率为

$$P_t = P_c/F_c = 1.6021 \times 10^{-10} E_f N_5 \sigma_f \overline{\varphi} V_c \tag{3-24}$$

其中,P_t 的单位是 kW。

> **知识点:**
> - 体积释热率。
> - 堆芯总热功率计算。
> - 燃料内体积释热率和堆芯体积释热率的差别。

3.4.4 均匀堆释热率空间分布

均匀堆(均匀介质)是一个简化的堆芯模型。虽然工程实际中的核反应堆由于堆芯内有冷却剂和结构材料的存在,堆芯内介质不可能均匀分布,但是做了很多的简化的均匀堆模型,在进行理论分析的时候还是极其有用的。这是因为均匀堆模型可以得到理论解析解,通过对均匀堆的分析,我们可以从总体上把握一个核反应堆的各项特性。

下面我们来回顾一下均匀堆热中子注量率分布的一些结论,见表 3-5。

表 3-5 均匀堆活性区热中子注量率分布

几 何 形 状	坐 标	热中子注量率分布
厚度为 a 的无限平板	x	$\varphi_0 \cos\left(\dfrac{\pi x}{a_e}\right)$
边长为 a,b,c 的长方体	x, y, z	$\varphi_0 \cos\left(\dfrac{\pi x}{a_e}\right)\cos\left(\dfrac{\pi y}{b_e}\right)\cos\left(\dfrac{\pi z}{c_e}\right)$
半径为 R 的球体	r	$\varphi_0 \sin\left(\dfrac{\pi r}{R_e}\right)\bigg/\left(\dfrac{\pi r}{R_e}\right)$
半径为 R、高度为 L 的圆柱体	r, z	$\varphi_0 J_0(2.405r/R_e)\cos\left(\dfrac{\pi z}{L_e}\right)$

目前绝大部分的动力堆都采用圆柱形堆芯,圆柱形均匀堆的热中子注量率分布(见图 3-11)在高度方向上为余弦分布,半径方向上为零阶贝塞尔函数分布[8],即

$$\varphi(r,z) = \varphi_0 J_0\left(\frac{2.405r}{R_e}\right)\cos\left(\frac{\pi z}{L_e}\right) \tag{3-25}$$

其中 R_e 为外推半径,L_e 为外推高度,有[8]

$$R_e = R + \Delta R = R + 0.71\lambda_{tr} \tag{3-26}$$

$$L_e = L + 2\Delta L = L + 1.42\lambda_{tr} \tag{3-27}$$

其中 λ_{tr} 为中子的输运平均自由程,单位是 m。

有了均匀堆的热中子注量率分布后,我们就可以得到均匀堆的释热率分布了,即有

$$q_v(r,z) = q_{V\max} J_0\left(2.405\frac{r}{R_e}\right)\cos\left(\frac{\pi z}{L_e}\right) \tag{3-28}$$

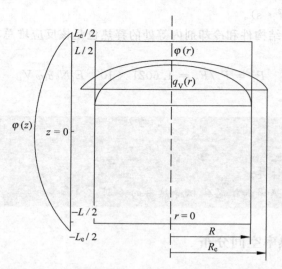

图 3-11　均匀堆的热中子注量率与体积释热率分布

注意,这样得到的是把全堆芯均匀化之后的结果,若考虑元件棒和慢化剂的不均匀分布,导致裂变能在不同的地方被不同材料吸收而转化为热能,且裂变能的绝大部分在燃料元件内转换为热能,少量在慢化剂和其他结构材料内释放,则元件棒内的最大体积释热率为

$$q_{V\max,u} = F_u E_f N_5 \sigma_f \varphi_0 \tag{3-29}$$

其中,F_u 是燃料芯块内释热占全堆芯释热的份额,在计算中可以取 $F_u = 97.4\%$。

特别值得注意的是,堆芯内的体积释热率空间分布是随燃耗寿期而变化的,在对堆芯作较详细的热工分析时,堆芯体积释热率分布或者中子注量率分布随寿期的变化应由核反应堆物理计算得到。

> **知识点：**
> - 体积释热率的空间分布。
> - 燃料芯块内的最大体积释热率。

3.4.5　功率分布与展平

前面讲的均匀堆的体积释热率分布式(3-22),能够给我们一个宏观的功率分布图像(图 3-11),在实际的核反应堆里面,由于存在许多非均匀因素,使得计算实际的功率分布非常复杂,往往需要大型的物理计算程序计算才能得到。下面我们定性分析影响功率分布的主要因素。

首先,燃料布置对功率分布影响很大。压水堆通常把燃料元件以适当的栅距排列成为栅阵,并且用不同富集度的燃料元件分区布置。图 3-12 是压水堆Ⅲ区布置时的归一化功率分布,通常Ⅰ区的燃料富集度是最低的,Ⅲ区的燃料富集度最高。在实际的换料程序中,并不是一次换全部的料,而是把新换进去的燃料放在Ⅲ区,原来Ⅲ区的燃料往里挪到Ⅱ区,Ⅱ区的再挪到Ⅰ区,Ⅰ区的乏燃料换出来进入乏燃料储存池。燃料元件采用分区布置后,在半

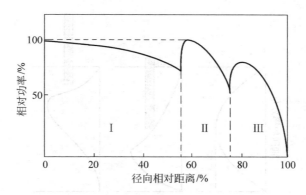

图 3-12 压水堆Ⅲ区布置时的归一化功率分布

径方向上的功率分布已经不是零阶贝塞尔函数分布了。

其次,控制棒的布置对功率分布影响也很大。几乎所有的核反应堆都有控制棒,它对堆芯功率分布的影响可以由图 3-13 进行分析。图中的虚线是没有控制棒情况下的径向功率分布,在均匀堆情况下是零阶贝塞尔函数分布;图中实线所示是在堆中插入控制棒后的径向功率分布。由于控制棒是热中子的强吸收材料,在控制棒附近使得中子注量率下降很多,因此把控制棒布置在核反应堆的合适位置,可以得到比较理想的功率分布。

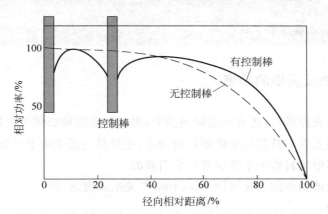

图 3-13 控制棒对径向功率分布的影响

控制棒对核反应堆的轴向功率分布也有很大的影响。通常,控制棒可以分三大类,即停堆棒、调节棒和补偿棒。停堆棒在正常运行工况时在堆芯的外面,只有在需要停堆的时候才迅速插入堆芯。补偿棒是用于抵消寿期初大量的剩余反应性的。如图 3-14 所示,在寿期初,补偿棒往往插得比较深,而在寿期末,随着燃耗的加深,慢慢地拔出来了。这样,在不同的寿期,产生了堆芯功率不同的轴向分布。

因为核反应堆的功率输出是由传热能力来决定的,因此局部的功率峰值会限制整个核反应堆的输出功率,为了尽可能提高核反应堆的总输出功率,就需要进行功率展平。

所谓的功率展平就是要让堆芯内最大的体积释热率与平均体积释热率的比值尽可能小,以提高全堆的功率输出。

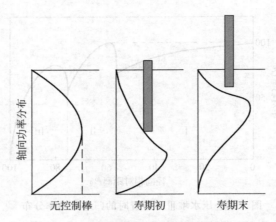

图 3-14   补偿棒对轴向功率分布的影响

功率展平的主要措施有燃料元件分区布置,合理设计和布置控制棒(例如采用束棒及部分长度控制棒),堆芯内可燃毒物的合理布置,采用化学补偿溶液以及堆芯周围设置反射层。

> **知识点:**
> - 功率展平的意义与方法。
> - 燃料分区装载。
> - 控制棒对功率分布的影响。

3.4.6   停堆后核反应堆的功率

由于核反应堆在停堆后,还有一定量的功率,因此核反应堆必须设置停堆余热排出系统来保证核反应堆的安全。核反应堆停堆后的功率,主要是由缓发中子引起的裂变反应、裂变产物的衰变以及其他材料的中子俘获等因素引起的。

停堆后核反应堆功率的变化可用 Glasstone[9]关系式表达,即

$$\frac{P(t)}{P_0} = 0.1\{(t+10)^{-0.2} - (t+t_0+10)^{-0.2} +$$

$$0.87\,(t+t_0+2\times10^7)^{-0.2} - 0.87\,(t+2\times10^7)^{-0.2}\} \tag{3-30}$$

其中,t_0 是停堆前核反应堆运行的时间,t 是停堆后时间,单位均为 s。

图 3-15 是采用 Glasstone 关系式分别对运行 7 天、一个月和一年后得到的停堆后相对功率变化,可以看到停堆前运行时间越长,停堆后相对功率也越大。还应该指出的是,Glasstone 关系式考虑了 ^{239}U 和 ^{289}Np 等核素与 ^{235}U 裂变产物一起衰变,因此用此关系式计算停堆后的相对功率,是很保守的。我们把此关系式在 $t_0 \to \infty$ 时的结果和美国核协会(American Nuclear Society,ANS)1971 年的标准(ANS-5.1/N18.6)作了比较,结果见图 3-16。可见在早期阶段,Glasstone 关系式比 ANS 的标准要保守些,而在后期则相反。在进行具体设计的时候,采用什么标准要依据各地法规的要求。例如在美国,早期的法规中要求对于事故分析,要采用 1971ANS 标准的 120% 进行保守性假设。

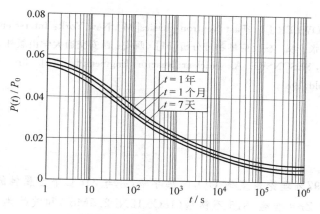

图 3-15　停堆后相对功率变化

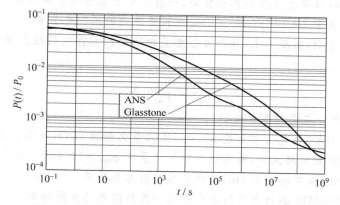

图 3-16　ANS 和 Glasstone 停堆后相对功率变化比较

知识点:
- 停堆后功率的计算方法。
- 保守性假设。

参 考 文 献

［1］　长谷川正义,三岛良绩. 核反应堆材料手册［M］. 孙守仁,等译. 北京:原子能出版社,1987.

［2］　OlD,R. Fundamental Aspects of Nuclear Reactor Fuel Elements［R］. T1D-26711-P1. 1976.

［3］　TODREAS N E. Pressurized subcooled light water systems: Heat Transfer and Fluid Flow in Nuclear Systems［M］. Oxford: Pergamon Press,1981.

［4］　Reymann G A. MATPRO(Vol. Ⅱ).

［5］　OLSEN C S,MILLER R L. MATPRO, Vol. Ⅱ: A Handbook of Materials Properties for Use in the Analysis of Light Water Reactor Fuel Behavior［J］. NUREG/CR-0497. USNRC. 1979.

［6］　EL-WAKLI M M. Nuclear Heat Transport Scranton ［M］. PA: International Textbook

Company,1971.

[7] MARION J B,FOWLER J L. Fast Neutron physics[M]. New York：Interscience,1963.

[8] 谢仲生,吴宏春,张少泓. 核反应堆物理分析[M]. 西安：西安交通大学出版社,2004.

[9] GLASSTONE S, SESONSKE A. Nuclear Reactor Engineering [M]. 3rd ed. New York：Van Nostrand Reinhold,1981.

习　题

3.1　求 1600℃下 97% 理论密度的 UO_2 的热导率,并与 316℃下金属铀的热导率做比较。

3.2　计算 340℃ 时 Zr-4 合金、316 不锈钢(18Cr-12Ni-2.5Mo)和铍的热导率。

3.3　假设堆芯内所含燃料是富集度 3.5% 的 UO_2,慢化剂为重水 D_2O,慢化剂温度为 290℃,并且假设中子是全部热能化的,在整个中子能谱范围内都适用 $1/v$ 定律。试计算中子注量率为 $2×10^{13}/(cm^2 \cdot s)$ 处燃料元件内的体积释热率。

3.4　试推导半径为 R,高度为 L,包含 n 根垂直棒状燃料元件的圆柱形堆芯的总释热率 Q_t 的方程：

$$Q_t = 0.275 \frac{1}{F_u} nLA_u q_{Vmax}$$

其中,A_u 是燃料芯块的横截面积。

3.5　某圆柱形均匀堆,燃料为富集度 3% 的 UO_2,慢化剂为 D_2O,慢化剂温度 260℃。堆芯内装有 10000 根燃料元件,最大的热中子注量率 $\varphi_{max}=1×10^{13}/(cm^2 \cdot s)$,燃料芯块的直径为 15mm,堆芯高度 6.1m,试计算堆芯的总热功率。

3.6　计算一座 3000MW 热功率的核电厂停堆一天后的堆芯发热功率。

第4章

燃料元件传热分析

在本章我们要重点讨论如何分析燃料元件内温度的空间分布,即温度场的计算方法。分析燃料元件的温度场主要有以下几个原因:第一,要保证在任何情况下不会发生燃料元件熔化,就必须知道燃料元件内的温度分布;第二,由于温度梯度会造成热应力,因此在燃料芯块和结构材料设计的时候要考虑温度的空间分布,而且材料在高温下的蠕变和脆裂等现象都与温度有密切关系;第三,包壳表面和冷却剂的化学反应也与温度密切相关;最后,从核反应堆物理的角度考虑,燃料和慢化剂的温度变化会引入反应性的变化,影响到核反应堆的控制。因此,燃料元件温度场的分析在核反应堆热工分析中有着重要的地位。

影响燃料元件内温度场的因素是很多的。燃料的释热率,也就是通常说的发热功率,是决定元件内温度场的首要因素。在同样的释热率情况下,不同的元件和包壳材料也会导致不同的温度场。另外冷却剂的流动状态以及温度状态也会影响到从燃料元件表面带走热量的速率,当然也就直接影响了燃料元件内的温度。由于燃料元件以及冷却剂温度的变化会引起反应性的变化,从而导致释热率的变化,因此,释热率与温度场是互相耦合的,需要进行热工和物理的耦合计算。在本章,我们先不考虑这种耦合关系,在计算温度场的时候,假设了释热率保持不变。

4.1 燃料元件导热过程

傅里叶导热定律是研究燃料元件内热量传递过程的主要定律。

4.1.1 傅里叶导热定律

傅里叶导热定律可以描述为

$$q = -k \frac{\partial T}{\partial n} = -k \nabla T \tag{4-1}$$

其中,q 是热流密度,单位是 W/m^2;k 称为热导率,是物质的热物性参数,不同的物质其值的变化范围很大,其单位是 $W/(m \cdot ℃)$。

傅里叶导热定律指出,在单位时间内通过单位面积的热量,正比于温度的梯度,其方向与温度梯度相反,因此傅里叶导热定律定义的热流密度是一个有方向的矢量。

有了傅里叶导热定律,根据能量守恒原理,我们就可以对固体内的热传导问题进行分析了。由于固体的可压缩性很小,而且在进行热传导的时候固体的形态不会发生改变,因此导热基本方程可以描述为

$$\rho c_{\mathrm{p}}(\boldsymbol{r}, T)\frac{\partial T(\boldsymbol{r}, t)}{\partial t} = \nabla \cdot k(\boldsymbol{r}, T)\nabla T(\boldsymbol{r}, t) + q_{\mathrm{v}}(\boldsymbol{r}, t) \tag{4-2}$$

其中,左边是空间某一点 $\boldsymbol{r}$ 处温度随着时间的变化;右边第一项是 $\boldsymbol{r}$ 处与旁边的固体通过导热发生的热量交换;右边第二项是 $\boldsymbol{r}$ 处的体积释热率。由于固体不可压缩,因此对于固体而言,比定压热容和比定容热容是相等的,即有 $c_{\mathrm{p}} = c_{V}$。

由式(4-2)很容易得到稳态的导热方程,即有

$$\nabla \cdot k(\boldsymbol{r}, T)\nabla T(\boldsymbol{r}) + q_{\mathrm{v}}(\boldsymbol{r}) = 0 \tag{4-3}$$

根据式(4-1),我们也可以把式(4-3)表述为

$$-\nabla \cdot q(\boldsymbol{r}, T) + q_{\mathrm{v}}(\boldsymbol{r}) = 0 \tag{4-4}$$

下面我们结合图 4-1 所示的一个空间微元体来分析式(4-4)的含义。对于空间 $\boldsymbol{r}$ 处的一个很小的微元体,在微元体无限小的时候,式(4-4)左边第一项就是通过微元体六个表面向外传出的能量,而左边第二项是微元体内自身释放出来的能量。在稳态的情况下,微元体的温度不随时间而变化,因此根据能量守恒定律就有式(4-4)了。

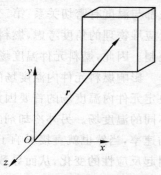

根据第 2 章关于 UO_2 热导率的讨论可知,热导率是与温度有关系的,因此式(4-2)和式(4-3)都是非线性的,无法得到解析解。当然,目前的计算机程序已经可以求解式(4-2)那样的非线性方程,但是我们了解几种通常采用的简化方法还是必要的。

图 4-1 空间微元体示意图

第一种简化方法是把热导率假设为一个常数,即定常热导率法。这种方法认为导热过程是主要矛盾,热导率的变化只是次要矛盾,因此对于初步的计算还是十分有用的。

第二种方法是用在某一个温度范围内的平均热导率代替式(4-3)中随温度变化的热导率,并把平均热导率定义为

$$\bar{k}_{\mathrm{u}} = \frac{1}{T_2 - T_1}\int_{T_1}^{T_2} k_{\mathrm{u}} \mathrm{d}T \tag{4-5}$$

平均热导率法只是对第一种方法的进一步修正,其导热过程的计算与第一种方法完全相同。

第三种方法是设法通过变量置换,把稳态方程(4-3)中的非线性项线性化,通常采用 Kirchoff 变换,引入新的变量 θ,使得

$$\theta \equiv \frac{1}{k_0}\int_{T_0}^{T} k_{\mathrm{u}}(T)\mathrm{d}T \tag{4-6}$$

其中 k_0 是 T_0 温度下的热导率。这样,根据隐函数的求导规则

$$\frac{\mathrm{d}}{\mathrm{d}x}f(y) = \left[\frac{\mathrm{d}}{\mathrm{d}y}f(y)\right]\frac{\mathrm{d}y}{\mathrm{d}x} \tag{4-7}$$

就有

$$\nabla\theta = \frac{1}{k_0}\nabla\int_{T_0}^{T}k(T)\mathrm{d}T = \frac{1}{k_0}\left[\frac{\mathrm{d}}{\mathrm{d}T}\int_{T_0}^{T}k(T)\mathrm{d}T\right]\nabla T = \frac{k(T)}{k_0}\nabla T \tag{4-8}$$

于是,式(4-3)就可以变换为线性方程

$$k_0\nabla^2\theta(\boldsymbol{r}) + q_v(\boldsymbol{r}) = 0 \tag{4-9}$$

这种方法有时候也称为积分热导率法。下面我们先进行定常热导率法的分析,然后介绍积分热导率法计算燃料芯块中心温度的方法。

> **知识点:**
> - 傅里叶导热定律。
> - 热流密度。
> - 导热基本方程。
> - 热导率的处理方法。
> - 积分热导率。

4.1.2　定常热导率法

定常热导率指的是燃料芯块的热导率不随温度而发生变化,这样可以把式(4-3)写成

$$\nabla^2 T + \frac{q_v}{k_u} = 0 \tag{4-10}$$

在直角坐标系下拉普拉斯算子

$$\nabla^2 = \frac{\partial^2}{\partial x^2} + \frac{\partial^2}{\partial y^2} + \frac{\partial^2}{\partial z^2} \tag{4-11}$$

在圆柱坐标系下拉普拉斯算子

$$\nabla^2 = \frac{\partial^2}{\partial r^2} + \frac{1}{r}\frac{\partial}{\partial r} + \frac{1}{r^2}\frac{\partial^2}{\partial\theta^2} + \frac{\partial^2}{\partial z^2} = \frac{1}{r}\frac{\partial}{\partial r}\left(r\frac{\partial}{\partial r}\right) + \frac{1}{r^2}\frac{\partial^2}{\partial\theta^2} + \frac{\partial^2}{\partial z^2} \tag{4-12}$$

1. 平板形燃料元件

下面我们来看最简单的平板形燃料元件,如图 4-2 所示。

燃料芯块厚度(x 方向)为 $2a$,在燃料芯块内部均匀发热,即 q_v 是常数;包壳厚度为 δ,由于 y 和 z 方向的尺寸通常比 x 方向的厚度要大得多,于是有

$$\frac{\partial T}{\partial y} \approx 0, \quad \frac{\partial T}{\partial z} \approx 0 \tag{4-13}$$

这样,方程(4-10)就成为一维的问题了,即有

$$\frac{\mathrm{d}^2 T}{\mathrm{d}x^2} + \frac{q_v}{k_u} = 0 \tag{4-14}$$

积分一次,就可以得到

$$k_u\frac{\mathrm{d}T}{\mathrm{d}x} + q_v x = C_1 \tag{4-15}$$

其中 C_1 是积分常数,要通过边界条件才能够确定,这里我们引入对称性边界条件

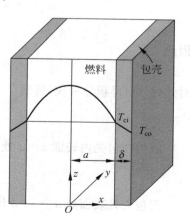

图 4-2　平板形燃料元件

$$\left.\frac{\mathrm{d}T}{\mathrm{d}x}\right|_{x=0} = 0 \tag{4-16}$$

要满足这样的对称性边界条件,首先要求芯块内发热对称。我们这里已假设发热均匀,当然也就对称了。其次要求两侧的材料对称,包壳两边厚度要一致,而且还要求包壳外面冷却剂的载热能力也对称,这时候才有对称性边界条件,从而得到 $C_1 = 0$。这时对式(4-15)再进行一次积分,得到

$$T(x) = -\frac{q_{\mathrm{v}}}{2k_{\mathrm{u}}}x^2 + C_2 \tag{4-17}$$

由于在 $x=a$ 处,$T = T_{\mathrm{ci}}$,所以

$$C_2 = T_{\mathrm{ci}} + \frac{q_{\mathrm{v}}a^2}{2k_{\mathrm{u}}} \tag{4-18}$$

于是得到

$$T(x) = \frac{q_{\mathrm{v}}}{2k_{\mathrm{u}}}(a^2 - x^2) + T_{\mathrm{ci}} \tag{4-19}$$

这就是平板形燃料内的温度分布函数。可以发现,在热导率为常数的情况下一维平板内的温度分布为抛物线分布,中心点的温度最高,两侧温度最低。

下面我们再来看包在燃料芯块两侧的包壳,包壳由于在堆内处在高辐照情况下,吸收各种射线是有一定量的发热的,但是这部分发热和芯块的发热比起来是微乎其微的。因此对包壳来说,主要是从芯块发出并且穿过包壳传给外面冷却剂的热流量,而其本身的发热可以忽略不计。和芯块一样,包壳由于在 x 方向上很薄,y 和 z 方向的尺寸比起 x 方向要大得多,因此也是一维问题,这样就有

$$k_{\mathrm{c}}\frac{\mathrm{d}^2 T}{\mathrm{d}x^2} = 0 \tag{4-20}$$

这里的 k_{c} 是包壳的热导率,对上式积分得到

$$k_{\mathrm{c}}\frac{\mathrm{d}T}{\mathrm{d}x} = B_1 \tag{4-21}$$

其中 B_1 是积分常数。根据傅里叶导热定律,我们发现对于平板燃料元件来说,在包壳内热流密度是常数,即

$$q = -k_{\mathrm{c}}\frac{\mathrm{d}T}{\mathrm{d}x} \tag{4-22}$$

因此

$$B_1 = -q \tag{4-23}$$

对式(4-21)再积分一次,得到

$$T(x) = -\frac{q}{k_{\mathrm{c}}}x + B_2 \tag{4-24}$$

因为在包壳内表面 $x=a$ 处,$T = T_{\mathrm{ci}}$,因此可以得到

$$T(x) = T_{\mathrm{ci}} - \frac{q}{k_{\mathrm{c}}}(x - a) \tag{4-25}$$

把包壳外表面处 $x = a + \delta$ 代入式(4-25),就可以得到包壳外表面处的温度为

$$T_{\mathrm{co}} = T(x)|_{x=a+\delta} = T_{\mathrm{ci}} - \frac{q}{k_{\mathrm{c}}}\delta \tag{4-26}$$

由式(4-25)可见,在包壳内,温度是线性分布的,斜率与热流密度及包壳的热导率有关。

由于包壳里面是没有裂变反应发生的(无内热源),因此根据能量守恒原理,包壳表面的热流密度和燃料芯体内的体积释热率之间有如下关系:

$$q = aq_v \qquad (4-27)$$

因此若知道芯体内的体积释热率,就可以根据式(4-25)求得包壳内具体的温度分布了。

在进行固体内导热分析的时候,温压、热流密度(或热流、线功率密度)和热阻之间,也存在着类似于电学里面的安培定律的规律。下面我们就借助上面平板形燃料元件的导热分析,来引入热阻的概念(见图 4-3)。

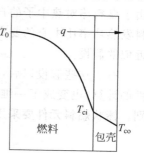

根据式(4-19)和式(4-25),不难得到

$$T_{ci} = T_0 - \frac{qa}{2k_u} \qquad (4-28)$$

再利用式(4-26)可以得到

$$q = \frac{T_0 - T_{co}}{\left(\dfrac{a}{2k_u} + \dfrac{\delta}{k_c}\right)} \qquad (4-29)$$

这样,我们把右边的分母称为热阻 R,上式可写为

图 4-3 热阻示意图

$$q = \frac{\Delta T}{R} \qquad (4-30)$$

其中,

$$R = \frac{a}{2k_u} + \frac{\delta}{k_c} \qquad (4-31)$$

结合图 4-3 不难发现,这样定义的热阻类似于电学里面的电阻,可以进行串联和并联等计算,而且热阻是完全由几何条件与材料的特性决定的,对于圆柱形的燃料元件,通常还用线功率的形式表示热阻,这时有

$$q_l = \frac{\Delta T}{R_l} \qquad (4-32)$$

其中 R_l 称为单位长度上的热阻,具体如何计算 4.1.3 节进行介绍。

> **知识点:**
> * 平板形燃料元件的温度场分析方法。
> * 热流密度和燃料芯块内体积释热率之间的关系。
> * 热阻。

2. 圆柱形燃料元件

圆柱形燃料元件就是通常所用的棒状燃料元件,是目前动力堆普遍采用的燃料元件。例如压水堆的燃料组件是由很多根燃料棒组成的。这里我们要分析的是组件内的一根燃料棒。

由于燃料棒很细,通常直径只有 10mm 左右,而长度很长,有 3～4m,因此我们可以忽略在轴线方向的导热,认为只有半径方向上有导热。这样的假设在燃料组件的两端是不适用的,在两端轴向的导热是不可忽略的。

如图 4-4 所示,假设燃料芯块半径为 R_u,包壳的外半径为 R_c,包壳厚度为 δ,先不考虑包壳与燃料之间的间隙,即有

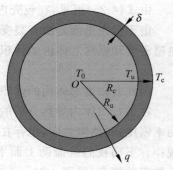

$$R_c = R_u + \delta \qquad (4\text{-}33)$$

另外,还假设沿着半径方向的体积释热率是常数。实际上,由于燃料棒对热中子的自屏效应,使得燃料棒靠近外围的燃料发热功率比中心的要高,因此均匀的体积释热率也是一种近似的假设。

图 4-4 棒状燃料元件传热分析

有了这些假设以后,棒状燃料元件类似于平板形燃料元件的计算,也变成了一维的问题,所不同的只是坐标系的差别。棒状燃料元件要采用一维圆柱形坐标系,在式(4-9)中,有

$$\frac{\partial T}{\partial \theta} \approx 0, \qquad \frac{\partial T}{\partial z} \approx 0 \qquad (4\text{-}34)$$

这样利用式(4-9)和式(4-11)就有

$$\frac{\mathrm{d}^2 T}{\mathrm{d}r^2} + \frac{1}{r}\frac{\mathrm{d}T}{\mathrm{d}r} + \frac{q_v}{k_u} = 0 \qquad (4\text{-}35)$$

积分一次,就可以得到

$$r\frac{\mathrm{d}T}{\mathrm{d}r} + \frac{1}{2}\frac{q_v}{k_u}r^2 + C_1 = 0 \qquad (4\text{-}36)$$

其中 C_1 是积分常数,要通过边界条件才能够确定,这里我们首先引入燃料棒中心的对称性边界条件:

$$\left.\frac{\mathrm{d}T}{\mathrm{d}x}\right|_{r=0} = 0 \qquad (4\text{-}37)$$

这时就有 $C_1 = 0$,对式(4-36)再进行一次积分,得到

$$T(r) = -\frac{q_v}{4k_u}r^2 + C_2 \qquad (4\text{-}38)$$

假设在 $r = R_u$ 处,$T = T_u$,所以

$$C_2 = T_u + \frac{q_v R_u^2}{4k} \qquad (4\text{-}39)$$

于是得到

$$T(r) = \frac{q_v}{4k_u}(R_u^2 - r^2) + T_u \qquad (4\text{-}40)$$

通常把单位长度燃料棒的发热功率称为线功率密度,即

$$q_l = \pi R_u^2 q_v \qquad (4\text{-}41)$$

这样式(4-40)可以写成线功率密度的形式,有

$$T(r) = \frac{q_l}{4\pi k_u}\left[1 - \left(\frac{r}{R_u}\right)^2\right] + T_u \qquad (4\text{-}42)$$

这就是圆柱形芯块内的温度分布函数。我们可以看到,在热导率为常数的情况下的一维圆柱芯块内的温度分布函数也是抛物线分布,中心点的温度最高,两侧温度最低。

下面再来看燃料芯块外面的包壳,类似于平板,也可以不用考虑包壳内的发热,因此包壳是无内热源的一维环形构件导热问题,这样就有

$$\frac{1}{r}\frac{\mathrm{d}}{\mathrm{d}r}\left(k_c r\frac{\mathrm{d}T}{\mathrm{d}r}\right)=0 \tag{4-43}$$

其中 k_c 是包壳的热导率，由于包壳导热性能良好，k_c 通常就取包壳平均温度下的值。对式 (4-43)积分一次得到

$$k_c r\frac{\mathrm{d}T}{\mathrm{d}r}=B_1 \tag{4-44}$$

其中 B_1 是积分常数。类似于式(4-27)，对于环形的包壳来说，我们考虑单位长度的燃料棒的能量守恒，有

$$2\pi R_u q=q_l \tag{4-45}$$

得到

$$q_l=\pi R_u^2 q_v \tag{4-46}$$

依据傅里叶导热定律，不难得到在包壳内 r 处有

$$-2\pi r k_c\frac{\mathrm{d}T}{\mathrm{d}r}=q_l=\pi R_u^2 q_v \tag{4-47}$$

所以，式(4-44)中的 $B_1=-\dfrac{q_l}{2\pi}$，这样根据式(4-44)就有

$$\frac{\mathrm{d}T}{\mathrm{d}r}=-\frac{1}{r}\frac{q_l}{2\pi k_c} \tag{4-48}$$

再对式(4-48)积分一次，得到

$$T(r)=-\frac{q_l}{2\pi k_c}\ln r+B_2 \tag{4-49}$$

因为在 $r=R_u$ 处，$T=T_u$，所以可以得到包壳内温度分布为

$$T(r)=T_u-\frac{q_l}{2\pi k_c}\ln\frac{r}{R_u} \tag{4-50}$$

或者写成燃料芯块内的体积释热率的形式为

$$T(r)=T_u-\frac{R_u^2 q_v}{2k_c}\ln\frac{r}{R_u} \tag{4-51}$$

另外，还可以得到包壳外表面的温度

$$T_c=T_u+\frac{q_l}{2\pi k_c}\ln\frac{R_c}{R_u} \tag{4-52}$$

可以看到，在包壳内，与平板状的燃料元件不同，温度分布不再是线性分布，而是对数分布。

> **知识点：**
> - 圆柱形燃料元件的温度场分析方法。
> - 线释热率和燃料芯块内体积释热率之间的关系。
> - 包壳内的温度分布。

4.1.3　积分热导率法

我们来考察式(4-14)，由于 $C_1=0$，因此对于平板形燃料可以写成

$$kdT = -q_v x dx \tag{4-53}$$

同样,对于圆柱形燃料,式(4-36)可以写成

$$kdT = -\frac{q_v}{2} r dr \tag{4-54}$$

这样的改写虽然本质上是一样的,但是却为定积分创造了条件。也就是说,在进行第二次积分的时候,我们不再用不定积分加边界条件的方法来求解了。对于燃料芯块来说,热导率是温度的函数,因此正如式(4-6)所做的变换一样,我们可以把 $\int_{T_0}^{T} kdT$ 看成是一个整体,对式(4-54)进行从 $r=0$ 到 $r=R_u$ 的定积分,从而得到

$$\int_{T_0}^{T_u} kdT = \int_{0}^{R_u} -\frac{q_v}{2} r dr \tag{4-55}$$

即

$$\int_{T_0}^{T_u} kdT = -\frac{q_v}{4} R_u^2 \tag{4-56}$$

或者写成工程上更加常见的用线功率密度的形式,

$$\int_{0}^{T_0} kdT - \int_{0}^{T_u} kdT = \frac{q_l}{4\pi} \tag{4-57}$$

我们定义积分热导率如下:

$$I_k(T) = \int_{0}^{T} kdT \tag{4-58}$$

这是一个对热导率随温度的函数进行积分的函数,为了便于使用,把 UO_2 燃料的积分热导率列在表 4-1 中。积分热导率是温度的函数,SI 单位是 W/m。对于其他形式的燃料,需要对热导率函数式(4-58)进行积分得到。

表 4-1　UO_2 燃料的积分热导率

$t/\text{℃}$	$I_k/(\text{W} \cdot \text{cm}^{-1})$	$t/\text{℃}$	$I_k/(\text{W} \cdot \text{cm}^{-1})$
100	8.49	1200	53.41
200	15.44	1298	55.84
300	21.32	1405	58.40
400	26.42	1560	61.95
500	30.93	1738	66.87
600	34.97	1876	68.86
700	38.65	1990	71.31
800	42.02	2155	74.88
900	45.14	2348	79.16
1000	48.06	2432	81.07
1100	50.81	2805	90.00

用这种方法求解,得到的不是直观的温度分布函数,而是积分热导率的值。再利用计算得到的积分热导率,根据表 4-1 插值可以得到对应的温度。

例 4-1　某压水堆 UO_2 燃料元件的芯块直径为 9.5mm,线功率密度为 25kW/m,芯块外表面温度为 560℃,试求芯块的中心温度。

解 560℃时的积分热导率为

$$\int_0^{560} k\mathrm{d}T = 30.93 + \frac{560-500}{600-500} \times (34.97-30.93) = 33.354$$

因此根据式(4-57),

$$\int_0^{t_0} k\mathrm{d}T = \int_0^{t_u} k\mathrm{d}T + \frac{q_l}{4\pi} = 33.354 + \frac{25 \times 10^3}{4\pi \times 100} = 53.248$$

根据表 4-1,中心温度落在 1100～1200℃之间,得到

$$t_0 = \left[1100 + \frac{53.248-50.81}{53.41-50.81} \times (1200-1100)\right]℃ = 1194℃$$

从这个例子的计算中,我们可以发现,芯块中心温度和燃料芯块的直径似乎没有直接的关系。即只要线功率密度和芯块的表面温度相同,芯块的中心温度与直径的大小无关。这是由于为了保持线功率密度相同,直径大的燃料棒的体积释热率必然变小。若保持体积释热率相同,则芯块的中心温度就会和直径有关了。这就是为什么工程上喜欢用线功率密度来度量燃料棒的发热的缘故。

知识点:
- 积分热导率法计算燃料中心温度。

4.2 气隙导热

在以上的分析中,我们没有考虑包壳和燃料芯块之间的气隙,认为包壳和芯块是直接接触的。但是实际上在芯块和包壳之间有一层很薄的间隙,因为里面充满气体,因此称为气隙。这样,在燃料和冷却剂之间的总热阻应该由 4 部分组成,即燃料自身的热阻、在燃料和包壳之间的气隙热阻、包壳的热阻和冷却剂热阻。

图 4-5 是典型的轻水堆在不同的功率下燃料棒内的温度分布[1],我们可以看到燃料棒内 UO_2 燃料的热阻最大,其次是气隙。

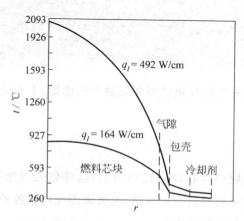

图 4-5 典型轻水堆在不同的功率下燃料棒内的温度分布

通常假定气隙由气体占据了的一个环形的空间组成。气隙开始时充满气体,通常是惰性气体氦,气隙内的气体成分随气体裂变产物的增加(例如氙和氪)与燃耗的加深而改变。从图 4-6 我们看到[2],辐照以后燃料芯块通常会破碎,这种状况还会导致气隙厚度发生变化。另外,燃料和包壳的热膨胀经常是不同的,导致燃料和包壳直接接触。直接接触会减小热阻,并且因此有效地增加"气隙"的导热能力。

图 4-6　辐照以后的燃料芯块

气隙内开始时充惰性气体首先是为了产生一个高压,以取得包壳内外压力平衡,其次是为裂变产生的气体提供一个缓冲的空间。气隙厚度大约为 0.05mm,气隙温降从图 4-5 可以看出大约为几十到几百摄氏度。

知识点:
- 气隙的厚度。
- 气隙的成分。

计算气隙导热的模型有气隙导热模型和接触导热模型,下面分别加以介绍。

4.2.1　气隙导热模型

气隙导热模型认为气隙厚度在环向是均匀的,这样包壳与燃料元件就不会直接接触。导热计算采用类似于前面介绍的包壳的导热,也可采用无内热源的环形圆管导热,所不同的只是热导率用气隙内混合气体热导率 k_g。

混合气体的热导率由式(4-59)确定[3]:

$$k_g = (k_1)^{x_1} (k_2)^{x_2} \tag{4-59}$$

其中, x_1 和 x_2 是两种气体在混合气体里面所占的摩尔数之比; k_1 和 k_2 分别是单独一种气体的热导率,对于理想气体来说,热导率与温度的关系[4]为

$$k = A \times 10^{-6} T^{0.79} \, \text{W}/(\text{cm} \cdot \text{K}) \tag{4-60}$$

其中, T 的单位为 K; A 是一个系数,对于不同气体有不同的取值,例如对于氦气, $A = 15.8$,又比如氩气, $A = 1.97$,氮气, $A = 1.15$,氙气, $A = 0.72$。

用气隙导热模型计算气隙的传热系数(也称为换热系数)时,如果气隙两侧的温差比较大,则还需要考虑辐射换热,辐射换热系数为

$$h = \frac{\sigma}{\frac{1}{\varepsilon_u} + \frac{1}{\varepsilon_c} - 1} \frac{T_u^4 - T_{ci}^4}{T_u - T_{ci}} \tag{4-61}$$

其中 h 是辐射传热系数,单位是 $\text{W}/(\text{m}^2 \cdot \text{K})$; σ 是斯蒂芬-玻耳兹曼(Stephan-Boltzmann)常数,也称为黑体辐射系数,其值为 $5.67 \times 10^{-8} \, \text{W}/(\text{m}^2 \cdot \text{K}^4)$; ε_u 和 ε_c 分别为燃料和包壳的表面灰体辐射系数,若近似认为是黑体,则取 1。

> 知识点:
> - 混合气体热导率的计算。
> - 传热系数或换热系数的单位。
> - 气隙内辐射换热。

4.2.2 接触导热模型

前面已经提到过,燃料芯块不仅因温度升高而膨胀,而且还会因为辐照产生肿胀和变形,这样就有可能使元件与包壳接触,从而加大了传热系数。工程上通常通过引入一个等效传热系数来计算,这就是接触导热模型。

在初步设计的时候,通常可以取等效传热系数为一常数[6],即

$$h_g = 5678 \, \text{W}/(\text{m}^2 \cdot \text{K}) \tag{4-62}$$

这样就有

$$T_u - T_{ci} = \frac{q_l}{2\pi R_u h_g} \tag{4-63}$$

在进行详细设计的时候要考虑线功率密度和气隙厚度的影响,这时候的等效传热系数可以参考图 4-7[5],图中的横坐标是燃料元件冷态时候的气隙厚度。

> 知识点:
> - 气隙的等效传热系数。
> - 不同线功率密度下的气隙等效传热系数。

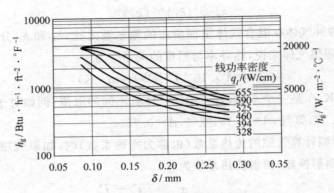

图 4-7　轻水堆燃料元件气隙等效传热系数

4.3　燃料元件传热分析

这样,利用式(4-42),式(4-50)和式(4-63),可以得到

$$T_0 - T_{co} = q_l \left[\frac{1}{4\pi k_u} + \frac{1}{2\pi R_u h_g} + \frac{1}{2\pi k_c} \ln\left(\frac{R_{co}}{R_{ci}}\right) \right] \tag{4-64}$$

再假设冷却剂与包壳外表面之间的传热系数为 h,冷却剂的平均温度为 T_m,则有

$$T_0 - T_m = q_l \left[\frac{1}{4\pi k_u} + \frac{1}{2\pi R_u h_g} + \frac{1}{2\pi k_c} \ln\left(\frac{R_{co}}{R_{ci}}\right) + \frac{1}{2\pi R_{co} h} \right] \tag{4-65}$$

图 4-8 是式(4-65)所描述的圆柱形燃料元件与冷却剂之间的热阻示意图。

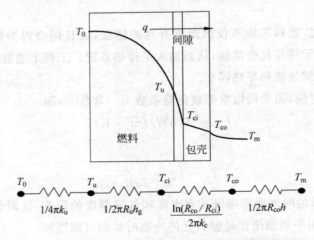

图 4-8　燃料元件与冷却剂之间的总热阻示意图

例 4-2　假设一个 PWR 燃料组件的某一点,冷却剂平均温度为 305℃,线功率密度为 17.8kW/m,燃料包壳外直径为 9.5mm,包壳厚度为 0.57mm,气隙厚度为 0.08mm,假如燃料的平均热导率 $k_u = 3.6$W/(m·℃),包壳的平均热导率 $k_c = 13$W/(m·℃),求该点处燃料芯块中心温度。

解　燃料元件包壳外半径为 $R_{co}=9.5/2\mathrm{mm}=4.75\mathrm{mm}$,得到包壳内半径为 $R_{ci}=R_{co}-0.57=4.18\mathrm{mm}$,进一步可以得到燃料芯块的半径为 $R_u=(4.18-0.08)\mathrm{mm}=4.1\mathrm{mm}$。

代入式(4-65)得到

$$t_0=t_m+q_l\left[\frac{1}{4\pi k_u}+\frac{1}{2\pi R_u h_g}+\frac{1}{2\pi k_c}\ln\left(\frac{R_{co}}{R_{ci}}\right)+\frac{1}{2\pi R_{co} h}\right]$$

$$=\left\{305+\frac{17800}{2\pi}\left[\frac{1}{2\times 3.6}+\frac{1}{0.0041\times 5678}+\frac{1}{13}\ln\frac{4.75}{4.18}+\frac{1}{0.00475\times h}\right]\right\}℃$$

$$=\left\{305+17800\times\left(0.03051+\frac{33.51}{h}\right)\right\}℃$$

$$=(848.1+5.96\times 10^5 h^{-1})℃$$

t_0 与 h 的关系如图 4-9 所示,由图可见,$h<1000$ 之前,传热系数对温度的影响很大,而 $h>2000$ 以后其影响就明显变小了。在第 5 章讨论单相流传热分析中,我们将介绍对流传热系数的计算方法。这里先知道一些常识性的结论,水和固体表面之间的传热系数一般都是很高的(>2000),由此可以得到结论,只要燃料元件被冷却剂泡着,就不会发生中心温度过高的事故。

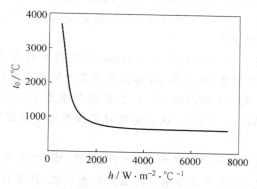

图 4-9　例 4-2 中燃料芯块中心温度与表面传热系数之间的关系

知识点:

- 考虑气隙的燃料元件中心温度计算方法。
- 热阻串联法。

参考文献

[1]　JORDAN R. MIT Reactor Safety Course[R],1979.

[2]　CLACK P A E. Post Irradiation Examination of Two High Burnup Fuel Rods Irradiated in the Halden BWR[R]. AEREG3207. AERE Harwell Report. 1985.

[3]　KAMPF H,KARSTEN G. Effects of different types of void volumes on the radial temperature distribution of fuel pins[J]. Nucl. Appl. Technol,1970,9:288.

[4]　VON UBISCH H,HALL S,SRIVASTOV R. Thermal conductivities of mixtures of fission product

gases with helium and argon[R]. Presented at the 2nd U. N. International Conference on Peaceful Uses of Atomic Energy. Sweden,1958.

[5] CALZA-BINI A. In-pipe measurement of fuel cladding conductance for pelleted and vipac zircaloy-2 sheathed fuel pin[J]. Nucl. Technol. 1975,25: 103.

[6] HORN G R,PANISKO F E. HEDL-TME72-128[R]. 1979.

习　题

4.1　有一压水堆圆柱形 UO_2 燃料元件,已知表面热流密度为 $1.7MW/m^2$,芯块表面温度为 400℃,芯块直径为 10.0mm,UO_2 密度取理论密度的 95%,计算以下两种情况燃料芯块中心最高温度:(1)热导率为常数,$k=3W/(m \cdot ℃)$;(2)热导率为 $k=1+3e^{-0.0005t}$。

4.2　有一板状燃料元件,芯块用铀铝合金制成(铀占 22% 重量),厚度为 1mm,铀的富集度为 90%,包壳用 0.5mm 厚的铝。元件两侧用 40℃ 水冷却,对流传热系数 $h=40000W/(m^2 \cdot ℃)$,假设气隙热阻可以忽略,铝的热导率 $k_{Al}=221.5\ W/(m \cdot ℃)$,铀铝合金的热导率 $k_{U\text{-}Al}=167.9\ W/(m \cdot ℃)$,裂变截面 $\sigma_f=520 \times 10^{-24} cm^2$。试求元件在稳态下的径向温度分布。

4.3　已知某压水堆燃料元件芯块半径为 4.7mm,包壳内半径为 4.89mm,包壳外半径为 5.46mm,包壳外流体温度 307.5℃,冷却剂与包壳之间传热系数为 28.4 kW/($m^2 \cdot$ ℃),燃料芯块热导率为 3.011 W/(m · ℃),包壳热导率为 18.69 W/(m · ℃),气隙气体的热导率为 0.277W/(m · ℃)。试计算燃料芯块的中心温度不超过 1800℃ 的最大线功率密度。

4.4　厚度或直径为 d 的三种不同几何形状(平板、圆柱、球)的燃料芯块的体积释热率都是 q_v,表面温度都是 t_c,试求各种芯块中心温度的表达式,并进行讨论比较。

4.5　考察某压水堆(圆柱形堆芯)中的某根燃料元件,参数如表 4-2 所示。假设轴向发热分布为余弦分布,试求燃料元件轴向 $z=650mm$ 高度处的燃料中心温度。

表 4-2　某根燃料元件参数

参　　数	数　值	单　位
燃料元件外直径	10.0	mm
芯块直径	8.8	mm
包壳厚度	0.5	mm
最大线功率密度	4.2×10^4	W/m
冷却剂进口温度	245	℃
冷却剂与元件壁面间传热系数	2.7×10^4	W/($m^2 \cdot$ ℃)
冷却剂流量	1200	kg/h
堆芯高度	2600	mm
包壳热导率	20	W/(m · ℃)
气隙热导率	0.23	W/(m · ℃)
芯块热导率	2.1	W/(m · ℃)

4.6　压力壳型水堆燃料元件 UO_2 的外直径为 10.45mm,芯块直径为 9.53mm,包壳热导率为 19.54W/(m・℃),厚度为 0.41mm,满功率时热点处包壳与芯块刚好接触,接触压力为零,热点处包壳表面温度为 342℃,包壳外表面热流密度为 1.395×10^6 W/m²,试求满功率时热点处芯块的中心温度。

4.7　试计算图 4-10 中复合墙的平均热流密度。(假设是一维的)已知:热壁面温度 370℃,冷壁面温度 66℃。各层的厚度见图 4.10。A,B,C,D 区的热导率分别为 A:150W/(m・℃);B:30W/(m・℃);C:50W/(m・℃);D:70W/(m・℃),并且 B 和 D 的面积相等,假设 B 和 D 之间是绝热的。

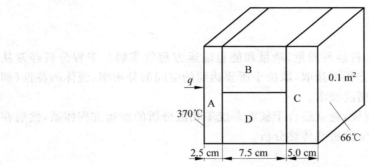

图 4-10　复合墙壁的导热问题

4.8　推导一维无内热源的球型包壳的热流($\dot{Q}$,单位为 W)公式:

$$\dot{Q} = \frac{4\pi k(t_i - t_o)}{1/r_i - 1/r_o}$$

第 5 章

单相流分析

核能系统的热工水力学分析涉及质量、动量和能量输运方程的求解。工程分析经常从简化过的输运方程开始,这些方程的选取,取决于所要达到的空间的分辨率、流体的特性(例如流体的可压缩性)和计算的精度要求。

在本章将引入一些基本假设,建立适合于核能系统单相流分析的输运方程体系,然后在此基础上,进行单相流的水力学分析和传热分析。

5.1 单相流输运方程

5.1.1 引言

在这里我们要做的一个最基本的假设——流体是连续的。也就是说,所关心的最小控制体内要包含足够多的分子数量,允许流体中的每个点可以用大量分子运动的平均参数来描述。这样的条件是比较容易满足的,例如,对于一个大气压下的空气,在边长为 $1\mu m$ 的正方体中,大约有 2.5×10^7 个分子[1]。满足连续性条件的计算区域内任何一点,其温度、速度、密度和压力的值都是唯一的。它们的值可以通过质量、动量和能量的守恒方程来描述。

当分子的平均自由程和控制体的尺寸大小量级差不多的时候,流体的连续性假设就不成立了。这时候需要用统计力学的方法来描述流体中分子的运动,例如气体特别稀薄的时候就不能用连续性假设了。为了便于介绍,先来回顾一些有关的基础知识。

输运方程可以用两种方法来描述:积分法和微分法,见表 5-1。积分法能进一步被细分为集总参数积分法和分布参数积分法。积分法所关心的是一个特定体积或质量的系统(也称为控制体)的行为。

集总参数积分法的流体空间可以很不规则,流体可以占据一个或一个以上的分隔空间,并且不考虑不同空间的参数差别。相反,分布参数积分法则要考虑不同空间内的参数差别。

表 5-1 按求解方法对输运方程的分类

求 解 方 法	积 分 法	微 分 法
集总参数法	质量控制体 体积控制体	— —
分布参数法	质量控制体 体积控制体	拉格朗日法 欧拉法

微分法属于分布参数法,微分法为所关心区域内的每个点建立平衡方程而不是为某一区域建立守恒方程。在控制区域内对微分方程积分就可以得到分布参数的积分方程。也就是说,我们可以通过划分栅元,然后对每个栅元采用分布参数的积分法,而得到参数的空间分布。当然,这样得到的分布参数与微分方程描述的有一定的差别,但是工程上通常认为在栅元尺寸足够小的时候,计算结果是可以接受的。

在分析流体流动的时候,有两种划分控制体的方法:质量控制体和体积控制体。质量控制体系统的边界是质量的边界,并且不允许有流体穿过这条边界,该系统为封闭系统。体积控制体只划定了控制体的空间范围,允许流体穿过系统的边界,该系统为开放系统。

在微分法中,描述质量控制体的微分方程,也被称为拉格朗日法。拉格朗日法的坐标系随流动质点运动(好像固定在某一特定质量的流体上面),因此用流体质点的空间坐标与时间相关的方程来描述流体的运动。假设用 a,b,c,d 等表示流场中流体的不同质点,则描述流场的基本方程为[2]

$$r = r(a,b,c,d,t) \tag{5-1}$$

流体质点的速度场为

$$v = \frac{\partial r(a,b,c,d,t)}{\partial t} \tag{5-2}$$

描述体积控制体的方程,称为欧拉法。欧拉坐标系是与时间无关的静止的坐标系。在欧拉法下,描述流场的基本方程是固定坐标系下的速度场:

$$v = v(r,t) \tag{5-3}$$

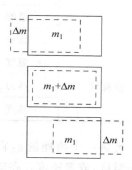

图 5-1　质量控制体和体积控制体示意图

本章先介绍质量控制体和体积控制体内的集总参数法得到的流体方程,然后介绍分布参数积分法和微分法的流体输运方程的形式。

图 5-1 是质量控制体和体积控制体的示意图,其中实线表示的是体积控制体,虚线表示的是质量控制体。质量控制体通常是处于流动状态的,而且还会变形,而体积控制体一般是不可变形的静止的控制体。

知识点:
- 流体与流体的输运方程。
- 拉格朗日法和欧拉法。
- 质量控制体与体积控制体。
- 连续性假设。

我们把那些可以由系统各部分相加得到总和的物理量称为广延量,例如体积、内能和质量等;而把那些不能相加的,也就是与系统尺寸无关的量称为强度量,例如温度、压力和速度等。表 5-2 列出了一些常用的广延量和强度量。

对于一个质量为 m 的质量控制体,如果 C 是一个广延量,单位质量所具有的值为 c,则集总参数法认为在控制体内该参数是均匀分布的,即有 $C=mc$。而分布参数法则认为控制体内参数不一定均匀,因此有 $C = \iiint_V \rho c \, \mathrm{d}V$。

表 5-2　广延量和强度量

分　类	物理量	总　值	单位质量值	单位体积值
广延量	质量	m	1	ρ
	体积	V	$v = V/m = 1/\rho$	1
	动量	$m\boldsymbol{v}$	$\boldsymbol{v}$	$\rho\boldsymbol{v}$
	动能	$mv^2/2$	$v^2/2$	$\rho v^2/2$
	重力势能	mgz	gz	ρgz
	内能	$U = mu$	u	ρu
	滞止能	$U^0 = mu^0$	$u^0 = u + \frac{1}{2}v^2$	ρu^0
	比焓	$H = mh$	$h = u + pv$	ρh
	滞止比焓	$H^0 = mh^0$	$h^0 = h + \frac{1}{2}v^2$	ρh^0
	总能	$E = me$	$e \equiv u^0 + gz$	ρe
	比熵	$S = ms$	s	ρs
强度量	温度	T	T	T
	压力	p	p	p
	速度	$\boldsymbol{v}$	$\boldsymbol{v}$	$\boldsymbol{v}$

考虑一个物理量 c,它是时间和空间的函数。c 可以是反映流体性质的任意一个参数,比如温度,或者速度。在空间静止的某一点处,c 的时间导数用偏微分 $\partial c/\partial t$ 表示。而在以速度为 $\boldsymbol{v}_0$ 匀速运动的参照系上看来(观察者站在这个参照系上),c 对时间的导数则需要用全微分 $\mathrm{d}c/\mathrm{d}t$ 来表示了。在笛卡儿坐标系中,有

$$\frac{\mathrm{d}c}{\mathrm{d}t} = \frac{\partial c}{\partial t} + \frac{\partial x}{\partial t}\frac{\partial c}{\partial x} + \frac{\partial y}{\partial t}\frac{\partial c}{\partial y} + \frac{\partial z}{\partial t}\frac{\partial c}{\partial z} = \frac{\partial c}{\partial t} + v_x\frac{\partial c}{\partial x} + v_y\frac{\partial c}{\partial y} + v_z\frac{\partial c}{\partial z} \tag{5-4}$$

其中,v_x,v_y 和 v_z 分别为 $\boldsymbol{v}_0$ 速度矢量在 x,y 和 z 方向的分量。因此全微分和偏微分的关系也可以表述为

$$\frac{\mathrm{d}c}{\mathrm{d}t} = \frac{\partial c}{\partial t} + \boldsymbol{v}_0 \cdot \nabla c \tag{5-5}$$

假如我们把参照系固定在流动的流体上,流体的速度为 $\boldsymbol{v}$,则物理量 c 的时间导数需要用实微分(material derivative)来描述[3],即

$$\frac{\mathrm{D}c}{\mathrm{D}t} = \frac{\partial c}{\partial t} + \boldsymbol{v} \cdot \nabla c \tag{5-6}$$

上式等号右边是变量在欧拉坐标系中的变化率,左边是拉格朗日坐标系下变量随时间的变化率。

在稳定流动里面,由于对于空间任何一点,其状态参数不随时间变化,因此 $\partial c/\partial t = 0$。

也就是说,在固定坐标系上的观察者看不到参数随着时间的变化。但是,对于随着流体运动的拉格朗日坐标系而言,由于 $\boldsymbol{v} \cdot \nabla c$ 不为零,因此 $Dc/Dt \neq 0$,即随着流体一起运动的参照系上的观察者,看到参数是随时间变化的。注意到:

$$\frac{Dc}{Dt} = \frac{dc}{dt} + (\boldsymbol{v} - \boldsymbol{v}_0) \cdot \nabla c \tag{5-7}$$

因此在 $\boldsymbol{v} = \boldsymbol{v}_0$ 时,全微分和实微分是相同的。对于一个矢量 c,有

$$\frac{D\boldsymbol{c}}{Dt} = \frac{Dc_i}{Dt}\boldsymbol{i} + \frac{Dc_j}{Dt}\boldsymbol{j} + \frac{Dc_k}{Dt}\boldsymbol{k} \tag{5-8}$$

例 5-1　假设有一个通道,沿着流动方向 z 不断注入汽泡,并假设沿着流动方向的空泡密度分布为

$$N_b = N_{b0}\left[1 + \left(\frac{z}{L}\right)^2\right]$$

其中,L 为通道长度,N_{b0} 为入口点处的空泡密度。

解　对于地面参照系来说,在 $z=0$ 点处,有

$$\frac{\partial N_b}{\partial t} = 0$$

而对于沿着流动方向作 v_0 速度运动的参照系来说,就有

$$\frac{dN_b}{dt} = \frac{\partial N_b}{\partial t} + v_0 \frac{\partial N_b}{\partial z} = v_0 N_{b0}\left(\frac{2z}{L^2}\right)$$

知识点:
- 全微分、实微分与偏微分。
- 强度量和广延量。

下面来回顾一下数学分析里面学过的高斯定理和莱布尼茨规则,以便使用散度定理建立流体的通用输运方程形式。

假设 V 是一个封闭区域,其表面为 S。高斯定理指出,某一矢量在这一区域内的散度的体积积分等于该矢量在该区域表面的通量,即

$$\iiint_V (\nabla \cdot c)\,dV = \oiint_S c \cdot \boldsymbol{n}\,dS \tag{5-9}$$

其中 $\boldsymbol{n}$ 是 S 表面指向外面的法向单位矢量。对于标量 c 可以表述为

$$\iiint_V \nabla c\,dV = \oiint_S c\boldsymbol{n}\,dS \tag{5-10}$$

对于两个矢量的叉积形成的张量 $\boldsymbol{C}$ 可以表述为

$$\iiint_V \nabla \cdot \boldsymbol{C}\,dV = \oiint_S (\boldsymbol{C} \cdot \boldsymbol{n})\,dS \tag{5-11}$$

在空间是一维的情况下,莱布尼茨规则指出,对某一个积分函数的导数,有

$$\frac{d}{d\lambda}\int_{a(\lambda)}^{b(\lambda)} f(x,\lambda)\,dx = \int_{a(\lambda)}^{b(\lambda)} \frac{\partial f(x,\lambda)}{\partial \lambda}\,dx + f(b,\lambda)\frac{db}{d\lambda} - f(a,\lambda)\frac{da}{d\lambda} \tag{5-12}$$

上式应用的条件是函数 f,a 和 b 都是对 λ 连续可微的,而且函数 f 和 $\partial f/\partial \lambda$ 对于在 $a(\lambda)$,$b(\lambda)$ 之间的 x 连续。下面我们要用莱布尼茨规则来求某一积分函数(对某一控制体内的空间的积分)的导数(对时间的导数)和控制体表面速度之间的关系。

先来看空间是一维的情况,假设有某一函数 $f(x,t)$,如图 5-2 所示,那么对于面积为 A,在 $b(t)$ 和 $a(t)$ 之间的区域,有

$$\frac{\mathrm{d}}{\mathrm{d}t}\int_{a(t)}^{b(t)} f(x,t)A\mathrm{d}x = \int_{a(t)}^{b(t)} \frac{\partial f(x,t)}{\partial t}A\mathrm{d}x + f(b,t)A\frac{\mathrm{d}b}{\mathrm{d}t} - f(a,t)A\frac{\mathrm{d}a}{\mathrm{d}t} \quad (5\text{-}13)$$

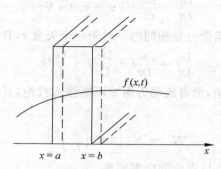

图 5-2　在 x 轴上移动的平板

注意此时空间的积分区域本身也是时间的函数,推广到三维的情况下,我们就可以得到通用的输运方程形式:

$$\frac{\mathrm{d}}{\mathrm{d}t}\iiint_{V(t)} f(\boldsymbol{r},t)\mathrm{d}V = \iiint_{V(t)} \frac{\partial f(\boldsymbol{r},t)}{\partial t}\mathrm{d}V + \oiint_{S(t)} f(\boldsymbol{r},t)\boldsymbol{v}_s \cdot \boldsymbol{n}\mathrm{d}S \quad (5\text{-}14)$$

其中,$\boldsymbol{v}_s$ 是 t 时刻 $\boldsymbol{r}$ 处表面 S 的运动速度,表面本身在运动的情况下,它是空间和时间的函数。下面分别对质量控制体和体积控制体的两种情况进行讨论。

第一种情况假定 $V(t)$ 是一个质量控制体,记为 V_m,其表面 $S(t)$ 为 S_m,这时候表面 S_m 处的速度就是流体的速度,左边的微分采用实微分,即

$$\frac{\mathrm{D}}{\mathrm{D}t}\iiint_{V_m} f(\boldsymbol{r},t)\mathrm{d}V = \iiint_{V_m} \frac{\partial f(\boldsymbol{r},t)}{\partial t}\mathrm{d}V + \oiint_{S_m} f(\boldsymbol{r},t)\boldsymbol{v} \cdot \boldsymbol{n}\mathrm{d}S \quad (5\text{-}15)$$

此方程把拉格朗日坐标下的一个积分函数的微分(左侧)转化为欧拉坐标下的微分函数的积分(右侧)。

另一种情况假定 $V(t)$ 是一个体积控制体,记为 V,体积控制体的表面是固定不动的,因此 $\boldsymbol{v}_s = 0$,有

$$\frac{\mathrm{d}}{\mathrm{d}t}\iiint_V f(\boldsymbol{r},t)\mathrm{d}V = \iiint_V \frac{\partial f(\boldsymbol{r},t)}{\partial t}\mathrm{d}V = \frac{\partial}{\partial t}\iiint_V f(\boldsymbol{r},t)\mathrm{d}V \quad (5\text{-}16)$$

最后一个等号成立是因为此时积分区域 V 和时间无关。

若要建立函数 $f(\boldsymbol{r},t)$ 在 $V(t)$ 内的空间积分 $\iiint_{V(t)} f(\boldsymbol{r},t)\mathrm{d}V$ 随着时间的总变化率,可以用积分区域正好和质量控制体的边界相重合瞬时的实微分来描述,在式(5-14)和式(5-15)中,令 $V(t) = V_m = V$,式(5-15)减去式(5-14)可得到,

$$\frac{\mathrm{D}}{\mathrm{D}t}\iiint_V f(\boldsymbol{r},t)\mathrm{d}V = \frac{\mathrm{d}}{\mathrm{d}t}\iiint_V f(\boldsymbol{r},t)\mathrm{d}V + \oiint_S f(\boldsymbol{r},t)(\boldsymbol{v} - \boldsymbol{v}_s) \cdot \boldsymbol{n}\mathrm{d}S \quad (5\text{-}17)$$

其中 $\boldsymbol{v} - \boldsymbol{v}_s = \boldsymbol{v}_r$ 是流体相对于表面 S 的相对速度。在式(5-17)中,右边第一项是时变项,第二项是表面通量项。

如果函数 $\boldsymbol{f}(\boldsymbol{r},t)$ 是一个矢量函数,式(5-14)可进一步推广,有

$$\frac{\mathrm{d}}{\mathrm{d}t}\iiint_V \boldsymbol{f}(\boldsymbol{r},t)\mathrm{d}V = \iiint_V \frac{\partial \boldsymbol{f}(\boldsymbol{r},t)}{\partial t}\mathrm{d}V + \oiint_S \boldsymbol{f}(\boldsymbol{r},t)(\boldsymbol{v}_s \cdot \boldsymbol{n})\mathrm{d}S \quad (5\text{-}18)$$

例 5-2 考虑压力容器的失水事故,图 5-3 中不变形的容器边界为体积控制体,而会变形的阴影部分是质量控制体。破口处的面积为 A_1,速度为 v_1,写出全微分和实微分形式的质量守恒方程。

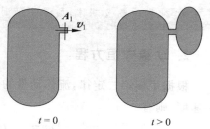

解 由于质量守恒,对于固定在质量控制体上的坐标系来说,质量不随时间变化,也就是质量的实微分为零,即有

$$\frac{\mathrm{D}m}{\mathrm{D}t} = 0$$

对于体积控制体,有

图 5-3 质量控制体和体积控制体

$$\frac{\mathrm{d}m}{\mathrm{d}t} = \frac{\mathrm{D}m}{\mathrm{D}t} - \iint \rho \boldsymbol{v}_1 \cdot \boldsymbol{n} \, \mathrm{d}S$$

即

$$\frac{\mathrm{d}m}{\mathrm{d}t} = -\rho_1 \boldsymbol{v}_1 \cdot \boldsymbol{A}_1$$

由此可以看到全微分和实微分的区别。

知识点:
- 散度定理。
- 通用输运方程。

5.1.2 集总参数质量控制体

集总参数(lumped parameter)法是用某一有代表性的参数代表控制体内的总体参数(例如速度或压力等),认为整个控制体内该参数是均匀分布的。用集总参数积分法来描述流体的输运方程又可以分为两种形式,一种是质量控制体的形式,另一种是体积控制体的形式。

1. 质量守恒方程

对于某一固定质量的控制体,由于其边界没有发生质量交换,因此实微分为零,即有

$$\frac{\mathrm{D}m}{\mathrm{D}t} = \frac{\mathrm{D}}{\mathrm{D}t} \iiint_{V_{\mathrm{m}}} \rho \, \mathrm{d}V = 0 \tag{5-19}$$

把式(5-19)代入式(5-17),此时 $V_{\mathrm{m}} = V$,其中的函数 f 用密度 ρ 表示,则有

$$\frac{\mathrm{d}}{\mathrm{d}t} \iiint_{V} \rho \, \mathrm{d}V + \oiint_{S} \rho \boldsymbol{v}_{\mathrm{r}} \cdot \boldsymbol{n} \, \mathrm{d}S = 0 \tag{5-20}$$

对于质量控制体,流体在表面 S_{m} 处的相对速度 $\boldsymbol{v}_{\mathrm{r}} = 0$,于是有

$$\frac{\mathrm{D}m}{\mathrm{D}t} = \frac{\mathrm{d}}{\mathrm{d}t} \iiint_{V_{\mathrm{m}}} \rho \, \mathrm{d}V = \left(\frac{\mathrm{d}m}{\mathrm{d}t}\right)_{V_{\mathrm{m}}} = 0 \tag{5-21}$$

由此可见,对于质量控制体,质量不随时间变化。

> 知识点：
> * 对于质量控制体，质量不随时间变化。

2. 动量守恒方程

根据牛顿第二定律，流体动量的变化率等于流体受到的合外力。假设所有质量具有同一速度，则有

$$\frac{\mathrm{D}m\boldsymbol{v}}{\mathrm{D}t} = \left(\frac{\mathrm{d}m\boldsymbol{v}}{\mathrm{d}t}\right)_{V_{\mathrm{m}}} = \sum_k \boldsymbol{F}_k = \sum_k m\boldsymbol{f}_k \tag{5-22}$$

这里，外力可能是重力、电力等作用于一定质量流体上的力，也可能是压力或表面黏性力等作用于流体表面的力。

> 知识点：
> * 对于质量控制体，动量的变化率等于流体受到的合外力。

3. 能量守恒方程

根据热力学第一定律，系统内能量的变化等于系统与外界的能量交换。在不考虑核反应和化学反应的情况下，系统的能量指系统所具有的内能和动能。系统与外界的能量交换包括两大类，一类是系统与外界通过热传导、对流或辐射产生的热量的传递，另一类是系统对外界或外界对系统做的功。对于热量传递通常规定传入系统的热量为正，而对于做功，则规定系统对外做的功为正，因此有

$$\frac{\mathrm{D}U^0}{\mathrm{D}t} = \left(\frac{\mathrm{d}U^0}{\mathrm{d}t}\right)_{V_{\mathrm{m}}} = \left(\frac{\mathrm{d}Q}{\mathrm{d}t}\right)_{V_{\mathrm{m}}} - \left(\frac{\mathrm{d}W}{\mathrm{d}t}\right)_{V_{\mathrm{m}}} \tag{5-23}$$

通常我们把核裂变产生的能量作为能量产生的源项 $\left(\dfrac{\mathrm{d}Q}{\mathrm{d}t}\right)_{\mathrm{gen}}$，它是从系统之外输入的热源，这样上式可以写成

$$\frac{\mathrm{d}U^0}{\mathrm{d}t} = \left(\frac{\mathrm{d}Q}{\mathrm{d}t}\right)_{V_{\mathrm{m}}} + \left(\frac{\mathrm{d}Q}{\mathrm{d}t}\right)_{\mathrm{gen}} - \left(\frac{\mathrm{d}W}{\mathrm{d}t}\right)_{V_{\mathrm{m}}} \tag{5-24}$$

在应用集总参数法的时候，认为在质量控制体内，内能是均匀分布的，有

$$U^0 = mu^0 = m\left(u + \frac{1}{2}v^2\right) \tag{5-25}$$

对于式（5-23）中的做功项，我们通常把功分为轴功 $\left(\dfrac{\mathrm{d}W}{\mathrm{d}t}\right)_{\mathrm{sh}}$、法向表面力（如压力）做的功 $\left(\dfrac{\mathrm{d}W}{\mathrm{d}t}\right)_{\mathrm{n}}$、切向表面力（如黏性力）做的功 $\left(\dfrac{\mathrm{d}W}{\mathrm{d}t}\right)_{\mathrm{s}}$ 和质量力（如重力、电场力或磁场力等合外力）做的功。设单位质量流体所受到的质量力是 $\boldsymbol{f}$，则有

$$\left(\frac{\mathrm{d}W}{\mathrm{d}t}\right)_{V_{\mathrm{m}}} = \left(\frac{\mathrm{d}W}{\mathrm{d}t}\right)_{\mathrm{sh}} + \left(\frac{\mathrm{d}W}{\mathrm{d}t}\right)_{\mathrm{n}} + \left(\frac{\mathrm{d}W}{\mathrm{d}t}\right)_{\mathrm{s}} + \boldsymbol{v} \cdot m\boldsymbol{f} \tag{5-26}$$

其中假定质量力的势场为 ϕ（比如重力场），则单位质量流体所受到的质量力为 $\boldsymbol{f} = -\nabla\phi$，这样，我们可以得到

$$\boldsymbol{v} \cdot m\boldsymbol{f} = -m\boldsymbol{v} \cdot \nabla\psi = -m\frac{\mathrm{D}\psi}{\mathrm{D}t} + m\frac{\partial\psi}{\partial t} \tag{5-27}$$

如果 ψ 与时间无关，则因为 $\mathrm{D}m/\mathrm{D}t = 0$，有

$$\boldsymbol{v} \cdot m\boldsymbol{f} = -m\frac{\mathrm{D}\psi}{\mathrm{D}t} = -\frac{\mathrm{D}(m\psi)}{\mathrm{D}t} \tag{5-28}$$

这样，对于质量控制体，就可以得到

$$\boldsymbol{v} \cdot m\boldsymbol{f} = -m\left(\frac{\mathrm{d}\psi}{\mathrm{d}t}\right)_{V_{\mathrm{m}}} = -\left[\frac{\mathrm{d}(m\psi)}{\mathrm{d}t}\right]_{V_{\mathrm{m}}} \tag{5-29}$$

在 ψ 为重力场的时候，有 $\psi = gz$，$\boldsymbol{f} = \boldsymbol{g}$。如果质量力只有重力，则式（5-24）写成如下形式

$$\left[\frac{\mathrm{d}(mu^0)}{\mathrm{d}t}\right]_{V_{\mathrm{m}}} = \left(\frac{\mathrm{d}Q}{\mathrm{d}t}\right)_{V_{\mathrm{m}}} + \left(\frac{\mathrm{d}Q}{\mathrm{d}t}\right)_{\mathrm{gen}} - \left(\frac{\mathrm{d}W}{\mathrm{d}t}\right)_{\mathrm{sh}} -$$
$$\left(\frac{\mathrm{d}W}{\mathrm{d}t}\right)_{\mathrm{n}} - \left(\frac{\mathrm{d}W}{\mathrm{d}t}\right)_{\mathrm{s}} - \left[\frac{\mathrm{d}(mgz)}{\mathrm{d}t}\right]_{V_{\mathrm{m}}} \tag{5-30}$$

移项整理后即得

$$\left\{\frac{\mathrm{d}}{\mathrm{d}t}\left[m(u^0 + gz)\right]\right\}_{V_{\mathrm{m}}} = \left(\frac{\mathrm{d}Q}{\mathrm{d}t}\right)_{V_{\mathrm{m}}} + \left(\frac{\mathrm{d}Q}{\mathrm{d}t}\right)_{\mathrm{gen}} - \left(\frac{\mathrm{d}W}{\mathrm{d}t}\right)_{\mathrm{sh}} -$$
$$\left(\frac{\mathrm{d}W}{\mathrm{d}t}\right)_{\mathrm{n}} - \left(\frac{\mathrm{d}W}{\mathrm{d}t}\right)_{\mathrm{s}} \tag{5-31}$$

或

$$\left(\frac{\mathrm{d}E}{\mathrm{d}t}\right)_{V_{\mathrm{m}}} = \left(\frac{\mathrm{d}Q}{\mathrm{d}t}\right)_{V_{\mathrm{m}}} + \left(\frac{\mathrm{d}Q}{\mathrm{d}t}\right)_{\mathrm{gen}} - \left(\frac{\mathrm{d}W}{\mathrm{d}t}\right)_{\mathrm{sh}} - \left(\frac{\mathrm{d}W}{\mathrm{d}t}\right)_{\mathrm{n}} - \left(\frac{\mathrm{d}W}{\mathrm{d}t}\right)_{\mathrm{s}} \tag{5-32}$$

其中，$E = m(u^0 + gz)$。以上能量方程既适用于可逆过程，也适用于不可逆过程。对于可逆过程，在法向表面力只有压力的情况下，有

$$\left(\frac{\mathrm{d}W}{\mathrm{d}t}\right)_{\mathrm{n}} = p\left(\frac{\mathrm{d}V}{\mathrm{d}t}\right)_{V_{\mathrm{m}}} \tag{5-33}$$

这样就可以得到

$$\left(\frac{\mathrm{d}E}{\mathrm{d}t}\right)_{V_{\mathrm{m}}} = \left(\frac{\mathrm{d}Q}{\mathrm{d}t}\right)_{V_{\mathrm{m}}} + \left(\frac{\mathrm{d}Q}{\mathrm{d}t}\right)_{\mathrm{gen}} - \left(\frac{\mathrm{d}W}{\mathrm{d}t}\right)_{\mathrm{sh}} - p\left(\frac{\mathrm{d}V}{\mathrm{d}t}\right)_{V_{\mathrm{m}}} - \left(\frac{\mathrm{d}W}{\mathrm{d}t}\right)_{\mathrm{s}} \tag{5-34}$$

知识点：
- 对于质量控制体，系统内能量的变化等于系统与外界的能量交换。

4. 熵方程

根据热力学第二定律即熵增原理可知，对于质量控制体来说，由于没有流体穿过控制体的边界，因此有

$$\frac{\mathrm{D}S}{\mathrm{D}t} = \left(\frac{\mathrm{d}S}{\mathrm{d}t}\right)_{V_{\mathrm{m}}} \geqslant \frac{(\mathrm{d}Q/\mathrm{d}t)_{V_{\mathrm{m}}}}{T_Q} \tag{5-35}$$

其中，T_Q 是传入能量 Q 的热源处的热力学温度。如果过程是可逆的，则上式取等号，否则取大于号。

若质量控制体和控制体外的热源的温度不同，则过程是不可逆的，增加的熵是由不可逆

的传热过程产生的,这时可以表达为

$$\left(\frac{\mathrm{d}S}{\mathrm{d}t}\right)_{V_\mathrm{m}} = \left(\frac{\mathrm{d}S}{\mathrm{d}t}\right)_{\mathrm{gen}} + \frac{(\mathrm{d}Q/\mathrm{d}t)_{V_\mathrm{m}}}{T_Q} \tag{5-36}$$

其中,$\left(\dfrac{\mathrm{d}S}{\mathrm{d}t}\right)_{\mathrm{gen}}$ 为不可逆过程的熵产生率。对于绝热可逆过程,上式写为

$$\left(\frac{\mathrm{d}S}{\mathrm{d}t}\right)_{V_\mathrm{m}} = 0 \tag{5-37}$$

在这里我们引入可用功的概念,可用功是由系统所处的状态和环境的状态(例如环境压力 p_0 和环境温度 T_0)决定的,对于一个质量控制体,可用功 A 定义为

$$A \equiv E + p_0 V - T_0 S \tag{5-38}$$

因为

$$\left(\frac{\mathrm{d}W}{\mathrm{d}t}\right)_{\mathrm{u,max}} \equiv -\frac{\mathrm{d}A}{\mathrm{d}t} = -\frac{\mathrm{d}}{\mathrm{d}t}(E + p_0 V - T_0 S) \tag{5-39}$$

其中下标 u 表示可用功。所以系统从状态 1 到状态 2,对外做的最大的功就是

$$W_{\mathrm{u,max1-2}} \equiv A_1 - A_2 = E_1 - E_2 + p_0(V_1 - V_2) - T_0(S_1 - S_2) \tag{5-40}$$

> **知识点:**
> - 可用功。
> - 熵增原理。

5.1.3 集总参数体积控制体

1. 质量守恒方程

对于某一固定体积边界的控制体,由于其边界处有质量交换,因此控制体内的质量变化等于流进和流出的质量差,我们规定流入控制体的为正,根据式(5-4)有

$$\frac{\mathrm{D}m}{\mathrm{D}t} = \left(\frac{\mathrm{d}m}{\mathrm{d}t}\right)_V - \sum_{i=1}^{I} q_{\mathrm{m},i} \tag{5-41}$$

其中,下标 V 表示体积控制体。因为 $\dfrac{\mathrm{D}m}{\mathrm{D}t}=0$,所以

$$\left(\frac{\mathrm{d}m}{\mathrm{d}t}\right)_V = \sum_{i=1}^{I} q_{\mathrm{m},i} \tag{5-42}$$

其中,$q_{\mathrm{m},i}$ 为第 i 边界处的质量流量,规定流入为正,流出为负,于是有

$$q_{\mathrm{m},i} = -\oiint_{S_i} \rho \, \boldsymbol{v}_\mathrm{r} \cdot \boldsymbol{n} \, \mathrm{d}S \tag{5-43}$$

如果在进行积分的面积上流体的密度和速度假设为均匀分布,则边界处的质量流量为

$$q_{\mathrm{m},i} = -\rho \, (\boldsymbol{v} - \boldsymbol{v}_\mathrm{s})_i \cdot \boldsymbol{S}_i \tag{5-44}$$

> **知识点:**
> - 边界处的质量流量。

2. 动量守恒方程

在式(5-14)中,令 $f(\boldsymbol{r},t)=\rho$,并运用式(5-44),有

$$\left(\frac{\mathrm{d}m\boldsymbol{v}}{\mathrm{d}t}\right)_{V_\mathrm{m}}=\frac{\mathrm{D}m\boldsymbol{v}}{\mathrm{D}t}=\left(\frac{\mathrm{d}m\boldsymbol{v}}{\mathrm{d}t}\right)_V-\sum_{i=1}^I q_{\mathrm{m},i}\,\boldsymbol{v}_i \tag{5-45}$$

利用式(5-20),就可以得到动量方程

$$\left(\frac{\mathrm{d}m\boldsymbol{v}}{\mathrm{d}t}\right)_V=\sum_{i=1}^I q_{\mathrm{m},i}\,\boldsymbol{v}_i+\sum_k m\,\boldsymbol{f}_k \tag{5-46}$$

> **知识点:**
> - 体积控制体与质量控制体动量方程的差别。

3. 能量守恒方程

类似于动量方程,在式(5-14)中,令 $f(\boldsymbol{r},t)=\rho u^0$,和滞止内能为

$$U^0=\iiint_V \rho u^0\,\mathrm{d}V \tag{5-47}$$

并运用边界处质量流量,则有

$$\left(\frac{\mathrm{D}U^0}{\mathrm{D}t}\right)=\left(\frac{\mathrm{d}U^0}{\mathrm{d}t}\right)_V-\sum_{i=1}^I q_{\mathrm{m},i}u_i^0 \tag{5-48}$$

根据热力学第一定律,可得

$$\left(\frac{\mathrm{d}U^0}{\mathrm{d}t}\right)_V=\sum_{i=1}^I q_{\mathrm{m},i}u_i^0+\left(\frac{\mathrm{D}Q}{\mathrm{D}t}\right)-\left(\frac{\mathrm{D}W}{\mathrm{D}t}\right) \tag{5-49}$$

其中的传热项与流进流出的质量流量无关,因此可以记为

$$\frac{\mathrm{D}Q}{\mathrm{D}t}=\left(\frac{\mathrm{d}Q}{\mathrm{d}t}\right)_V=\frac{\mathrm{d}Q}{\mathrm{d}t} \tag{5-50}$$

而做功项则和流进流出的质量流量有关,于是有

$$\frac{\mathrm{D}W}{\mathrm{D}t}=\left(\frac{\mathrm{d}W}{\mathrm{d}t}\right)_V-\sum_{i=1}^I q_{\mathrm{m},i}\,(pv)_i \tag{5-51}$$

对于体积控制体来说,$\left(\dfrac{\mathrm{d}W}{\mathrm{d}t}\right)_V$ 中的轴功 $\left(\dfrac{\mathrm{d}W}{\mathrm{d}t}\right)_{\mathrm{sh}}$、法向表面力功 $\left(\dfrac{\mathrm{d}W}{\mathrm{d}t}\right)_{\mathrm{n}}$ 和切向表面力功 $\left(\dfrac{\mathrm{d}W}{\mathrm{d}t}\right)_{\mathrm{s}}$ 必须分开来考虑,图 5-4 是体积控制体能量守恒示意图。

这样,体积控制体的能量守恒方程为

$$\left(\frac{\mathrm{d}E}{\mathrm{d}t}\right)_V=\sum_{i=1}^I q_{\mathrm{m},i}\left(u_i^0+\frac{p_i}{\rho_i}+gz_i\right)+\frac{\mathrm{d}Q}{\mathrm{d}t}+\left(\frac{\mathrm{d}Q}{\mathrm{d}t}\right)_{\mathrm{gen}}-$$
$$\left(\frac{\mathrm{d}W}{\mathrm{d}t}\right)_{\mathrm{sh}}-\left(\frac{\mathrm{d}W}{\mathrm{d}t}\right)_{\mathrm{n}}-\left(\frac{\mathrm{d}W}{\mathrm{d}t}\right)_{\mathrm{s}} \tag{5-52}$$

对于一个静止的体积控制体,如果质量力只有重力,并且记滞止比焓为

$$u_i^0+\frac{p_i}{\rho_i}=h_i^0 \tag{5-53}$$

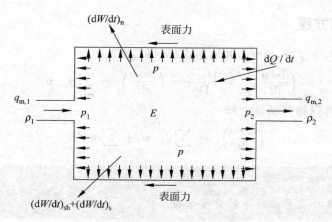

图 5-4 体积控制体能量守恒示意图

则得到常用的能量守恒方程为

$$\left(\frac{\partial E}{\partial t}\right)_V = \sum_{i=1}^{I} q_{\mathrm{m},i}\left(h_i^0 + gz_i\right) + \frac{\mathrm{d}Q}{\mathrm{d}t} + \left(\frac{\mathrm{d}Q}{\mathrm{d}t}\right)_{\mathrm{gen}} -$$
$$\left(\frac{\mathrm{d}W}{\mathrm{d}t}\right)_{\mathrm{sh}} - \left(\frac{\partial W}{\partial t}\right)_{\mathrm{n}} - \left(\frac{\mathrm{d}W}{\mathrm{d}t}\right)_{\mathrm{s}} \tag{5-54}$$

例 5-3 推导泵功率和冷却剂流量的关系。

解 泵是一个无内热源的绝热体,控制体选择泵内部的空间,因此是一个静止的不变形的体积控制体。假设泵的出口和入口在同一水平线上,并且忽略出入口动能的变化。

根据体积控制体的能量守恒方程,得到

$$0 = q_{\mathrm{m}}\left(h_{\mathrm{i}} - h_{\mathrm{o}}\right) - \left(\frac{\mathrm{d}W}{\mathrm{d}t}\right)_{\mathrm{sh}} - \left(\frac{\mathrm{d}W}{\mathrm{d}t}\right)_{\mathrm{s}}$$

根据比焓的定义,有

$$h = u + \frac{p}{\rho}$$

而对于不可压缩流体,有

$$\frac{\partial \rho}{\partial p} = 0$$

因此

$$h_{\mathrm{i}} - h_{\mathrm{o}} = \left[u_{\mathrm{i}}(T) - u_{\mathrm{o}}(T)\right] + \left[\left(\frac{p}{\rho}\right)_{\mathrm{i}} - \left(\frac{p}{\rho}\right)_{\mathrm{o}}\right] = \frac{p_{\mathrm{i}} - p_{\mathrm{o}}}{\rho}$$

这样,得到泵功率为

$$P = -\left(\frac{\mathrm{d}W}{\mathrm{d}t}\right)_{\mathrm{sh}} - \left(\frac{\mathrm{d}W}{\mathrm{d}t}\right)_{\mathrm{s}} = q_{\mathrm{m}}\frac{p_{\mathrm{o}} - p_{\mathrm{i}}}{\rho}$$

知识点:

- 体积控制体与质量控制体能量守恒方程的差别。
- 流体做功的种类。

4. 熵方程

对于体积控制体,熵方程可以通过质量控制体的熵方程得到。在式(5-14)中,令 $f(\boldsymbol{r},t)=\rho s$,则有

$$\left(\frac{\mathrm{d}S}{\mathrm{d}t}\right)_{V_{\mathrm{m}}} = \left(\frac{\mathrm{d}S}{\mathrm{d}t}\right)_{V} - \sum_{i=1}^{I} q_{\mathrm{m},i} s_i \tag{5-55}$$

而对于静止不动的体积控制体,全微分可以用偏微分代替,于是有

$$\left(\frac{\mathrm{d}S}{\mathrm{d}t}\right)_{V_{\mathrm{m}}} = \left(\frac{\partial S}{\partial t}\right)_{V} - \sum_{i=1}^{I} q_{\mathrm{m},i} s_i \tag{5-56}$$

运用式(5-50)、式(5-52)和式(5-36),就可以得到

$$\left(\frac{\partial S}{\partial t}\right)_{V} = \sum_{i=1}^{I} q_{\mathrm{m},i} s_i + \left(\frac{\mathrm{d}S}{\mathrm{d}t}\right)_{\mathrm{gen}} + \frac{\mathrm{d}Q/\mathrm{d}t}{T_Q} \tag{5-57}$$

下面我们来分析一下最大可用功和不可逆的功损失。对于一个体积控制体,控制体对外界实际做的功为

$$\left(\frac{\mathrm{d}W}{\mathrm{d}t}\right)_{\mathrm{a}} \equiv \left(\frac{\mathrm{d}W}{\mathrm{d}t}\right)_{\mathrm{sh}} + \left(\frac{\mathrm{d}W}{\mathrm{d}t}\right)_{\mathrm{n}} \tag{5-58}$$

其中有一部分是转移到环境去的不可用的功,因此实际可用的功为

$$\left(\frac{\mathrm{d}W}{\mathrm{d}t}\right)_{\mathrm{u,a}} \equiv \left(\frac{\mathrm{d}W}{\mathrm{d}t}\right)_{\mathrm{a}} - p_0 \frac{\mathrm{d}V}{\mathrm{d}t} \tag{5-59}$$

我们注意到,对于一个静止不动的体积控制体,$\dfrac{\mathrm{d}V}{\mathrm{d}t}=\dfrac{\partial V}{\partial t}$,把式(5-54)和式(5-58)代入式(5-59)可以得到

$$\left(\frac{\mathrm{d}W}{\mathrm{d}t}\right)_{\mathrm{u,a}} = \sum_{i=1}^{I} q_{\mathrm{m},i} (h_i^0 + gz_i) + \frac{\mathrm{d}Q}{\mathrm{d}t} + \left(\frac{\mathrm{d}Q}{\mathrm{d}t}\right)_{\mathrm{gen}} - \left[\frac{\partial(E + p_0 V)}{\partial t}\right]_V - \left(\frac{\mathrm{d}W}{\mathrm{d}t}\right)_{\mathrm{s}} \tag{5-60}$$

将式(5-57)乘以 T_0,并利用式(5-60)就可以得到

$$\left(\frac{\mathrm{d}W}{\mathrm{d}t}\right)_{\mathrm{u,a}} = -\left[\frac{\partial(E + p_0 V - T_0 S)}{\partial t}\right]_V + \sum_{i=1}^{I} q_{\mathrm{m},i} (h_i^0 - T_0 s + gz_i) + \left(1 - \frac{T_0}{T_Q}\right)\frac{\mathrm{d}Q}{\mathrm{d}t} + \left(\frac{\mathrm{d}Q}{\mathrm{d}t}\right)_{\mathrm{gen}} - \left(\frac{\mathrm{d}W}{\mathrm{d}t}\right)_{\mathrm{s}} - T_0 \left(\frac{\mathrm{d}S}{\mathrm{d}t}\right)_{\mathrm{gen}} \tag{5-61}$$

当 $\left(\dfrac{\mathrm{d}S}{\mathrm{d}t}\right)_{\mathrm{gen}} = 0$ 时,上式取得最大值,即有

$$\left(\frac{\mathrm{d}W}{\mathrm{d}t}\right)_{\mathrm{u,max}} = -\left[\frac{\partial(E + p_0 V - T_0 S)}{\partial t}\right]_V + \sum_{i=1}^{I} q_{\mathrm{m},i} (h^0 - T_0 s + gz)_i + \left(1 - \frac{T_0}{T_Q}\right)\frac{\mathrm{d}Q}{\mathrm{d}t} + \left(\frac{\mathrm{d}Q}{\mathrm{d}t}\right)_{\mathrm{gen}} - \left(\frac{\mathrm{d}W}{\mathrm{d}t}\right)_{\mathrm{s}} \tag{5-62}$$

不可逆的功损失 $\left(\dfrac{\mathrm{d}W}{\mathrm{d}t}\right)_{\mathrm{un}}$ 为

$$\left(\frac{\mathrm{d}W}{\mathrm{d}t}\right)_{\mathrm{un}} \equiv \left(\frac{\mathrm{d}W}{\mathrm{d}t}\right)_{\mathrm{u,max}} - \left(\frac{\mathrm{d}W}{\mathrm{d}t}\right)_{\mathrm{u,a}} = T_0 \left(\frac{\mathrm{d}S}{\mathrm{d}t}\right)_{\mathrm{gen}} \tag{5-63}$$

将式(5-60)和式(5-62)代入式(5-63)就可以得到

$$\left(\frac{\mathrm{d}W}{\mathrm{d}t}\right)_{\mathrm{un}} = T_0\left(\frac{\partial S}{\partial t}\right)_V - T_0\sum_{i=1}^{I}q_{\mathrm{m},i}s_i - \frac{T_0}{T_Q}\frac{\mathrm{d}Q}{\mathrm{d}t} \tag{5-64}$$

知识点:

- 体积控制体与质量控制体熵方程的差别。
- 不可用功的计算。

例 5-4 图 5-5 是核反应堆系统中的稳压器示意图,请思考并回答如下问题:

(1) 如果把稳压器看成一个控制体,我们可以用式(5-54)描述能量守恒吗? 该控制体有几个出入口边界?

(2) 如果可以用式(5-54)描述能量守恒,其中的$\dfrac{\mathrm{d}Q}{\mathrm{d}t}$项应包含哪些内容?

(3) 对于稳压器控制体,等式$\dfrac{\partial E^0}{\partial t} = \dfrac{\partial U^0}{\partial t}$成立吗?

(4) 计算能量守恒时$\left(\dfrac{\mathrm{d}W}{\mathrm{d}t}\right)_{\mathrm{sh}}$,$\left(\dfrac{\mathrm{d}W}{\mathrm{d}t}\right)_{\mathrm{s}}$和$p\left(\dfrac{\partial V}{\partial t}\right)_V$是否等于零?

解 (1) 如果把稳压器看成一个控制体,因为稳压器是一个静止的容积空间,所以可以用式(5-54)描述能量守恒,该控制体有两个出入口边界。

(2) $\dfrac{\mathrm{d}Q}{\mathrm{d}t}$项包含通过加热器加进去的能量和通过壁面传导出来的能量。

(3) 该等式不一定成立,因为 $E^0 = U^0 + mgz$,其中的质量 m 和高度 z 都是会变化的。

(4) 因为没有轴功输入,因此$(\mathrm{d}W/\mathrm{d}t)_{\mathrm{sh}} = 0$;因为工质流动需要推进功,因此$(\mathrm{d}W/\mathrm{d}t)_{\mathrm{s}} < 0$,不过对于稳压器来说,流量很小所以这项也很小,可以近似等于零;因为稳压器是一个不可变形的静止控制体,所以 $p(\partial V/\partial t)_V = 0$。

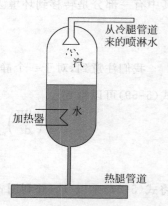

图 5-5　稳压器示意图

5.1.4　分布参数积分法

分布参数积分法认为物理参数在控制体内不是均匀分布的。假设 C 代表控制体中的一个物理参数,不是强度量而是广延量(比如焓或者动量),c 代表单位质量流体所具有的值(比如比焓或者速度),则根据式(5-12),就有

$$\frac{\mathrm{D}C}{\mathrm{D}t} = \iiint_{V_{\mathrm{m}}}\frac{\partial}{\partial t}(\rho c)\mathrm{d}V + \oiint_{S_{\mathrm{m}}}(\rho c)\boldsymbol{v}\cdot\boldsymbol{n}\,\mathrm{d}S \tag{5-65}$$

其中,ρ 是密度,下标 m 表示质量控制体。假设 ϕ 为控制体内该广延量的源强度,则根据该量的守恒原理,其时间变化率应该等于控制体内的产生项加上穿过表面的通量,于是有

$$\frac{\mathrm{D}C}{\mathrm{D}t} = \iiint_{V_{\mathrm{m}}}\rho\phi\,\mathrm{d}V + \oiint_{S_{\mathrm{m}}}\boldsymbol{J}\cdot\boldsymbol{n}\,\mathrm{d}S \tag{5-66}$$

联合上面的两个式子,我们可以得到

$$\iiint_{V_m} \frac{\partial(\rho c)}{\partial t} dV + \oiint_{S_m} (\rho c) \boldsymbol{v} \cdot \boldsymbol{n} dS = \iiint_{V_m} \rho \phi dV + \oiint_{S_m} \boldsymbol{J} \cdot \boldsymbol{n} dS \tag{5-67}$$

该式不但适用于质量控制体,而且对于任何具有一定体积的控制体都是适用的,即

$$\iiint_{V} \frac{\partial(\rho c)}{\partial t} dV + \oiint_{S} (\rho c) \boldsymbol{v} \cdot \boldsymbol{n} dS = \iiint_{V} \rho \phi dV + \oiint_{S} \boldsymbol{J} \cdot \boldsymbol{n} dS \tag{5-68}$$

利用式(5-11),有

$$\frac{d}{dt} \iiint_{V} (\rho c) dV + \oiint_{S} (\rho c)(\boldsymbol{v} - \boldsymbol{v}_s) \cdot \boldsymbol{n} dS = \iiint_{V} \rho \phi dV + \oiint_{S} \boldsymbol{J} \cdot \boldsymbol{n} dS \tag{5-69}$$

其中的 c 和 ϕ 既可以是标量,也可以是矢量,当 c 和 ϕ 是矢量的时候,$\boldsymbol{J}$ 是张量。

通用式(5-68)和式(5-69)可以用于描述质量守恒、动量守恒和能量守恒。当质量力只有重力的时候,对于质量守恒,只需令

$$c = 1, \quad \boldsymbol{J} = \boldsymbol{0}, \quad \phi = 0 \tag{5-70}$$

对于动量方程,令

$$c = \boldsymbol{v}, \quad \boldsymbol{J} = \boldsymbol{\tau} - p\boldsymbol{I}, \quad \phi = \boldsymbol{g} \tag{5-71}$$

此时,c 和 ϕ 是矢量,$\boldsymbol{J}$ 是张量。

对于能量守恒,令

$$c = u^0 = u + \frac{v^2}{2}, \quad \boldsymbol{J} = -\boldsymbol{q} + (\boldsymbol{\tau} - p\boldsymbol{I}) \cdot \boldsymbol{v}, \quad \phi = \frac{q_v}{\rho} + \boldsymbol{g} \cdot \boldsymbol{v} \tag{5-72}$$

其中,$\boldsymbol{\tau}$ 是切应力张量,$\boldsymbol{I}$ 是单位张量,$\boldsymbol{g}$ 为重力加速度矢量,$\boldsymbol{q}$ 为表面热流密度,q_v 是控制体内的体积释热率。

> **知识点:**
> * 分布参数积分法输运方程的一般形式。

1. 质量守恒方程

对于质量守恒,把式(5-70)代入式(5-69),可以得到质量守恒方程

$$\frac{d}{dt} \iiint_{V} \rho dV + \oiint_{S} \rho (\boldsymbol{v} - \boldsymbol{v}_s) \cdot \boldsymbol{n} dS = 0 \tag{5-73}$$

注意到

$$\iiint_{V} \rho dV = m_V \tag{5-74}$$

另外,根据式(5-43),有

$$\iint_{S_i} \rho (\boldsymbol{v} - \boldsymbol{v}_s) \cdot \boldsymbol{n} dS_i = -q_{m,i} \tag{5-75}$$

其中 i 是 $\boldsymbol{v} - \boldsymbol{v}_s \neq 0$ 的所有边界的编号。

这样式(5-73)就和式(5-42)具有同样的形式了。进一步可以得到

$$\left(\frac{dm}{dt}\right)_V - \sum_i q_{m,i} = 0 \tag{5-76}$$

2. 动量守恒方程

对于动量方程,把式(5-71)代入式(5-69),可以得到动量方程

$$\frac{\mathrm{d}}{\mathrm{d}t}\iiint_V \rho \boldsymbol{v}\mathrm{d}V + \oiint_S \rho \boldsymbol{v}(\boldsymbol{v}-\boldsymbol{v}_\mathrm{s})\cdot\boldsymbol{n}\mathrm{d}S = \iiint_V \rho\boldsymbol{g}\mathrm{d}V + \oiint_S (\boldsymbol{\tau}-p\boldsymbol{I})\cdot\boldsymbol{n}\mathrm{d}S \tag{5-77}$$

如果假设在控制体 V 内速度是均匀的,那么我们就得到和式(5-46)一样的形式了,即

$$\left(\frac{\mathrm{d}m\boldsymbol{v}}{\mathrm{d}t}\right)_V - \sum_i q_{\mathrm{m},i}\boldsymbol{v}_i = \sum_j m\boldsymbol{f}_j + m\boldsymbol{g} = \sum_k m\boldsymbol{f}_k = \sum_k \boldsymbol{F}_k \tag{5-78}$$

其中,f_j 是第 j 个表面的力,有

$$\boldsymbol{f}_j = \frac{1}{m}\iint_{S_j}(\boldsymbol{\tau}-p\boldsymbol{I})\cdot\boldsymbol{n}\mathrm{d}S \tag{5-79}$$

3. 能量守恒方程

对于能量守恒,把式(5-72)代入式(5-69),可以得到能量守恒方程

$$\frac{\mathrm{d}}{\mathrm{d}t}\iiint_V \rho u^0 \mathrm{d}V + \oiint_S \rho u^0 (\boldsymbol{v}-\boldsymbol{v}_\mathrm{s})\cdot\boldsymbol{n}\mathrm{d}S$$

$$= \iiint_V (q_\mathrm{v}+\rho\boldsymbol{g}\cdot\boldsymbol{v})\mathrm{d}V + \oiint_S [-\boldsymbol{q}+(\boldsymbol{\tau}-p\boldsymbol{I})\cdot\boldsymbol{v}]\cdot\boldsymbol{n}\mathrm{d}S \tag{5-80}$$

如果假设 u^0 在控制体 V 内是均匀的,那么式(5-80)就可以简化为

$$\left(\frac{\mathrm{d}}{\mathrm{d}t}mu^0\right)_V - \sum_i q_{\mathrm{m},i}u_i^0 = \frac{\mathrm{d}Q}{\mathrm{d}t} - \frac{\mathrm{d}W}{\mathrm{d}t} \tag{5-81}$$

其中

$$\frac{\mathrm{d}Q}{\mathrm{d}t} = \iiint_V q_\mathrm{v}\mathrm{d}V - \oiint_S \boldsymbol{q}\cdot\boldsymbol{n}\mathrm{d}S \tag{5-82}$$

$$\frac{\mathrm{d}W}{\mathrm{d}t} = \oiint_S [(p\boldsymbol{I}-\boldsymbol{\tau})\cdot\boldsymbol{v}]\cdot\boldsymbol{n}\mathrm{d}S - \iiint_V \rho\boldsymbol{g}\cdot\boldsymbol{v}\mathrm{d}V \tag{5-83}$$

在式(5-80)中,我们如果把压力项移到左侧,则有

$$\frac{\mathrm{d}}{\mathrm{d}t}\iiint_V \rho u^0 \mathrm{d}V + \oiint_S \rho\left(u^0+\frac{p}{\rho}\right)(\boldsymbol{v}-\boldsymbol{v}_\mathrm{s})\cdot\boldsymbol{n}\mathrm{d}S + \oiint_S p\,\boldsymbol{v}_\mathrm{s}\cdot\boldsymbol{n}\mathrm{d}S$$

$$= \frac{\mathrm{d}Q}{\mathrm{d}t} + \iiint_V \rho\boldsymbol{g}\cdot\boldsymbol{v}\mathrm{d}V + \oiint_S \boldsymbol{\tau}\cdot\boldsymbol{v}\cdot\boldsymbol{n}\mathrm{d}S \tag{5-84}$$

这个形式的方程,在用比焓来表达能量守恒方程的时候会用到。

不同情况下质量、动量和能量的积分形式守恒方程见表5-3~表5-5。

表 5-3 不同情况下的质量守恒方程

情　况	质量守恒方程
可变形控制体	$\dfrac{\mathrm{d}}{\mathrm{d}t}\iiint_V \rho\mathrm{d}V + \oiint_S \rho\,\boldsymbol{v}_r\cdot\boldsymbol{n}\mathrm{d}S = 0$ $\iiint_V \dfrac{\partial\rho}{\partial t}\mathrm{d}V + \oiint_S \rho\,\boldsymbol{v}_\mathrm{s}\cdot\boldsymbol{n}\mathrm{d}S + \oiint_S \rho\,\boldsymbol{v}_r\cdot\boldsymbol{n}\mathrm{d}S = 0$
不可变形控制体 $\boldsymbol{v}_\mathrm{s}=\boldsymbol{0}, \quad \boldsymbol{v}_r=\boldsymbol{v}$	$\dfrac{\mathrm{d}}{\mathrm{d}t}\iiint_V \rho\mathrm{d}V + \oiint_S \rho\,\boldsymbol{v}\cdot\boldsymbol{n}\mathrm{d}S = 0$ $\iiint_V \dfrac{\partial\rho}{\partial t}\mathrm{d}V + \oiint_S \rho\,\boldsymbol{v}\cdot\boldsymbol{n}\mathrm{d}S = 0$

续表

情　　况	质量守恒方程
稳定流动	$$\oiint_S \rho\, \boldsymbol{v} \cdot \boldsymbol{n}\,\mathrm{d}S = 0$$
稳定一致流 （单一入口和出口）	$$\rho_1\,\boldsymbol{v}_1 \cdot \boldsymbol{A}_1 = \rho_2\,\boldsymbol{v}_2 \cdot \boldsymbol{A}_2 = q_{\mathrm{m}}$$

表 5-4　不同情况下的动量守恒方程

情　　况	动量守恒方程
可变形控制体	$$\frac{\mathrm{d}}{\mathrm{d}t}\iiint_V \rho\,\boldsymbol{v}\,\mathrm{d}V + \oiint_S \rho\,\boldsymbol{v}(\boldsymbol{v}_r \cdot \boldsymbol{n})\,\mathrm{d}S = \sum \boldsymbol{F}$$ $$\iiint_V \frac{\partial \rho \boldsymbol{v}}{\partial t}\,\mathrm{d}V + \oiint_S \rho\,\boldsymbol{v}(\boldsymbol{v}_s \cdot \boldsymbol{n})\,\mathrm{d}S + \oiint_S \rho\,\boldsymbol{v}(\boldsymbol{v}_r \cdot \boldsymbol{n})\,\mathrm{d}S = \sum \boldsymbol{F}$$
不可变形控制体 $\boldsymbol{v}_s = \boldsymbol{0},\quad \boldsymbol{v}_r = \boldsymbol{v}$	$$\frac{\mathrm{d}}{\mathrm{d}t}\iiint_V \rho\,\boldsymbol{v}\,\mathrm{d}V + \oiint_S \rho\,\boldsymbol{v}(\boldsymbol{v} \cdot \boldsymbol{n})\,\mathrm{d}S = \sum \boldsymbol{F}$$ $$\iiint_V \frac{\partial \rho \boldsymbol{v}}{\partial t}\,\mathrm{d}V + \oiint_S \rho\,\boldsymbol{v}(\boldsymbol{v} \cdot \boldsymbol{n})\,\mathrm{d}S = \sum \boldsymbol{F}$$
稳定流动	$$\oiint_S \rho\,\boldsymbol{v}(\boldsymbol{v} \cdot \boldsymbol{n})\,\mathrm{d}S = \sum \boldsymbol{F}$$
稳定一致流 （单一入口和出口）	$$\rho_2(\boldsymbol{v}_2 \cdot \boldsymbol{A}_2)\boldsymbol{v}_2 - \rho_1(\boldsymbol{v}_1 \cdot \boldsymbol{A}_1)\boldsymbol{v}_1 = q_{\mathrm{m}}(\boldsymbol{v}_2 - \boldsymbol{v}_1) = \sum \boldsymbol{F}$$

表 5-5　不同情况下的能量守恒方程

情　　况	能量守恒方程
可变形控制体	$$\frac{\mathrm{d}Q}{\mathrm{d}t} - \frac{\mathrm{d}W^+}{\mathrm{d}t} = \frac{\mathrm{d}}{\mathrm{d}t}\iiint_V \rho\,u^0\,\mathrm{d}V + \oiint_S \rho\left(u^0 + \frac{p}{\rho}\right)\boldsymbol{v}_r \cdot \boldsymbol{n}\,\mathrm{d}S + \oiint_S p\,\boldsymbol{v}_s \cdot \boldsymbol{n}\,\mathrm{d}S$$ $$\frac{\mathrm{d}Q}{\mathrm{d}t} - \frac{\mathrm{d}W^+}{\mathrm{d}t} = \iiint_V \frac{\partial}{\partial t}\rho\,u^0\,\mathrm{d}V + \oiint_S \rho\left(u^0 + \frac{p}{\rho}\right)\boldsymbol{v}_r \cdot \boldsymbol{n}\,\mathrm{d}S + \oiint_S \rho\left(u^0 + \frac{p}{\rho}\right)\boldsymbol{v}_s \cdot \boldsymbol{n}\,\mathrm{d}S$$
不可变形控制体 $\boldsymbol{v}_s = \boldsymbol{0},\quad \boldsymbol{v}_r = \boldsymbol{v}$	$$\frac{\mathrm{d}Q}{\mathrm{d}t} - \frac{\mathrm{d}W^+}{\mathrm{d}t} = \iiint_V \frac{\partial}{\partial t}\rho\,u^0\,\mathrm{d}V + \oiint_S \rho\left(u^0 + \frac{p}{\rho}\right)\boldsymbol{v} \cdot \boldsymbol{n}\,\mathrm{d}S$$ $$\frac{\mathrm{d}Q}{\mathrm{d}t} - \frac{\mathrm{d}W^+}{\mathrm{d}t} = \frac{\mathrm{d}}{\mathrm{d}t}\iiint_V \rho\,u^0\,\mathrm{d}V + \oiint_S \rho\left(u^0 + \frac{p}{\rho}\right)\boldsymbol{v} \cdot \boldsymbol{n}\,\mathrm{d}S$$
稳定流动	$$\frac{\mathrm{d}Q}{\mathrm{d}t} - \frac{\mathrm{d}W^+}{\mathrm{d}t} = \oiint_S \rho\left(u^0 + \frac{p}{\rho}\right)\boldsymbol{v} \cdot \boldsymbol{n}\,\mathrm{d}S$$
稳定一致流 （单一入口和出口）	$$\frac{\mathrm{d}Q}{\mathrm{d}t} - \left(\frac{\mathrm{d}W}{\mathrm{d}t}\right)_{\mathrm{sh}} - \left(\frac{\mathrm{d}W}{\mathrm{d}t}\right)_{\mathrm{s}}$$ $$= \left[\left(\frac{v_2^2}{2} + \frac{p_2}{\rho_2} + gz_2 + u_2\right) - \left(\frac{v_1^2}{2} + \frac{p_1}{\rho_1} + gz_1 + u_1\right)\right]q_{\mathrm{m}}$$

注：在表 5-5 中 $\dfrac{\mathrm{d}W^+}{\mathrm{d}t} \equiv \left(\dfrac{\mathrm{d}W}{\mathrm{d}t}\right)_{\mathrm{sh}} + \left(\dfrac{\mathrm{d}W}{\mathrm{d}t}\right)_{\mathrm{s}} + \left(\dfrac{\mathrm{d}W}{\mathrm{d}t}\right)_{\mathrm{mf}}$，下标 mf 表示质量力。

5.1.5 分布参数微分法

微分形式的方程可以从式(5-67)推导出来。我们先对控制体应用高斯定律,则式(5-67)的右侧的表面积分可以转化为体积积分,于是有

$$\oiint_{S_m} \boldsymbol{J} \cdot \boldsymbol{n} \, \mathrm{d}S = \iiint_{V_m} \nabla \cdot \boldsymbol{J} \, \mathrm{d}V \tag{5-85}$$

同样,式(5-67)左侧的表面积分也可以转化为体积积分,于是有

$$\oiint_{S_m} \rho c \, \boldsymbol{v} \cdot \boldsymbol{n} \, \mathrm{d}S = \iiint_{V_m} \nabla \cdot (\rho c \, \boldsymbol{v}) \, \mathrm{d}V \tag{5-86}$$

将式(5-85)和式(5-86)代入式(5-67)得到

$$\iiint_{V_m} \left[\frac{\partial (\rho c)}{\partial t} + \nabla \cdot (\rho c \, \boldsymbol{v}) \right] \mathrm{d}V = \iiint_{V_m} \left[\nabla \cdot \boldsymbol{J} + \rho \phi \right] \mathrm{d}V \tag{5-87}$$

由于流体是连续的,ρ, c, v, ϕ 都是连续函数,因此式(5-87)中左右被积分的函数一定也必须相等,这样就得到连续流体微分方程的一般表达式,即

$$\frac{\partial (\rho c)}{\partial t} + \nabla \cdot (\rho c \, \boldsymbol{v}) = \nabla \cdot \boldsymbol{J} + \rho \phi \tag{5-88}$$

分别把式(5-70)、式(5-71)和式(5-72)代入式(5-88)就可以得到微分形式的质量、动量和能量守恒方程了。

> **知识点:**
> - 用积分方程得到微分方程的一般形式。

微分方程也可以通过微元体分析得到。为了加深理解,下面我们在直角坐标系里面推导一下微分形式的守恒方程。设定的微元体是一个小立方体,如图 5-6 所示。微元体尺寸一方面要足够小,小到可以认为所关心的物理量在其表面是均匀的;另一方面又不能太小,要能够保证流体在微元体内是连续的。我们来考察这个微元体里面的质量、动量和能量方程。

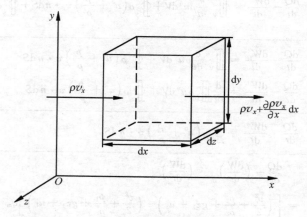

图 5-6 微元体示意图

1. 质量守恒方程

对于图 5-6 所示的微元体而言,质量守恒用公式表示就是

微元体内的质量变化 ＝ 流入微元体的质量 － 流出微元体的质量

由于微元体足够小,我们可以把一个函数在其附近进行泰勒展开,保留一阶导数项,即进行一阶近似,这样就可以把 6 个面的流入和流出均表达出来,即有

$$\frac{\partial \rho}{\partial t}(\mathrm{d}x\mathrm{d}y\mathrm{d}z) = \rho v_x(\mathrm{d}y\mathrm{d}z) - \left[\rho v_x + \frac{\partial}{\partial x}(\rho v_x)\mathrm{d}x\right](\mathrm{d}y\mathrm{d}z) +$$

$$\rho v_y(\mathrm{d}x\mathrm{d}z) - \left[\rho v_y + \frac{\partial}{\partial y}(\rho v_y)\mathrm{d}y\right](\mathrm{d}x\mathrm{d}z) +$$

$$\rho v_z(\mathrm{d}x\mathrm{d}y) - \left[\rho v_z + \frac{\partial}{\partial z}(\rho v_z)\mathrm{d}z\right](\mathrm{d}x\mathrm{d}y) \qquad (5\text{-}89)$$

化简后得到

$$\frac{\partial \rho}{\partial t} = -\frac{\partial}{\partial x}(\rho v_x) - \frac{\partial}{\partial y}(\rho v_y) - \frac{\partial}{\partial z}(\rho v_z) \qquad (5\text{-}90)$$

用矢量形式表示,有

$$\frac{\partial \rho}{\partial t} + \nabla \cdot (\rho \boldsymbol{v}) = 0 \qquad (5\text{-}91)$$

这是欧拉坐标系下的方程形式,我们也可以把它转化为拉格朗日坐标系下的形式。因为上式的第二项可以写成

$$\nabla \cdot (\rho \boldsymbol{v}) = \rho(\nabla \cdot \boldsymbol{v}) + \boldsymbol{v} \cdot \nabla \rho \qquad (5\text{-}92)$$

代入式(5-91)就可得到拉格朗日坐标系下的方程,即有

$$\frac{\mathrm{D}\rho}{\mathrm{D}t} + \rho(\nabla \cdot \boldsymbol{v}) = 0 \qquad (5\text{-}93)$$

其中

$$\frac{\mathrm{D}\rho}{\mathrm{D}t} = \frac{\partial \rho}{\partial t} + \boldsymbol{v} \cdot \nabla \rho \qquad (5\text{-}94)$$

密度不随压力变化而变化,或密度随压力变化很小可以忽略的情况下,称为不可压缩流动,这时质量守恒方程可以简化为

$$\nabla \cdot \boldsymbol{v} = 0 \qquad (5\text{-}95)$$

知识点:
- 微元体分析。
- 泰勒展开。

2. 动量守恒方程

根据牛顿第二定律,动量守恒意味着

微元体内的动量变化 ＝ 流入微元体的动量 － 流出微元体的动量 ＋ 合外力

合外力包括重力、电场力、磁场力和每个面受到的三个方向表面力(一个垂直于表面,两个相切于表面),其中垂直表面力有压力和由于黏性作用引起的拉伸力,切线方向的表面力是黏

性引起的内摩擦力,因此对于 x 方向的动量守恒(见图 5-7 和图 5-8),有

$$\frac{\partial \rho v_x}{\partial t}(\mathrm{d}x\mathrm{d}y\mathrm{d}z) = \rho v_x v_x(\mathrm{d}y\mathrm{d}z) - \left[\rho v_x v_x + \frac{\partial \rho v_x v_x}{\partial x}\mathrm{d}x\right](\mathrm{d}y\mathrm{d}z) +$$

$$\rho v_y v_x(\mathrm{d}x\mathrm{d}z) - \left[\rho v_y v_x + \frac{\partial \rho v_y v_x}{\partial y}\mathrm{d}y\right](\mathrm{d}x\mathrm{d}z) +$$

$$\rho v_z v_x(\mathrm{d}x\mathrm{d}y) - \left[\rho v_z v_x + \frac{\partial \rho v_z v_x}{\partial z}\mathrm{d}z\right](\mathrm{d}x\mathrm{d}y) +$$

$$\left(\sigma_x + \frac{\partial \sigma_x}{\partial x}\mathrm{d}x\right)\mathrm{d}y\mathrm{d}z - \sigma_x\mathrm{d}y\mathrm{d}z + \left(\tau_{yx} + \frac{\partial \tau_{yx}}{\partial y}\mathrm{d}y\right)\mathrm{d}x\mathrm{d}z - \tau_{yx}\mathrm{d}x\mathrm{d}z +$$

$$\left(\tau_{zx} + \frac{\partial \tau_{zx}}{\partial z}\mathrm{d}z\right)\mathrm{d}x\mathrm{d}y - \tau_{zx}\mathrm{d}x\mathrm{d}y + \rho f_x\mathrm{d}x\mathrm{d}y\mathrm{d}z \tag{5-96}$$

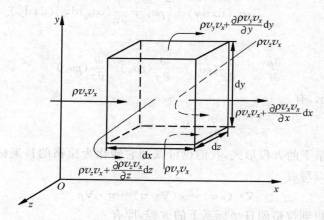

图 5-7 x 方向动量微元分析示意图

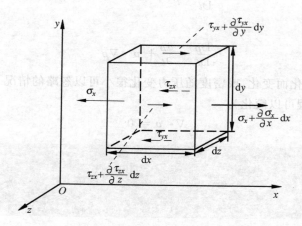

图 5-8 x 方向的切应力张量示意图

简化后得到

$$\frac{\partial}{\partial t}(\rho v_x) + \frac{\partial}{\partial x}(\rho v_x v_x) + \frac{\partial}{\partial y}(\rho v_x v_y) + \frac{\partial}{\partial z}(\rho v_x v_z) = \frac{\partial \sigma_x}{\partial x} + \frac{\partial \tau_{yx}}{\partial y} + \frac{\partial \tau_{zx}}{\partial z} + \rho f_x \tag{5-97}$$

式(5-97)的左侧是 x 方向动量的变化率,三维情况下该动量变化率可以记为

$$动量变化率 = \frac{\partial}{\partial t}\rho\boldsymbol{v} + \nabla\cdot\rho\boldsymbol{v}\boldsymbol{v} \tag{5-98}$$

其中,$\boldsymbol{v}\boldsymbol{v}$ 是矢量积,构成一个张量,在直角坐标系下有

$$\boldsymbol{v}\boldsymbol{v} = \begin{pmatrix} v_x v_x & v_x v_y & v_x v_z \\ v_y v_x & v_y v_y & v_y v_z \\ v_z v_x & v_z v_y & v_z v_z \end{pmatrix} \tag{5-99}$$

式(5-97)中的法向应力可以分解成压力和黏性力,即

$$\left.\begin{aligned} \sigma_x &= -p + \tau_{xx} \\ \sigma_y &= -p + \tau_{yy} \\ \sigma_z &= -p + \tau_{zz} \end{aligned}\right\} \tag{5-100}$$

把式(5-100)代入式(5-97)并应用式(5-98),可得到欧拉坐标系统下的动量方程的矢量形式

$$\frac{\partial}{\partial t}\rho\boldsymbol{v} + \nabla\cdot\rho\boldsymbol{v}\boldsymbol{v} = -\nabla p + \nabla\cdot\boldsymbol{\tau} + \rho\boldsymbol{f} = -\nabla\cdot(p\boldsymbol{I} - \boldsymbol{\tau}) + \rho\boldsymbol{f} \tag{5-101}$$

其中的剪切应力张量为

$$\boldsymbol{\tau} = \begin{pmatrix} \tau_{xx} & \tau_{xy} & \tau_{xz} \\ \tau_{yx} & \tau_{yy} & \tau_{yz} \\ \tau_{zx} & \tau_{zy} & \tau_{zz} \end{pmatrix} \tag{5-102}$$

根据坐标的可置换性,可知 $\boldsymbol{\tau}$ 具有对称性,即 $\tau_{xy} = \tau_{yx}$,$\tau_{xz} = \tau_{zx}$ 和 $\tau_{yz} = \tau_{zy}$。

把式(5-101)的左侧展开,并用式(5-91),我们得到

$$\frac{\partial}{\partial t}\rho\boldsymbol{v} + \nabla\cdot\rho\boldsymbol{v}\boldsymbol{v} = \rho\frac{\partial}{\partial t}\boldsymbol{v} + \boldsymbol{v}\frac{\partial\rho}{\partial t} + \rho\boldsymbol{v}\cdot\nabla\boldsymbol{v} + \boldsymbol{v}\nabla\cdot\rho\boldsymbol{v}$$

$$= \rho\frac{\partial\boldsymbol{v}}{\partial t} + \rho\boldsymbol{v}\cdot\nabla\boldsymbol{v} = \rho\frac{\mathrm{D}\boldsymbol{v}}{\mathrm{D}t} \tag{5-103}$$

因此,式(5-101)可以写成

$$\rho\frac{\mathrm{D}\boldsymbol{v}}{\mathrm{D}t} = -\nabla p + \nabla\cdot\boldsymbol{\tau} + \rho\boldsymbol{f} \tag{5-104}$$

这就是拉格朗日坐标系统里的动量方程。

式(5-101)或式(5-104)是微分形式的动量守恒方程。为了求解该方程,必须对剪切应力和运动速度建立关联,建立这样的关联后的方程被称为 Navier-Stokes 方程。下面我们来讨论黏性剪切应力。假设流体是各向同性的牛顿流体,Navier 和 Stokes 提出以下假设:

$$\tau_{ii} = 2\mu\left(\frac{\partial v_i}{\partial x_i}\right) - \left(\frac{2}{3}\mu - \mu'\right)(\nabla\cdot\boldsymbol{v}) \tag{5-105}$$

$$\tau_{ij} = \tau_{ji} = \mu\left(\frac{\partial v_i}{\partial x_j} + \frac{\partial v_j}{\partial x_i}\right) \tag{5-106}$$

其中,μ 是流体的动力黏度,μ' 为涡黏度。对于稠密气体和液体来说,μ' 很小,可以忽略。只有在流体是稀薄气体并且接近声速流动的时候,涡团的黏性扩散不可忽略。因此在一般情况下,式(5-105)可以简化为

$$\tau_{ii} = 2\mu\frac{\partial v_i}{\partial x_i} - \frac{2}{3}\mu\nabla\cdot\boldsymbol{v} \tag{5-107}$$

把式(5-100)、式(5-105)和式(5-106)代入式(5-97),得到

$$\frac{\partial}{\partial t}(\rho v_x)+\frac{\partial}{\partial x}(\rho v_x v_x)+\frac{\partial}{\partial y}(\rho v_x v_y)+\frac{\partial}{\partial z}(\rho v_x v_z)$$

$$=-\frac{\partial p}{\partial x}+\frac{\partial}{\partial x}\left(2\mu\frac{\partial v_x}{\partial x}-\frac{2}{3}\mu\,\nabla\boldsymbol{\cdot}\boldsymbol{v}\right)+$$

$$\frac{\partial}{\partial y}\left[\mu\left(\frac{\partial v_x}{\partial y}+\frac{\partial v_y}{\partial x}\right)\right]+\frac{\partial}{\partial z}\left[\mu\left(\frac{\partial v_x}{\partial z}+\frac{\partial v_z}{\partial x}\right)\right]+\rho f_x \tag{5-108}$$

这就是 x 方向的 Navier-Stokes 方程，把其中的 x,y,z 互相置换就可以得到 y 和 z 方向的动量方程。合并三个方向的方程，可以把 Navier-Stokes 方程写成矢量形式，有

$$\frac{\partial}{\partial t}\rho\boldsymbol{v}+\nabla\boldsymbol{\cdot}\rho\boldsymbol{v}\boldsymbol{v}=-\nabla p-\nabla\times(\mu\,\nabla\times\boldsymbol{v})+\nabla\left(\frac{4}{3}\mu\,\nabla\boldsymbol{\cdot}\boldsymbol{v}\right)+\rho\boldsymbol{f} \tag{5-109}$$

例 5-5 演算式(5-109)中的黏性力项 $-\nabla\times(\mu\,\nabla\times\boldsymbol{v})+\nabla\left(\frac{4}{3}\mu\,\nabla\boldsymbol{\cdot}\boldsymbol{v}\right)$。

解 先来看速度和梯度的叉积：

$$\nabla\times\boldsymbol{v}=\begin{vmatrix}\boldsymbol{i}&\boldsymbol{j}&\boldsymbol{k}\\\dfrac{\partial}{\partial x}&\dfrac{\partial}{\partial y}&\dfrac{\partial}{\partial z}\\v_x&v_y&v_z\end{vmatrix}=\left(\frac{\partial v_z}{\partial y}-\frac{\partial v_y}{\partial z}\right)\boldsymbol{i}+\left(\frac{\partial v_x}{\partial z}-\frac{\partial v_z}{\partial x}\right)\boldsymbol{j}+\left(\frac{\partial v_y}{\partial x}-\frac{\partial v_x}{\partial y}\right)\boldsymbol{k}$$

则黏性力项中的前半部分的 x 方向的分量为

$$-\nabla\times(\mu\,\nabla\times\boldsymbol{v})\bigg|_x=\begin{vmatrix}\boldsymbol{i}&\boldsymbol{j}&\boldsymbol{k}\\-\dfrac{\partial}{\partial x}&-\dfrac{\partial}{\partial y}&-\dfrac{\partial}{\partial z}\\\mu\left(\dfrac{\partial v_z}{\partial y}-\dfrac{\partial v_y}{\partial z}\right)&\mu\left(\dfrac{\partial v_x}{\partial z}-\dfrac{\partial v_z}{\partial x}\right)&\mu\left(\dfrac{\partial v_y}{\partial x}-\dfrac{\partial v_x}{\partial y}\right)\end{vmatrix}_x$$

$$=\frac{\partial}{\partial y}\left[\mu\left(\frac{\partial v_x}{\partial y}-\frac{\partial v_y}{\partial x}\right)\right]+\frac{\partial}{\partial z}\left[\mu\left(\frac{\partial v_x}{\partial z}-\frac{\partial v_z}{\partial x}\right)\right]$$

$$=\frac{\partial}{\partial y}\left[\mu\left(\frac{\partial v_x}{\partial y}+\frac{\partial v_y}{\partial x}\right)\right]+\frac{\partial}{\partial z}\left[\mu\left(\frac{\partial v_x}{\partial z}+\frac{\partial v_z}{\partial x}\right)\right]-2\mu\left(\frac{\partial^2 v_y}{\partial x\partial y}+\frac{\partial^2 v_z}{\partial x\partial z}\right)$$

这里我们为了向式(5-108)靠拢，进行了处理。再来看黏性力项的后半部分的 x 方向的分量，有

$$\nabla\left(\frac{4}{3}\mu\,\nabla\boldsymbol{\cdot}\boldsymbol{v}\right)\bigg|_x=\frac{4}{3}\mu\left(\frac{\partial^2 v_x}{\partial x^2}+\frac{\partial^2 v_y}{\partial x\partial y}+\frac{\partial^2 v_z}{\partial x\partial z}\right)$$

$$=2\mu\left(\frac{\partial^2 v_x}{\partial x^2}+\frac{\partial^2 v_y}{\partial x\partial y}+\frac{\partial^2 v_z}{\partial x\partial z}\right)-\frac{2}{3}\mu\left(\frac{\partial^2 v_x}{\partial x^2}+\frac{\partial^2 v_y}{\partial x\partial y}+\frac{\partial^2 v_z}{\partial x\partial z}\right)$$

因此，两部分合在一起的 x 方向的分量为

$$-\nabla\times(\mu\,\nabla\times\boldsymbol{v})+\nabla\left(\frac{4}{3}\mu\,\nabla\boldsymbol{\cdot}\boldsymbol{v}\right)\bigg|_x$$

$$=\frac{\partial}{\partial y}\left[\mu\left(\frac{\partial v_x}{\partial y}+\frac{\partial v_y}{\partial x}\right)\right]+\frac{\partial}{\partial z}\left[\mu\left(\frac{\partial v_x}{\partial z}+\frac{\partial v_z}{\partial x}\right)\right]-2\mu\left(\frac{\partial^2 v_y}{\partial x\partial y}+\frac{\partial^2 v_z}{\partial x\partial z}\right)+$$

$$2\mu\left(\frac{\partial^2 v_x}{\partial x^2}+\frac{\partial^2 v_y}{\partial x\partial y}+\frac{\partial^2 v_z}{\partial x\partial z}\right)-\frac{2}{3}\mu\left(\frac{\partial^2 v_x}{\partial x^2}+\frac{\partial^2 v_y}{\partial x\partial y}+\frac{\partial^2 v_z}{\partial x\partial z}\right)$$

$$=\frac{\partial}{\partial x}\left(2\mu\frac{\partial v_x}{\partial x}-\frac{2}{3}\mu\,\nabla\boldsymbol{\cdot}\boldsymbol{v}\right)+\frac{\partial}{\partial y}\left[\mu\left(\frac{\partial v_x}{\partial y}+\frac{\partial v_y}{\partial x}\right)\right]+\frac{\partial}{\partial z}\left[\mu\left(\frac{\partial v_x}{\partial z}+\frac{\partial v_z}{\partial x}\right)\right]$$

这与式(5-108)中的黏性力项是一致的。

到此为止,我们就可以用质量守恒方程、动量守恒方程、初始条件、边界条件和其他一些结构方程形成一个封闭的方程组体系来确定流场内的速度、密度和压力分布了。结构方程包括流体压力和密度的关系式、黏性应力关系式等。

> **知识点:**
> * 剪切应力张量。
> * N-S 方程。
> * 封闭的方程体系。

对于不可压缩流体,有 $\nabla \cdot \boldsymbol{v} = 0$,在黏度和密度是常数的情况下,$x$ 方向的 Navier-Stokes 动量方程可以简化为

$$\rho \frac{\partial v_x}{\partial t} + \rho \nabla \cdot v_x \boldsymbol{v} = -\frac{\partial p}{\partial x} + \mu \nabla^2 v_x + \rho f_x \tag{5-110}$$

其中

$$\nabla^2 v_x = \frac{\partial^2 v_x}{\partial x^2} + \frac{\partial^2 v_x}{\partial y^2} + \frac{\partial^2 v_x}{\partial z^2} \tag{5-111}$$

注意到

$$\nabla \cdot \rho \boldsymbol{v} \boldsymbol{v} = \rho \boldsymbol{v} \cdot \nabla \boldsymbol{v} + \boldsymbol{v}(\nabla \cdot \rho \boldsymbol{v}) \tag{5-112}$$

因此在密度为不随压力发生变化的情况下有

$$\nabla \cdot \rho \boldsymbol{v} \boldsymbol{v} = \rho \boldsymbol{v} \cdot \nabla \boldsymbol{v} \tag{5-113}$$

另外,

$$\rho \nabla \cdot v_x \boldsymbol{v} = \rho \boldsymbol{v} \cdot \nabla v_x + \rho v_x (\nabla \cdot \boldsymbol{v}) \tag{5-114}$$

因此

$$\rho \nabla \cdot v_x \boldsymbol{v} = \rho \boldsymbol{v} \cdot \nabla v_x \tag{5-115}$$

这样就得到矢量形式的方程

$$\rho \frac{\partial \boldsymbol{v}}{\partial t} + \rho \boldsymbol{v} \cdot \nabla \boldsymbol{v} = -\nabla p + \mu \nabla^2 \boldsymbol{v} + \rho \boldsymbol{f} \tag{5-116}$$

或

$$\rho \frac{\mathrm{D}\boldsymbol{v}}{\mathrm{D}t} = -\nabla p + \mu \nabla^2 \boldsymbol{v} + \rho \boldsymbol{f} \tag{5-117}$$

进一步,对于可以忽略黏性的无黏流动,有

$$\rho \frac{\mathrm{D}\boldsymbol{v}}{\mathrm{D}t} = -\nabla p + \rho \boldsymbol{f} \tag{5-118}$$

例 5-6　证明式(5-112): $\nabla \cdot \rho \boldsymbol{v} \boldsymbol{v} = \rho \boldsymbol{v} \cdot \nabla \boldsymbol{v} + \boldsymbol{v}(\nabla \cdot \rho \boldsymbol{v})$ 成立。

证明: 要证明等式成立,由于坐标的对称性,因此只要证明 x 方向的分量相等即可。我们先来看右侧的第一项的 x 方向的分量,有

$$\rho \boldsymbol{v} \cdot \nabla \boldsymbol{v} |_x = \rho v_x \frac{\partial v_x}{\partial x} + \rho v_y \frac{\partial v_y}{\partial y} + \rho v_z \frac{\partial v_z}{\partial z}$$

右侧第二项的 x 方向的分量为

$$v(\nabla \cdot \rho v)\big|_x = v_x \frac{\partial \rho v_x}{\partial x} + v_x \frac{\partial \rho v_y}{\partial y} + v_x \frac{\partial \rho v_z}{\partial z}$$

我们再来看等式左侧的 x 方向的分量。根据张量的定义,若 A 和 B 为两个矢量,则

$$AB \equiv \begin{bmatrix} a_x \\ a_y \\ a_z \end{bmatrix} (b_x \quad b_y \quad b_z) = \begin{bmatrix} a_x b_x & a_x b_y & a_x b_z \\ a_y b_x & a_y b_y & a_y b_z \\ a_z b_x & a_z b_y & a_z b_z \end{bmatrix}$$

因此

$$\nabla \cdot \rho v v\big|_x = \left(\frac{\partial}{\partial x} \quad \frac{\partial}{\partial y} \quad \frac{\partial}{\partial z} \right) \cdot \begin{bmatrix} \rho v_x v_x & \rho v_x v_y & \rho v_x v_z \\ \rho v_y v_x & \rho v_y v_y & \rho v_y v_z \\ \rho v_z v_x & \rho v_z v_y & \rho v_z v_z \end{bmatrix} \Bigg|_x$$

$$= \frac{\partial(\rho v_x v_x)}{\partial x} + \frac{\partial(\rho v_y v_x)}{\partial y} + \frac{\partial(\rho v_z v_x)}{\partial z}$$

$$= \left(\rho v_x \frac{\partial v_x}{\partial x} + \rho v_y \frac{\partial v_y}{\partial y} + \rho v_z \frac{\partial v_z}{\partial z} \right) + \left(v_x \frac{\partial \rho v_x}{\partial x} + v_x \frac{\partial \rho v_y}{\partial y} + v_x \frac{\partial \rho v_z}{\partial z} \right)$$

所以

$$\nabla \cdot \rho v v = \rho v \cdot \nabla v + v(\nabla \cdot \rho v)$$

证毕。

> **知识点:**
> - 不可压缩流动。
> - 无黏流动。

3. 能量守恒方程

下面我们先来推导用滞止比内能表述的能量方程,再来转化为比焓或温度表述的形式。

对于一个微元体的能量守恒,微元体内的能量变化等于流入流体带入的能量减去流出流体带走的能量,再加上微元体内的热源产生的热量,并减去微元体对外界所做的功和推动流体流动所需要的功(推进功)。这样,对于 $\mathrm{d}x\mathrm{d}y\mathrm{d}z$ 微元体,有

$$\left(\frac{\partial}{\partial t} \rho u^0 \right) \mathrm{d}x\mathrm{d}y\mathrm{d}z = -\left(\frac{\partial \rho v_x u^0}{\partial x} \mathrm{d}x \right) \mathrm{d}y\mathrm{d}z - \left(\frac{\partial \rho v_y u^0}{\partial y} \mathrm{d}y \right) \mathrm{d}x\mathrm{d}z - \left(\frac{\partial \rho v_z u^0}{\partial z} \mathrm{d}z \right) \mathrm{d}x\mathrm{d}y - $$

$$\left(\frac{\partial q_x}{\partial x} \mathrm{d}x \right) \mathrm{d}y\mathrm{d}z - \left(\frac{\partial q_y}{\partial y} \mathrm{d}y \right) \mathrm{d}x\mathrm{d}z - \left(\frac{\partial q_z}{\partial z} \mathrm{d}z \right) \mathrm{d}x\mathrm{d}y + $$

$$\left[\frac{\partial}{\partial x} (\sigma_x v_x + \tau_{xy} v_y + \tau_{xz} v_z) \mathrm{d}x \right] \mathrm{d}y\mathrm{d}z + $$

$$\left[\frac{\partial}{\partial y} (\sigma_y v_y + \tau_{yx} v_x + \tau_{yz} v_z) \mathrm{d}y \right] \mathrm{d}x\mathrm{d}z + $$

$$\left[\frac{\partial}{\partial z} (\sigma_z v_z + \tau_{zx} v_x + \tau_{zy} v_y) \mathrm{d}z \right] \mathrm{d}x\mathrm{d}y + $$

$$(v_x \rho f_x + v_y \rho f_y + v_z \rho f_z) \mathrm{d}x\mathrm{d}y\mathrm{d}z + q_v \mathrm{d}x\mathrm{d}y\mathrm{d}z \tag{5-119}$$

这就是欧拉坐标系统下的能量守恒方程,写成矢量的形式就有

$$\frac{\partial}{\partial t} \rho u^0 = -\nabla \cdot \rho u^0 v - \nabla \cdot q + q_v - \nabla \cdot p v + \nabla \cdot (\tau \cdot v) + v \cdot \rho f \tag{5-120}$$

其中右侧第一项是流进流出的流体引起的能量变化,称为对流项;第二项是相邻微元体之间的导热和辐射换热项;第三项是微元体内的热源产生项;后面三项分别为压力、黏性力和质量力所做的功,其中压力做的功有时候又称为推进功。

把式(5-120)的左边的第一项和右边的第一项合在一起,并代入质量守恒方程,有

$$\frac{\partial}{\partial t} \rho u^0 + \nabla \cdot \rho u^0 \boldsymbol{v} = \rho \frac{\partial u^0}{\partial t} + u^0 \frac{\partial \rho}{\partial t} + \rho \boldsymbol{v} \cdot \nabla u^0 + u^0 \nabla \cdot \rho \boldsymbol{v}$$

$$= \rho \frac{\partial u^0}{\partial t} + \rho \boldsymbol{v} \cdot \nabla u^0 = \rho \frac{\mathrm{D} u^0}{\mathrm{D} t} \tag{5-121}$$

这样,可以得到拉格朗日坐标系统下用滞止比内能表述的能量方程,即有

$$\rho \frac{\mathrm{D} u^0}{\mathrm{D} t} = -\nabla \cdot \boldsymbol{q} + q_{\mathrm{v}} - \nabla \cdot p \boldsymbol{v} + \nabla \cdot (\boldsymbol{\tau} \cdot \boldsymbol{v}) + \boldsymbol{v} \cdot \rho \boldsymbol{f} \tag{5-122}$$

> **知识点:**
> * 滞止比内能形式的能量守恒方程。

下面我们把方程转化为比焓的形式,先用滞止比焓来描述能量守恒方程。当用比焓来描述能量守恒时,式(5-122)中的推进功 $\nabla \cdot p \boldsymbol{v}$ 项可以消去。下面我们来考察这一项:

$$\nabla \cdot p \boldsymbol{v} = \nabla \cdot \left(\frac{p}{\rho}\right) \rho \boldsymbol{v} = \left(\frac{p}{\rho}\right) \nabla \cdot \rho \boldsymbol{v} + \rho \boldsymbol{v} \cdot \nabla \left(\frac{p}{\rho}\right) \tag{5-123}$$

应用质量守恒方程(5-91),我们得到

$$\nabla \cdot p \boldsymbol{v} = -\left(\frac{p}{\rho}\right) \frac{\partial \rho}{\partial t} + \rho \boldsymbol{v} \cdot \nabla \left(\frac{p}{\rho}\right) \tag{5-124}$$

考虑到

$$\frac{\partial p}{\partial t} = \frac{\partial (\rho p / \rho)}{\partial t} = \left(\frac{p}{\rho}\right) \frac{\partial \rho}{\partial t} + \rho \frac{\partial (p/\rho)}{\partial t} \tag{5-125}$$

得到

$$\left(\frac{p}{\rho}\right) \frac{\partial \rho}{\partial t} = \frac{\partial p}{\partial t} - \rho \frac{\partial}{\partial t} \left(\frac{p}{\rho}\right) \tag{5-126}$$

把式(5-126)代入式(5-124),得到

$$\nabla \cdot p \boldsymbol{v} = -\frac{\partial p}{\partial t} + \rho \frac{\partial}{\partial t} \left(\frac{p}{\rho}\right) + \rho \boldsymbol{v} \cdot \nabla \left(\frac{p}{\rho}\right) = -\frac{\partial p}{\partial t} + \rho \frac{\mathrm{D}}{\mathrm{D} t} \left(\frac{p}{\rho}\right) \tag{5-127}$$

这样,根据式(5-122)就得到用滞止比焓表述的能量方程,即有

$$\rho \frac{\mathrm{D} h^0}{\mathrm{D} t} = -\nabla \cdot \boldsymbol{q} + q_{\mathrm{v}} + \frac{\partial p}{\partial t} + \nabla \cdot (\boldsymbol{\tau} \cdot \boldsymbol{v}) + \boldsymbol{v} \cdot \rho \boldsymbol{f} \tag{5-128}$$

其中

$$h^0 \equiv u^0 + \frac{p}{\rho} \tag{5-129}$$

为滞止比焓。

> **知识点:**
> * 滞止比焓形式的能量守恒方程。

为了进一步把方程从滞止比焓转化为比焓的形式，我们先来看动能的方程。在式(5-104)两侧同时乘以 v，得到

$$\rho v \cdot \frac{Dv}{Dt} = -v \cdot \nabla p + v \cdot (\nabla \cdot \tau) + v \cdot \rho f \tag{5-130}$$

或

$$\rho \frac{D}{Dt}\left(\frac{1}{2}v^2\right) = -v \cdot \nabla p + v \cdot (\nabla \cdot \tau) + v \cdot \rho f \tag{5-131}$$

对于对称的应力张量，有

$$\tau : \nabla v \equiv (\tau \cdot \nabla) \cdot v = \nabla \cdot (\tau \cdot v) - v \cdot (\nabla \cdot \tau) \tag{5-132}$$

这样，式(5-131)可以写成

$$\rho \frac{D}{Dt}\left(\frac{1}{2}v^2\right) = -v \cdot \nabla p + \nabla \cdot (\tau \cdot v) - (\tau : \nabla v) + v \cdot \rho f \tag{5-133}$$

我们用式(5-128)减去式(5-133)就可以得到流体的比焓（而不是滞止比焓）表述的能量方程，即有

$$\rho \frac{Dh}{Dt} = -\nabla \cdot q + q_v + \frac{Dp}{Dt} + (\tau : \nabla v) \tag{5-134}$$

类似于式(5-121)，式(5-134)可以写成

$$\rho \frac{Dh}{Dt} = \frac{\partial}{\partial t}(\rho h) + \nabla \cdot (\rho h v) = -\nabla \cdot q + q_v + \frac{Dp}{Dt} + (\tau : \nabla v) \tag{5-135}$$

我们引入耗散函数的定义，

$$\Phi \equiv (\tau : \nabla v) \tag{5-136}$$

这样就得到常见的用比焓表达的能量方程，即

$$\rho \frac{Dh}{Dt} = \frac{\partial}{\partial t}(\rho h) + \nabla \cdot (\rho h v) = -\nabla \cdot q + q_v + \frac{Dp}{Dt} + \Phi \tag{5-137}$$

知识点：
- 比焓形式的能量守恒方程。

根据比焓的定义

$$h \equiv u + \frac{p}{\rho} \tag{5-138}$$

还可以得到比内能表述的能量方程

$$\frac{\partial}{\partial t}(\rho u) + \nabla \cdot (\rho u v) = -\nabla \cdot q + q_v - p\nabla \cdot v + \Phi \tag{5-139}$$

或

$$\rho \frac{Du}{Dt} = -\nabla \cdot q + q_v - p\nabla \cdot v + \Phi \tag{5-140}$$

知识点：
- 比内能形式的能量守恒方程。

为了求解式(5-122)、式(5-128)、式(5-135)或式(5-139)，黏性力项必须显式地用速度和

流体的物性表达出来。在很多情况下,黏性引起的热量产生与其他形式的热量产生相比很小,可以忽略不计,这样式(5-134)就可以简化为无黏流动的能量方程,即

$$\rho \frac{\mathrm{D}h}{\mathrm{D}t} = -\nabla \cdot \boldsymbol{q} + q_v + \frac{\mathrm{D}p}{\mathrm{D}t} \tag{5-141}$$

进一步,对于不可压缩的无黏流,式(5-140)还可以进一步简化为

$$\rho \frac{\mathrm{D}u}{\mathrm{D}t} = -\nabla \cdot \boldsymbol{q} + q_v \tag{5-142}$$

其中,$\nabla \cdot \boldsymbol{q}$ 为相连微元体之间的导热和辐射换热项,即

$$\boldsymbol{q} = \boldsymbol{q}_c + \boldsymbol{q}_r \tag{5-143}$$

其中右侧两项分别为导热和辐射换热的热流密度。在一般的流体中,辐射换热相对来说是很小的,而导热项根据傅里叶导热定律有

$$\boldsymbol{q}_c = -k \nabla T \tag{5-144}$$

由此我们可以看到,热流密度项是和温度的梯度有关的。因此在传热分析中,还经常把能量守恒方程表达为温度的形式来求解。对于流体来说,比焓是温度和压力的函数,因此有

$$\mathrm{d}h = \frac{\partial h}{\partial T}\bigg|_p \mathrm{d}T + \frac{\partial h}{\partial p}\bigg|_T \mathrm{d}p = c_p \mathrm{d}T + \frac{\partial h}{\partial p}\bigg|_T \mathrm{d}p \tag{5-145}$$

根据热力学第一定律,对于单位质量的流体有

$$\mathrm{d}h = T\mathrm{d}s + \mathrm{d}p/\rho \tag{5-146}$$

所以

$$\frac{\partial h}{\partial p}\bigg|_T = T \frac{\partial s}{\partial p}\bigg|_T + \frac{1}{\rho} \tag{5-147}$$

定义 β 为流体的体膨胀系数,即

$$\beta \equiv -\frac{1}{\rho} \frac{\partial \rho}{\partial T}\bigg|_p \tag{5-148}$$

根据 Maxwell 热力学关系[4],有

$$\frac{\partial s}{\partial p}\bigg|_T = -\frac{\partial (1/\rho)}{\partial T}\bigg|_p = \frac{1}{\rho^2} \frac{\partial \rho}{\partial T}\bigg|_p = -\frac{\beta}{\rho} \tag{5-149}$$

联合式(5-147)和式(5-148),我们得到

$$\frac{\partial h}{\partial p}\bigg|_T = -\frac{\beta T}{\rho} + \frac{1}{\rho} \tag{5-150}$$

再结合式(5-145),得到

$$\mathrm{d}h = c_p \mathrm{d}T + (1 - \beta T) \frac{\mathrm{d}p}{\rho} \tag{5-151}$$

对于理想气体,有

$$\mathrm{d}h = c_p \mathrm{d}T \tag{5-152}$$

在拉格朗日系统里面,对于单位质量的流体,式(5-152)可以写成

$$\rho \frac{\mathrm{D}h}{\mathrm{D}t} = \rho c_p \frac{\mathrm{D}T}{\mathrm{D}t} + (1 - \beta T) \frac{\mathrm{D}p}{\mathrm{D}t} \tag{5-153}$$

如果将式(5-143)、式(5-144)和式(5-153)代入式(5-137),可得应用比较广泛的方程形式

$$\rho c_p \frac{\mathrm{D}T}{\mathrm{D}t} = -\nabla \cdot \boldsymbol{q} + q_v + \beta T \frac{\mathrm{D}p}{\mathrm{D}t} + \Phi \tag{5-154}$$

或把辐射换热和导热项分开,有

$$\rho c_p \frac{DT}{Dt} = \nabla \cdot k \nabla T - \nabla \cdot \boldsymbol{q}_r + q_v + \beta T \frac{Dp}{Dt} + \Phi \tag{5-155}$$

对于静止流体,如果可以不考虑其可压缩性和热膨胀性,还可以进一步简化为

$$\rho c_p \frac{DT}{Dt} = \nabla \cdot k \nabla T + q_v \tag{5-156}$$

这个方程和固体内部的能量守恒方程一致。

> **知识点:**
> - 温度形式的能量守恒方程。

5.1.6 微分方程的一般形式

现在我们回顾一下前面得到的微分形式的一般形式,质量守恒、动量守恒和能量守恒方程可以用一个通用的表达式来表示,即

$$\frac{\partial}{\partial t}(\rho c) + \nabla \cdot (\rho c \boldsymbol{v}) = \nabla \cdot \boldsymbol{J} + \rho \phi \tag{5-157}$$

不同形式方程的参数 c,$\boldsymbol{J}$ 和 ϕ 见表 5-6。

表 5-6　微分形式方程的通用表达式中的参数

方程类型	c	$\boldsymbol{J}$	ϕ
质量	1	0	0
动量	$\boldsymbol{v}$	$\boldsymbol{\tau} - p\boldsymbol{I}$	$\boldsymbol{g}$
滞止比内能	u^0	$(\boldsymbol{\tau} - p\boldsymbol{I}) \cdot \boldsymbol{v} - \boldsymbol{q}$	$\dfrac{q_v}{\rho} + \boldsymbol{v} \cdot \boldsymbol{g}$
比内能	u	$-\boldsymbol{q}$	$\dfrac{1}{\rho}(q_v - p\nabla \cdot \boldsymbol{v} + \Phi)$
比焓	h	$-\boldsymbol{q}$	$\dfrac{1}{\rho}\left(q_v + \dfrac{Dp}{Dt} + \Phi\right)$
动能	$\dfrac{1}{2}v^2$	$(\boldsymbol{\tau} - p\boldsymbol{I}) \cdot \boldsymbol{v}$	$\dfrac{1}{\rho}(\boldsymbol{v} \cdot \rho\boldsymbol{g} - \Phi + p\nabla \cdot \boldsymbol{v})$

5.1.7 湍流微分方程简述

对于湍流,由于涡团的随机运动,流体中的各个参数均有脉动。这时也可以用上面分析得到的微分形式的方程描述流体的运动,但是需要用空间平均参数或者时间平均参数来描述。对于任何一个物理参数 c,其时间平均参数定义为

$$\bar{c} \equiv \frac{1}{\Delta t} \int_{t-\Delta t/2}^{t+\Delta t/2} c \, \mathrm{d}t \tag{5-158}$$

其中的 Δt 一方面要求足够大,以便可以反映一段时间内有脉动的参数的平均值,另一方面

又要求比流动系统的瞬态时间响应小得多。这样,瞬时量可以表示为

$$c = \bar{c} + c'$$
(5-159)

其中,c' 为脉动量,有

$$\bar{c'} = 0, \quad \overline{\bar{c} c'} = 0$$
(5-160)

把式(5-157)两侧均对时间 Δt 进行平均,得到

$$\overline{\frac{\partial (\rho c)}{\partial t}} + \overline{\nabla \cdot (\rho c \, \boldsymbol{v})} = \overline{\nabla \cdot \boldsymbol{J}} + \overline{\rho \phi}$$
(5-161)

因为 Δt 足够小,所以

$$\overline{\frac{\partial (\rho c)}{\partial t}} = \frac{\partial \overline{(\rho c)}}{\partial t}$$
(5-162)

对于一个静止的坐标系,在牛顿力学的框架下,时间和空间是相互独立的,考虑到表面的速度 $v_s = 0$,因此可以得到

$$\overline{\nabla \cdot (\rho c \, \boldsymbol{v})} = \nabla \cdot \overline{(\rho c \, \boldsymbol{v})}$$
(5-163)

和

$$\overline{\nabla \cdot \boldsymbol{J}} = \nabla \cdot \overline{\boldsymbol{J}}$$
(5-164)

这样,就可以得到

$$\frac{\partial \overline{(\rho c)}}{\partial t} + \nabla \cdot \overline{(\rho c \, \boldsymbol{v})} = \nabla \cdot \overline{\boldsymbol{J}} + \overline{\rho \phi}$$
(5-165)

对于密度、速度和滞止比内能,分别有

$$\rho = \bar{\rho} + \rho'$$
(5-166)

$$\boldsymbol{v} = \bar{\boldsymbol{v}} + \boldsymbol{v}'$$
(5-167)

$$u^0 = \overline{u^0} + (u^0)'$$
(5-168)

考虑式(5-160),由式(5-165)可以得到

$$\frac{\partial (\overline{\rho} \bar{c})}{\partial t} + \frac{\partial (\overline{\rho' c'})}{\partial t} + \nabla \cdot (\overline{\rho} \bar{c} \bar{\boldsymbol{v}}) + \nabla \cdot (\overline{\rho' c'} \bar{\boldsymbol{v}} + \overline{\rho' \boldsymbol{v}'} \bar{c} + \bar{\rho} \, \overline{c' \boldsymbol{v}'} + \overline{\rho' c' \boldsymbol{v}'})$$

$$= \nabla \cdot \overline{\boldsymbol{J}} + \bar{\rho} \, \bar{\phi} + \overline{\rho' \phi'}$$
(5-169)

即

$$\frac{\partial (\overline{\rho} \bar{c})}{\partial t} + \nabla \cdot (\overline{\rho} \bar{c} \bar{\boldsymbol{v}}) = \nabla \cdot \overline{\boldsymbol{J}} + \bar{\rho} \, \bar{\phi} + \left\{ \overline{\rho' \phi'} - \frac{\partial (\overline{\rho' c'})}{\partial t} - \nabla \cdot \boldsymbol{J}^{\mathrm{t}} \right\}$$
(5-170)

其中

$$\boldsymbol{J}^{\mathrm{t}} = \overline{\rho' c'} \bar{\boldsymbol{v}} + \overline{\rho' \boldsymbol{v}'} \, \bar{c} + \bar{\rho} \, \overline{c' \boldsymbol{v}'} + \overline{\rho' c' \boldsymbol{v}'}$$
(5-171)

对于不可压缩流体,$\rho' = 0$,可以得到

$$\frac{\partial (\rho \bar{c})}{\partial t} + \nabla \cdot (\rho \bar{c} \bar{\boldsymbol{v}}) = \nabla \cdot \overline{\boldsymbol{J}} + \rho \, \bar{\phi} - \nabla \cdot \overline{(\rho c' \boldsymbol{v}')}$$
(5-172)

这样,就可以得到不可压缩湍流微分形式的湍流质量、动量和内能守恒方程了。

质量守恒方程为

$$\frac{\partial (\rho)}{\partial t} + \nabla \cdot (\rho \, \bar{\boldsymbol{v}}) = 0$$
(5-173)

动量守恒方程为

$$\frac{\partial(\rho\,\overline{\boldsymbol{v}})}{\partial t}+\nabla\cdot(\rho\,\overline{\boldsymbol{v}}\,\overline{\boldsymbol{v}})=\nabla\cdot(\overline{\boldsymbol{\tau}}-\overline{p}\boldsymbol{I})+\rho\,\boldsymbol{g}-\nabla\cdot(\overline{\rho\boldsymbol{v}'\boldsymbol{v}'}) \tag{5-174}$$

滞止比内能形式的能量守恒方程为

$$\frac{\partial(\rho\,\overline{u^0})}{\partial t}+\nabla\cdot(\rho\,\overline{u^0}\,\overline{\boldsymbol{v}})=\nabla\cdot[-\overline{\boldsymbol{q}}+\overline{(\boldsymbol{\tau}-p\boldsymbol{I})\cdot\boldsymbol{v}}]+\overline{q}_{\mathrm{v}}+$$

$$\rho\,\boldsymbol{g}\cdot\overline{\boldsymbol{v}}-\nabla\cdot\overline{[\rho\,(u^0)'\boldsymbol{v}']} \tag{5-175}$$

要求解上述方程,必须对脉动量建立适当的模型,我们这里就不多介绍了,有兴趣的读者可以参阅有关文献[5,6]。

> **知识点:**
> - 湍流和脉动。
> - 时均量。
> - 用时均量和脉动量表示的湍流质量、动量、能量守恒方程。

5.2　单相流水力学分析

水力学分析的目的就是要得到所关心的流动区域内的速度场和压力场,以便得到结构对流体的流动阻力。我们可以通过求解 5.1 节的质量守恒、动量守恒和能量守恒方程,得到速度、压力和温度场(见图 5-9)。另外在工程上,我们通常先把一些不重要的因素忽略掉,再利用一些工程上的经验关系式得到一些所关心的宏观量,比如流体流过管道的流量和压力损失(即压降)等。我们在这一节,将讨论对做一定的简化后的场方程的分析方法和有关的工程经验关系式。

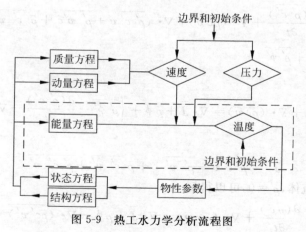

图 5-9　热工水力学分析流程图

5.2.1　无黏流动

忽略黏性的流动就是无黏流动。如果流动是无黏流动,则可将质量方程和动量方程联

合而得到

$$\rho \frac{\partial \boldsymbol{v}}{\partial t} + \rho \boldsymbol{v} \cdot \nabla \boldsymbol{v} = -\nabla p + \rho \boldsymbol{f} \tag{5-176}$$

式(5-176)左边第二项可以写成

$$\rho \boldsymbol{v} \cdot \nabla \boldsymbol{v} = \frac{\rho}{2} \nabla v^2 - [\rho \boldsymbol{v} \times (\nabla \times \boldsymbol{v})] \tag{5-177}$$

则动量方程转化为

$$\frac{\partial \boldsymbol{v}}{\partial t} + \nabla \left(\frac{v^2}{2}\right) - [\boldsymbol{v} \times (\nabla \times \boldsymbol{v})] = -\frac{1}{\rho} \nabla p + \boldsymbol{f} \tag{5-178}$$

或

$$\frac{\partial \boldsymbol{v}}{\partial t} + \nabla \left(\frac{v^2}{2}\right) - \boldsymbol{v} \times \boldsymbol{\omega} = -\frac{1}{\rho} \nabla p + \boldsymbol{f} \tag{5-179}$$

其中，$\boldsymbol{\omega} = \nabla \times \boldsymbol{v}$ 为角速度，$\boldsymbol{v} \times \boldsymbol{\omega}$ 为旋度，也称涡度。

前面我们已经介绍过，质量力通常可以表示为一个势场的梯度，即

$$\boldsymbol{f} = -\nabla \psi \tag{5-180}$$

比如在重力场里面，$\psi = gz$，有

$$f = -\left[\frac{\partial(gz)}{\partial z}\right]\boldsymbol{k} = -g\boldsymbol{k} = \boldsymbol{g} \tag{5-181}$$

能够用势场的梯度来表示的力，有时候也称为保守力。在保守力场里面，动量方程可以记为

$$\frac{\partial \boldsymbol{v}}{\partial t} + \frac{1}{\rho} \nabla p + \nabla \left(\psi + \frac{v^2}{2}\right) = \boldsymbol{v} \times \boldsymbol{\omega} \tag{5-182}$$

我们把空间一个微元$(\mathrm{d}x, \mathrm{d}y, \mathrm{d}z)$记为 $\mathrm{d}\boldsymbol{r}$，注意到对于一个标量 X，有

$$\nabla X \cdot \mathrm{d}\boldsymbol{r} = \left(\boldsymbol{i} \frac{\partial X}{\partial x} + \boldsymbol{j} \frac{\partial X}{\partial y} + \boldsymbol{k} \frac{\partial X}{\partial z}\right) \cdot (\boldsymbol{i}\mathrm{d}x + \boldsymbol{j}\mathrm{d}y + \boldsymbol{k}\mathrm{d}z)$$

$$= \frac{\partial X}{\partial x}\mathrm{d}x + \frac{\partial X}{\partial y}\mathrm{d}y + \frac{\partial X}{\partial z}\mathrm{d}z = \mathrm{d}X \tag{5-183}$$

这样，在式(5-182)两侧同时乘以 $\mathrm{d}\boldsymbol{r}$，得到

$$\frac{\partial \boldsymbol{v}}{\partial t} \cdot \mathrm{d}\boldsymbol{r} + \frac{\mathrm{d}p}{\rho} + \mathrm{d}\left(\psi + \frac{v^2}{2}\right) = (\boldsymbol{v} \times \boldsymbol{\omega}) \cdot \mathrm{d}\boldsymbol{r} \tag{5-184}$$

如果流体是无旋流动，则右侧等于零。对于无旋流动，$\mathrm{d}\boldsymbol{r}$ 与流线方向是一致的，也和速度的方向一致。这样我们沿着流线方向对式(5-184)积分就可以得到伯努利(Bernoulli)方程[7]

$$\int \frac{\partial \boldsymbol{v}}{\partial t} \cdot \mathrm{d}\boldsymbol{r} + \int \frac{\mathrm{d}p}{\rho} + \left(\psi + \frac{v^2}{2}\right) = f(t) \tag{5-185}$$

我们注意到积分常数 $f(t)$ 只与时间有关，对于空间任意两点，在同一时刻具有相同的值，因此我们在进行沿着流线的两点之间积分的时候，就可以得到

$$\int_1^2 \frac{\partial \boldsymbol{v}}{\partial t} \cdot \mathrm{d}\boldsymbol{r} + \int_1^2 \frac{\mathrm{d}p}{\rho} + \Delta\left(\psi + \frac{v^2}{2}\right) = 0 \tag{5-186}$$

其中

$$\Delta\left(\psi + \frac{v^2}{2}\right) = \left(\psi + \frac{v^2}{2}\right)_2 - \left(\psi + \frac{v^2}{2}\right)_1 \tag{5-187}$$

在稳态无旋流动时，伯努利方程为

$$\int_1^2 \frac{\mathrm{d}p}{\rho} + \Delta\left(\psi + \frac{v^2}{2}\right) = 0 \tag{5-188}$$

在流体不可压缩的情况下可进一步简化为

$$\Delta\left(\frac{p}{\rho} + \psi + \frac{v^2}{2}\right) = 0 \tag{5-189}$$

在质量力只有重力的情况下，得到

$$z^0 = \frac{p}{\rho g} + z + \frac{v^2}{2g} \tag{5-190}$$

其中，z^0 称为总压头，右侧三项分别为静压头、势压头和动压头。因此得到，在无旋无黏流动里面，总压头守恒。

下面来看图 5-10 所示的水平放置的喷嘴流动。

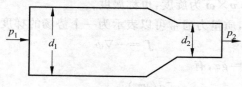

图 5-10　喷嘴流动

由于 $z_1 = z_2$，根据式(5-190)得到

$$\left(\frac{p}{\rho g} + z + \frac{v^2}{2g}\right)_1 = \left(\frac{p}{\rho g} + z + \frac{v^2}{2g}\right)_2 \tag{5-191}$$

根据质量守恒，有

$$\rho v_1 \frac{\pi d_1^2}{4} = \rho v_2 \frac{\pi d_2^2}{4} \tag{5-192}$$

把式(5-192)代入式(5-191)，有

$$\frac{v_2^2}{2}\left[\left(\frac{d_2}{d_1}\right)^4 - 1\right] = \frac{p_2 - p_1}{\rho} \tag{5-193}$$

或

$$v_2 = \sqrt{\frac{2(p_1 - p_2)}{\rho\left[1 - (d_2/d_1)^4\right]}} \tag{5-194}$$

实际上，由于不可避免的会有壁面摩擦，因此通常引入一个经验系数 C_D，则有

$$v_2 = C_D \sqrt{\frac{2(p_1 - p_2)}{\rho\left[1 - (d_2/d_1)^4\right]}} \tag{5-195}$$

一般情况下，C_D 取值在 $0.3\sim0.7$。则流过喷嘴的质量流量为

$$q_m = \rho v_2\left(\frac{\pi d_2^2}{4}\right) = C_D\left(\frac{\pi d_2^2}{4}\right)\sqrt{\frac{2\rho(p_1 - p_2)}{\left[1 - (d_2/d_1)^4\right]}} \tag{5-196}$$

例 5-7　图 5-11 所示利用式(5-194)设计出的一种流量计。这种流量计的原理是利用改变管道的流通面积，测量出压差，从而得到管内的流量。已知：$d_1 = 0.711\mathrm{m}$，$d_2 = 0.686\mathrm{m}$，$H = 0.914\mathrm{m}$，流体的密度 $\rho = 1000\mathrm{kg/m^3}$，U 形压差计内介质的密度为 $\rho_{\mathrm{Hg}} = 13550\mathrm{kg/m^3}$。求管内质量流量。

解 根据质量守恒,不难得到

$$v_1 = v_2 \left(\frac{d_2}{d_1}\right)^2$$

利用式(5-194),得到

$$
\begin{aligned}
v_1 &= \sqrt{\frac{2(p_1 - p_2)}{\rho\left[1 - (d_2/d_1)^4\right]}} \\
&= \sqrt{\frac{2(\rho_{\text{Hg}} - \rho)gH}{\rho\left[1 - (d_2/d_1)^4\right]}} \\
&= \sqrt{\frac{2 \times (13550 - 1000) \times 9.81 \times 0.914}{1000 \times \left[\left(\frac{0.711}{0.686}\right)^4 - 1\right]}} \\
&= 41.07 (\text{m/s})
\end{aligned}
$$

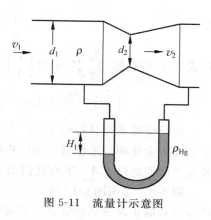

图 5-11 流量计示意图

所以

$$q_{\text{m}} = \rho v_2 A_2 = 1000 \times 41.07 \times \frac{\pi \times 0.686^2}{4} = 15179 (\text{kg/s})$$

知识点:
- 伯努利方程。
- 喷嘴流动。
- 无黏流动。

下面我们来分析流通截面在流动过程中会发生变化的流道内的无黏流动(如图 5-12 所示)。

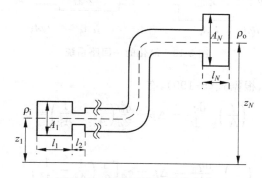

图 5-12 变截面流道无黏流动

假设壁面摩擦引起的压力损失与其他因素(例如速度、温度或高度变化等)相比可以忽略,即可以近似为无黏流,我们来考察出入口之间的压力差。根据式(5-186)可以得到

$$\int_1^N \frac{\partial \boldsymbol{v}}{\partial t} \cdot \mathrm{d}\boldsymbol{r} + \frac{p_{\text{o}} - p_{\text{i}}}{\rho} + \Delta\psi + \Delta\frac{v^2}{2} = 0 \tag{5-197}$$

由于是不可压缩流,因此在封闭的一维管道系统内,流过任一截面的流量与空间位置无关(注意质量流密度是与流通截面有关的,因此也与位置有关),即

$$\int_1^N \frac{\partial \boldsymbol{v}}{\partial t} \cdot \mathrm{d}\boldsymbol{r} = \frac{\partial}{\partial t}\int_1^N \boldsymbol{v} \cdot \mathrm{d}\boldsymbol{r} = \frac{\partial}{\partial t}\int_1^N \frac{q_{\text{m}}}{\rho A}\mathrm{d}l$$

$$= \frac{1}{\rho} \frac{\mathrm{d}q_{\mathrm{m}}}{\mathrm{d}t} \int_1^N \frac{\mathrm{d}l}{A} = \frac{1}{\rho} \frac{\mathrm{d}q_{\mathrm{m}}}{\mathrm{d}t} \sum_{n=1}^N \frac{l_n}{A_n} \tag{5-198}$$

把式(5-198)右侧 $\sum\limits_{n=1}^N \frac{l_n}{A_n}$ 记为 $\left(\frac{l}{A}\right)_{\mathrm{T}}$，则有

$$\left(\frac{l}{A}\right)_{\mathrm{T}} \frac{\mathrm{d}q_{\mathrm{m}}}{\mathrm{d}t} + (p_{\mathrm{o}} - p_{\mathrm{i}}) + \rho g (z_N - z_1) + \frac{q_{\mathrm{m}}^2}{2\rho} \left(\frac{1}{A_N^2} - \frac{1}{A_1^2}\right) = 0 \tag{5-199}$$

核反应堆系统分析程序 RETRAN02 内的一维流动模型就是这种流通截面在流动过程中会发生变化的流道模型。在用户准备输入控制体的参数的时候，需要输入每个控制体的长度与截面之比 l/A。下面我们用一个例子来说明式(5-199)的含义。

例 5-8 考虑图 5-13 所示的一个核反应堆一回路系统,假定流动是无黏流动,我们来看冷却剂从静止状态到稳定流动所需要的时间。从热工水力学角度看,系统可以简化为一维的流动系统,由泵提供的驱动压头 $\Delta p = p_{\mathrm{i}} - p_{\mathrm{o}}$，近似认为泵的出入口处于同一水平线上。各节段的几何参数见表 5-7,已知泵的扬程为 85.3m,流体密度近似为 $1000\mathrm{kg/m^3}$，试计算需要多少时间流量达到稳态流量的 90%？

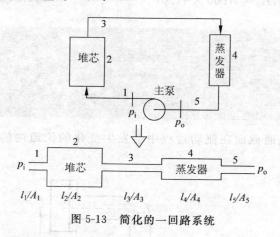

图 5-13　简化的一回路系统

解　令 $\Delta p = p_{\mathrm{i}} - p_{\mathrm{o}}$，根据式(5-199)，有

$$\left(\frac{l}{A}\right)_{\mathrm{T}} \frac{\mathrm{d}q_{\mathrm{m}}}{\mathrm{d}t} - \Delta p + \frac{q_{\mathrm{m}}^2}{2\rho} \left(\frac{1}{A_5^2} - \frac{1}{A_1^2}\right) = 0$$

即

$$\left(\frac{l}{A}\right)_{\mathrm{T}} \frac{\mathrm{d}q_{\mathrm{m}}}{\mathrm{d}t} = \Delta p - q_{\mathrm{m}}^2 \left[\frac{1}{2\rho} \left(\frac{1}{A_5^2} - \frac{1}{A_1^2}\right)\right]$$

表 5-7　例 5-8 的几何参数

编号	名　称	l/m	$A/\mathrm{m^2}$
1	泵出口管道	8.0	0.4
2	堆芯	14.5	20.9
3	堆芯出口管道	17.0	0.4
4	蒸汽发生器	16.5	1.5
5	泵入口管道	10.0	0.35

令

$$C^2 = \frac{1}{2\rho\Delta p}\left(\frac{1}{A_5^2} - \frac{1}{A_1^2}\right)$$

得到

$$\frac{\mathrm{d}q_\mathrm{m}}{(1 - q_\mathrm{m}C)(1 + q_\mathrm{m}C)} = \Delta p\left(\frac{A}{l}\right)_\mathrm{T}\mathrm{d}t$$

即

$$\frac{\mathrm{d}q_\mathrm{m}}{2(1 - q_\mathrm{m}C)} + \frac{\mathrm{d}q_\mathrm{m}}{2(1 + q_\mathrm{m}C)} = \Delta p\left(\frac{A}{l}\right)_\mathrm{T}\mathrm{d}t$$

对上式积分后得到

$$-\frac{1}{2C}\ln(1 - q_\mathrm{m}C) + \frac{1}{2C}\ln(1 + q_\mathrm{m}C) = \Delta p\left(\frac{A}{l}\right)_\mathrm{T}t + C_0$$

由 $t=0$ 时，$q_\mathrm{m}=0$，得 $C_0=0$，于是有

$$\frac{1 + q_\mathrm{m}C}{1 - q_\mathrm{m}C} = \exp\left[2C\Delta p\left(\frac{A}{l}\right)_\mathrm{T}t\right]$$

由上式求得

$$q_\mathrm{m} = \frac{1}{C}\left\{\frac{\exp\left[2C\Delta p\left(\frac{A}{l}\right)_\mathrm{T}t\right] - 1}{\exp\left[2C\Delta p\left(\frac{A}{l}\right)_\mathrm{T}t\right] + 1}\right\}$$

所以，当 $t\rightarrow\infty$ 时，$q_\mathrm{m}\rightarrow\frac{1}{C}$。而

$$C^2 = \frac{1}{2\rho\Delta p}\left(\frac{1}{A_5^2} - \frac{1}{A_1^2}\right)$$

$$= \frac{1}{2\times 1000\times(1000\times 9.81\times 85.3)}\left(\frac{1}{0.35^2} - \frac{1}{0.4^2}\right)$$

$$= 1.143\times 10^{-9}$$

因此在 $t\rightarrow\infty$ 时的稳态质量流量为 $q_\mathrm{m}=1/C=2.96\times 10^4\,\mathrm{kg/s}$，又因为

$$\left(\frac{l}{A}\right)_\mathrm{T} = \left(\frac{8}{0.4}\right) + \left(\frac{14.5}{20.9}\right) + \left(\frac{17.0}{0.4}\right) + \left(\frac{16.5}{1.5}\right) + \left(\frac{10.0}{0.35}\right) = 102.8$$

所以

$$2C\Delta p\left(\frac{A}{l}\right)_\mathrm{T} = 0.551\mathrm{s}^{-1}$$

因此，质量流量达到稳态流量的 90% 时，有

$$0.9 = \frac{e^{0.551t} - 1}{e^{0.551t} + 1}$$

从而得到 $t=5.34\mathrm{s}$。质量流量随时间的变化如图 5-14 所示。

　　从例 5-7 的计算中我们得到一回路冷却剂的流量大约为 15179kg/s，而本题计算得到的稳态流量却高达 29600kg/s。这是为什么呢？原来是在式(5-199)中，我们没有考虑流体的黏性和局部阻力，而只有重力压降和通道面积发生变化引入的加速压降。

知识点：
- 变截面管路内流动分析。

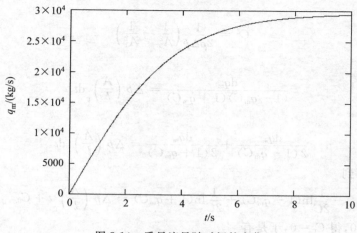

图 5-14　质量流量随时间的变化

5.2.2　黏性流动

对于真实流体,由于还有黏性引起的摩擦压降和通道形状改变引起的局部压降,我们把这两项的和记为 Δp_{loss},则式(5-199)可以写成

$$\left(\frac{l}{A}\right)_T \frac{dq_m}{dt} + p_o - p_i + \rho g\,(z_N - z_1) + \frac{q_m^2}{2\rho}\left(\frac{1}{A_N^2} - \frac{1}{A_1^2}\right) + \Delta p_{loss} = 0 \qquad (5\text{-}200)$$

即

$$p_i - p_o = \Delta p_{iner} + \Delta p_{acc} + \Delta p_{grav} + \Delta p_{fric} + \Delta p_{form} \qquad (5\text{-}201)$$

其中

$$\Delta p_{iner} = \left(\frac{l}{A}\right)_T \frac{dq_m}{dt} \qquad (5\text{-}202)$$

$$\Delta p_{acc} = \frac{q_m^2}{2\rho}\left(\frac{1}{A_N^2} - \frac{1}{A_1^2}\right) \qquad (5\text{-}203)$$

$$\Delta p_{grav} = \rho g\,(z_N - z_1) \qquad (5\text{-}204)$$

分别为惯性压降、加速压降和重力压降,而

$$\Delta p_{form} \equiv K\left(\frac{\rho v_{ref}^2}{2}\right) \qquad (5\text{-}205)$$

为流道形状变化引起的局部压降,其中 K 为局部形阻系数,表 5-8 给出了各种典型的几何形状的局部形阻系数值[8]。

表 5-8　各种典型的局部形阻系数

类　　型	K	特征速度
管道入口(充分圆角处理)	0.04	管内流速
管道入口(稍微圆角处理)	0.23	管内流速
管道入口(无处理)	0.50	管内流速
管道出口	1.0	管内流速

续表

类　　型	K	特征速度
截面突然缩小,$\beta = A_2/A_1$	$0.5(1-\beta^2)$	下游流速
截面突然扩大,$\beta = A_1/A_2$	$(1-\beta)^2$	上游流速
阀门全开	$0.15 \sim 15.0$	
阀门半闭	$13 \sim 450$	
90°弯头,$R/D = 0.5$(弯头半径与管子直径比)	1.20	
90°弯头,$R/D = 1.0$	0.80	
90°弯头,$R/D = 1.5$	0.60	
90°弯头,$R/D = 2.0$	0.48	
90°弯头,$R/D = 3.0$	0.36	
90°弯头,$R/D = 4.0$	0.30	
90°弯头,$R/D = 5.0$	0.29	

在式(5-201)中,

$$\Delta p_{\text{fric}} \equiv \bar{f}\,\frac{L}{D}\left(\frac{\rho v_{\text{ref}}^2}{2}\right) \tag{5-206}$$

为黏性引起的摩擦压降,其中 v_{ref} 为特征速度。例如对局部压降,通常取流道截面最小处的速度为特征速度。

关于摩擦压降和局部压降,我们这里只作简单的定义,具体的摩擦系数和形阻系数计算在后面会做进一步的介绍。

> **知识点:**
> - 加速压降。
> - 惯性压降。
> - 摩擦压降。
> - 局部压降。
> - 特征速度。

例 5-9　在例 5-8 中,如果流动是黏性流动,堆芯和蒸汽发生器中的局部形阻系数分别为 18 和 52,且假设各个地方的摩擦系数均为 0.015,试计算稳态流量。

解　根据式(5-201),并且把摩擦压降和局部压降分开来表示,可以得到

$$\left(\frac{l}{A}\right)_{\text{T}}\frac{\mathrm{d}q_{\text{m}}}{\mathrm{d}t} - \Delta p + \frac{q_{\text{m}}^2}{2\rho}\left(\frac{1}{A_5^2} - \frac{1}{A_1^2}\right) + K_{\text{R}}\frac{\rho V_{\text{R}}^2}{2} + K_{\text{SG}}\frac{\rho V_{\text{SG}}^2}{2} + \sum_i f\frac{L_i}{D_i}\frac{\rho v_i^2}{2} = 0$$

其中下标 R 表示堆芯内,下标 SG 表示蒸发器内,因为 $q_{\text{m}} = \rho VA$,所以化简上式可得

$$\left(\frac{l}{A}\right)_{\text{T}}\frac{\mathrm{d}q_{\text{m}}}{\mathrm{d}t} - \Delta p + \frac{q_{\text{m}}^2}{2\rho}\left(\frac{1}{A_5^2} - \frac{1}{A_1^2} + \frac{K_{\text{R}}}{A_{\text{R}}^2} + \frac{K_{\text{SG}}}{A_{\text{SG}}^2} + \sum_i f\frac{L_i}{D_i}\frac{1}{A_i^2}\right) = 0$$

类似于例 5-6 的计算,可以得到

$$q_{\text{m}}(t) = \frac{1}{C}\left\{\frac{\exp\left[2C\Delta p\left(\frac{A}{l}\right)_{\text{T}} t\right] - 1}{\exp\left[2C\Delta p\left(\frac{A}{l}\right)_{\text{T}} t\right] + 1}\right\}$$

其中

$$C^2 = \frac{1}{2\rho\Delta p}\left(\frac{1}{A_5^2} - \frac{1}{A_1^2} + \frac{K_R}{A_R^2} + \frac{K_{SG}}{A_{SG}^2} + \sum_i f \frac{L_i}{D_i}\frac{1}{A_i^2}\right) = 1.803 \times 10^{-8}$$

于是得到 $t\to\infty$ 时的稳态流量为

$$q_m = 7447\text{kg/s}$$

从以上例子可以看到,添加了黏性阻力和局部流动阻力以后,流量发生了急剧的下降,这意味着对于这样的流动,是必须考虑流动的黏性阻力的。其实任何真实流体都是有黏性的,我们先来看图 5-15 所示的两块无穷大平板之间夹着流体的情景。开始 $t=0$ 的时候,流体和板都处于静止状态,然后上面的平板开始向右作匀速直线运动。对于牛顿型流体,在形成稳定流动后,需要有一个外力 F_x 作用在上板上才能够保持其匀速运动,这个力为

$$F_x = \tau_{yx}A = \mu\left(\frac{v_x}{Y}\right)A \tag{5-207}$$

其中,A 为面积,μ 为动力黏度。经常采用的还有运动黏度 ν,它们之间的关系是

$$\nu \equiv \frac{\mu}{\rho} \tag{5-208}$$

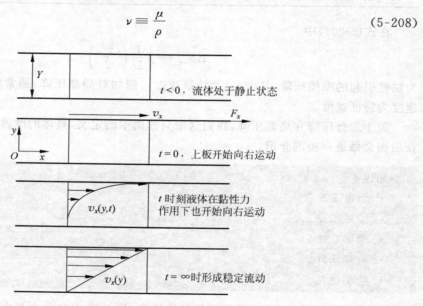

图 5-15 平板间黏性流动示意图

动力黏度和运动黏度都与流体温度和压力有关,可以通过物性表查到。

> **知识点:**
> * 黏性流动与黏性系数。
> * 黏性力与速度梯度的关系。

1. 边界层

对于真实流体,黏性通常只在靠近壁面的边界区域有比较大的作用,这层区域称为边界层。图 5-16 是板外边界层示意图,在边界层以外的区域内可以认为是无黏流动区域。边界

层又可以分为层流边界层、过渡区边界层和湍流的黏性底层。

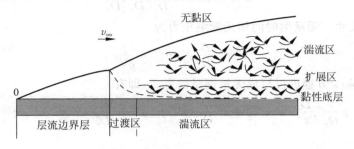

图 5-16　板外边界层

对于图 5-17 所示的管内流动,则可以分为入口区和充分发展区。

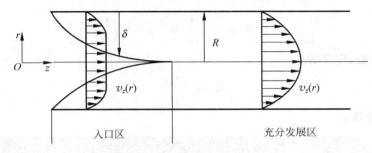

图 5-17　管内边界层示意图

边界层在壁面处的轴向速度为零,并且在壁面处主流速度的梯度(轴向)也为零,垂直于壁面方向的压力梯度也为零,即

$$\frac{\partial p}{\partial r} \approx 0, \quad \frac{\partial p}{r\partial \theta} = 0 \tag{5-209}$$

对于速度,有

$$v_z \gg v_r \tag{5-210}$$

和

$$\frac{\partial v_z}{\partial r} \gg \frac{\partial v_z}{\partial z} \tag{5-211}$$

知识点:
- 边界层内的流动条件。

2. 无量纲量

为了便于分析,通常引入无量纲量[9],包括无量纲速度、坐标、时间和压力,其中无量纲速度为

$$\boldsymbol{v}^* \equiv \frac{\boldsymbol{v}}{V} \tag{5-212}$$

其中 V 是特征速度。无量纲坐标为

$$x^*, y^*, z^* \equiv \frac{x}{D_e}, \frac{y}{D_e}, \frac{z}{D_e} \tag{5-213}$$

其中 D_e 为特征尺寸。无量纲时间和无量纲压力为

$$t^* \equiv \frac{tV}{D_e}, \quad p^* \equiv \frac{p}{\rho V^2} \tag{5-214}$$

这样,Navier-Stokes 方程可以写成无量纲量的形式,即有

$$\rho \frac{V}{D_e} \frac{D}{Dt^*}(V \boldsymbol{v}^*) = -\frac{\nabla^*}{D_e}(\rho V^2 p^*) + \mu \frac{\nabla^{*2}}{D_e^2}(V \boldsymbol{v}^*) + \rho \boldsymbol{g} \tag{5-215}$$

上式可改写为

$$\frac{D \boldsymbol{v}^*}{Dt^*} = -\nabla^* p^* + \left(\frac{\mu}{\rho V D_e}\right)\nabla^{*2} \boldsymbol{v}^* + \left(\frac{D_e g}{V^2}\right)\frac{\boldsymbol{g}}{g} \tag{5-216}$$

或写成

$$\frac{D \boldsymbol{v}^*}{Dt^*} = -\nabla^* p^* + \frac{1}{Re}\nabla^{*2} \boldsymbol{v}^* + \left(\frac{D_e g}{V^2}\right)\frac{\boldsymbol{g}}{g} \tag{5-217}$$

其中,Re 是雷诺数,定义为

$$Re \equiv \frac{\rho V D_e}{\mu} \tag{5-218}$$

式中 V 是特征速度。

知识点:
- 量纲分析。
- 无量纲量。
- 雷诺数。
- 水力直径。

5.2.3 管内层流

管内流动在雷诺数较小的时候为层流。实验表明,从层流向湍流转变存在临界雷诺数。对于圆管内的流动,临界雷诺数通常取 2100 左右。

从临界雷诺数 2100 起,管内流动随着雷诺数的增大逐渐向湍流过渡。通常认为雷诺数小于 2100 的情况下是层流工况,而雷诺数大于 10000 后进入稳定的湍流工况,雷诺数在 2100～10000 的情况,是层流到湍流的过渡流工况。

下面我们来分析一下管内层流时的流动速度和压力的关系。先假设是圆管的情况,从图 5-16 可以看到,在 $z=0$ 处,均匀速度流入,边界层不断变厚。对于充分发展区,有

$$\boldsymbol{v}_r = \boldsymbol{v}_\theta = 0 \tag{5-219}$$

假设密度和动力黏度都是常数,则由质量守恒方程(有时候也被称为连续方程)可以得到

$$\nabla \cdot \boldsymbol{v} = \frac{\partial v_z}{\partial z} = 0 \tag{5-220}$$

把式(5-219)和式(5-220)应用到动量方程,则有

$$\rho v_z \frac{\partial v_z}{\partial z} + \rho v_r \frac{\partial v_z}{\partial r} = -\frac{\partial p}{\partial z} + \mu \frac{\partial^2 v_z}{\partial z^2} + \frac{\mu}{r} \frac{\partial}{\partial r}\left(r \frac{\partial v_z}{\partial r}\right) \qquad (5\text{-}221)$$

上式等号左边的两项和右边第 2 项与其他几项相比可以忽略，即有

$$\frac{\mu}{r} \frac{\partial}{\partial r}\left(r \frac{\partial v_z}{\partial r}\right) = \frac{\partial p}{\partial z} \qquad (5\text{-}222)$$

由式(5-209)和式(5-219)可知，压力以及压力梯度与坐标 r 无关，于是得到

$$\frac{\mu}{r} \frac{d}{d r}\left(r \frac{d v_z}{d r}\right) = \frac{d p}{d z} \qquad (5\text{-}223)$$

我们可以对式(5-223)积分两次，并利用边界条件

$$\begin{cases} r = R, \quad v_z = 0 \\ r = 0, \quad \dfrac{\partial v_z}{\partial r} = 0 \end{cases} \qquad (5\text{-}224)$$

从而得到

$$v_z = \frac{R^2}{4\mu}\left(-\frac{d p}{d z}\right)\left(1 - \frac{r^2}{R^2}\right) \qquad (5\text{-}225)$$

可以看到，速度的方向和 $\dfrac{d p}{d z}$ 相反。下面我们来推导断面的平均速度 v_m，其定义为

$$v_m = \frac{\displaystyle\int_0^R \rho v_z 2\pi r \, dr}{\displaystyle\int_0^R \rho 2\pi r \, dr} \qquad (5\text{-}226)$$

密度为常数的时候，利用式(5-225)得到

$$v_m = \frac{\displaystyle\int_0^R v_z 2\pi r \, dr}{\pi R^2} = \frac{R^2}{8\mu}\left(-\frac{d p}{d z}\right) \qquad (5\text{-}227)$$

利用断面平均速度，式(5-225)可以表示为

$$\frac{v_z}{v_m} = 2\left(1 - \frac{r^2}{R^2}\right) \qquad (5\text{-}228)$$

我们看到速度在 r 方向是抛物线分布的，在这样的速度分布下，黏性剪切应力 $\tau(r)$ 呈线性分布(见图 5-18)，其值为

$$\tau(r) = +\mu \frac{d v_z}{d r} = -4\mu \frac{v_m}{R}\left(\frac{r}{R}\right) \qquad (5\text{-}229)$$

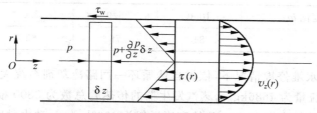

图 5-18　管内层流的速度和黏性剪切力分布

可见黏性剪切力的方向与主流速度方向相反。壁面处的剪切应力为

$$\tau_w = -4\mu \frac{v_m}{R} = \frac{R}{2}\left(+\frac{d p}{d z}\right) \qquad (5\text{-}230)$$

壁面处的剪切应力还可以通过分析一个厚度为 δz 的流体微元的受力平衡而得到,即有

$$\tau_{\mathrm{w}}(2\pi R)(\delta z) = \frac{\mathrm{d}p}{\mathrm{d}z}(\pi R^2)(\delta z)$$

化简后同样可以得到式(5-230)。

在实际工程中,非常有用的是摩擦系数,摩擦系数把压降梯度和流体的动压头联系起来。下面我们来计算层流流动的摩擦系数。

根据式(5-227),可以得到

$$-\frac{\mathrm{d}p}{\mathrm{d}z} = \frac{64\mu}{\rho D^2 v_{\mathrm{m}}}\left(\frac{\rho v_{\mathrm{m}}^2}{2}\right) \tag{5-231}$$

其中,$D=2R$ 为圆管直径。引入摩擦系数 f,即壁面摩擦的达西(Darcy)公式:

$$-\frac{\mathrm{d}p}{\mathrm{d}z} = \frac{f}{D}\frac{\rho v_{\mathrm{m}}^2}{2} \tag{5-232}$$

对于层流流动情况,利用式(5-231)得到摩擦系数为

$$f = \frac{C}{Re} = \frac{64}{Re} \tag{5-233}$$

注意到壁面黏性剪切力为

$$\tau_{\mathrm{w}} = \frac{R}{2}\frac{f}{2R}\frac{\rho v_{\mathrm{m}}^2}{2} = -\frac{f}{4}\frac{\rho v_{\mathrm{m}}^2}{2} \tag{5-234}$$

在流体力学中,根据壁面黏性剪切力定义了范宁(Fanning)摩擦系数 f'[9],f' 满足

$$\tau_{\mathrm{w}} = -f'\frac{\rho v_{\mathrm{m}}^2}{2} \tag{5-235}$$

因此有

$$f = 4f' \tag{5-236}$$

达西公式(5-232)不但适用于层流,而且也适用于湍流。它把沿程摩擦压降的计算问题转化为确定沿程摩擦系数的问题。实验表明,摩擦系数是雷诺数和壁面的表面粗糙突起高度 ε 的函数。长度为 L 的管子内的摩擦压降,可以通过积分得到,即有

$$\Delta p_{\mathrm{fric}} = \int_0^L \left(-\frac{\mathrm{d}p}{\mathrm{d}z}\right)\mathrm{d}z = f\frac{L}{D}\frac{\rho v_{\mathrm{m}}^2}{2} \tag{5-237}$$

对于非圆形管内的充分发展的层流,可以用水力直径 D_{e} 代替式(5-232)中的直径 D 进行计算。对于层流,计算公式类似于式(5-233),矩形流道的 C 值参考表 5-9[10]。

表 5-9　矩形流道情况下式(5-233)中的参数

矩形流道的长宽比 b/a	10.0	5.0	2.0	1.0
C	84	76	63	57

例 5-10　某压水堆停堆情况下,依靠自然循环一回路冷却剂系统大约有 1% 的满功率流量。假设满功率流量为 4686kg/s,蒸汽发生器的传热管总数为 3800 根,传热管内直径为 0.0222m,传热管平均长度为 16.5m,流体密度近似为 1000kg/m³,动力黏度为 0.001kg/(m·s),试判断流动是层流还是湍流,并计算摩擦系数和入口到出口的摩擦压降。

解　根据式(5-218),有

$$Re = \frac{\rho v_{\mathrm{m}} D}{\mu} = \frac{q_{\mathrm{m}} D}{\mu A} = \frac{4686 \times 0.0222 \times 0.01}{0.001 \times (3800 \times \pi \times 0.0222^2/4)} = 707.25 < 2100$$

可见流动是层流。由式(5-233)得摩擦系数为

$$f = \frac{64}{Re} = 0.0905$$

断面平均速度为

$$v_{\mathrm{m}} = \frac{q_{\mathrm{m}}}{\rho A} = \frac{4686 \times 0.01}{1000 \times (3800 \times \pi \times 0.0222^2/4)} = 0.0318 \mathrm{m/s}$$

摩擦压降为

$$\Delta p = f\left(\frac{L}{D}\right)\frac{\rho v_{\mathrm{m}}^2}{2} = 0.0905 \times \frac{16.5}{0.0222} \times \frac{1000 \times 0.0318^2}{2} = 34.0 \mathrm{Pa}$$

知识点:
- 临界雷诺数。
- 达西公式。
- 摩擦系数与范宁摩擦系数。
- 层流摩擦系数的推导。

5.2.4 管内湍流

在雷诺数足够大的情况下,流动进入湍流工况。对于管内流动,通常认为雷诺数小于 2100 的情况下是层流工况,而雷诺数大于 10000 后进入稳定的湍流工况,如果雷诺数在 2100~10000,则是层流到湍流的过渡流工况。前面介绍过湍流情况下的瞬时速度可以表示为时均量和脉动量的和,即

$$v = \bar{v} + v' \tag{5-238}$$

如果忽略密度的脉动(不可压缩流假设),质量守恒方程和动量守恒方程可以分别描述为

$$\nabla \cdot (\rho\, \bar{v}) = 0 \tag{5-239}$$

$$\frac{\partial(\rho\, \bar{v})}{\partial t} + \nabla \cdot (\rho\, \bar{v}\bar{v}) = -\nabla p + \nabla \cdot [\tau - \rho\, \overline{v'\, v'}] + \rho\, g \tag{5-240}$$

令

$$\tau_{\mathrm{eff}} = \tau - \rho\, \overline{v'\, v'} \tag{5-241}$$

为湍流应力张量,其中 $\rho\, \overline{v'\, v'}$ 为雷诺应力[11]。对于一维管内流动,有

$$(\tau_{zr})_{\mathrm{eff}} = \tau_{zr} - \rho\, \overline{v'_z\, v'_r} \tag{5-242}$$

描述湍流经常用的方法是引入一个动量扩散系数,例如对于一维管内流动,可以定义

$$(\omega)_{zr} \equiv -\overline{v'_z v'_r}\bigg/\left(\frac{\partial \bar{v}_z}{\partial r} + \frac{\partial \bar{v}_r}{\partial z}\right) \tag{5-243}$$

则

$$(\tau_{zr})_{\mathrm{eff}} = (\mu + \rho\omega)\left(\frac{\partial \bar{v}_z}{\partial r} + \frac{\partial \bar{v}_r}{\partial z}\right) \tag{5-244}$$

对于充分发展的管内湍流,有 $\bar{v}_r = 0$。通常认为动量扩散系数与坐标无关,即

$$(\omega)_{zr} = (\omega)_{r\theta} = (\omega)_{\theta z} \tag{5-245}$$

管内湍流的速度径向分布,通常用与壁面剪切力有关的无量纲速度来表示,即

$$v_z^+ = \frac{v_z}{\sqrt{\tau_w/\rho}} \tag{5-246}$$

同样,离壁面的距离也通常用无量纲距离来表示,即

$$y^+ = y \frac{\sqrt{\tau_w/\rho}}{\nu} \tag{5-247}$$

其中,ν 为运动黏度,$y = R - r$,是与壁面的距离。

在湍流边界层内,可以近似认为壁面附近的剪切力为线性分布,则

$$\tau_w \approx \rho\nu \frac{\mathrm{d}v_z}{\mathrm{d}y} \tag{5-248}$$

积分后得到

$$v_z = \frac{\tau_w}{\rho\nu}y + C \tag{5-249}$$

代入 $y = 0$ 时速度为零的边界条件,得到

$$v_z = \frac{\tau_w}{\rho\nu}y \tag{5-250}$$

或

$$v_z^+ = y^+ \tag{5-251}$$

对于边界层以外的无量纲距离和无量纲速度之间的关系,Martinelli 归纳如下[12]:

$$\left. \begin{aligned} y^+ < 5, & \qquad v_z^+ = y^+ \\ 5 < y^+ < 30, & \qquad v_z^+ = -3.05 + 5.00\ln y^+ \\ y^+ > 30, & \qquad v_z^+ = 5.5 + 2.5\ln y^+ \end{aligned} \right\} \tag{5-252}$$

Reichardt 报告了动量扩散系数的经验关系式[13]:

$$\frac{\omega}{\nu} = \frac{kR^+}{6}\left[1 - \left(\frac{r}{R}\right)^2\right]\left[1 + 2\left(\frac{r}{R}\right)^2\right] \tag{5-253}$$

其中,$k \approx 0.4$,是常数,而

$$R^+ = R\frac{\sqrt{\tau_w/\rho}}{\nu} \tag{5-254}$$

在此基础上,Reichardt 推荐的无量纲速度分布为

$$v_z^+ = 5.5 + 2.5\ln\left[y^+ \frac{1.5(1 + r/R)}{1 + 2(r/R)^2}\right] \tag{5-255}$$

对于充分发展的湍流,上式的速度分布可以近似为

$$\frac{v_z}{v_0} = \left(\frac{y}{R}\right)^{\frac{1}{7}} = \left(\frac{R-r}{R}\right)^{\frac{1}{7}} \tag{5-256}$$

其中,v_0 为圆管中心的速度,进一步可以得到平均速度为[14]

$$v_m = 0.817v_0 \tag{5-257}$$

知识点:
- 湍流的无量纲速度分布。
- 湍流的无量纲壁面距离。

　　在上述理论的基础上,研究者整理了一些可供工程实践使用的湍流摩擦系数计算经验公式。计算管内湍流摩擦系数的关系式,最典型的 Karman-Nikuradse 关系式[15]是

$$\frac{1}{\sqrt{f}} = -0.8 + 0.87\ln\left(Re\sqrt{f}\right) \tag{5-258}$$

　　这个关系式是隐式关系式,实际应用中不是很方便,于是通常又表示成

$$f = CRe^{-n} \tag{5-259}$$

其中,系数 C 和指数 n 见表 5-10。

表 5-10　式(5-259)中的 C 与 n 的值

作　者	C	n	应 用 范 围
McAdams	0.184	0.2	工业用光滑管,环形通道 $30000 < Re < 1000000$
Blasius	0.316	0.25	普通无缝钢管,黄铜管,玻璃管,$Re < 30000$
Bishop	0.084	0.245	超临界水

　　对于粗糙管,计算管内湍流摩擦系数还可以用科尔布鲁克(Colebrook)关系式[16]

$$f^{-1/2} = 1.74 - 2\log\left(\frac{2\varepsilon}{D_e} + \frac{18.7}{Re\,f^{1/2}}\right) \tag{5-260}$$

其中,ε 为管壁表面粗糙突起高度,各种管材的 ε 值见表 5-11。

表 5-11　各种管材的表面粗糙突起高度

管　材	ε/mm
冷拉管	0.0015
工业用钢管	0.045
涂沥青铁管	0.12
镀锌铁管	0.15
铸铁管	0.26
混黏土管	0.3～3.05

　　为了便于计算,通常采用显式关系式

$$f = 0.0055\left[1 + \left(20000\,\frac{\varepsilon}{D_e} + \frac{10^6}{Re}\right)^{\frac{1}{3}}\right] \tag{5-261}$$

　　在 Re 比较小的时候,忽略式(5-260)中的 ε/D_e,就是普朗特(Prandtl)关系式

$$f^{-1/2} = 2\log\left(Re\,f^{-1/2}\right) - 0.8 \tag{5-262}$$

　　在 Re 比较大的时候,可以忽略式(5-260)中的最后一项,就是尼古拉兹(J. Nikuradse)关系式

$$f = \left[2\log\left(\frac{D_e}{2\varepsilon}\right) + 1.74\right]^{-2} \tag{5-263}$$

　　对于棒束通道,有

$$f = CRe^{-n} + M \tag{5-264}$$

其中的系数 C,M 和 n 见表 5-12[17]。

表 5-12 棒束通道的系数 C, M 和 n

作者	C	n	M	实验条件
Miller(1956)	0.296	0.2	0	37 根棒，三角形排列，$D=15.8$ mm，$p/D=1.46$
Tourneau (1957)	$0.163\sim0.184$	0.2	0	正方形排列，$p/D=1.12\sim1.20$；三角形排列，$p/D=1.12$，$Re=3\times10^3\sim10^5$
Wantland (1957)	1.76	0.39	0	100 根正方形排列，$D=4.8$ mm，$p/D=1.106$，$Pr=3\sim6$，$Re=10^3\sim10^4$
Wantland (1957)	90.0	1.0	0.0082	102 根三角形排列，$D=4.8$ mm，$p/D=1.19$，$Pr=3\sim6$，$Re=2\times10^3\sim10^4$

对于加热流体或者冷却流体，通常需要考虑非等温修正。主要方法是用平均温度作为定性温度，并引入相应的修正系数。西德尔-塔特（Sieder-Tate）认为[18]非等温情况下的摩擦系数为

$$f = f_{eu} \left(\frac{\mu_w}{\mu_f} \right)^n \tag{5-265}$$

其中 f_{eu} 是用平均温度作为定性温度计算得到的摩擦系数，μ_w 和 μ_f 分别为与壁温和流体温度对应的动力黏度。对于 $p=10.34\sim13.79$MPa 的水，取 $n=0.6$。

对于气体，Toylor 推荐[18]

$$f = 0.0028 + \left(\frac{0.25}{Re^{0.32}} \right) \left(\frac{T_w}{T_f} \right)^{0.6} \tag{5-266}$$

其中，$Re = \dfrac{\rho v_m D}{\mu}$ 中的 ρ 为温度 T_f 时的密度，μ 为温度 T_w 时的动力黏度。

在最新的美国 NRC 的安全评审程序 TRACE 中，使用了 Churchill 关系式[19]计算摩擦系数，它适用于所有三种流态：层流、过渡流和湍流。Churchill 摩擦系数的公式是以范宁摩擦系数的形式给出的，为

$$f' = 2 \left[\left(\frac{8}{Re} \right)^{12} + \frac{1}{(a+b)^{3/2}} \right]^{1/12} \tag{5-267}$$

其中

$$a = \left\{ 2.475 \cdot \ln \left[\frac{1}{\left(\dfrac{7}{Re} \right)^{0.9} + 0.27 \dfrac{\varepsilon}{D_e}} \right] \right\}^{16} \tag{5-268}$$

和

$$b = \left(\frac{3.753 \times 10^4}{Re} \right)^{16} \tag{5-269}$$

其层流流型的预测是与 $f' = 16/Re$ 一致的，符合预期。过渡流的预测有一些不确定性（实际上是这个流型区的实验数据）。然而，根据参考文献[20]，对 $4000 < Re < 10^8$ 和 $10^{-8} < \varepsilon/D < 0.05$，其湍流的摩擦系数预测准确性大约和式(5-260)的 Colebrook 关系式有 3.2% 的偏差。用 Churchill 式创建的简化穆迪图示于图 5-19。

知识点：
- 湍流摩擦系数计算经验公式。

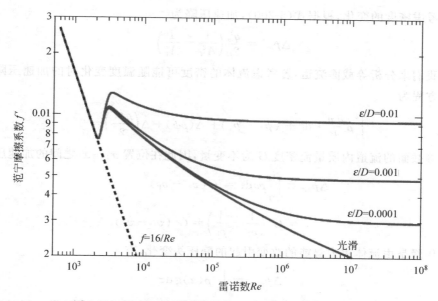

图 5-19 用 Churchill 摩擦系数的公式计算得到的穆迪图

例 5-11 蒸汽发生器传热管与例 5-10 相同,判断在满功率流量下流动是层流还是湍流,并计算摩擦系数和出入口压降。

解 与自然循环情况下不同的是流量达到满功率流量,即流量为例 5-10 情况下的 100 倍,因此 Re 也是例 5-10 情况下的 100 倍,即 $Re = 70725 > 10000$,流动是充分发展的湍流。题中没有给出传热管的表面粗糙突起高度,采用 McAdams 关系式计算摩擦系数,于是得

$$f = 0.184Re^{-0.2} = 0.0197$$

平均流速也是例 5-10 情况下的 100 倍,即 $v_\mathrm{m} = 3.18\mathrm{m/s}$,所以

$$\Delta p = f\left(\frac{L}{D}\right)\frac{\rho v_\mathrm{m}^2}{2} = 0.0197 \times \frac{16.5}{0.0222} \times \frac{1000 \times 3.18^2}{2} = 74000\mathrm{Pa}$$

与例 5-10 相比,摩擦系数减小了大约 75%,平均流速增大到 100 倍,最后导致压降增大了 2000 多倍。

5.2.5 单相流压降

在稳定流动时,式(5-201)中时变项为零,于是有

$$\Delta p = \Delta p_\mathrm{acc} + \Delta p_\mathrm{grav} + \Delta p_\mathrm{fric} + \Delta p_\mathrm{form} \tag{5-270}$$

式(5-270)等号右边分别为加速压降、重力压降、摩擦压降和局部压降。

加速压降顾名思义,就是要使流体加速,需要的驱动压头。因此加速压降是由于流体的动压头变化引起的。加速压降可以是由于截面变化使得速度发生了变化,对于等截面的流道,如果考虑流体的密度可能会由于温度变化而变化,也会引起加速压降。对于单相液,在不沸腾时密度变化是很小的,通常可以忽略加速压降。而在液体沸腾时,密度要发生很大的变化,一般不能忽略加速压降。对于闭合回路,若不考虑密度的变化,则加速压降沿整个回路的积分为零。

若不考虑密度的变化,根据式(5-200),加速压降为

$$\Delta p_{\mathrm{acc}} = \frac{q_{\mathrm{m}}^2}{2\rho}\left(\frac{1}{A_N^2} - \frac{1}{A_1^2}\right) \tag{5-271}$$

下面我们来分析等截面流道,若考虑流体的密度可能随温度变化时的加速压降。此时的伯努利方程为

$$\int_1^2 \rho \frac{\partial \boldsymbol{v}}{\partial t} \cdot \mathrm{d}\boldsymbol{r} + (p_2 - p_1) + \Delta(\rho\psi) + \Delta\left(\frac{\rho v^2}{2}\right) = 0 \tag{5-272}$$

由于等截面的流道内质量流密度 G 为不变量,因此在位置 $x_1 \sim x_2$ 之间的加速压降为

$$\Delta p_{\mathrm{acc}} \equiv \int_{v_1}^{v_2} \rho v \mathrm{d}v = G(v_2 - v_1)$$

$$= G^2\left(\frac{1}{\rho_2} - \frac{1}{\rho_1}\right) = G^2(v_2 - v_1) \tag{5-273}$$

重力压降是由流体重力势能的改变引起的静压头变化,有

$$\Delta p_{\mathrm{grav}} = \int_{z_1}^{z_2} \rho(z)g\,\mathrm{d}z \tag{5-274}$$

对于等温流动,只有两个截面之间存在垂直高度差时才会有重力压降。而对于非等温流动,则管路系统的两点之间即便没有高度差,也可能有重力压降。自然循环正是在这样的重力驱动头下流动起来的。

对于气体冷却剂来说,由于密度很小,一般可以忽略重力压降。

摩擦压降用式(5-206)定义,即

$$\Delta p_{\mathrm{fric}} \equiv f \frac{L}{D}\left(\frac{\rho v_{\mathrm{ref}}^2}{2}\right) \tag{5-275}$$

只有对于黏性流动,才有摩擦压降。前面已经对层流和湍流情况下的摩擦系数进行过介绍。

局部压降用式(5-205)的定义,为

$$\Delta p_{\mathrm{form}} \equiv K\left(\frac{\rho v_{\mathrm{ref}}^2}{2}\right) \tag{5-276}$$

下面我们来分析截面突然缩小和截面突然扩大这两种具有代表性的情况下的形阻系数 K。

图 5-20 是先收缩后扩张的一个水平通道的压降示意图。在截面突然缩小处,有两部分压降,即加速压降和局部压降,其中局部压降必须考虑由于截面突然缩小产生的涡团效应。在截面突然扩大处,同样也有两部分压降:加速压降和局部压降。下面我们主要来分析突然扩大和突然缩小时的形阻系数 K。

先假设断面速度分布均匀的情况,对于截面突然扩大处,有

$$p_1 A_1 + p_1(A_2 - A_1) - p_2 A_2 = \rho A_2 v_2^2 - \rho A_1 v_1^2 \tag{5-277}$$

因为 $A_1 v_1 = A_2 v_2$,所以得

$$p_1 - p_2 = \rho(v_2^2 - v_1 v_2) \tag{5-278}$$

由于这个压差里面包含动压头的变化,剩余的部分才是不可恢复的局部压降,因此

$$p_1 - p_2 = \frac{1}{2}\rho(v_2^2 - v_1^2) + \Delta p_{\mathrm{form}} \tag{5-279}$$

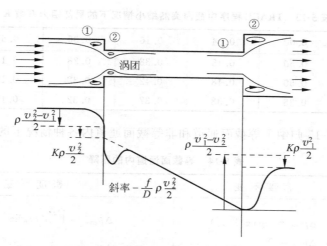

图 5-20　黏性不可压缩流动压降

从而得到

$$\Delta p_{\mathrm{form}} = \left(1 - \frac{v_2}{v_1}\right)^2 \frac{\rho v_1^2}{2} = \left(1 - \frac{A_1}{A_2}\right)^2 \frac{\rho v_1^2}{2} = K \frac{\rho v_1^2}{2} \tag{5-280}$$

即

$$K = \left(1 - \frac{A_1}{A_2}\right)^2 = (1 - \beta)^2 \tag{5-281}$$

这正是表 5-8 中的形阻系数。其中，$\beta = A_1/A_2$，是小截面和大截面的比值。对于截面突然缩小的情况就有 $\beta = A_2/A_1$。我们通常用下角标 1 表示上游，下角标 2 表示下游。

截面突然缩小时，由于截面变化处的压力无法确定，因此不能像截面突然扩大时那样分析，工程水力学上通常采用

$$K = \alpha\left[1 - \left(\frac{A_2}{A_1}\right)^2\right] = \alpha(1 - \beta^2) \tag{5-282}$$

其中 α 是一个经验系数，通常取 0.5。用这种方法计算不确定度较大，在 RELAP5 程序中[21]，认为收缩阶段的压降很小，主要压降在收缩后扩大阶段。采用与式(5-281)相同的形式计算截面突然收缩情况下的局部阻力系数，只是其中的小截面取值为喉部收缩的最小截面，与下游截面 A_2 的关系为

$$\frac{A_c}{A_2} = 0.62 + 0.38\left(\frac{A_2}{A_1}\right)^3 \tag{5-283}$$

然后

$$\Delta p = \frac{1}{2}\left(1 - \frac{A_c}{A_2}\right)^2 \rho v_c^2 \tag{5-284}$$

其中，

$$v_c = \frac{A_2 v_2}{A_c} \tag{5-285}$$

为了进一步缩小计算误差，在 TRACE 程序中[22]，针对不同的面积比给出相应的局部阻力系数，然后进行插值计算得到，如表 5-13 所示。作为比较，在表 5-13 中同时给出了采用式(5-282)和 RELAP5 的方法计算得到的局部阻力系数。

表 5-13　TRACE 程序中截面突然缩小情况下的局部阻力系数 K

A_2/A_1	0.00	0.04	0.16	0.36	0.64	1.00
TRACE	0.50	0.45	0.38	0.28	0.14	0.00
式(5-282)	0.50	0.48	0.42	0.32	0.18	0.00
RELAP5	0.38	0.38	0.37	0.32	0.15	0.00

表 5-14 和表 5-15 归纳了等截面通道和非等截面通道内各种情况下的压降。

表 5-14　等截面通道内的压降

流动工况	密 度 不 变	密 度 可 变
无黏流动	$\Delta p_{grav} = \rho g(z_2 - z_1)$ $\Delta p_{acc} = 0$ $\Delta p_{form} = 0$ $\Delta p_{fric} = 0$	$\Delta p_{grav} = \int_{z_1}^{z_2} \rho(z)g\,dz$ $\Delta p_{acc} = \rho_2 v_2^2 - \rho_1 v_1^2$ $\Delta p_{form} = 0$ $\Delta p_{fric} = 0$
黏性流动	$\Delta p_{grav} = \rho g(z_2 - z_1)$ $\Delta p_{acc} = 0$ $\Delta p_{form} = 0$ $\Delta p_{fric} = f\dfrac{L}{D_e}\rho\dfrac{v^2}{2}$	$\Delta p_{grav} = \int_{z_1}^{z_2} \rho(z)g\,dz$ $\Delta p_{acc} = \rho_2 v_2^2 - \rho_1 v_1^2$ $\Delta p_{form} = 0$ $\Delta p_{fric} \approx \int_0^L \dfrac{f(x)}{2D_e}\rho(x)v^2(x)\,dx$

表 5-15　截面突然变化短通道内的压降

流动工况	密 度 不 变	密 度 可 变
无黏流动	$\Delta p_{grav} = \rho g(z_2 - z_1)$ $\Delta p_{acc} = \rho\left(\dfrac{v_2^2}{2} - \dfrac{v_1^2}{2}\right)$ $\Delta p_{form} = 0$ $\Delta p_{fric} = 0$	$\Delta p_{grav} = \int_{z_1}^{z_2} \rho(z)g\,dz$ $\Delta p_{acc} \approx \rho\left(\dfrac{v_2^2}{2} - \dfrac{v_1^2}{2}\right)$ $\Delta p_{form} = 0$ $\Delta p_{fric} = 0$
黏性流动	$\Delta p_{grav} = \rho g(z_2 - z_1)$ $\Delta p_{acc} = \rho\left(\dfrac{v_2^2}{2} - \dfrac{v_1^2}{2}\right)$ $\Delta p_{form} = \begin{cases} +K\rho\dfrac{v_2^2}{2} \\ +K\rho\dfrac{v_1^2}{2} \end{cases}$ $\Delta p_{fric} = 0$	$\Delta p_{grav} = \int_{z_1}^{z_2} \rho(z)g\,dz$ $\Delta p_{acc} \approx \rho\left(\dfrac{v_2^2}{2} - \dfrac{v_1^2}{2}\right)$ $\Delta p_{form} = \begin{cases} +K\rho\dfrac{v_2^2}{2} \\ +K\rho\dfrac{v_1^2}{2} \end{cases}$ $\Delta p_{fric} = 0$

例 5-12　为什么等截面流道密度变化使得加速压降和非等截面密度不变情况下的加速压降形式上不同？前者为 $\Delta p_{acc} = \rho_2 v_2^2 - \rho_1 v_1^2$，而后者为 $\Delta p_{acc} = \rho\left(\dfrac{v_2^2}{2} - \dfrac{v_1^2}{2}\right)$。

解 在一维情况下,把动量方程(5-109)化简可得

$$\frac{\partial}{\partial t}(\rho v A_x) + \frac{\partial}{\partial x}(\rho v^2 A_x) = -\frac{\partial(p A_x)}{\partial z} - \int_{P_x} \tau_w \mathrm{d}P_x - \rho g \cos\theta A_x$$

对于等截面流道,A_x 处处相同,且没有局部压降,稳态流动情况下质量流密度 $G = \rho v$ 处处相等,因此可以得到

$$\frac{\partial}{\partial t}(\rho v) + \frac{\partial}{\partial x}(\rho v^2) = -\frac{\partial p}{\partial z} - \int_{P_x} \frac{\tau_w}{A_x} \mathrm{d}P_x - \rho g \cos\theta$$

从而

$$\Delta p_{\mathrm{acc}} = \int_{x_1}^{x_2} \frac{\partial}{\partial x}(\rho v^2) \mathrm{d}x = (\rho v)^2 \int_{x_1}^{x_2} \frac{\partial}{\partial x}\left(\frac{1}{\rho}\right) \mathrm{d}x$$
$$= \rho_2 v_2^2 - \rho_1 v_1^2$$

而在非等截面密度不变情况下,若存在加速压降,必然是由于流通截面积变化引起的,此时既存在加速压降,又存在局部压降,加速压降和局部压降的总和是

$$\Delta p = \int_{x_1}^{x_2} \frac{\partial}{\partial x}(\rho v^2) \mathrm{d}x = \rho \int_{x_1}^{x_2} \frac{\partial}{\partial x}(v^2) \mathrm{d}x$$

为了方便确定局部压降,我们习惯上把加速压降定义为如下的表述,而把其他部分纳入局部压降。

$$\Delta p_{\mathrm{acc}} \equiv \rho\left(\frac{v_2^2}{2} - \frac{v_1^2}{2}\right)$$

知识点:
- 截面变化时局部压降的计算。
- 加速压降的不同表现形式。

5.3 单相流传热分析

研究流体传热的目的有两个,一是为了得到冷却剂通道内的温度分布,从而保证冷却剂的温度低于许可极限温度;另一个目的是找到决定通道壁面传热系数的关键因素,以便于选择材料和流动参数使得传热系数尽可能大。

在理论上,得到壁面附近流体的详细温度分布后,根据傅里叶导热定律,就可以得到热流密度

$$\boldsymbol{q} = -k\frac{\partial T}{\partial n}\boldsymbol{n} \tag{5-286}$$

其中,k 是流体的热导率,单位为 W/(m·K)。但由于工程上更加关心的是如何找到决定通道壁面传热系数的关键因素,并不关心壁面附近流体中详细的温度分布,因此通常用对流传热的牛顿冷却公式,即

$$\boldsymbol{q} \equiv h(T_w - T_b)\boldsymbol{n} \tag{5-287}$$

其中,T_w 是壁面温度;T_b 是主流温度;h 是传热系数,单位为 W/(m²·K)。

对流是指流体各部分之间发生相对位移,冷热流体发生相互掺混所引起的一种热量传递方式。而对流传热是指流体流过固体表面时对流和导热联合起来的热量传递过程。就引起流动的原因进行分类,对流传热可以分为自然对流传热和强迫对流传热,其中强迫对流传热又可以分为单相流强迫对流传热和两相流强迫对流传热。主流中没有不可凝气体的两相流对流传热也称为沸腾传热。本章研究的是单相流中的对流传热问题,包括自然对流传热和单相流的强迫对流传热,沸腾传热将在第6章讨论。

知识点:
- 牛顿冷却公式。
- 对流传热。

5.3.1 准则数

我们回顾一下,单相流的能量方程写成温度的形式是

$$\rho c_p \frac{DT}{Dt} = -\nabla \cdot \boldsymbol{q} + q_v + \beta T \frac{Dp}{Dt} + \Phi \tag{5-288}$$

我们先假设流体是不可压缩的,并且流体的热导率和比定压热容都是常数,与流体的温度和压力无关。这两个假设在流体强迫对流的情况下大体是适用的,在自然对流和混合对流的时候,由于流体密度的变化是引起对流的重要因素,因此通常采用 Boussinesq 假设,认为流体密度与温度呈线性关系。

我们再假设辐射换热可以忽略,则根据式(5-144),有

$$\nabla \cdot \boldsymbol{q}_c = -\nabla \cdot k \nabla T \tag{5-289}$$

这样,对于不可压缩流体,能量方程就可以简化为

$$\rho c_p \frac{DT}{Dt} = \nabla \cdot k \nabla T + q_v + \Phi \tag{5-290}$$

对于直角坐标,展开以后有

$$\rho c_p \left(\frac{\partial T}{\partial t} + v_x \frac{\partial T}{\partial x} + v_y \frac{\partial T}{\partial y} + v_z \frac{\partial T}{\partial z} \right) = k \left(\frac{\partial^2 T}{\partial x^2} + \frac{\partial^2 T}{\partial y^2} + \frac{\partial^2 T}{\partial z^2} \right) + q_v +$$
$$2\mu \left[\left(\frac{\partial v_x}{\partial x} \right)^2 + \left(\frac{\partial v_y}{\partial y} \right)^2 + \left(\frac{\partial v_z}{\partial z} \right)^2 \right] +$$
$$\mu \left[\left(\frac{\partial v_x}{\partial y} + \frac{\partial v_y}{\partial x} \right)^2 + \left(\frac{\partial v_x}{\partial z} + \frac{\partial v_z}{\partial x} \right)^2 + \left(\frac{\partial v_y}{\partial z} + \frac{\partial v_z}{\partial y} \right)^2 \right] \tag{5-291}$$

如果耗散函数 Φ 也能够忽略,则上式右侧两个方括弧内的项也就没有了。

下面我们以能量方程为例进行无量纲化分析。先假定压力和热导率为常数,并且无内热源,则能量方程为

$$\rho c_p \frac{DT}{Dt} = k \nabla^2 T + \mu \Phi \tag{5-292}$$

引入无量纲温度,定义为

$$T^* = (T - T_0)/(T_1 - T_0) \tag{5-293}$$

其中，$T_1 - T_0$ 为定性温度。这样，式(5-292)就可以转化为

$$\rho c_p \Big[(T_1 - T_0) \frac{V}{D_e} \frac{\partial T^*}{\partial t^*} + (T_1 - T_0) \frac{V}{D_e} \boldsymbol{v}^* \cdot \nabla^* T^* \Big]$$

$$= \frac{k(T_1 - T_0)}{D_e^2} \nabla^{*2} T^* + \mu \Big(\frac{V}{D_e} \Big)^2 \Phi^* \tag{5-294}$$

然后引入几个无量纲数。它们是普朗特(Prandtl)数

$$Pr \equiv \frac{\mu c_p}{k} \tag{5-295}$$

布林克曼(Brinkmann)数

$$Br \equiv \frac{\mu V^2}{k(T_1 - T_0)} \tag{5-296}$$

努塞尔(Nusselt)数

$$Nu \equiv \frac{hx}{k} \tag{5-297}$$

其中，x 是定性尺寸。这样式(5-294)可以改写为

$$\frac{\partial T^*}{\partial t^*} + \boldsymbol{v}^* \cdot \nabla^* T^* = \frac{1}{RePr} \nabla^{*2} T^* + \frac{Br}{RePr} \Phi^* \tag{5-298}$$

根据相似原理，我们来考察图 5-21 所示的两个物理现象。

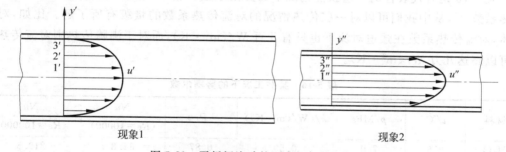

图 5-21　平板间流动的两个相似的现象

对这两个现象，我们应该根据什么来判断他们是否是相似的呢？根据相似原理，彼此相似的现象，其对应点的同名相似特征数应该相等。即

$$\frac{y_1''}{y_1'} = \frac{y_2''}{y_2'} = \frac{y_3''}{y_3'} = \cdots = C_l \tag{5-299}$$

$$\frac{u_1''}{u_1'} = \frac{u_2''}{u_2'} = \frac{u_3''}{u_3'} = \cdots = C_u \tag{5-300}$$

根据傅里叶导热定律，在壁面附近有

$$q = -k \frac{\partial T}{\partial y} \tag{5-301}$$

而根据牛顿换热公式，壁面附近有

$$q = h(T_w - T_b) \tag{5-302}$$

这两者在壁面处应该是相等的，于是有

$$h = -\frac{k}{(T_w - T_b)} \frac{\partial T}{\partial y} \Big|_{y=0} = -\frac{k}{\Delta T} \frac{\partial T}{\partial y} \Big|_{y=0} \tag{5-303}$$

则对于两个现象,分别有

$$h' = -\frac{k'}{\Delta T'}\frac{\partial T'}{\partial y'}\Big|_{y'=0} \tag{5-304}$$

$$h'' = -\frac{k''}{\Delta T''}\frac{\partial T''}{\partial y''}\Big|_{y''=0} \tag{5-305}$$

引入如下无量纲数

$$\frac{h'}{h''} = C_h, \qquad \frac{k'}{k''} = C_k, \qquad \frac{T'}{T''} = C_T, \qquad \frac{y'}{y''} = C_l \tag{5-306}$$

则描述现象 1 的式(5-304)可以转化为

$$\frac{C_h C_l}{C_k}h'' = -\frac{k''}{\Delta T''}\frac{\partial T''}{\partial y''}\Big|_{y'=0} \tag{5-307}$$

若式(5-307)和式(5-304)相等,我们可以认为现象 1 和现象 2 是相似的,因此

$$\frac{C_h C_l}{C_k} = 1 \tag{5-308}$$

这个准则数就是努塞尔数 Nu。在工程上,通常根据实验数据,把 Nu 用其他无量纲数表达出来,就可得到相应的对流传热系数计算结构关系式,即

$$Nu = f(Re, Pr, Gr, \mu_w/\mu_b) \tag{5-309}$$

表 5-16 是有代表性的一些换热情况下的努塞尔数。表 5-17 是一些传热工况下的对流传热系数[23],从中我们可以对一些传热情况的对流传热系数的量级有所了解。比如,对于气体,对流传热系数在强迫对流下也只有几百 $W/(m^2 \cdot K)$,而对于沸腾传热则对流传热系数可以高达几万 $W/(m^2 \cdot K)$。

表 5-16 某些工况下的努塞尔数

材料	$t/℃$	p/MPa	$k/(W/(m \cdot K))$	Pr	Nu ($Re=10000$)	Nu ($Re=100000$)
H_2O	275	7.0	0.59	0.87	34.8	219.5
He	500	4.0	0.31	0.67	31.9	195
CO_2	300	4.0	0.042	0.76	33.2	209
Na	500	0.3	52	0.004	5.44	7.77

表 5-17 某些传热工况下的对流传热系数

传热工况	流体类型	$h/(W/(m^2 \cdot K))$
自然对流	低压气体	6~28
	水	60~600
	沸腾水	60~12000
管内强迫对流	低压气体	6~600
	水	250~12000
	沸腾水	2500~25000
	液态钠	2500~5000
蒸汽冷凝	—	5000~100000

5.3.2 层流传热

图 5-22 是圆管内流动在对流体加热的情况下，流体的温度分布沿着流动方向变化的示意图。我们可以发现，在流动充分发展区和入口区内的温度分布是有差别的。下面我们将把重点放在充分发展区内的传热分析。

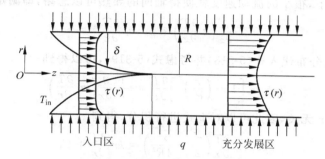

图 5-22 管内流动热边界层示意图

假设圆管内半径为 R，圆周方向是对称的，则对于管内速度有

$$v_r = 0, \quad \frac{\partial v_z}{\partial z} = 0 \tag{5-310}$$

对于流体的加热方式，要考虑两种情况。一种是采用均匀热流密度加热方式，另一种是均匀壁温加热方式。对于均匀热流密度加热的情况，各处的热流密度是一样的，因此在流动方向上流体的比焓或温度（假设比热容是常数）线性上升。我们定义流体的断面平均温度

$$T_{\mathrm{m}}(z) \equiv \frac{\int_0^R 2\pi r\rho v_z T \,\mathrm{d}r}{\int_0^R 2\pi r\rho v_z \,\mathrm{d}r} \tag{5-311}$$

在充分发展区，半径方向的温度分布形状不再改变，考虑半径为 r 处的温度 T，有

$$\frac{\partial}{\partial z}\left(\frac{T_{\mathrm{w}} - T}{T_{\mathrm{w}} - T_{\mathrm{m}}}\right) = 0 \tag{5-312}$$

或

$$\frac{T_{\mathrm{w}} - T}{T_{\mathrm{w}} - T_{\mathrm{m}}} = f\left(\frac{r}{R}\right) \tag{5-313}$$

因此

$$\frac{\partial T_{\mathrm{w}}}{\partial z} - \frac{\partial T}{\partial z} = f\left(\frac{r}{R}\right)\left(\frac{\partial T_{\mathrm{w}}}{\partial z} - \frac{\partial T_{\mathrm{m}}}{\partial z}\right) \tag{5-314}$$

在均匀热流密度加热情况下，有

$$\frac{\partial q_z}{\partial z} = 0 \tag{5-315}$$

因此,

$$\frac{\partial T_w}{\partial z} = \frac{\partial T_m}{\partial z} = \frac{\partial T}{\partial z} \tag{5-316}$$

而在均匀壁温加热的情况下,可以得到

$$\frac{\partial T}{\partial z} = f\left(\frac{r}{R}\right)\frac{\partial T_m}{\partial z} \tag{5-317}$$

不考虑内热源和耗散能的情况下,圆柱坐标系下的能量方程为

$$\rho c_p v_z \frac{\partial T}{\partial z} = \frac{\partial}{\partial z}\left(k\frac{\partial T}{\partial z}\right) + \frac{1}{r}\frac{\partial}{\partial r}\left(kr\frac{\partial T}{\partial r}\right) \tag{5-318}$$

在通常的情况下,很小的流动速度就使得轴向的导热可以忽略,即满足

$$\frac{\partial}{\partial z}\left(k\frac{\partial T}{\partial z}\right) \ll \rho c_p v_z \frac{\partial T}{\partial z} \tag{5-319}$$

将式(5-228)的速度分布代入式(5-318)并考虑式(5-319),可以得到

$$2\rho c_p v_m\left[1-\left(\frac{r}{R}\right)^2\right]\frac{\partial T}{\partial z} = \frac{1}{r}\frac{\partial}{\partial r}\left(kr\frac{\partial T}{\partial r}\right) \tag{5-320}$$

由于 $\partial T/\partial z$ 与 r 无关,因此可以对上式进行积分,得到

$$2\rho c_p v_m \frac{\partial T}{\partial z}\left(\frac{r^2}{2}-\frac{r^4}{4R^2}\right) = kr\frac{\partial T}{\partial r} + C_1 \tag{5-321}$$

应用中心点处的轴对称边界条件,即

$$\left.\frac{\partial T}{\partial r}\right|_{r=0} = 0 \tag{5-322}$$

得到 $C_1 = 0$。再对式(5-321)积分,得到

$$2\rho c_p v_m \frac{\partial T}{\partial z}\left(\frac{r^2}{4}-\frac{r^4}{16R^2}\right) = kT + C_2 \tag{5-323}$$

因为在 $r=R$ 处,有

$$T|_{r=R} = T_w \tag{5-324}$$

所以

$$C_2 = -kT_w + 2\rho c_p v_m \frac{\partial T}{\partial z}\left(\frac{3R^2}{16}\right) \tag{5-325}$$

把上式代入式(5-323),得到

$$T = T_w + \frac{2\rho c_p}{k}v_m\frac{\partial T}{\partial z}\left(\frac{r^2}{4}-\frac{r^4}{16R^2}-\frac{3R^2}{16}\right) \tag{5-326}$$

根据傅里叶导热定律,有

$$q_w = -k\left.\frac{\partial T}{\partial r}\right|_R \tag{5-327}$$

把式(5-326)代入式(5-327),得到

$$q_w = -\left(2\rho c_p v_m\frac{\partial T}{\partial z}\right)\left(\frac{R}{4}\right) \tag{5-328}$$

即

$$\frac{\partial T}{\partial z} = -\frac{2q_w}{\rho c_p v_m R} \tag{5-329}$$

在常热流密度情况下,运用式(5-329),可以得到

$$\rho v_m \pi R^2 c_p \left(\frac{\partial T}{\partial z}\right) = 2\pi R(-q_w) \tag{5-330}$$

另外,根据式(5-311)和式(5-228),可以得到

$$T_m - T_w = \frac{\int_0^R (T - T_w) 2v_m \left[1 - \left(\frac{r}{R}\right)^2\right] 2\pi r \mathrm{d}r}{v_m \pi R^2}$$

$$= \frac{8\rho c_p v_m \left(\frac{\partial T_m}{\partial z}\right)}{R^2 k} \int_0^R \left(\frac{r^2}{4} - \frac{r^4}{16R^2} - \frac{3R^2}{16}\right) \left[1 - \left(\frac{r}{R}\right)^2\right] r \mathrm{d}r$$

$$= -\frac{11}{48} \frac{\rho c_p v_m}{k} \left(\frac{\partial T_m}{\partial z}\right) R^2 \tag{5-331}$$

利用式(5-312)、式(5-330)和式(5-331),就可以得到

$$T_m - T_w = \frac{11}{24} \frac{R}{k} q_w \tag{5-332}$$

因此有

$$h = \frac{q_w}{T_m - T_w} = \frac{24}{11} \frac{k}{R} \tag{5-333}$$

由式(5-333)可得

$$Nu = \frac{hD}{k} = \frac{2Rh}{k} = \frac{48}{11} = 4.364 \tag{5-334}$$

我们发现,对于均匀热流密度加热的圆管内层流,Nu 是一个常数,等于 4.364。用差不多相同的方法可以得到,对于固定壁温情况下的圆管层流,Nu 也是常数,并且 $Nu = 3.66$,请读者自己尝试求解(可能需要用到数值求解方法)。

通过更多的计算,我们发现通常在层流情况下 Nu 是常数,与流动 Re 和流体的 Pr 无关。

对于非圆形的通道,可以定义水力直径:

$$D_e \equiv \frac{4A_f}{P} \tag{5-335}$$

其中,A_f 是流道中速度为特征速度的流通面积,P 是湿周。

在表 5-18 中列出了一些非圆形通道层流情况下的 Nu[24]。

表 5-18 的分析只适用于充分发展区,而对于入口区,由于流动还没有定型,因此情况比较复杂。通常规定入口区的长度 ξ,有

$$\frac{\xi}{D_e} = 0.05 Re\ Pr \tag{5-336}$$

Bhatti 和 Savery 根据实验,推荐入口区长度由下式确定[25]:

$$\frac{\xi}{D_e} = \begin{cases} 0.1 Re\ Pr & 0.7 < Pr < 1 \\ 0.004 Re\ Pr & Pr = 0.01 \\ 0.15 Re\ Pr & Pr > 5 \end{cases} \tag{5-337}$$

表 5-18 非圆形通道层流情况下的 Nu

流道形状	b/a	Nu(q 为常数)	Nu(T_w 为常数)
○		4.364	3.66
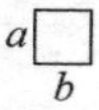 a □ b	1	3.63	2.98
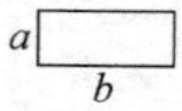 a ▭ b	1.4	3.78	—
	2.0	4.11	3.39
	3.0	4.77	—
	4.0	5.35	4.44
	8.0	6.60	5.95
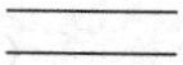 ▭	∞	8.235	7.54
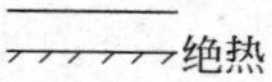 绝热	∞	5.385	4.86
△		3.00	2.35

知识点:
- 层流情况下壁面附近的温度分布。
- 层流情况下努塞尔数 Nu 为常数。
- 入口区的长度。

5.3.3 湍流传热

对于管内湍流情况下的传热,也可以像分析层流情况一样,通过湍流情况下的能量输运方程求解流体内的温度场,然后得到传热系数。通常还需要引入湍流计算模型,例如 $k-\varepsilon$ 模型或扩散长度模型等[14],这里不作详细的介绍,有兴趣的读者可以参阅有关文献。这种方法由于计算壁面附近的温度分布难度较大,计算量十分巨大,通常需要由大型计算机用专门的程序才能得到求解。我们这里主要介绍的是工程上使用的快速有效解决问题的方案。

我们先来看非金属流体的情况。在非金属流体湍流情况下,一般关心的都是充分发展的湍流,例如压水堆堆芯内的通道。我们把充分发展情况下的努塞尔数记为 Nu_∞。

根据大量的实验数据分析,如图 5-23 所示,发现充分发展的湍流传热情况下努塞尔数为

$$Nu_\infty = CRe^a Pr^\beta \left(\frac{\mu_w}{\mu}\right)^k \tag{5-338}$$

其中,μ_w 是对应壁温下的流体动力黏度,μ 是对应流体主流温度下的动力黏度,$(\mu_w/\mu)^k$ 为非等温修正,C,α,β 和 k 是与流体和流道有关的参数。当壁面温度和流体主流温度之间的温差不是很大的时候,可以不考虑非等温修正,于是有

$$Nu_\infty = CRe^a Pr^\beta \tag{5-339}$$

下面我们对一些特定的几何流道给出一些比较有用的经验关系式。

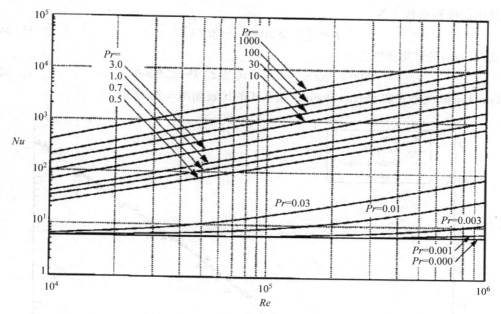

图 5-23 湍流传热情况下的 Re, Pr 和 Nu

1. 圆形流道

常规流体圆形流道最常用的有三个关系式,即 Seider-Tate 关系式、Dittus-Boelter 关系式和 Colburn 关系式。

Seider-Tate 关系式为

$$Nu_{\infty} = 0.023 Re^{0.8} Pr^{0.4} \left(\frac{\mu_{w}}{\mu} \right)^{0.14} \tag{5-340}$$

其中,μ_{w} 是对应壁温下的流体动力黏度,其他参数都取流体的平均温度为定性温度。需要注意的是,这里的平均温度指的是计算区域内流道出入口温度的平均值,而不是流体断面的平均温度。式(5-340)的适用范围是 $0.7 < Pr < 120$, $Re > 10000$, $L/D > 60$。

Dittus-Boelter 关系式是把加热流体和冷却流体的情况分开来整理的,得到在加热流体的情况下(例如堆芯内通道和蒸发器二次侧)为

$$Nu_{\infty} = 0.023 Re^{0.8} Pr^{0.4} \tag{5-341}$$

在冷却流体的时候(例如蒸发器一次侧)为

$$Nu_{\infty} = 0.023 Re^{0.8} Pr^{0.3} \tag{5-342}$$

适用范围与式(5-340)基本相同。

Bhatti 和 Shah[26],Incropera 和 De Witt[27]等人建议了一个既适用于过渡区也适用于湍流区的 Gnielinshi[28]关系式,为

$$Nu_{\infty} = \frac{\frac{f}{2}(Re - 1000)Pr}{1 + 12.7\sqrt{\frac{f}{2}(Pr^{2/3} - 1)}} \tag{5-343}$$

其中的摩擦系数 f 为

$$f = [1.58\ln(Re) - 3.28]^{-2} \tag{5-344}$$

式(5-343)的试用范围为

$$2300 \leqslant Re \leqslant 5 \times 10^6, 0.5 \leqslant Pr \leqslant 2000 \tag{5-345}$$

Gnielinshi 关系式和 Dittus-Boelter 关系式的比较如图 5-24 所示。

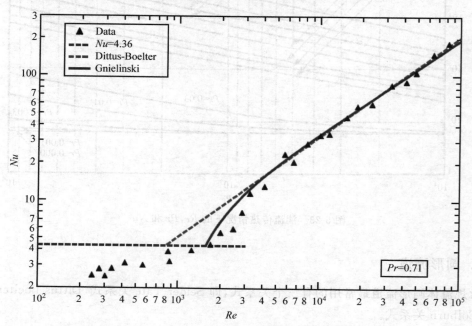

图 5-24 Gnielinshi 关系式和 Dittus-Boelter 关系式的比较

Gnielinshi 关系式的非等温修正采用

$$Nu = Nu_\infty \left(\frac{Pr}{Pr_w}\right)^{0.11} \tag{5-346}$$

Colburn 对于高黏性流体,综合整理了加热流体和冷却流体的情况,给出

$$Nu_\infty = 0.023 Re^{0.8} Pr^{1/3} \tag{5-347}$$

另外,对于有机流体,Silberberg 和 Huber 推荐用[29]

$$Nu_\infty = 0.015 Re^{0.85} Pr^{0.3} \tag{5-348}$$

而对于气体来说,在流速不太大(即马赫数(Ma)远远小于 1)的时候,可以不考虑气体的可压缩性,这时候式(5-341),式(5-342)和式(5-347)均可以适用。

当气体的可压缩性不能不考虑的时候,有[30]

$$h \equiv \frac{q_w}{T_w - T^0} \tag{5-349}$$

其中,滞止温度为

$$T^0 \equiv \left(1 + \frac{\gamma - 1}{2} Ma^2\right) T_m \tag{5-350}$$

其中，Ma 是马赫数；γ 是比定压热容和定体积比热容的比值。

2. 非圆形流道

对于非圆形通道，水力直径和热力直径分别定义为

$$D_e \equiv \frac{4A_f}{P_w} \tag{5-351}$$

$$D_h \equiv \frac{4A_f}{P_h} \tag{5-352}$$

其中，A_f 是流道流通面积；P_w 是流道湿周；P_h 是流道热周。在 Re 的计算中用水力直径，Nu 的计算中用热力直径就可适用于非圆形通道了。

3. 棒束流道

核反应堆的堆芯内都是棒束通道，对于棒束通道要单独考虑通道形状对传热系数的影响。工程上通常用 Nu 来分析这种影响，Nu 的定性尺寸用棒束通道的热力直径。

实验结果表明，棒束通道的 Nu 与采用等效水力直径和热力直径计算得到的等效圆形通道结果有比较大的误差，如图 5-25 和图 5-26 所示[14]。图中 p 是节距，D 是燃料元件外直径，下角标 cir 表示圆管。工程上通常的做法是先采用 Dittus-Boelter 关系式计算得到圆管结果 $(Nu_\infty)_{cir}$，然后乘以一个系数得到棒束通道的 Nu，即

$$Nu_\infty = \phi (Nu_\infty)_{cir} \tag{5-353}$$

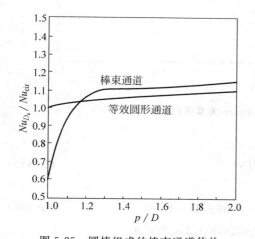

图 5-25　圆棒组成的棒束通道传热

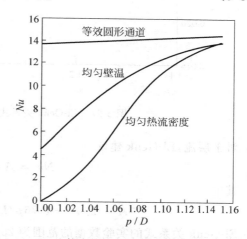

图 5-26　Pr 比较小的情况下圆棒组成的棒束通道传热

现在问题就转化为如何确定系数 ϕ 了。对于三角形棒束，如果 $1.05 \leqslant p/D \leqslant 2.2$，Presser[31] 推荐

$$\phi = 0.9090 + 0.0783 p/D - 0.1283 e^{-2.4(p/D-1)} \tag{5-354}$$

而对于正方形棒束，在 $1.05 \leqslant p/D \leqslant 1.9$ 的情况下，有

$$\phi = 0.9217 + 0.1478 p/D - 0.1130 e^{-7(p/D-1)} \tag{5-355}$$

特别地，对于流体是水的情况下，Weisman[32] 推荐采用 Colburn 的式(5-347)计算圆形通道的 Nu，即

$$(Nu_\infty)_{cir} = 0.023Re^{0.8}Pr^{0.333} \tag{5-356}$$

对于正方形棒束通道，

$$\psi = 1.826p/D - 0.0438 \tag{5-357}$$

对于湍流，最近的 El-Genk[33] 建议

$$\psi = 1.217p/D - 0.005 \tag{5-358}$$

El-Genk 和 Weisman 的计算比较见图 5-27 所示。在典型压水堆的情况下，$p/D \approx 1.33$，由图可见，El-Genk 的计算结果比 Weisman 低 2% 左右，而比 Inayatov 的高 2% 左右。TRACE 程序最后选择的是 El-Genk 关系式。

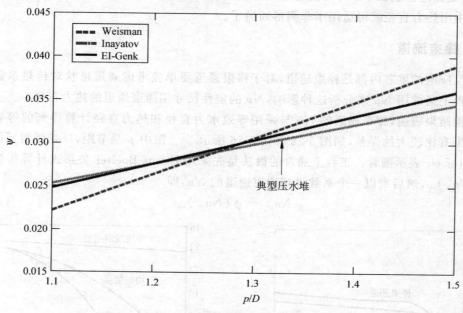

图 5-27　El-Genk 关系式和 Weisman 关系式的比较

对于层流，El-Genk 建议

$$Nu = A \cdot Re^B Pr^{0.33} \tag{5-359}$$

其中，

$$A = 2.97 - 1.76p/D, \quad B = 0.56p/D - 0.30 \tag{5-360}$$

El-Genk 关系式的实验数据的范围为 $250 \leqslant Re \leqslant 30000, 3 \leqslant Pr \leqslant 9$。

假如所计算的是堆芯内的某一有限的区域，则情况会稍微不同。对于任意形状的棒束通道的有限区域，如图 5-28 所示，Markoczy[34] 给出了一个关系式，即

$$\psi = 1 + 0.9120Re^{-0.1}Pr^{0.4}(1 - 2.0043e^{-B}) \tag{5-361}$$

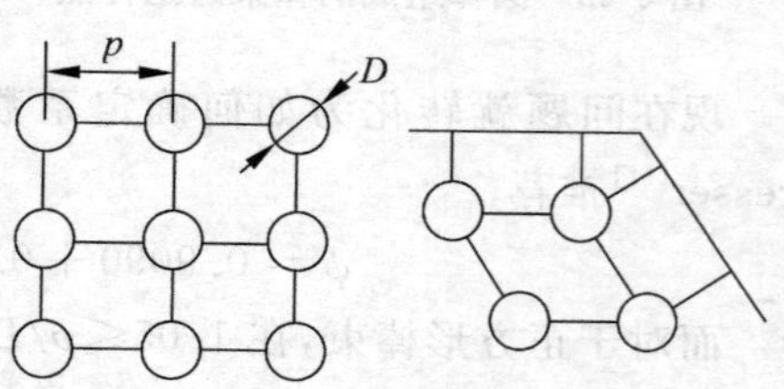

其中，Re 采用平均水力直径计算，有

图 5-28　堆芯内有限区域棒束通道示意图

$$\overline{D}_e = \frac{4\sum\limits_{j=1}^{J} A_j}{\sum\limits_{j=1}^{J} P_{wj}} \tag{5-362}$$

式(5-361)中的指数 B 为

$$B = \frac{\overline{D}_e}{D} \tag{5-363}$$

其中，D 为燃料棒直径。对于三角形排列的棒束，利用式(5-362)和式(5-363)，可以得到

$$B = \frac{2\sqrt{3}}{\pi}\left(\frac{p}{D}\right)^2 - 1 \tag{5-364}$$

而对于正方形排列的棒束，则有

$$B = \frac{4}{\pi}\left(\frac{p}{D}\right)^2 - 1 \tag{5-365}$$

式(5-361)的适用范围是 $3\times10^3 \leqslant Re \leqslant 10^6$，$0.66 \leqslant Pr \leqslant 5.0$，$1 \leqslant p/D \leqslant 2.0$(三角形棒束)和 $1 \leqslant p/D \leqslant 1.8$(正方形棒束)。

4. 入口效应

在管子入口段，热边界层的厚度从零开始不断增长，此后主流继续发展，直到变成稳定流动，即定型流动。另一方面，流体的物性也由于温度的不断变化而发生变化。因此，实际上，传热系数沿着流道不是均匀的。温度效应可以通过采用出入口平均温度作为定性温度的方法处理，下面我们来分析一下入口效应。

图 5-29 是流动方向上的 Nu_z/Nu_∞ 分布，我们可以看到在入口区域，当地的 Nu_z 比充分发展的 Nu_∞ 要大。随着流动的不断发展，其比值趋向于 1。对于 Pr 比较小的流体，通常认为 $L/D_e \geqslant 60$ 时

$$Nu_z \approx Nu_\infty \tag{5-366}$$

而对于 Pr 大于 1 的流体，通常认为 $L/D_e \geqslant 40$ 时

$$Nu_z = Nu_\infty \tag{5-367}$$

对于 $Re > 10000$ 和 $0.7 < Pr < 120$ 的情况，McAdms[35] 推荐的平均传热系数关系式为

$$\overline{Nu} = Nu_\infty\left[1 + \left(\frac{D_e}{L}\right)^{0.7}\right] \tag{5-368}$$

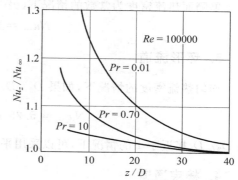

图 5-29　流道流动方向上的 Nu_z/Nu_∞ 分布

对于入口区内的换热，经验关系式比较少。对于气体，如果入口速度是均匀的，并且入口温度也是均匀的情况下的短管，在 $1 < z/D_e < 12$ 的区域内，入口区传热系数关系式为[36]

$$Nu_z = 1.5\left(\frac{z}{D_e}\right)^{-0.16} Nu_\infty \tag{5-369}$$

在 $z/D_e > 12$ 的区域内，认为流动得到了充分发展，因此有

$$Nu_z = Nu_\infty \tag{5-370}$$

5.3.4　金属流体传热

对于液态金属，充分发展情况下的 Nu_∞ 有如下关系式

$$Nu_\infty = A + B\,Pe^C \tag{5-371}$$

其中，Pe 是贝克来(Peclet)数，$Pe = RePr$。A,B,C 是由流体和流道决定的常数。

1. 圆形流道

热流密度为常数的情况下，有[37]

$$Nu_\infty = 7 + 0.025Pe^{0.8} \tag{5-372}$$

轴向温度均匀的情况下，有[38]

$$Nu_\infty = 5.0 + 0.025Pe^{0.8} \tag{5-373}$$

2. 平板流道

单侧面热流密度为常数的情况下(另一侧面绝热)，有[39]

$$Nu_\infty = 5.8 + 0.02Pe^{0.8} \tag{5-374}$$

3. 环形流道

均匀热流密度的情况下，如果 $D_2/D_1 > 1.4$，则有

$$Nu_\infty = 5.25 + 0.0188Pe^{0.8}\left(\frac{D_2}{D_1}\right)^{0.3} \tag{5-375}$$

在 D_2/D_1 接近于1的情况下，可以采用平板情况下的热流密度关系式。

4. 棒束通道

Westinghouse 的传热关系式

$$Nu = 4.0 + 0.33\left(\frac{p}{D}\right)^{3.8}\left(\frac{Pe}{100}\right)^{0.86} + 0.16\left(\frac{p}{D}\right)^{5.0} \tag{5-376}$$

适用条件是：$1.1 \leqslant P/D \leqslant 1.4, 10 \leqslant Pe \leqslant 5000$。

Schad[40]修正关系式是

$$Nu = \left[-16.15 + 24.96\left(\frac{p}{D}\right) - 8.55\left(\frac{p}{D}\right)^2\right]Pe^{0.3} \tag{5-377}$$

适用条件是：$1.1 \leqslant p/D \leqslant 1.5, 150 \leqslant Pe \leqslant 1000$。对于 $Pe < 150$，采用

$$Nu = 4.496 \left[-16.15 + 24.96 \left(\frac{p}{D} \right) - 8.55 \left(\frac{p}{D} \right)^2 \right] \quad (5\text{-}378)$$

Graber-Rieger[41] 的关系式是

$$Nu = \left[0.25 + 6.2 \left(\frac{p}{D} \right) + 0.32 \left(\frac{p}{D} \right) - 0.007 \right] Pe^{0.8 - 0.024 \left(\frac{p}{D} \right)} \quad (5\text{-}379)$$

适用条件是：$1.25 \leqslant p/D \leqslant 1.95, 150 \leqslant Pe \leqslant 3000$。

Borishanskii[42] 的关系式是

$$Nu = 24.15 \log \left[-8.12 + 12.76 \left(\frac{p}{D} \right) - 3.65 \left(\frac{p}{D} \right)^2 \right] +$$

$$0.0174 \left[1 - \exp \left(6 - 6 \left(\frac{p}{D} \right) \right) \right] (Pe - 200)^{0.9} \quad (5\text{-}380)$$

适用条件是：$1.1 \leqslant p/D \leqslant 1.5, 200 \leqslant Pe \leqslant 2000$。在 $Pe < 200$ 的情况下，采用

$$Nu = 24.15 \log \left[-8.12 + 12.76 \left(\frac{p}{D} \right) - 3.65 \left(\frac{p}{D} \right)^2 \right] \quad (5\text{-}381)$$

知识点：
- 液态金属流体的对流传热。
- Pe 数。

5.3.5 自然对流传热

流体的自然对流是指流体内部的密度梯度引起流体运动的过程，而密度梯度通常是由流体本身的温度变化引起的。因此自然对流存在与否取决于流体内部温度梯度是否等于零，而且其运动的强度也取决于温度梯度的大小。

压水堆很多情况运行在自然循环工况，但要注意的是，并不是自然循环工况下堆芯内的对流传热就一定是自然对流传热过程，自然对流传热要用相似准则格拉晓夫（Grashof）数来判别：

$$Gr = \frac{g\beta \Delta t x^3}{\nu^2} \quad (5\text{-}382)$$

从式（5-382）可以看到，自然对流传热与流体的体积膨胀系数 β 有关，因为体积膨胀系数决定加热流体受到的浮升力的大小。自然对流传热的结构关系式可以分为两大类，一类是在常壁温情况下得到的，另一类是在常热流密度情况下得到的，在核反应堆热工计算中，通常用的是常热流密度的情况。

在常壁温情况下，

$$Nu = C (Gr \, Pr)_m^n \quad (5\text{-}383)$$

下标 m 表示定性温度取流体和壁面的平均温度，常数 C 和指数 n 由表 5-19 确定。TRACE 程序为了避免过多的水物性的计算，除了密度采用平均温度计算外，其他物性参数均采用主流温度计算，结果也是可以接受的。

表 5-19 式(5-383)中的常数 C 和指数 n

$Gr\ Pr$	C	n
$10^4 \sim 10^9$	0.59	$1/4$
$10^9 \sim 10^{13}$	0.10	$1/3$

虽然自然对流的实验一般是在竖直平板的情形下进行的,TRACE 程序也将它应用于圆形通道,此时(5-382)式中的定性尺寸取水力直径。这对于湍流情况下并没有问题,因为湍流情况下的 $n=1/3$,正好和(5-382)式中的 x^3 中的指数相抵消。然而对于层流情况,$n=1/4$,此时并不能消去定性尺寸的影响,不过由此引起的误差并不大,读者可以自行分析一下。

在常热流密度情况下,令

$$Gr^* = Gr\ Nu = \frac{g\beta q x^4}{k\nu^2} \tag{5-384}$$

对于竖直平板,霍尔曼(Holman)推荐

$$Nu = \begin{cases} 0.60\ (Gr^*\ Pr)^{1/5} & 10^5 \leqslant Gr^*\ Pr \leqslant 10^{11} \\ 0.17\ (Gr^*\ Pr)^{1/4} & 2\times10^{13} \leqslant Gr^*\ Pr \leqslant 10^{16} \end{cases} \tag{5-385}$$

其中,定性尺寸 x 为从换热起始点算起的垂直距离。定性温度取边界层平均温度,由于计算平均温度时,壁面温度是未知量,因此需要先假设一个壁面温度进行试算,然后根据求得的传热系数计算壁面温度,直到迭代满意为止。另外,米海耶夫根据实验数据,得到类似的实验关系式,即

$$Nu_f = \begin{cases} 0.60\ (Gr\ Pr)_f^{1/4}\left(\dfrac{Pr_f}{Pr_w}\right)^{1/4} & 10^3 \leqslant (Gr\ Pr)_f \leqslant 10^9 \\ 0.15\ (Gr\ Pr)_f^{1/3}\left(\dfrac{Pr_f}{Pr_w}\right)^{1/4} & 6\times10^{10} \leqslant (Gr\ Pr)_f \end{cases} \tag{5-386}$$

下标 f 表示定性温度取流体温度,w 表示定性温度取壁面温度。以上自然对流传热的实验关系式是以对流体加热的实验为依据的,对于流体被冷却的情况下会有所不同。由于实验关系式是在一定的条件下得到的,要十分注意定性温度和定性尺寸的选取。

知识点:
- 自然对流传热。
- Gr 数。

参考文献

[1] 萨韦利耶夫. 普通物理学[M]. 第一卷:力学与分子物理学. 钟金城,何伯珩,译. 北京:高等教育出版社,1992.

[2] 吴望一. 流体力学(上册)[M]. 北京:北京大学出版社,2011.

[3] Whitaker S. Introduction of Fluid Mechanics[M]. New York:Krieger,1981.

[4] 龚茂枝. 热力学[M]. 武汉:武汉大学出版社,1998.

[5]　陈义良. 湍流计算模型[M]. 合肥：中国科学技术大学出版社,1991.

[6]　蔡树棠,刘宇陆. 湍流理论[M]. 上海：上海交通大学出版社,1993.

[7]　张远君,校编,王平等,译. 流体力学大全[M]. 北京：北京航空航天大学出版社,1991.

[8]　Idelchik I E. Handbook of Hydraulic Resistance[M]. 2nd ed. New York：Hemisphere,1986.

[9]　邢宗文. 流体力学基础[M]. 西安：西北工业大学出版社,1992.

[10]　Kays W M. Convective Heat and Mass Transfer[M]. New York：Hemisphere,1986.

[11]　Warsi Z U A. Fluid Dynamics—Theoretical and Computational Approaches[M]. CRC Press,1993.

[12]　Martinelli R C. Heat transfer to molten metals[J]. Trans ASME,1947,9：947.

[13]　Reichardt H. Vollstandige Darsteilung der turbulenten geshwin digkeitsverteilung in glatten Leitungen[J]. 1951,31：208.

[14]　Todreas N E,Kazimi M S. Nuclear systems[M]. New York：Hemisphere Pub. Corp.,1990.

[15]　von J. Nikuradse. Gesetzmassigkeiten der turbulenten Stromung in glatten Rohren：aus dem Kaiser Wilhelm-Institut fur Stromungsforschung,Gottingen[J]. Berlin：VDI-Verlag Gmbh,1932.

[16]　Colebrook C F. Turbulent flow in pipes with particular reference to the transition region between the smooth and rough pipe laws[J]. Proc. Inst. Civil Eng.,1939,11：133.

[17]　Tong L S,Joel Weisman. Thermal analysis of pressurized water reactors[J]. LaGrange Park：ANS, 1979.

[18]　于平安,朱瑞安,喻真烷,等. 核反应堆热工分析[M]. 2 版. 北京：原子能出版社,1986.

[19]　S. W. Churchill. Friction Factor Equations Spans All Fluid-Flow regimes[J]. Chemical Eng., November,91-92,1977.

[20]　Ebadian M A and Dong Z F. Forced Convection,Internal Flow in Ducts[M]. Chapter 5 of the Handbook of Heat Transfer,edited by Rohsenow W M,Hartnett J P and Cho Y I,3rd edition, McGraw Hill,1998.

[21]　RELAP5-3D © Code Manual Volume I：Code Structure,System Models and Solution Methods[J]. INEEL-EXT-98-00834. Revision 2. 3 April 2005.

[22]　TRACE V5. 0 THEORY MANUAL Field Equations,Solution Methods,and Physical Models[R]. Division of Risk Assessment and Special Projects Office of Nuclear Regulatory Research U. S. Nuclear Regulatory Commission Washington,DC 20555-0001.

[23]　杨世铭. 传热学[M]. 2 版. 北京：高等教育出版社,1987.

[24]　Kays W M. Convective Heat and Mass Transfer[M]. New York：McGraw-Hill,1966.

[25]　Bhatti M S,Savery C W. Heat Transfer in the Entrance Region of a Straight Channel：Laminar Flow with Uniform Wall Heat Flux[R]. ASME 76-HT-20,1976.

[26]　M. S. Bhatti and R. K. Shah, Turbulent and Transition Flow Convective Heat Transferin Ducts, Handbook of Single-Phase Convective Heat Transfer[M]. eds. S. Kakac, R. K. Shah, and W. Aung,Chapter 4,Wiley-Interscience,New York,1987.

[27]　Incropera F P,De Witt D P. Introduction to Heat Transfer[M]. 2nd edition,Chapter 8,John Wiley & Sons,New York,1990.

[28]　Gnielinski V. New Equations flow regime Heat and Mass Transfer in Turbulent Pipe and Channel Flow[J]. Int. Chem. Eng.,16,359-368,1976.

[29]　Silberberg M,Huber D A. Forced Convective Heat Characteristics of Polyphenyl Reactor Coolants [R]. AEC Report NAA-SR-2796,1959.

[30]　Nialokoz I G,Saunders O A. Heat transfer in pipe flow at high speed[J]. Proc. Inst. Mech. Eng. (London),1956,170：389.

[31] Presser K H. Warmeubergang und Druckverlust and Reaktorbrennelementen in Form Langsdurchstromter Rundstabbundel[R]. Jul-486-RB. KFA Julich,1967.

[32] Weisman J. Heat transfer to water flowing parallel to tube bundles[J]. Nucl. Sci. Eng.,1959, 6：97.

[33] El-Genk M S,Su B,Guo Z. Experimental Studies of Forced,Combined and Natural Convection of Water in Vertical Nine-Rod Bundles with a Square Lattice[J],Int. J. Heat Mass Transfer,36,2359- 2374,1993.

[34] Markoczy G. Convective heat transfer in rod clusters with turbulent axial coolant flow-1. Mean value over the rod perimeter[R]. Warme Stoffubertragung S 204,1972.

[35] McAdams W H. Heat transfer[M]. 3rd ed. New York：McGraw-Hill,1954.

[36] Bonilla C F. Heat transfer[M]. New York：Interscience,1964.

[37] Lyon R N. Liquid metal heat transfer coefficients[J]. Chem. Eng. Prog.,1951,47：75.

[38] Seban R A,Shimazaki T. Heat transfer to a fluid flowing turbulently in a smooth pipe with walls at constant temperature[J]. ASME Paper 50-A-128,1950.

[39] Seban R A. Heat transfer to a fluid flowing turbulently between parallel walls and asymmetric wall temperatures[J]. Trans. ASME. 1950,72：789.

[40] Kazami M S,Carelli M D. Heat transfer correlation for analysis of CRBRP Assemblies [R]. Westinghouse Report,CRBRP-ARD-0034,1976.

[41] Graber H,Rieger M. Experimental study of heat transfer to liquid metals flowing in-line through tube bundles[J]. Prog. Heat Transfer,1973,7：151.

[42] Borishanskii V M,Gotorsky M A,Firsova E V. Heat transfer to liquid metal flowing longitudinally in wetted bundles of rods[J]. Atomic energy,1969,27：549.

习　题

5.1　如图 5-30 所示,有一个喷嘴将水喷到导流叶片上。喷嘴出水的速度为 15m/s,质量流量为 250kg/s,导流叶片角度为 60°,试计算：(1)导流叶片固定不动所受到的力；(2)导流叶片在 x 方向以速度 5m/s 运动的情况下受到的力。

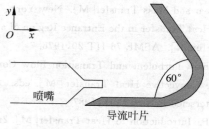

图 5-30　习题 5.1 用图

5.2　假如某一管内层流流速分布为 $v=v_{max}[1-(r/R)^2]$,其中,$v_{max}=2.0$m/s,$R=0.05$m,流体的密度为 300kg/m³,计算管内体积流量、断面平均速度,并判断流体动压头等于 $\rho_o V^2/2$ 吗？

5.3　如图 5-31 所示,某一传热试验装置,包括一根由长 1.2m,内径是 13mm 的垂直圆管组成的试验段。水从试验段顶部流出,经过 90°弯头($R/D=1.5$)后进入 1.5m 长的套管式热交换器,假设热交换器安装在水平管道的中间部分,水在管内流动,冷却水在管外逆向流动。热交换器的内管以及把试验段、热交换器、泵连接起来的管道均为内径 25mm 的不锈钢管。试验装置高 3m,总长 18m,共有 4 个弯头。在试验段的进出口都假设有突然的面积变化,回路的运行压力是 16MPa。

图 5-31 习题 5.3 用图

(1) 当 260℃ 的水以 5m/s 的速度等温流过试验段时(即试验段不加热),求回路的摩擦压降。

(2) 若试验段均匀加热,使试验段的出口温度变为 300℃,计算回路的总压降是多少? (假定这时热交换器换热管的壁温比管内水的平均温度低 40℃。)

5.4 已知压水堆某通道出口、入口水温分别为 320℃ 和 280℃,压力为 15.5MPa,元件外径为 10.72mm,活性段高度 3.89mm,栅距 14.3mm,包壳平均壁温 320℃,当入口质量流密度为 $1.138×10^7 kg/(m^2 \cdot h)$ 的时候,求沿程摩擦压降、重力压降和加速压降。

5.5 如图 5-32 所示,有一低压安注箱直径为 5m,箱内液位高度为 15m,已知氮气压力为 1.0MPa,注入管道直径为 20cm,计算核反应堆内压力分别为 0.8MPa 和 0.2MPa 的情况下的注入流量。

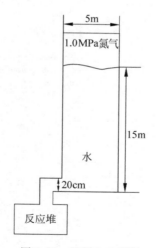

图 5-32 习题 5.5 用图

5.6 某压水堆有 38000 根燃料棒,堆芯总流量是 15Mg/s。燃料棒高度为 3.7m,外径 11.2mm,正方形排列,栅距 14.7mm,水的密度取 720kg/m³,动力黏度为 91μPa·s。计算堆芯内重力压降、摩擦压降和出入口的局部压降。

5.7 已知热流密度 $q(z)=1.3\cos(0.75(z-0.5))MW/m^2$,$z$ 的零点在堆芯中心,堆芯高度为 3m,外推长度可以忽略,燃料元件外径 10.45mm,冷却剂入口温度 240℃,冷却该元件的流量为 1200kg/h,压力为 15MPa,求通道中间截面处及出口处的流体温度。

5.8 若 5.7 题中燃料元件按中心距 13.5mm 排列成正方形栅格,求平均传热系数及最高壁温出现的位置。

5.9 某压水堆的棒束状燃料组件被纵向流过的水所冷却,燃料元件外径为 9.8mm,栅距为 12.5mm,呈正方形栅格排列。若在元件沿高度方向的某一个小的间隔内冷却水的平均温度为 300℃,水的平均流速为 4m/s,热流密度 $q=1.74\times10^6\,\text{W/m}^2$,堆的运行压力为 14.7MPa,试求该小间隔内的平均对流传热系数及元件壁面的平均温度。

5.10 用能量守恒方法来确定火箭式飞船的加速度。已知一个火箭式飞船在没有重力场的外太空作直线运动,某一瞬时飞船的速度为 V,质量为 M。推进剂的质量为 m,比焓为 h,消耗速率为 P,化学反应释放的功率为 Q,假设推进剂燃烧后的排气速度为 V_d,比焓为 h_d。求该瞬时火箭式飞船的加速度。

5.11 推导圆管内均匀壁温加热情况下,层流充分发展区的 $Nu=3.66$。

5.12 要设计一个消防用的高压水枪喷嘴(图 5-33),已知上游消防水管的内直径 $d_1=10\text{cm}$,喷嘴的内直径 $d_2=1\text{cm}$,若要喷到 30m 高的着火点,需要多大的压力 p_1(忽略空气的摩擦阻力)? 此时喷嘴出口的流量是多少?

图 5-33 喷嘴

第6章

两相流分析

在核能系统中,很多情况下都会出现两相流工况,例如沸水堆的堆芯内的冷却剂就处于沸腾两相流工况,压水堆的蒸汽发生器二次侧也处于沸腾两相流的工况。在发生大破口失水事故情况下,更是有大量的冷却剂通过破口喷入安全壳内,形成水、水蒸气和干空气混合的多组分的两相流。

根据汽相和液相组分的不同,两相流通常可以分为单组分两相流和多组分两相流两大类。水和水蒸气由于是同一种化学物质的不同物理形态,因此是单组分的两相流,而空气和水组成的流动则属于两种不同组分的两相流。在核能系统中,出现的比较多的是单组分的两相流和混合有空气或氮气的多组分两相流。应该指出的是,单组分两相流由于两相之间存在质量交换,因此计算起来往往比单纯的多组分两相流要复杂。当然,要计算由水、水蒸气和干空气混合的多组分的两相流就更加复杂了。另外,在化学工业中,还有一种涉及到化学反应(比如燃烧)的两相流,我们这里不做讨论。

两相流的存在明显地改变了冷却剂的传热能力和流动特性,在冷却剂兼作慢化剂的轻水堆中,伴随着相变所产生的汽泡,还会减弱慢化能力。因此,两相流的研究对用水作冷却剂的核能系统的设计和运行是非常重要的。熟悉和掌握两相流的变化规律和分析方法,就可以使所设计的核反应堆系统具有良好的热工和流体动力学特性,从而避免因对两相流认识不足而带来的种种问题。

分析两相流的方法可以分为混合物流动模型和两流体流动模型两大类。混合物流动模型中比较典型的是均匀流模型和漂移流模型。两流体模型认为汽液两相分别由独立的方程控制。

在本章将建立适合于核能系统两相流分析的输运方程以及基本的分析方法。

6.1 描述两相流的物理量

在单相流分析中,最基本的假设是,流体是连续的。而对于两相流来说,其中可以有某一相处于空间不连续的状态。因此计算区域内某一点、某一相的参数(比如温度、速度、密度和压力等值)就需要用平均量来描述,然后用平均量建立质量、动量和能量的守恒微分方程。

6.1.1 描述两相流的方法

1. 定相函数

如果某一时刻空间某一点 r 处是 k 相状态,k 表示汽(v)或液(L)。那么定相函数定义为

$$\begin{cases} \alpha_k(r,t) = 1, & r \text{ 处是 k 相} \\ \alpha_k(r,t) = 0, & r \text{ 处不是 k 相} \end{cases} \tag{6-1}$$

2. 体积平均算子

对于两相流,空间某一体积 V 内可以分成两块区域,它们分别被汽相和液相占据着,这时对于某一物理量 c,我们可定义其体积平均值为

$$\langle c \rangle \equiv \frac{1}{V} \iiint_V c\,\mathrm{d}V \tag{6-2}$$

符号"〉"是侧过来的"V",表示 Volume,是体积平均的意思。对于某一相 k 处在的空间 V_k 内,定义某一物理量 c 在该相内的体积平均值为

$$\langle c \rangle_k \equiv \frac{1}{V_k} \iiint_{V_k} c\,\mathrm{d}V = \frac{1}{V_k} \iiint_V c\alpha_k\,\mathrm{d}V \tag{6-3}$$

假如该物理量是液相水的密度,则式(6-2)定义的是整个空间 V 内水的平均密度,而式(6-3)定义的是被水占据的空间内的水的平均密度,有

$$\langle c \rangle = \langle c \rangle_k \frac{V_k}{V} \tag{6-4}$$

3. 面积平均算子

对于两相流,有时候在流动区域边界处或两个相邻控制体的交界处,要考虑断面平均参数。这时空间某一面积 A 内,可以分成两块区域,它们分别被汽相和液相所占据,对于某一物理量 c,我们可定义其面积平均值为

$$\{c\} \equiv \frac{1}{A} \iint_A c\,\mathrm{d}A \tag{6-5}$$

符号"{"希腊字母 α(英文字母 A)的变体,表示 Area,面积的意思。对于某一相 k 处在的面积内,定义某一物理量 c 在该相内的面积平均值为

$$\{c\}_k \equiv \frac{1}{A_k} \iint_{A_k} c\,\mathrm{d}A = \frac{1}{A_k} \iint_A c\alpha_k\,\mathrm{d}A \tag{6-6}$$

4. 时间平均算子

因为流体是流动的,所以对于空间固定的某一点来说,有可能一会儿处于液相,一会儿又处于汽相,因此有必要定义物理量 c 在这一点的时间平均值 $\bar{c}$ 为

$$\bar{c} \equiv \frac{1}{\Delta t^*} \int_{t - \frac{\Delta t^*}{2}}^{t + \frac{\Delta t^*}{2}} c\,\mathrm{d}t \tag{6-7}$$

其中，积分范围 Δt^* 的选择要考虑两个方面的因素。一方面要求 Δt^* 足够大以便于具有统计意义，例如要比计算湍流时的时均值的积分范围大，以消除湍流脉动的影响；另一方面要求 Δt^* 足够小，以便于不漏掉流动系统瞬态的信息。因此在进行瞬态分析的时候，如何确定时间平均值的积分范围是一个需要关注的问题。

对于某一相 k，某一物理量 c 在该相内的时间平均值定义为

$$\bar{c}_k \equiv \int_{t-\frac{\Delta t^*}{2}}^{t+\frac{\Delta t^*}{2}} c\alpha_k dt \Big/ \int_{t-\frac{\Delta t^*}{2}}^{t+\frac{\Delta t^*}{2}} \alpha_k dt \tag{6-8}$$

对于某一物理量的体积平均值和时间平均值，Vernier 和 Delhaye 认为有[1]

$$\overline{\langle c \rangle} = \langle \bar{c} \rangle \tag{6-9}$$

> **知识点：**
> - 定相函数。
> - 时间平均，体积平均，面积平均。

6.1.2 体积平均量

1. 两相的体积份额

某一相在某一体积内占据的空间平均体积份额为

$$\langle \alpha_k \rangle \equiv \frac{1}{V}\iiint_V \alpha_k dV = \frac{V_k}{V} = \frac{V_k}{V_k + V_{k'}} \tag{6-10}$$

要注意的是，在式(6-10)的左边，下角标 k 写在尖括号外面和里面是表示不同的物理含义的。上式在 k 为 v 时，就是通常所说的空泡份额，也就是汽相所占的体积份额，并把它记为

$$\langle \alpha \rangle \equiv \langle \alpha_v \rangle \tag{6-11}$$

在不至于引起混淆的情况下，表示空泡份额的时候，下角标"v"经常会被省略掉。显然，在只有汽液两相的情况下，液相所占据的体积份额为

$$\langle 1-\alpha \rangle \equiv \langle \alpha_L \rangle \tag{6-12}$$

我们定义某一相在空间某一点处的时间平均体积份额为

$$\bar{\alpha}_k \equiv \frac{1}{\Delta t^*}\int_{t-\frac{\Delta t^*}{2}}^{t+\frac{\Delta t^*}{2}} \alpha_k dt \tag{6-13}$$

显然，$\bar{\alpha}_v$ 就是时间平均空泡份额。由于两相流中空泡份额经常是波动的，因此有必要对体积平均的空泡份额再进行时间平均，即

$$\overline{\langle \alpha \rangle} = \frac{1}{\Delta t^*}\int_{t-\frac{\Delta t^*}{2}}^{t+\frac{\Delta t^*}{2}} \langle \alpha \rangle dt \tag{6-14}$$

根据式(6-9)可知，式(6-10)的时间平均和式(6-13)的体积平均应该相等，即有

$$\overline{\langle \alpha \rangle} = \overline{\langle \alpha_v \rangle} = \langle \bar{\alpha}_v \rangle \tag{6-15}$$

$$\overline{\langle 1-\alpha \rangle} = \overline{\langle \alpha_L \rangle} = \langle \bar{\alpha}_L \rangle \tag{6-16}$$

有了空泡份额的定义后，利用式(6-4)不难得到

$$\langle \rho_L \rangle = \langle \rho_L \rangle_L \langle 1-\alpha \rangle \tag{6-17}$$

$$\langle \rho_v \rangle = \langle \rho_v \rangle_v \langle \alpha \rangle \tag{6-18}$$

其中，$\langle \rho_L \rangle_L$ 和 $\langle \rho_v \rangle_v$ 是水物性骨架表中可以查到的水和水蒸气的密度。

如果体积平均量是一个随时间波动的物理量，则可以再做时间平均，把瞬时量表示为时间平均量和脉动量的和。我们来看某物理量 c_k（例如 ρ_L），有

$$\overline{\langle c_k \rangle} = \overline{\langle c_k \rangle_k \langle \alpha_k \rangle} = \overline{(\langle c_k \rangle_k + \langle c_k \rangle_k')(\langle \alpha_k \rangle + \langle \alpha_k \rangle')} \tag{6-19}$$

因为 $\overline{\overline{\langle c \rangle}} = \overline{\langle c \rangle}$，所以

$$\overline{\langle c_k \rangle} = \overline{\langle c_k \rangle_k} \, \overline{\langle \alpha_k \rangle} + \psi' \tag{6-20}$$

其中

$$\psi' = \overline{\langle c_k \rangle_k \langle \alpha_k \rangle'} + \overline{\langle c_k \rangle_k' \langle \alpha_k \rangle} + \overline{\langle c_k \rangle_k' \langle \alpha_k \rangle'} \tag{6-21}$$

因为 $\overline{\langle c \rangle'} = 0$，所以

$$\psi' = \overline{\langle c_k \rangle_k' \langle \alpha_k \rangle'} \tag{6-22}$$

2. 静态质量含汽率

在一个静止的空间内水蒸气的质量比称为静态质量含汽率，有

$$\chi_{st} = \frac{m_v}{m_v + m_L} \tag{6-23}$$

即

$$\chi_{st} = \frac{\langle \rho_v \rangle V}{(\langle \rho_v \rangle + \langle \rho_L \rangle) V} \tag{6-24}$$

这样定义的静态质量含汽率是一个体积平均量，显然有 $\langle \chi_{st} \rangle = \chi_{st}$，利用式(6-4)，可以得到

$$\chi_{st} = \frac{\langle \rho_v \rangle_v \langle \alpha \rangle}{\langle \rho_v \rangle_v \langle \alpha \rangle + \langle \rho_L \rangle_L \langle 1 - \alpha \rangle} \tag{6-25}$$

3. 混合物密度

某一空间内水和水蒸气的混合物的密度为

$$\langle \rho \rangle = \frac{m_v + m_L}{V} \tag{6-26}$$

利用式(6-4)，得到

$$\langle \rho \rangle = \langle \rho_v \rangle_v \langle \alpha \rangle + \langle \rho_L \rangle_L \langle 1 - \alpha \rangle \tag{6-27}$$

再利用式(6-24)，得到

$$\langle \rho_v \rangle_v = \frac{\chi_{st} \langle \rho \rangle}{\langle \alpha \rangle} \tag{6-28}$$

或

$$\langle \rho_L \rangle_L = \frac{(1 - \chi_{st}) \langle \rho \rangle}{\langle 1 - \alpha \rangle} \tag{6-29}$$

知识点：
- 空泡份额。
- 静态质量含汽率和平衡态质量含汽率的差别。
- 两相混合物的密度。

6.1.3 面积平均量

1. 截面含汽率

对某一物理量 c 的面积平均用 $\{c\}$ 表示,对流通截面上某一相所占据的面积份额为

$$\{\alpha_k\} \equiv \frac{A_k}{A} = \frac{1}{A}\iint_A \alpha_k \, dA \tag{6-30}$$

即

$$\{\alpha_k\} = \frac{A_k}{A_L + A_v} \tag{6-31}$$

截面含汽率是两相流的流通截面上汽相所占据的面积份额,所以式(6-31)在 k 为 v 时就是截面含汽率。对面积平均再进行时间平均,则有

$$\overline{\{\alpha_k\}} \equiv \{\overline{\alpha_k}\} \tag{6-32}$$

类似于式(6-4),有

$$\{c_k\} = \{c_k\}_k\{\alpha_k\} \tag{6-33}$$

类似于式(6-19),又有

$$\overline{\{c_k\}} = \overline{\{c_k\}_k\{\alpha_k\}}$$
$$= \overline{\{c_k\}_k}\,\overline{\{\alpha_k\}_k} + \overline{\{c_k\}_k\{\alpha_k\}'} + \overline{\{c_k\}_k'\{\alpha_k\}} + \overline{\{c_k\}'\{\alpha_k\}'} \tag{6-34}$$

因为 $\overline{\{\alpha_k\}'} = \overline{\{c_k\}_k'} = 0$, $\overline{\overline{\{c_k\}}} = \overline{\{c_k\}}$,于是得到

$$\overline{\{c_k\}} = \overline{\{c_k\}_k}\,\overline{\{\alpha_k\}} + \overline{\{c_k\}_k'\{\alpha_k\}'} \tag{6-35}$$

定义流通截面上混合物的平均密度为

$$\rho_{mix} \equiv \{\rho\} = \{\alpha\}\{\rho_v\}_v + \{1-\alpha\}\{\rho_L\}_L \tag{6-36}$$

这样定义的是与流速没有关系的静态平均密度,再利用式(6-33),有

$$\rho_{mix} = \{\alpha\rho_v\} + \{(1-\alpha)\rho_L\} \tag{6-37}$$

例 6-1 如图 6-1 所示的管道中的稳定两相流,假定所有汽泡均为圆柱形汽泡,直径 d_b,长度 l_2,速度 V_b,管道的直径为 D,长度为 L,假如两个汽泡之间的距离为 $l_1 = 0.5 l_2$,而 $d_b = 0.4D$。计算某一瞬时 1 和 2 截面的面积平均空泡份额,以及管道内的时间平均空泡份额。

解 在图 6-1 中的某一瞬时 1 截面处,由于没有汽泡,因此该处面积平均空泡份额为

$$\{\alpha\}_1 = 0$$

此时在 2 截面处,有汽泡存在,其面积平均空泡份额为

$$\{\alpha\}_2 = \frac{\pi d_b^2/4}{\pi D^2/4} = 0.16$$

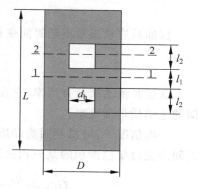

图 6-1　汽泡和管道

管道内的时间平均空泡份额可以通过在一段时间 Δt^* 内对面积平均空泡份额进行积分平均后得到,即

$$\overline{\{\alpha\}} = \frac{1}{\Delta t^*}\int_{t-\frac{\Delta t^*}{2}}^{t+\frac{\Delta t^*}{2}}\{\alpha\}\,\mathrm{d}t = \frac{1}{\Delta t^*}\int_0^{\Delta t^*}\{\alpha\}\,\mathrm{d}t$$

因为流动是稳定的,汽泡和汽泡之间的间隔 l_1 和汽泡长度 l_2 都是固定不变的,因此得到

$$\overline{\{\alpha\}} = \frac{0\times\dfrac{l_1}{V_b}+0.16\times\dfrac{l_2}{V_b}}{(l_1+l_2)/V_b} = 0.16\left(\frac{l_2}{l_1+l_2}\right) = 0.1067$$

其中要求

$$\frac{l_1+l_2}{V_b} < \Delta t^* < \frac{L}{V_b}$$

知识点:
- 截面含汽率。

2. 流动含汽率

流动含汽率可以分为流动质量含汽率和流动体积含汽率,下面我们先来看流动质量含汽率。汽相或液相在某一时刻流过某一截面 j 的质量流量为

$$q_{m,k,j} = \iint_{A_j}\alpha_k\rho_k\boldsymbol{v}_k\cdot\boldsymbol{n}\,\mathrm{d}A_j = \{\alpha_k\rho_k\boldsymbol{v}_k\}_j\cdot\boldsymbol{A}_j \tag{6-38}$$

利用式(6-33),有

$$q_{m,k,j} = \{\rho_k\boldsymbol{v}_k\}_{k,j}\{\alpha_k\}_j\cdot\boldsymbol{A}_j \tag{6-39}$$

对式(6-39)进行时间平均,并认为 $\{\alpha_k\}$ 和 $\{\rho_k\boldsymbol{v}_k\}_k$ 的湍流脉动项时间平均为零,则有

$$\overline{q_{m,k,j}} = \overline{\{\rho_k\boldsymbol{v}_k\}_{k,j}}\ \overline{\{\alpha_k\}_j}\cdot\boldsymbol{A}_j \tag{6-40}$$

蒸汽质量流量占总质量流量的比称为流动质量含汽率。对于一维流动的情况,取一维坐标为 z,则有

$$\chi_z \equiv \frac{q_{m,v,z}}{q_{m,v,z}+q_{m,L,z}} \tag{6-41}$$

令

$$q_{m,z} = q_{m,v,z}+q_{m,L,z} \tag{6-42}$$

假如总质量流量不随时间变化,即 $\overline{q_{m,z}}=q_{m,z}$,则有

$$\overline{\chi_z} \equiv \frac{\overline{q_{m,v,z}}}{\overline{q_{m,v,z}}+\overline{q_{m,L,z}}} = \frac{\overline{q_{m,v,z}}}{\overline{q_{m,z}}} \tag{6-43}$$

这就是流动质量含汽率,它在分析一维问题中十分有用。在多维情况下也可以定义类似的流动质量含汽率。

一维情况下,可以利用流动质量含汽率来计算质量流密度。所谓质量流密度,是指单位时间内流过单位面积的某一相的质量,对于液相有

$$G_{L,z} \equiv \frac{q_{m,L,z}}{A_z} = \frac{q_{m,z}(1-\chi_z)}{A_z} = G_{mix,z}(1-\chi_z) \tag{6-44}$$

对于汽相,有

$$G_{v,z} \equiv \frac{q_{m,v,z}}{A_z} = \frac{q_{m,z}\chi_z}{A_z} = G_{mix,z}\chi_z \tag{6-45}$$

利用式(6-39),可以得到

$$G_{k,z} \equiv \frac{\{\rho_k \boldsymbol{v}_k\}_{k,z} \{\alpha_k\}_z \cdot \boldsymbol{A}_z}{A_z} = \{\rho_k \boldsymbol{v}_{k,z}\}_{k,z} \{\alpha_k\}_z \tag{6-46}$$

$G_{mix,z}$ 是 z 点的混合物的平均质量流密度,有

$$G_{mix,z} \equiv \frac{q_{m,z}}{A_z} = \frac{q_{m,v,z} + q_{m,L,z}}{A_z} = G_{v,z} + G_{L,z} \tag{6-47}$$

利用式(6-46),得到

$$G_{mix,z} = \{\rho_v v_{v,z}\}_{v,z} \{\alpha_v\}_z + \{\rho_L v_{L,z}\}_{L,z} \{\alpha_L\}_z \tag{6-48}$$

应用式(6-33),式(6-48)可以进一步转化为

$$G_{mix,z} = \{\rho_v \alpha v_{v,z}\}_z + \{\rho_L (1-\alpha) v_{L,z}\}_z \tag{6-49}$$

其中 $\{\alpha\} = \{\alpha_v\}$,$\{1-\alpha\} = \{\alpha_L\}$,对式(6-48)进行时间平均,有

$$\overline{G_{mix,z}} = \overline{\frac{q_{m,z}}{A_z}} = \overline{\{\rho_v v_{v,z}\}_{v,z} \{\alpha\}_z} + \overline{\{\rho_L v_{L,z}\}_{L,z} \{1-\alpha\}_z} \tag{6-50}$$

还可以利用流动质量含汽率来计算体积流密度。所谓体积流密度,是指单位时间内流过单位面积的某一相的体积,对一维情况下的液相,有

$$\{j_L\}_z = \frac{Q_{L,z}}{A_z} = \frac{q_{m,L,z}}{\rho_L A_z} = \frac{G_{L,z}}{\rho_L} = \frac{G_{mix,z}(1-\chi_z)}{\rho_L} \tag{6-51}$$

类似于式(6-51),对于汽相有

$$\{j_v\}_z = \frac{Q_{v,z}}{A_z} = \frac{q_{m,v,z}}{\rho_v A_z} = \frac{G_{v,z}}{\rho_v} = \frac{G_{mix,z}\chi_z}{\rho_v} \tag{6-52}$$

式中,Q 为体积流量,$Q_{k,j}$ 为 j 断面的 k 相体积流量,有

$$Q_{k,j} = \{j_k\}_j \cdot \boldsymbol{A}_j \tag{6-53}$$

对于混合物,有

$$\{j\}_z = \frac{Q_{L,z} + Q_{v,z}}{A_z} = \frac{Q_z}{A_z} = G_{mix}\left(\frac{1-\chi_z}{\rho_L} - \frac{\chi_z}{\rho_v}\right) \tag{6-54}$$

对于矢量形式的体积流密度,有

$$\boldsymbol{j}_k = \alpha_k \boldsymbol{v}_k \tag{6-55}$$

因此可以得到

$$\overline{\{\boldsymbol{j}_k\}} = \overline{\{\boldsymbol{j}_k\}} = \overline{\{\alpha_k \boldsymbol{v}_k\}} = \overline{\{\alpha_k\}} \ \overline{\{\boldsymbol{v}_k\}} \tag{6-56}$$

类似于流动质量含汽率,蒸汽体积流量占总体积流量的比称为流动体积含汽率,对于一维流动的情况,有

$$\{\beta_z\} = \frac{Q_{v,z}}{Q_{v,z} + Q_{L,z}} = \frac{\{j_v\}_z}{\{j\}_z} \tag{6-57}$$

知识点:

- 流动质量含汽率。
- 质量流密度。
- 体积流密度。

3. 滑速比

滑速比是汽相与液相的速度比,定义 i 方向的滑速比为

$$S_i \equiv \frac{\{\bar{v}_{v,i}\}_v}{\{\bar{v}_{L,i}\}_L} \tag{6-58}$$

在汽相与液相空间均匀分布的情况下,有

$$S_i = \frac{\{\bar{j}_v\}_i}{\{\bar{j}_L\}_i} \frac{\{1-\alpha\}_i}{\{\alpha\}_i} = \frac{\chi_i}{1-\chi_i} \frac{\rho_L}{\rho_v} \frac{\{1-\alpha\}_i}{\{\alpha\}_i} \tag{6-59}$$

根据以上的定义可知,一维情况下滑速比、流动质量含汽率和空泡份额之间具有一定的关系,知道其中的任意两个量就可以得到第三个量,它们之间的关系是

$$\{\alpha\} = \frac{1}{1+\dfrac{1-\chi}{\chi}\dfrac{\rho_v}{\rho_L}S} \tag{6-60}$$

或

$$\frac{\chi}{1-\chi} = \frac{\{\alpha\}\rho_v}{(1-\{\alpha\})\rho_L}S \tag{6-61}$$

例 6-2 推导一维情况下滑速比、流动质量含汽率和空泡份额之间的关系。

解 在一维情况下,假设混合物的总质量流量为 q_m,则蒸汽的质量流量为 χq_m,液体的质量流量为 $(1-\chi)q_m$。

假设汽相占据的流通面积为 A_v,液相的面积为 A_L,则有

$$\chi q_m = A_v v_v \rho_v \quad \text{和} \quad (1-\chi)q_m = A_L v_L \rho_L$$

所以有

$$v_v = \frac{\chi q_m}{A_v \rho_v} \quad \text{和} \quad v_L = \frac{(1-\chi)q_m}{A_L \rho_L}$$

所以滑速比为

$$S = \frac{v_v}{v_L} = \frac{\chi q_m}{A_v \rho_v} \Big/ \frac{(1-\chi)q_m}{A_L \rho_L} = \frac{\chi}{1-\chi} \frac{A_L}{A_v} \frac{\rho_L}{\rho_v}$$

因为

$$\{\alpha\} = \frac{A_v}{A_v + A_L}$$

所以

$$\{\alpha\} = \frac{1}{1+\dfrac{1-\chi}{\chi}\dfrac{\rho_v}{\rho_L}S}$$

另外,对于一维流动,如果 ρ_v 和 ρ_L 在断面内均匀分布,则面积平均的静态质量含汽率 χ_{st} 可以定义为

$$\chi_{st} \equiv \frac{\{\alpha\}\rho_v}{\rho_{mix}} \tag{6-62}$$

进一步可以得到

$$\frac{\chi_{st}}{1-\chi_{st}} = \frac{\{\alpha\}\rho_v}{(1-\{\alpha\})\rho_L} \tag{6-63}$$

比较式(6-61)和式(6-63),如果 $S=1$,则 $\chi = \chi_{st}$。

再来看由式(6-57)定义的流动体积含汽率,有

$$\{\beta\} = \frac{\{j_v\}}{\{j\}} = \frac{1}{1 + \frac{\{j_L\}}{\{j_v\}}} \tag{6-64}$$

因为

$$\{j_L\} = \frac{(1-\chi)G_{mix}}{\rho_L} \tag{6-65}$$

$$\{j_v\} = \frac{\chi G_{mix}}{\rho_v} \tag{6-66}$$

从而得到

$$\{\beta\} = \frac{1}{1 + \frac{1-\chi}{\chi}\frac{\rho_v}{\rho_L}} \tag{6-67}$$

知识点：
- 滑速比。
- 流动体积含汽率。

6.2　两相流输运方程

6.2.1　一维混合流方程

混合流指的是把两相看成是一种混合物,用混合物的参数来描述两相流,例如均匀流模型和漂移流模型都属于混合流模型。

1. 质量守恒方程

质量守恒方程有时候也称为连续方程,在一维的情况下有

$$\frac{\partial}{\partial t}\iint_{A_z}\rho \, dA_z + \frac{\partial}{\partial z}\iint_{A_z}\rho v_z \, dA_z = 0 \tag{6-68}$$

或

$$\frac{\partial}{\partial t}\{\rho_v\alpha + \rho_L(1-\alpha)\}A_z + \frac{\partial}{\partial z}\{\rho_v\alpha v_{v,z} + \rho_L(1-\alpha)v_{L,z}\}A_z = 0 \tag{6-69}$$

其中,$v_{v,z}$ 和 $v_{L,z}$ 分别是汽相和液相在 z 方向的速度。
上式还可以写成

$$\frac{\partial}{\partial t}(\rho_{mix}A_z) + \frac{\partial}{\partial z}(G_{mix}A_z) = 0 \tag{6-70}$$

其中,ρ_{mix} 和 G_{mix} 分别由式(6-37)和式(6-49)确定。

2. 动量守恒方程

图 6-2 是一维情况下的通道内两相流的流体受力示意图,由此可以得到相应的动量守恒方程。

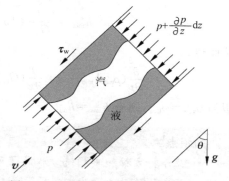

图 6-2　通道内的一维两相流受力示意图

$$\frac{\partial}{\partial t}\iint_{A_z}\rho v_z \mathrm{d}A_z + \frac{\partial}{\partial z}\iint_{A_z}\rho v_z^2 \mathrm{d}A_z = -\iint_{A_z}\frac{\partial p}{\partial z}\mathrm{d}A_z - \int_{P_z}\tau_w \mathrm{d}P_z - \iint_{A_z}\rho g\cos\theta \mathrm{d}A_z \tag{6-71}$$

其中，P_z 为 z 点的湿周，进一步可以得到

$$\frac{\partial}{\partial t}\left(\{\rho_v \alpha v_{v,z} + \rho_L(1-\alpha)v_{L,z}\}A_z\right) + \frac{\partial}{\partial z}\left(\{\rho_v \alpha v_{v,z}^2 + \rho_L(1-\alpha)v_{L,z}^2\}A_z\right)$$

$$= -\left(\frac{\partial\{p\}A_z}{\partial z}\right) - \int_{P_z}\tau_w \mathrm{d}P_z - \{\rho_v\alpha + \rho_L(1-\alpha)\}g\cos\theta A_z \tag{6-72}$$

假设同一截面 A_z 内压力 p 均匀分布，即 $\{p\} = p$，则有

$$\frac{\partial}{\partial t}(G_{\mathrm{mix}}A_z) + \frac{\partial}{\partial z}\left(\frac{G_{\mathrm{mix}}^2}{\rho_{\mathrm{mix}}^+}A_z\right) = -\frac{\partial(pA_z)}{\partial z} - \int_{P_z}\tau_w \mathrm{d}P_z - \rho_{\mathrm{mix}}g\cos\theta A_z \tag{6-73}$$

其中 ρ_{mix}^+ 为计算两相惯性压降的动力密度，由式(6-74)定义：

$$\frac{1}{\rho_{\mathrm{mix}}^+} \equiv \frac{1}{G_{\mathrm{mix}}^2}\{\rho_v\alpha v_{v,z}^2 + \rho_L(1-\alpha)v_{L,z}^2\} \tag{6-74}$$

假如 $v_{v,z} = v_{L,z}$，则有 $\rho_{\mathrm{mix}}^+ = \rho_{\mathrm{mix}}$。

3. 能量守恒方程

首先，假设流体内沿流动方向的轴向导热可以忽略，并且流体的膨胀功可以忽略，壁面的摩擦力和流体内的黏性力以及重力所做的功都很小，也可以忽略。则能量方程为

$$\frac{\partial}{\partial t}\iint_{A_z}\rho u^0 \mathrm{d}A_z + \frac{\partial}{\partial z}\iint_{A_z}\rho h^0 v_z \mathrm{d}A_z = q_l + \iint_{A_z}q_v \mathrm{d}A_z \tag{6-75}$$

其中，q_l 是壁面的线功率密度，q_v 是流体内的内热源，比如中子在冷却剂内慢化时直接释放在冷却剂中的能量就是内热源的一种。式(6-75)还可以写成

$$\frac{\partial}{\partial t}\iint_{A_z}\rho h^0 \mathrm{d}A_z + \frac{\partial}{\partial z}\iint_{A_z}\rho h^0 v_z \mathrm{d}A_z = \frac{\partial}{\partial t}\iint_{A_z}\rho(pv)\mathrm{d}A_z + q_l + \iint_{A_z}q_v \mathrm{d}A_z \tag{6-76}$$

或

$$\frac{\partial}{\partial t}\left(\{\rho_v\alpha h_v^0 + \rho_L(1-\alpha)h_L^0\}A_z\right) + \frac{\partial}{\partial z}\left(\{\rho_v\alpha h_v^0 v_{v,z} + \rho_L(1-\alpha)h_L^0 v_{L,z}\}A_z\right)$$

$$= \left(\frac{\partial p}{\partial t}\right)A_z + q_l + \iint_{A_z}q_v \mathrm{d}A_z \tag{6-77}$$

进一步，若忽略动能，并且引入

$$h_{\mathrm{mix}} = \frac{1}{\rho_{\mathrm{mix}}}(\{\rho_v\alpha h_v + \rho_L(1-\alpha)h_L\}) \tag{6-78}$$

$$h_{\mathrm{mix}}^+ = \frac{1}{G_{\mathrm{mix}}}(\{\rho_v\alpha h_v v_{vz} + \rho_L(1-\alpha)h_L v_{L,z}\}) \tag{6-79}$$

从而得到

$$\frac{\partial}{\partial t}(\rho_{\mathrm{mix}}h_{\mathrm{mix}}A_z) + \frac{\partial}{\partial z}(G_{\mathrm{mix}}h_{\mathrm{mix}}^+A_z) = \left(\frac{\partial p}{\partial t}\right)A_z + q_l + \iint_{A_z}q_v \mathrm{d}A_z \tag{6-80}$$

假如 $v_{v,z} = v_{L,z}$，则有 $h_{\mathrm{mix}}^+ = h_{\mathrm{mix}}$。

知识点：
- 混合物方程和单相流方程的异同。
- 混合物的动力密度。

6.2.2 三维两流体输运方程

两流体模型把流动区域内的汽相和液相分别看成是连续流体,对于一个控制体内,有

$$V = V_L + V_v \tag{6-81}$$

1. 质量守恒方程

图 6-3 是两相流控制体内的质量平衡示意图。为了便于表示,我们在图中把两相流控制体人为地分成两部分,一部分是汽空间控制体,另一部分是水空间控制体。图中单箭头表示的是矢量,双箭头表示的是标量。

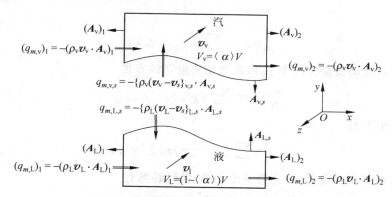

图 6-3 两相流控制体内的质量平衡示意图

根据式(5-75),可得汽相或水相的质量平衡方程

$$\frac{\mathrm{d}}{\mathrm{d}t}\iiint_{V_k}\rho_k\mathrm{d}V + \oiint_{S_k}\rho_k(\boldsymbol{v}_k - \boldsymbol{v}_s)\cdot\boldsymbol{n}\,\mathrm{d}S = 0 \tag{6-82}$$

如果把 S_k 分成两个部分,一部分是与另一相接触的面积,另一部分是同一相内相邻控制体的接触面积,则有

$$\frac{\mathrm{d}}{\mathrm{d}t}\iiint_{V_k}\rho_k\mathrm{d}V + \iint_{A_{k,j}}\rho_k(\boldsymbol{v}_k - \boldsymbol{v}_s)\cdot\boldsymbol{n}\,\mathrm{d}S + \oiint_{A_{k,s}}\rho_k(\boldsymbol{v}_k - \boldsymbol{v}_s)\cdot\boldsymbol{n}\,\mathrm{d}S = 0 \tag{6-83}$$

在控制体静止且不可变形时,$A_{k,j}$ 面上,有 $\boldsymbol{v}_s = 0$,利用体积平均和面积平均的定义,可以把式(6-83)写成如下形式:

$$\frac{\mathrm{d}}{\mathrm{d}t}[\langle\rho_k\rangle_k V_k] + \sum_j(\{\rho_k\boldsymbol{v}_k\}_{k,j}\cdot\boldsymbol{A}_{k,j}) + \{\rho_k(\boldsymbol{v}_k - \boldsymbol{v}_s)\}_{k,s}\cdot\boldsymbol{A}_{k,s} = 0 \tag{6-84}$$

其中最后一项中的 $\boldsymbol{v}_k$ 为汽液交界面上的 k 相速度,而 $\boldsymbol{v}_s$ 为交界面本身的速度。通常我们把最后一项称为相间质量流量,记为

$$q_{\mathrm{m},k,s} = -\{\rho_k(\boldsymbol{v}_k - \boldsymbol{v}_s)\}_{k,s}\cdot\boldsymbol{A}_{k,s} \tag{6-85}$$

以上描述的是汽相或液相在本相空间内的质量平衡,假如用整个控制体来描述,则有

$$\frac{\mathrm{d}}{\mathrm{d}t}[\langle\rho_k\rangle_k\langle\alpha_k\rangle V] + \sum_j(\{\rho_k\boldsymbol{v}_k\}_{k,j}\cdot\{\alpha_k\}_j\boldsymbol{A}_j) = q_{\mathrm{m},k,s} \tag{6-86}$$

如果记

$$m_k = \langle\rho_k\rangle_k\langle\alpha_k\rangle V \tag{6-87}$$

为控制体 V 内 k 相的质量，则

$$q_{m,k,j} = -\{\rho_k \boldsymbol{v}_k\}_{k,j} \cdot \boldsymbol{A}_{k,j} = -\{\rho_k \boldsymbol{v}_k\}_{k,j} \cdot \{\alpha_k\}_j \boldsymbol{A}_j \qquad (6\text{-}88)$$

为 k 相流过 A_j 的质量流量，规定流入为正，流出为负，则根据式(6-86)，有

$$\frac{\mathrm{d}}{\mathrm{d}t}m_k - \sum_j q_{m,k,j} = q_{m,k,s} \qquad (6\text{-}89)$$

而对于汽液混合物，有

$$\frac{\mathrm{d}}{\mathrm{d}t}(m_v + m_L) - \sum_j (q_{m,v,j} + q_{m,L,j}) = q_{m,v,s} + q_{m,L,s} \qquad (6\text{-}90)$$

注意到控制体是静止且不可变形时，根据式(5-13)，式(6-89)可以写为

$$\frac{\partial}{\partial t}m_k - \sum_j q_{m,k,j} = q_{m,k,s} \qquad (6\text{-}91)$$

或

$$\frac{\partial}{\partial t}m_k = \sum_j q_{m,k,j} + q_{m,k,s} \qquad (6\text{-}92)$$

进一步引入流动质量含汽率 χ，得到汽相质量守恒方程

$$\frac{\partial}{\partial t}m_v = \sum_j (\chi q_m)_j - q_{m,v,s} \qquad (6\text{-}93)$$

及液相质量守恒方程

$$\frac{\partial}{\partial t}m_L = \sum_j [(1-\chi)q_m]_j = q_{m,L,s} \qquad (6\text{-}94)$$

由于在两相的交界面上，没有质量源和阱，因此必然有

$$q_{m,v,s} = -q_{m,L,s} = q_{m,L,v} \qquad (6\text{-}95)$$

这样汽液混合物的质量平衡方程(6-90)可以简化为

$$\frac{\partial}{\partial t}(m_v + m_L) = \sum_j q_{m,j} \qquad (6\text{-}96)$$

或

$$\frac{\partial}{\partial t}(\langle\rho\rangle V) = \sum_j q_{m,j} \qquad (6\text{-}97)$$

其中

$$\langle\rho\rangle = \langle\rho_v\rangle_v\langle\alpha\rangle + \langle\rho_L\rangle_L\langle 1-\alpha\rangle \qquad (6\text{-}98)$$

如果在控制体内各相在各自的相空间里面的密度是均匀的，则有

$$\langle\rho\rangle = \alpha\rho_v + (1-\alpha)\rho_L \qquad (6\text{-}99)$$

在这里我们引入相变率 Γ_k，是单位体积、单位时间内某一相发生相变转移到另一相的质量，即

$$\Gamma_k = \frac{q_{m,k,s}}{V} \qquad (6\text{-}100)$$

显然有

$$\Gamma_v = -\Gamma_L = \Gamma \qquad (6\text{-}101)$$

其中 Γ 为汽化率。

2. 动量守恒方程

图 6-4 是两相流控制体内的动量平衡示意图，对于某一相的空间 V_k 内，可以根据式(5-71)

建立动量守恒方程,即有

$$\frac{\mathrm{d}}{\mathrm{d}t}\iiint_{V_k}\rho_k\boldsymbol{v}_k\mathrm{d}V+\oiint_{S_k}\rho_k\boldsymbol{v}_k(\boldsymbol{v}_k-\boldsymbol{v}_s)\cdot\boldsymbol{n}\,\mathrm{d}S=\iiint_V\rho_k\boldsymbol{g}\mathrm{d}V+\oiint_{S_k}(\boldsymbol{\tau}_k-p_k\boldsymbol{I})\cdot\boldsymbol{n}\,\mathrm{d}S$$

$$(6\text{-}102)$$

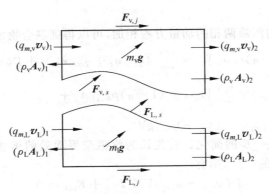

图 6-4　两相流控制体内的动量平衡示意图

把控制体的边界面分成流进流出面 $\boldsymbol{A}_{k,j}$ 和两相之间的可变形的交界面 $\boldsymbol{A}_{k,s}$,则利用体积和面积平均算子,可以得到

$$\frac{\mathrm{d}}{\mathrm{d}t}\left[\langle\rho_k\boldsymbol{v}_k\rangle_k V_k\right]=-\sum_j\left(\{\rho_k\boldsymbol{v}_k\boldsymbol{v}_k\}_{k,j}\cdot\boldsymbol{A}_{k,j}\right)-\{\rho_k\boldsymbol{v}_k(\boldsymbol{v}_k-\boldsymbol{v}_s)\}_{k,s}\cdot\boldsymbol{A}_{k,s}+$$
$$\sum_j\boldsymbol{F}_{k,j}-\sum_j\{p_k\}_{k,j}\boldsymbol{A}_{k,j}+\boldsymbol{F}_{k,s}+\langle\rho_k\rangle_k\boldsymbol{g}V_k \qquad (6\text{-}103)$$

其中,

$$\boldsymbol{F}_{k,j}=\iint_{A_{k,j}}\boldsymbol{\tau}_k\cdot\boldsymbol{n}\,\mathrm{d}S \qquad (6\text{-}104)$$

是除了汽液交界面以外的所有边界面上的壁面剪切力,而

$$\boldsymbol{F}_{k,s}=\iint_{A_{k,s}}(\boldsymbol{\tau}_k-p_k\boldsymbol{I})\cdot\boldsymbol{n}\,\mathrm{d}S \qquad (6\text{-}105)$$

是汽液交界面的剪切力。如果用集总参数表示,式(6-103)可以转化为

$$\frac{\partial}{\partial t}\left[\langle m_k\boldsymbol{v}_k\rangle\right]=\sum_j(q_{m,k}\boldsymbol{v}_k)_j+q_{m,k,s}\boldsymbol{v}_{k,s}+\sum_j\boldsymbol{F}_{k,j}-\sum_j(p_k\boldsymbol{A}_k)_{k,j}+\boldsymbol{F}_{k,s}+m_k\boldsymbol{g}$$

$$(6\text{-}106)$$

对于充满汽相和液相的整个控制体 V,因为

$$V=V_v+V_L,\quad\boldsymbol{A}_j=\boldsymbol{A}_{v,j}+\boldsymbol{A}_{L,j},\quad\boldsymbol{A}_{v,s}+\boldsymbol{A}_{L,s}=0 \qquad (6\text{-}107)$$

则有

$$\frac{\mathrm{d}}{\mathrm{d}t}\left[\langle\rho_k\boldsymbol{v}_k\rangle_k\langle\alpha_k\rangle V\right]=-\sum_j\left(\{\rho_k\boldsymbol{v}_k\boldsymbol{v}_k\}_{k,j}\cdot\{\alpha_k\}_j\boldsymbol{A}_j\right)-\{\rho_k\boldsymbol{v}_k(\boldsymbol{v}_k-\boldsymbol{v}_s)\}_{k,s}\cdot\boldsymbol{A}_{k,s}+$$
$$\sum_j\boldsymbol{F}_{k,j}-\sum_j\{p_k\}_{k,j}\{\alpha_k\}_j\boldsymbol{A}_j+\boldsymbol{F}_{k,s}+\langle\rho_k\rangle_k\langle\alpha_k\rangle\boldsymbol{g}V \qquad (6\text{-}108)$$

根据式(6-85)和式(6-100),有

$$-\{\rho_k\boldsymbol{v}_k(\boldsymbol{v}_k-\boldsymbol{v}_s)\}_{k,s}\cdot\boldsymbol{A}_{k,s}=q_{m,k,s}\boldsymbol{v}_{k,s}=\Gamma_k\,\boldsymbol{v}_{k,s}V \qquad (6\text{-}109)$$

再根据式(6-88),又有

$$-\{\rho_k\boldsymbol{v}_k\boldsymbol{v}_k\}_{k,j}\cdot\{\alpha_k\}_j\boldsymbol{A}_j=(q_{m,k}\boldsymbol{v}_k)_j \qquad (6\text{-}110)$$

如果认为控制体足够小,则在一个控制体内密度和速度都均匀分布,那么式(6-108)中的平均算子可以去掉,这样式(6-108)可以简化为

$$\frac{\partial}{\partial t}(\alpha_k \rho_k \boldsymbol{v})V = \sum_j (q_{m,k}\boldsymbol{v}_k)_j + \Gamma_k \boldsymbol{v}_{k,s}V + \sum_j \boldsymbol{F}_{k,j} - \sum_j (\alpha_k p_k \boldsymbol{A})_j + \boldsymbol{F}_{k,s} + \alpha_k \rho_k \boldsymbol{g}V \tag{6-111}$$

假如把式(6-111)表示的汽液两相的动量方程相加,可以得到混合物的总动量方程为

$$\frac{\partial}{\partial t}[\alpha\rho_v \boldsymbol{v}_v + (1-\alpha)\rho_L \boldsymbol{v}_L]V = \sum_j (q_{m,v}\boldsymbol{v}_v + q_{m,L}\boldsymbol{v}_L)_j + \Gamma(\boldsymbol{v}_{v,s} - \boldsymbol{v}_{L,s})V +$$

$$\sum_j (\boldsymbol{F}_{v,j} + \boldsymbol{F}_{L,j}) - \sum_j [\alpha p_v + (1-\alpha)p_L]_j \boldsymbol{A}_j +$$

$$\boldsymbol{F}_{v,s} + \boldsymbol{F}_{L,s} + [\alpha\rho_v + (1-\alpha)\rho_L]\boldsymbol{g}V \tag{6-112}$$

对式(6-112)进行进一步的简化。首先认为汽液交界面处的剪切力很小,可以忽略,并且在交界面没有静动量的产生,则有

$$\Gamma(\boldsymbol{v}_{v,s} - \boldsymbol{v}_{L,s})V + \boldsymbol{F}_{v,s} + \boldsymbol{F}_{L,s} = 0 \tag{6-113}$$

对于 $\boldsymbol{v}_{v,s}$, $\boldsymbol{v}_{L,s}$,有这样两种假设,第一种是

$$\boldsymbol{v}_{v,s} = \boldsymbol{v}_{L,s} = \eta\boldsymbol{v}_v + (1-\eta)\boldsymbol{v}_L \tag{6-114}$$

其中,$\Gamma < 0$ 时,$\eta=0$,$\Gamma > 0$ 时,$\eta=1$。由这种假设可以得到

$$\boldsymbol{F}_{v,s} = -\boldsymbol{F}_{L,s} \tag{6-115}$$

第二种假设是

$$\boldsymbol{v}_{v,s} = \boldsymbol{v}_v, \quad \boldsymbol{v}_{L,s} = \boldsymbol{v}_L \tag{6-116}$$

由这种假设可以得到

$$\boldsymbol{F}_{v,s} = -\boldsymbol{F}_{L,s} - \Gamma(\boldsymbol{v}_v - \boldsymbol{v}_L)V \tag{6-117}$$

如果同一断面汽相与液相压力均匀分布,则有

$$(p_v)_j = (p_L)_j = p_j \tag{6-118}$$

要注意的是,这个假设对于垂直通道内的分离流不能使用,因为这种情况下汽液的压力差别一般较大。至于壁面剪切力,通常用结构方程来描述,有

$$\sum_j (\boldsymbol{F}_{v,j} + \boldsymbol{F}_{L,j}) = \boldsymbol{F}_w \tag{6-119}$$

这样,式(6-112)可以进一步简化为

$$\frac{\partial}{\partial t}[\alpha\rho_v \boldsymbol{v}_v + (1-\alpha)\rho_L \boldsymbol{v}_L]V = \sum_j [\chi\boldsymbol{v}_v + (1-\chi)\boldsymbol{v}_L]_j q_{m,j} +$$

$$\boldsymbol{F}_w - \sum_j p_j \boldsymbol{A}_j + \rho_{mix}\boldsymbol{g}V \tag{6-120}$$

其中,χ_j 是 $\boldsymbol{A}_j$ 方向上的流动质量含汽率。在断面密度均匀分布的情况下,混合物的质量流密度为

$$\boldsymbol{G}_{mix} = \alpha\rho_v \boldsymbol{v}_v + (1-\alpha)\rho_L \boldsymbol{v}_L \tag{6-121}$$

并且有

$$q_{m,j} = (\boldsymbol{G}_{mix} \cdot \boldsymbol{A})_j \tag{6-122}$$

这样式(6-120)可以表示为

$$\frac{\partial}{\partial t}(\boldsymbol{G}_{mix}V) = \sum_j [\chi\boldsymbol{v}_v + (1-\chi)\boldsymbol{v}_L]_j (\boldsymbol{G}_{mix} \cdot \boldsymbol{A})_j + \boldsymbol{F}_w - \sum_j p_j \boldsymbol{A}_j + \rho_{mix}\boldsymbol{g}V \tag{6-123}$$

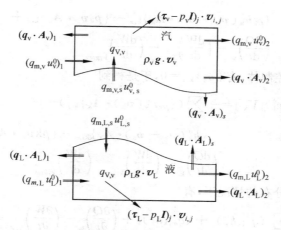

图 6-5 两相流控制体内的能量平衡示意图

3. 能量守恒方程

图 6-5 是两相流控制体内的能量平衡示意图,对于某一相的空间 V_k 内,可以根据式(5-69)和式(5-72)建立能量方程,即有

$$
\frac{\mathrm{d}}{\mathrm{d}t}\iiint_{V_k}\rho_k u_k^0 \mathrm{d}V + \oiint_{S_k}\rho_k u_k^0(\boldsymbol{v}_k - \boldsymbol{v}_s)\cdot\boldsymbol{n}\,\mathrm{d}S = \iiint_{V_k}(q_{V,k} + \rho_k \boldsymbol{g}\cdot\boldsymbol{v}_k)\mathrm{d}V +
$$

$$
\oiint_{S_k}[-\boldsymbol{q}_k + (\boldsymbol{\tau}_k - p_k I)\cdot\boldsymbol{v}_k]\cdot\boldsymbol{n}\,\mathrm{d}S \qquad (6\text{-}124)
$$

现定义热流项

$$
\left(\frac{\mathrm{d}Q}{\mathrm{d}t}\right)_k = \oiint_{V_k}q_{V,k}\mathrm{d}V - \oiint_{S_k}\boldsymbol{q}_k\cdot\boldsymbol{n}\,\mathrm{d}S \qquad (6\text{-}125)
$$

表面力做功项

$$
\left(\frac{\mathrm{d}W}{\mathrm{d}t}\right)_{k,s} = -\oiint_{S_k}(\boldsymbol{\tau}_k\cdot\boldsymbol{v}_k)\cdot\boldsymbol{n}\,\mathrm{d}S \qquad (6\text{-}126)
$$

重力做功项

$$
\left(\frac{\mathrm{d}W}{\mathrm{d}t}\right)_{k,grav} = -\iiint_{V_k}(\rho_k \boldsymbol{g}\cdot\boldsymbol{v}_k)\mathrm{d}V \qquad (6\text{-}127)
$$

这样,式(6-124)可以改写为

$$
\frac{\mathrm{d}}{\mathrm{d}t}\left[\langle\rho_k u_k^0\rangle_k V_k\right] = -\sum_j\left(\{\rho_k u_k^0(\boldsymbol{v}_k - \boldsymbol{v}_s)\cdot\boldsymbol{A}_k\}_{k,j}\right) -
$$

$$
\{\rho_k u_k^0(\boldsymbol{v}_k - \boldsymbol{v}_s)\cdot\boldsymbol{A}_k\}_{k,s} - \sum_j\{p_k\boldsymbol{v}_k\cdot\boldsymbol{A}_k\}_{k,j} -
$$

$$
\{p_k\boldsymbol{v}_k\cdot\boldsymbol{A}_k\}_{k,s} + \left(\frac{\mathrm{d}Q}{\mathrm{d}t}\right)_k - \left(\frac{\mathrm{d}W}{\mathrm{d}t}\right)_{k,s} - \left(\frac{\mathrm{d}W}{\mathrm{d}t}\right)_{k,grav} \qquad (6\text{-}128)
$$

注意到

$$
\{p_k\boldsymbol{v}_k\cdot\boldsymbol{n}\}_{k,j} = \{p_k\boldsymbol{v}_s\cdot\boldsymbol{n}_s\}_{k,j} + \{p_k(\boldsymbol{v}_k - \boldsymbol{v}_s)\cdot\boldsymbol{n}_j\}_{k,j} \qquad (6\text{-}129)
$$

$$
\{p_k\boldsymbol{v}_k\cdot\boldsymbol{n}\}_{k,s} = \{p_k\boldsymbol{v}_s\cdot\boldsymbol{n}_s\}_{k,s} + \{p_k(\boldsymbol{v}_k - \boldsymbol{v}_s)\cdot\boldsymbol{n}_j\}_{k,s} \qquad (6\text{-}130)
$$

则有

$$
\frac{\mathrm{d}}{\mathrm{d}t}\left[\langle\rho_k u_k^0\rangle_k V_k\right] = -\sum_j\left(\{\rho_k h_k^0(\boldsymbol{v}_k - \boldsymbol{v}_s)\cdot\boldsymbol{A}_k\}_{k,j}\right) - \sum_j\{p_k\boldsymbol{v}_s\cdot\boldsymbol{A}_k\}_{k,j} -
$$

$$\{\rho_k h_k^0 (\boldsymbol{v}_k - \boldsymbol{v}_s) \cdot \boldsymbol{A}_k\}_{k,s} - \{p_k \boldsymbol{v}_s \cdot \boldsymbol{A}_k\}_{k,s} +$$

$$\left(\frac{\mathrm{d}Q}{\mathrm{d}t}\right)_k - \left(\frac{\mathrm{d}W}{\mathrm{d}t}\right)_{k,s} - \left(\frac{\mathrm{d}W}{\mathrm{d}t}\right)_{k,\mathrm{grav}} \tag{6-131}$$

对于固定不动的控制体，有 $\{\boldsymbol{v}_s\}_{k,j} = 0$，于是得到

$$\frac{\mathrm{d}}{\mathrm{d}t} \big[\langle \rho_k u_k^0 \rangle_k V_k \big] = -\sum_j \big(\{\rho_k h_k^0 (\boldsymbol{v}_k) \cdot \boldsymbol{A}_k\}_{k,j} \big) -$$

$$\{\rho_k h_k^0 (\boldsymbol{v}_k - \boldsymbol{v}_s) \cdot \boldsymbol{A}_k\}_{k,s} - \{pk\boldsymbol{v}_s \cdot \boldsymbol{A}_k\}_{k,s} +$$

$$\left(\frac{\mathrm{d}Q}{\mathrm{d}t}\right)_k - \left(\frac{\mathrm{d}W}{\mathrm{d}t}\right)_{k,s} - \left(\frac{\mathrm{d}W}{\mathrm{d}t}\right)_{k,\mathrm{grav}} \tag{6-132}$$

在断面参数均匀分布的情况下，有

$$\frac{\partial m_k u_k^0}{\partial t} = \sum_j (q_{m,k} h_k^0)_j + (q_{m,k} h_k^0)_s + \left(\frac{\partial Q}{\partial t}\right)_k - \left(\frac{\partial W}{\partial t}\right)_{k,V} - \left(\frac{\mathrm{d}W}{\mathrm{d}t}\right)_{k,\mathrm{grav}} \tag{6-133}$$

其中体积控制体的表面功为

$$\left(\frac{\partial W}{\partial t}\right)_{k,V} = \left(\frac{\partial W}{\partial t}\right)_{k,s} + \{p_k \boldsymbol{v}_s \cdot \boldsymbol{A}_k\}_{k,s} \tag{6-134}$$

另外，注意到体积控制体的表面功可以表示为

$$\left(\frac{\partial W}{\partial t}\right)_{k,V} = \sum_j \left(\frac{\partial W}{\partial t}\right)_{k,V,j} + \left(\frac{\partial W}{\partial t}\right)_{k,V,s} \tag{6-135}$$

因此对于断面参数均匀分布的情况下，有

$$\left(\frac{\partial W}{\partial t}\right)_{k,V,j} = -\sum_j (\boldsymbol{\tau}_k \cdot \boldsymbol{v}_k)_j \cdot \boldsymbol{A}_{k,j} \tag{6-136}$$

和

$$\left(\frac{\partial W}{\partial t}\right)_{k,V,s} = -(\boldsymbol{\tau}_k \cdot \boldsymbol{v}_k)_s \cdot \boldsymbol{A}_{k,s} + (p_k \boldsymbol{v}_s) \cdot \boldsymbol{A}_{k,s} \tag{6-137}$$

对于热流项，可以分解成三部分

$$\left(\frac{\partial Q}{\partial t}\right)_k = \dot{Q}_k - \sum_j (\boldsymbol{q}_k \cdot \boldsymbol{A}_k)_j - (\boldsymbol{q}_k \cdot \boldsymbol{A}_k)_s \tag{6-138}$$

这样，我们就可以从式(6-133)得到

$$\frac{\partial}{\partial t} (m_k u_k^0) = \sum_j (q_{m,k} h_k^0)_j + \dot{Q}_k - \sum_j (\boldsymbol{q}_k \cdot \boldsymbol{A}_k)_j - \sum_j (\boldsymbol{\tau}_k \cdot \boldsymbol{v}_k)_j \cdot \boldsymbol{A}_{k,j} -$$

$$\left(\frac{\mathrm{d}W}{\mathrm{d}t}\right)_{k,\mathrm{grav}} + (q_{m,k} h_k^0)_s - (\boldsymbol{q}_k + \boldsymbol{\tau}_k \cdot \boldsymbol{v}_k - p_k \boldsymbol{v}_s) \cdot \boldsymbol{A}_{k,s} \tag{6-139}$$

而对于充满汽液两相的整个控制体，则有

$$\frac{\partial}{\partial t} (m_v u_v^0 + m_L u_L^0) = \sum_j (q_{m,v} u_v^0 + q_{m,L} u_L^0)_j + \dot{Q}_L + \dot{Q}_v - \sum_j (\boldsymbol{q}_L \alpha_L + \boldsymbol{q}_v \alpha_v)_j \cdot \boldsymbol{A}_j -$$

$$\sum_j \big[(\boldsymbol{\tau}_L \cdot \boldsymbol{v}_L) \alpha_L + (\boldsymbol{\tau}_v \cdot \boldsymbol{v}_v) \alpha_v \big]_j \cdot \boldsymbol{A}_j -$$

$$\left(\frac{\mathrm{d}W}{\mathrm{d}t}\right)_{v,\mathrm{grav}} - \left(\frac{\mathrm{d}W}{\mathrm{d}t}\right)_{L,\mathrm{grav}} + (q_{m,v} h_v^0)_s + (q_{m,L} h_L^0)_s -$$

$$(\boldsymbol{q}_v + \boldsymbol{\tau}_v \cdot \boldsymbol{v}_v - p_v \boldsymbol{v}_s) \cdot \boldsymbol{A}_{v,s} + (\boldsymbol{q}_L + \boldsymbol{\tau}_L \cdot \boldsymbol{v}_L - p_L \boldsymbol{v}_L) \cdot \boldsymbol{A}_{L,s} \tag{6-140}$$

用下标 k 代表下标 L 和 v，在式(6-140)中

$$(\boldsymbol{q}_k \cdot \boldsymbol{A}_k)_j = \boldsymbol{q}_k \alpha_k \cdot \boldsymbol{A}_j \tag{6-141}$$

$$\boldsymbol{\tau}_k \cdot \boldsymbol{v}_k \cdot \boldsymbol{A}_{k,j} = \boldsymbol{\tau}_k \cdot \boldsymbol{v}_k \alpha_k \cdot \boldsymbol{A}_j \tag{6-142}$$

考虑到在汽液交界面处有

$$q_{m,v,s} = -q_{m,L,s} = q_{m,L,v} \tag{6-143}$$

$$\boldsymbol{A}_{v,s} = -\boldsymbol{A}_{L,s} \tag{6-144}$$

和

$$A_{v,s} = A_{L,s} = A_s \tag{6-145}$$

得到

$$q_{m,L,v}(h_v^0 - h_L^0)_s - \left[(\boldsymbol{q}_v - \boldsymbol{q}_L)_s + (\boldsymbol{\tau}_v \cdot \boldsymbol{v}_v - \boldsymbol{\tau}_L \cdot \boldsymbol{v}_L)_s - (p_v - p_L)_s \, \boldsymbol{v}_s \right] \cdot \boldsymbol{A}_{v,s} = 0 \tag{6-146}$$

若忽略汽液交界面处的剪切力和压力差,得到

$$q_{m,L,v} = \frac{(\boldsymbol{q}_v - \boldsymbol{q}_L)_s \cdot \boldsymbol{A}_{v,s}}{(h_v^0 - h_L^0)_s} \tag{6-147}$$

这样,式(6-140)可以进一步简化为

$$\frac{\partial}{\partial t}(m u_m^0) = \sum_j \left[q_m \{ (1-\chi)h_L^0 + \chi h_v^0 \} \right]_j + \dot{Q} - \sum_j \boldsymbol{q}_j \cdot \boldsymbol{A}_j -$$
$$\sum_j \boldsymbol{\tau}_{eff} \cdot \boldsymbol{j}_{eff} \cdot \boldsymbol{A}_j - \left(\frac{\mathrm{d}W}{\mathrm{d}t} \right)_{grav} \tag{6-148}$$

其中

$$\dot{Q} = \dot{Q}_L + \dot{Q}_v \tag{6-149}$$

$$\boldsymbol{q}_j = (\boldsymbol{q}_L \alpha_L + \boldsymbol{q}_v \alpha_v)_j \tag{6-150}$$

$$\boldsymbol{\tau}_{eff} \cdot \boldsymbol{j}_{eff} \cdot \boldsymbol{A}_j = (\boldsymbol{\tau}_L \cdot \boldsymbol{v}_L \alpha_L + \boldsymbol{\tau}_v \cdot \boldsymbol{v}_v \alpha_v) \cdot \boldsymbol{A}_j \tag{6-151}$$

知识点:
- 两流体模型的质量、动量和能量守恒方程。

6.2.3　一维两流体输运方程

因为很多时候工程上采用的是一维情形下的两流体输运方程,因此我们来把 6.2.2 节中三维的方程退化为一维情况,整理出一维两流体输运方程的形式。

1. 质量守恒方程

根据式(6-86),在一维的情况下,对于一个控制体 $A_z \Delta z$,有

$$\frac{\mathrm{d}}{\mathrm{d}t} \left[\langle \rho_k \rangle_k \langle \alpha_k \rangle A_z \Delta z \right] + \{ \rho_k \boldsymbol{v}_k \}_{k,z^+} \cdot \{ \alpha_k \}_{z^+} \, \boldsymbol{A}_{z^+} -$$
$$\{ \rho_k \boldsymbol{v}_k \}_{k,z^-} \cdot \{ \alpha_k \}_{z^-} \, \boldsymbol{A}_{z^-} = q_{m,k,s} = \Gamma_k A_z \Delta z \tag{6-152}$$

其中,流入面为 z^+,流出面为 z^-。在固定坐标系下,让 $\Delta z \rightarrow 0$,则有

$$\frac{\partial}{\partial t} \left[\{ \rho_k \alpha_k \} A_z \right] + \frac{\partial}{\partial z} \left(\{ \rho_k \boldsymbol{v}_{k,z} \alpha_k \} A_z \right) = \Gamma_k A_z \tag{6-153}$$

将 k 为 v 和 L 的两个方程相加,考虑到 $\Gamma_v + \Gamma_L = 0$,就得到前面的式(6-70),即

$$\frac{\partial}{\partial t}(\rho_{mix} A_z) + \frac{\partial}{\partial z}(G_{mix} A_z) = 0 \tag{6-154}$$

其中 ρ_{mix} 的表达式为

$$\rho_{mix} = \{\alpha \rho_v\} + \{(1-\alpha)\rho_L\} \tag{6-155}$$

G_{mix} 的表达式为

$$G_{mix} = \{\rho_v v_v\}_v \{\alpha\} + \{\rho_L v_L\}_L \{(1-\alpha)\} \tag{6-156}$$

对于固定坐标系下的等截面流动通道,由式(6-153)可以得到汽相和液相的质量守恒方程分别为

$$\frac{\partial}{\partial t}[\{\rho_v \alpha\}] + \frac{\partial}{\partial z}(\{\rho_v \boldsymbol{v}_{v,z} \alpha\}) = \Gamma_v \tag{6-157}$$

$$\frac{\partial}{\partial t}[\{\rho_L(1-\alpha)\}] + \frac{\partial}{\partial z}(\{\rho_L v_{L,z}(1-\alpha)\}) = \Gamma_L \tag{6-158}$$

2. 动量守恒方程

根据式(6-108),在一维的情况下,对于一个控制体 $A_z \Delta z$,有

$$\frac{\partial}{\partial t}[\{\rho_k v_{k,z}\}_k \{\alpha_k\} A_z] + \frac{\partial}{\partial z}(\{\rho_k v_{k,z}^2\}_k \{\alpha_k\} A_z)$$

$$= \iint_{A_z} \overline{\Gamma_k \boldsymbol{v}_{k,s}} \cdot \mathrm{d}\boldsymbol{A}_z + \iint_{A_z} \overline{\boldsymbol{F}_{k,w}} \cdot \mathrm{d}\boldsymbol{A}_z - \frac{\partial}{\partial z}(\{p_k\}_z \{\alpha_k\}) A_z +$$

$$\iint_{A_z} \overline{\boldsymbol{F}_{k,s}} \cdot \mathrm{d}\boldsymbol{A}_z + \{\rho_k \alpha_k\} \boldsymbol{g} \cdot \boldsymbol{A}_z \tag{6-159}$$

其中

$$\overline{\Gamma_k \boldsymbol{v}_{k,s}} = -\frac{1}{V}\{\rho_k \boldsymbol{v}_k(\boldsymbol{v}_k - \boldsymbol{v}_s) \cdot \boldsymbol{A}\}_{k,s} \tag{6-160}$$

$$\overline{\boldsymbol{F}_{k,w}} = \frac{1}{V}\sum_j \boldsymbol{F}_{k,j} \tag{6-161}$$

$$\overline{\boldsymbol{F}_{k,s}} = \frac{1}{V}\boldsymbol{F}_{k,s} \tag{6-162}$$

运用式(6-33),即

$$\{c_k\} = \{c_k\}_k \{\alpha_k\} \tag{6-163}$$

得到

$$\frac{\partial}{\partial t}[\{\rho_k v_{k,z} \alpha_k\} A_z] + \frac{\partial}{\partial z}(\{\rho_k v_{k,z}^2 \alpha_k\} A_z)$$

$$= \oiint_{A_z} \Gamma_k(\boldsymbol{v}_{k,s} \cdot \boldsymbol{n}_z) \mathrm{d}A_z + \iint_{A_z}(\overline{\boldsymbol{F}_{k,w}} \cdot \boldsymbol{n}_z) \mathrm{d}A_z - \frac{\partial}{\partial z}(\{p_k \alpha_k\}_z A_z) +$$

$$\iint_{A_z}(\overline{\boldsymbol{F}_{k,s}} \cdot \boldsymbol{n}_z) \mathrm{d}A_z + \{\rho_k \alpha_k\} \boldsymbol{g} \cdot \boldsymbol{A}_z \tag{6-164}$$

在汽液交界面处有

$$\Gamma_v \boldsymbol{v}_{v,s} \cdot \boldsymbol{n}_z + \overline{\boldsymbol{F}_{v,s}} \cdot \boldsymbol{n}_z + \Gamma_L \boldsymbol{v}_{L,s} \cdot \boldsymbol{n}_z + \overline{\boldsymbol{F}_{L,v}} \cdot \boldsymbol{n}_z = 0 \tag{6-165}$$

其中 $\overline{\boldsymbol{F}_{L,v}}$ 是汽液交界面处的相互作用力,对式(6-164)的汽相和液相方程相加并利用式(6-165)和式(6-154),得到混合物的动量方程

$$\frac{\partial}{\partial t}(G_{\text{mix}}A_z) + \frac{\partial}{\partial z}\left(\frac{G_{\text{mix}}^2 A_z}{\rho_{\text{mix}}^+}\right) = -\overline{F_{z,\text{w}}}A_z - \frac{\partial}{\partial z}(\{p\}A_z) - \rho_{\text{mix}}gA_z\cos\theta \qquad (6\text{-}166)$$

其中 θ 是与垂直方向的夹角；ρ_{mix}^+ 是动力密度，为

$$\frac{1}{\rho_{\text{mix}}^+} \equiv \frac{1}{G_{\text{mix}}^2}\{\rho_{\text{v}}\alpha v_{\text{v},z}^2 + \rho_{\text{L}}(1-\alpha)v_{\text{L},z}^2\} \qquad (6\text{-}167)$$

在式(6-166)中，$\overline{F_{\text{w},z}}$ 和 $\{\rho\}$ 分别为

$$\overline{F_{z,\text{w}}} = -(\overline{\boldsymbol{F}_{\text{v,w}} \cdot \boldsymbol{n}_z} + \overline{\boldsymbol{F}_{\text{L,w}} \cdot \boldsymbol{n}_z}) \qquad (6\text{-}168)$$

$$\{\rho\} = \{p_{\text{v}}\alpha\} + \{p_{\text{L}}(1-\alpha)\} \qquad (6\text{-}169)$$

对于两相均匀的混合流动，近似有 $p_{\text{v}} = p_{\text{L}} = p$。$F_{\text{w},z}$ 是单位体积流体内受到的壁面黏性力的总和，有

$$\overline{F_{z,\text{w}}} = \frac{1}{A_z}\int_{P_z}\tau_{\text{w}}\mathrm{d}P_z \qquad (6\text{-}170)$$

3. 能量守恒方程

我们先回顾式(6-125)与式(6-126)，即

$$\left(\frac{\mathrm{d}Q}{\mathrm{d}t}\right)_k = \iiint_{V_k}q_{\text{V},k}\mathrm{d}V - \oiint_S \boldsymbol{q}_k \cdot \boldsymbol{n}\,\mathrm{d}S \qquad (6\text{-}171)$$

与

$$\left(\frac{\mathrm{d}W}{\mathrm{d}t}\right)_{k,s} = -\oiint_{S_k}(\boldsymbol{\tau}_k \cdot \boldsymbol{v}_k) \cdot \boldsymbol{n}\,\mathrm{d}S \qquad (6\text{-}172)$$

并注意到

$$\frac{1}{V}(p_k\boldsymbol{v}_s \cdot \boldsymbol{n}_s)_{k,s}A_{k,s} = p_k\frac{\partial}{\partial t}(\alpha_k) \qquad (6\text{-}173)$$

因此，在一维的情况下，对于一个在固定的坐标系下的控制体 $A_z\Delta z$，可以得到

$$\frac{\partial}{\partial t}\big[(\rho_k u_k^0\alpha_k)A_z\big] + \frac{\partial}{\partial z}(\{\rho_k h_k^0 v_{k,z}\alpha_k\}A_z)$$

$$= \{\Gamma_k h_{k,s}^0\}A_z - \left\{p_k\frac{\partial\alpha_k}{\partial t}\right\}A_z + \{q_{\text{V},k}\alpha_k\}A_z - (q_{k,\text{w}}\alpha_{k,\text{w}}P_\text{w}) -$$

$$(q_{k,s}P_s) - \frac{\partial}{\partial z}(q_{k,z}\alpha_k A_z) + \frac{\partial}{\partial z}(\{(\tau_{xx}v_x)_k + (\tau_{yz}v_y)_k + (\tau_{zz}v_z)_k\}\{\alpha_k\}A_z) -$$

$$\{\rho_k g v_{k,z}\alpha_k\}A_z \qquad (6\text{-}174)$$

其中，$q_{k,\text{w}}$ 是 A_z 断面处 k 相与壁面之间的热流密度，P_w 是壁面周长，P_s 是汽液界面周长。对于等截面的一维流动，A_z 是常数，如果忽略轴向导热和剪切力的热效应，并且认为 $p_{\text{v}} = p_{\text{L}} = p$，则有

$$\frac{\partial}{\partial t}\{\rho_k u_k^0\alpha_k\} + \frac{\partial}{\partial z}\{\rho_k h_k^0 v_{k,z}\alpha_k\} = \Gamma_k h_{k,s}^0 - p\frac{\partial\alpha_k}{\partial t} + q_{\text{V},k}\alpha_k - q_{k,\text{w}}\alpha_{k,\text{w}}\frac{P_\text{w}}{A_z} -$$

$$\{\rho_k g v_{k,z}\alpha_k\} + \{Q_{k,s}^*\} \qquad (6\text{-}175)$$

其中

$$Q_{k,s}^* = -\{\boldsymbol{q}_k\}_s \cdot \boldsymbol{n}_{k,s}A_{k,s}/V = \{\boldsymbol{q}_k\}_s \cdot \boldsymbol{n}P_s/A_z \qquad (6\text{-}176)$$

对于汽液交界面，有

$$(\Gamma_\text{L}h_{\text{L},s}^0 + Q_{\text{L},s}^*) + (\Gamma_\text{v}h_{\text{v},s}^0 + Q_{\text{v},s}^*) = 0 \qquad (6\text{-}177)$$

在一维混合流模型的情况下，得到混合物的能量方程

$$\frac{\partial}{\partial t}\left\{\rho_{\text{mix}}\left[h_{\text{mix}} + \frac{1}{2}\ (v^2)_{\text{mix}}\right] - p\right\} + \frac{\partial}{\partial z}\left\{G_{\text{mix}}\left[h_{\text{mix}}^+ + \frac{1}{2}\ (v^2)_{\text{mix}}^+\right]\right\}$$

$$= q_{\text{V,mix}} - q_{\text{w,k}}\frac{P_w}{A_z} - gG_{\text{mix}}\cos\theta \tag{6-178}$$

其中，ρ_{mix} 与 G_{mix} 分别为

$$\rho_{\text{mix}} = \{\alpha_v\rho_v\} + \{\alpha_L\rho_L\} \tag{6-179}$$

$$G_{\text{mix}} = \{\alpha_v\rho_v v_{v,z} + \alpha_L\rho_L v_{L,z}\} \tag{6-180}$$

而

$$h_{\text{mix}} = \{\alpha_v\rho_v h_v + \alpha_L\rho_L h_L\}/\rho_{\text{mix}} \tag{6-181}$$

$$h_{\text{mix}}^+ = \{\alpha_v\rho_v h_v v_{v,z} + \alpha_L\rho_L h_L v_{L,z}\}/G_{\text{mix}} \tag{6-182}$$

$$(v^2)_{\text{mix}} = \{\alpha_v\rho_v v_v^2 + \alpha_L\rho_L v_L^2\}/\rho_{\text{mix}} \tag{6-183}$$

$$(v^2)_{\text{mix}}^+ = \{\alpha_v\rho_v v_v^3 + \alpha_L\rho_L v_L^3\}/G_{\text{mix}} \tag{6-184}$$

$$q_{\text{V,mix}} = q_{\text{V,v}}\alpha_v + q_{\text{V,L}}\alpha_L \tag{6-185}$$

当 $v_{k,z}$ 在 A_z 断面均匀的时候，可以在动量方程中乘以 $v_{k,z}$ 得到各相的动能方程，即有

$$v_{k,z}\left(v_{k,z}\frac{\partial\rho_k\alpha_k}{\partial t}A_z + \rho_k\alpha_k A_z\frac{\partial v_{k,z}}{\partial t} + v_{k,z}\frac{\partial\rho_k\alpha_k v_{k,z}A_z}{\partial z} + \rho_k\alpha_k v_{k,z}A_z\frac{\partial v_{k,z}}{\partial z}\right)$$

$$= -v_{k,z}\overline{\Gamma_{k,w,z}}A_z - v_{k,z}\frac{\partial p\alpha_k}{\partial z}A_z - \rho_k\alpha_k v_{k,z}gA_z + v_{k,z}\cdot(\Gamma_k v_{k,s} + \overline{F_{k,s}})A_z \tag{6-186}$$

式（6-186）左侧可以用混合物的质量平衡方程进行简化，考虑到

$$\rho_k\alpha_k A_z\frac{\partial(v_{k,z}^2/2)}{\partial t} + \rho_k\alpha_k v_{k,z}A_z\frac{\partial(v_{k,z}^2/2)}{\partial z} + v_{k,z}^2\Gamma_k A_z +$$

$$\frac{v_{k,z}^2}{2}\left(\frac{\partial(\rho_k\alpha_k)}{\partial t} + \frac{\partial(\rho_k\alpha_k v_{k,z})}{\partial z} - \Gamma_k\right)A_z = 0 \tag{6-187}$$

得到

$$\frac{\partial}{\partial t}\left[(\rho_k\alpha_k v_{k,z}^2/2)A_z\right] + \frac{\partial}{\partial z}\left[\rho_k\alpha_k v_{k,z}(v_{k,z}^2/2)A_z\right] + \frac{v_{k,z}^2}{2}\Gamma_k A_z$$

$$= -v_{k,z}\overline{\Gamma_{k,w,z}}A_z - v_{k,z}\frac{\partial p\alpha_k}{\partial z}A_z - \rho_k\alpha_k v_{k,z}gA_z +$$

$$\boldsymbol{v}_{k,z}\cdot(\Gamma_k\boldsymbol{v}_{k,s} + \overline{\boldsymbol{F}_{k,s}})A_z \tag{6-188}$$

把汽相和液相的动能方程相加，得到

$$\frac{\partial}{\partial t}\left[\rho_{\text{mix}}(v_{\text{mix}}^2/2)A_z\right] + \frac{\partial}{\partial z}\left[G_{\text{mix}}(v_{\text{mix}}^2/2)A_z\right]$$

$$= -v_{v,z}\overline{\Gamma_{v,w,z}}A_z - v_{L,z}\overline{\Gamma_{L,w,z}}A_z - \left(v_{v,z}\frac{\partial p\alpha_v}{\partial z} + v_{L,z}\frac{\partial p\alpha_L}{\partial z}\right)A_z -$$

$$(\rho_v\alpha_v v_{v,z} + \rho_L\alpha_L v_{L,z})gA_z + \boldsymbol{v}_{v,z}\cdot(\Gamma_v(\boldsymbol{v}_{v,s} - \boldsymbol{v}_{v,z}) + \overline{\boldsymbol{F}_{v,s}})A_z +$$

$$\boldsymbol{v}_{L,z}\cdot(\Gamma_L(\boldsymbol{v}_{L,s} - \boldsymbol{v}_{L,z}) + \overline{\boldsymbol{F}_{L,s}})A_z \tag{6-189}$$

再把式（6-189）中最后两项忽略掉，即忽略相间动能交换，然后代入式（6-178）就可以得到

$$\frac{\partial}{\partial t}(\rho_{\text{mix}}h_{\text{mix}} - p)A_z + \frac{\partial}{\partial z}(G_{\text{mix}}h_{\text{mix}}^+ A_z)$$

$$= q_{V,mix}A_z - q_{V,w}P_w + v_{v,z}\left(\overline{F_{v,w,z}} + \frac{\partial p\alpha_v}{\partial z}\right)A_z + v_{L,z}\left(\overline{F_{L,w,z}} + \frac{\partial p\alpha_L}{\partial z}\right)A_z \quad (6\text{-}190)$$

进一步,假如壁面摩擦和压力变化都很小的时候,也可以忽略。这样可以得到

$$\frac{\partial}{\partial t}(\rho_{mix}h_{mix} - p)A_z + \frac{\partial}{\partial z}(G_{mix}h_{mix}^+A_z) = q_{V,mix}A_z - q_{V,w}P_w + \frac{G_{mix}}{\rho_{mix}}\left(\overline{F_{w,z}} + \frac{\partial p}{\partial z}\right)A_z$$

$$(6\text{-}191)$$

知识点:
- 一维化的两流体模型的质量、动量和能量守恒方程。

6.3　两相流水力学分析

以上我们介绍了两相流输运方程,接下来讨论两相流的水力和传热分析。

6.3.1　流型判别

区分两相流的流型对于分析两相流是十分重要的,其重要性不亚于在分析单相流的时候要先区分层流还是湍流。对于两相流来说,通常情况下汽相和液相的密度差很大,因而垂直通道和水平通道内的流动情况有很大差别,分析两相流的时候,通常要把水平通道和垂直通道区分开来分析。

1. 垂直通道

对于垂直向上流动的通道,通常把流型按照通道内汽泡的分布与流动情况,分为泡状流、弹状流、搅状流和环状流[2](见图 6-6),也有一些学者根据特殊的流动条件,把流型区分得更多,例如还有滴状流等,我们这里介绍主流的区分方法。

泡状流汽泡比较小,分布在连续的液相之中。直径大约 1mm 以下的汽泡基本上是球形的,而对于直径比较大的汽泡,则会有各种各样的形状。当小的汽泡不断合并,液体中出现大的像子弹一样的汽泡的时候,流动就进入了弹状流了。如果管子直径很大,则弹状的汽泡会变成泰勒帽的形状。弹状流的汽弹周围的液膜由于重力作用有时会形成向下的流动,而小的汽泡会不断向汽弹内合并。当汽弹继续增大,汽弹开始破

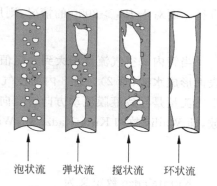

泡状流　弹状流　搅状流　环状流

图 6-6　垂直通道内两相流流型

碎,两相之间形成搅状流。搅状流是不规则的柱形汽泡和块状液团在通道内交替出现的流动,是弹状流向环状流的过渡阶段。而环状流的特征是在流道中间形成连续的汽相流动,在汽相流量比较大的情况下,还会有液滴从液膜中被吹入汽空间内,而液膜的流动则与汽相的流速密切相关。汽相流速比较小的时候,液膜会向下流动,而在汽相流速达到一定值的时候,液膜转变方向向上流动。若汽在周围而液在中心,有时也称为反环状流。

为了分析两相流的机理特征,我们来看图 6-7 所示的环状流工况下液膜转变流动方向的实验。试验台架是一根垂直的圆形通道,通道内空气向上流动,而水从上注入口流入管内,沿着管内壁向下流动,从下端的出水口出去(管 1)。当我们增大管内空气的流量,发现会有液滴从波动的液膜表面被空气吹出来(管 2),当继续增大管内空气流量,液膜停止向下流动,转变方向变成向上流动(管 3,4,5),当管内空气流量又开始变小,液膜又开始向下流动(管 6,7)。

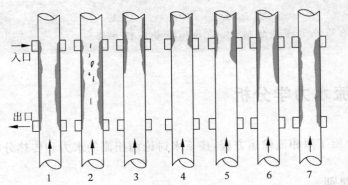

图 6-7　液膜转变流动方向的实验

在以上过程中,管 1 内的液膜厚度在开始的时候几乎与管内空气的流量无关,而只与液体的流量有关,Nusselt[3] 对管 1 内的液膜厚度在 $Re_L \equiv \dfrac{4Q_L}{\pi D v_L} < 2000$ 的情况下用式(6-192)计算,有

$$\delta^* = \delta \left[\frac{g\sin\theta}{\nu_L^2} \right]^{\frac{1}{3}} = 1.442 Re_L^{\frac{1}{3}} \tag{6-192}$$

其中,θ 是管子与水平线之间的夹角;ν_L 是液体的运动黏度;Q_L 是液体的体积流量;D 是管子直径。而对于 $Re_L > 2000$ 的情况,则用[4]

$$\delta^* = 0.304 Re_L^{\frac{7}{12}} \tag{6-193}$$

当管内的空气流量增大到一定值以后,液膜厚度开始受到空气流量的影响,并且在液膜表面形成水波(管 2)。管 3 内的空气流量是导致液膜流动方向转变向上的流量,管 5 内的空气流量是导致液膜流动方向转变向下的流量。为了确定转变流量,通常引入两个无量纲数,即 Wallis 数和 Kutateladze 数,Wallis 数定义为

$$\{j_k^+\} \equiv \{j_k\} \left[\frac{\rho_k}{gD(\rho_L - \rho_v)} \right]^{0.5} \tag{6-194}$$

Kutateladze 数定义为

$$Ku_k \equiv \{j_k\} \left[\frac{\rho_k}{\sqrt{g\sigma(\rho_L - \rho_v)}} \right]^{0.5} \tag{6-195}$$

其中,k 表示汽相或者液相。Wallis[5] 推荐使用下式确定转变流量:

$$\{j_v^+\}^{0.5} + m \{j_L^+\}^{0.5} = C \tag{6-196}$$

其中,m 和 C 是与管道出口状况有关的常数。对于出口作过圆角处理的管子,$m=1$,$C=0.9$;而对于没有作过圆角处理的管子,则 $C=0.725$。对于管 5 内的向下转变流量,则有[6]

$$\{j_v^+\} = 0.5 \tag{6-197}$$

Pushkina 和 Sorokin[7]在对直径为 6～309mm 的管子内空气和水的流动进行实验后，认为向上转变和向下转变都可以用式(6-198)

$$Ku_v = 3.2 \tag{6-198}$$

图 6-8 是 Hewitt 和 Roberts[2]在 31.2mm 直径的管内空气-水垂直向上流的两相流流型判别图，实验的压力范围为 0.14～0.54MPa。图 6-8 对于压力范围为 3.45～6.90MPa，管子直径为 12.7mm 的管内水蒸气-水两相流动也适用。图中横坐标和纵坐标分别为

$$\rho_L \{j_L\}^2 = \frac{G_{mix}^2 (1-\chi)^2}{\rho_L} \tag{6-199}$$

$$\rho_v \{j_v\}^2 = \frac{G_{mix}^2 \chi^2}{\rho_v} \tag{6-200}$$

Taitel[8]等人认为，25℃,0.1MPa 下空气-水两相流系统从泡状流过渡到弹状流或搅状流发生在空泡份额达到 0.25 的时候。并且认为液相和汽相的速度之间的关系为

$$v_L = v_v - v_0 \tag{6-201}$$

其中 v_0 是大汽泡(5mm$<d<$20mm)在水中的上升速度，由以下关系式确定[9]：

$$v_0 = 1.53 \left(\frac{g(\rho_L - \rho_v)\sigma}{\rho_L^2}\right)^{\frac{1}{4}} \tag{6-202}$$

根据式(6-201)和式(6-202)，可以得到

$$\frac{\{j_L\}}{\{1-\alpha\}} = \frac{\{j_v\}}{\{\alpha\}} - 1.53 \left(\frac{g(\rho_L - \rho_v)\sigma}{\rho_L^2}\right)^{\frac{1}{4}} \tag{6-203}$$

在 $\{\alpha\}=0.25$ 时有

$$\frac{\{j_L\}}{\{j_v\}} = 3 - 1.15 \frac{[g(\rho_L - \rho_v)\sigma]^{\frac{1}{4}}}{\{j_v\}^{\frac{1}{2}} \rho_L^{\frac{1}{2}}} \tag{6-204}$$

这就是图 6-9 中的 A 线。需要注意的是对于管子直径很小的情况，会由于汽泡很快形成弹状而没有图中泡状流（Ⅰ）区的工况。但图中泡状流（Ⅱ）区的工况还是存在的，泡状流（Ⅱ）区和泡状流（Ⅰ）区的差别在于前者的液相体积流密度比较大，从而汽泡很容易被碎裂

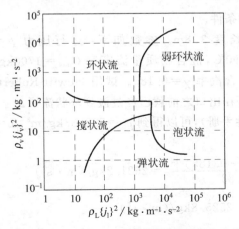

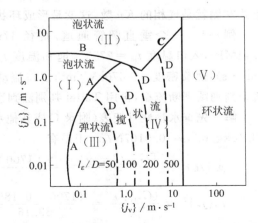

图 6-8　Hewitt-Roberts 流型判别图(垂直向上流)　　图 6-9　Taitel 流型判别图(25℃,0.1MPa,空气-水)

成小汽泡,不容易形成弹状的大汽泡。Taitel 等人认为图中的 B 线处有[8]

$$\{j_{\mathrm{L}}\} + \{j_{\mathrm{v}}\} = 4\left\{\frac{D^{0.429}\,(\sigma/\rho_{\mathrm{L}})^{0.089}}{\nu_{\mathrm{L}}^{0.072}}\left[\frac{g(\rho_{\mathrm{L}} - \rho_{\mathrm{v}})}{\rho_{\mathrm{L}}}\right]^{0.446}\right\} \tag{6-205}$$

对于图 6-9 中的 C 线,有

$$\frac{\{j_{\mathrm{v}}\}}{\{j_{\mathrm{v}}\} + \{j_{\mathrm{L}}\}} = 0.52 \tag{6-206}$$

对于弹状流和搅状流之间的分界线 D 线情况比较复杂,Taitel 等人认为与如下发展长度有关,有

$$\frac{l_{e}}{D} = 40.6\left(\frac{\{j_{\mathrm{v}}\} + \{j_{\mathrm{L}}\}}{\sqrt{gD}} + 0.22\right) \tag{6-207}$$

对于不同的发展长度 l_{e}/D,有不同的 D 线(见图 6-9)。Taitel 等人认为要形成环状流,气相速度必须足够大,使得气流可以阻止液滴下落,因此形成环状流所需要的最小气相速度可以通过液滴受到的重力和气流拖动力平衡得到,其平衡式为

$$\frac{1}{2}C_{\mathrm{d}}\left(\frac{\pi d^{2}}{4}\right)\rho_{\mathrm{v}}v_{\mathrm{v}}^{2} = \left(\frac{\pi d^{3}}{6}\right)g(\rho_{\mathrm{L}} - \rho_{\mathrm{v}}) \tag{6-208}$$

或

$$v_{\mathrm{v}} = \frac{2}{\sqrt{3}}\sqrt{\frac{g(\rho_{\mathrm{L}} - \rho_{\mathrm{v}})d}{\rho_{\mathrm{v}}C_{\mathrm{d}}}} \tag{6-209}$$

其中,d 是液滴直径,由下式确定[10]:

$$d = \frac{K\sigma}{\rho_{\mathrm{v}}v_{\mathrm{v}}^{2}} \tag{6-210}$$

式中 K 是临界 Weber 数,介于 20～30 之间。利用式(6-210),则式(6-209)可以写成

$$v_{\mathrm{v}} = \left(\frac{4K}{3C_{\mathrm{d}}}\right)^{\frac{1}{4}}\frac{\left[\sigma g(\rho_{\mathrm{L}} - \rho_{\mathrm{v}})\right]^{\frac{1}{4}}}{\rho_{\mathrm{v}}^{\frac{1}{2}}} \tag{6-211}$$

假如取 $K=30$,$C_{\mathrm{d}}=0.44$,而且对于环状流,液膜很薄,可以认为 $j_{\mathrm{v}}=v_{\mathrm{v}}$,则有

$$\frac{\{j_{\mathrm{v}}\}\rho_{\mathrm{v}}^{\frac{1}{2}}}{\left[\sigma g(\rho_{\mathrm{L}} - \rho_{\mathrm{v}})\right]^{\frac{1}{4}}} = 3.1 \tag{6-212}$$

上式左侧就是气相的 Ku 数,这就是形成环状流的条件。

例 6-3 一个垂直圆管通道,直径 17mm,长度 3.8m。参数如下:运行压力 $p = 7.44\mathrm{MPa}$,入口温度 $t_{\mathrm{in}} = 275℃$,饱和温度 $t_{\mathrm{sat}} = 290℃$,混合物质量流密度 $G_{\mathrm{mix}} = 1700\mathrm{kg}/(\mathrm{m}^{2}\cdot\mathrm{s})$,热流密度 $q = 670\mathrm{kW/m}^{2}$,出口流动质量含汽率 $\chi = 0.185$。试用 Hewitt-Roberts 流型判别图判断流型,再用 Taitel 判别法判别是否在出口之前就已经过渡到环状流了。

解 先查水物性骨架表(附录 C 或其他水物性手册),可以得到 $\rho_{\mathrm{L}} = 732.33\mathrm{kg/m}^{3}$,$\rho_{\mathrm{v}} = 39.16\mathrm{kg/m}^{3}$,$\sigma = 0.0167\mathrm{N/m}$,于是有

$$\rho_{\mathrm{L}}\{j_{\mathrm{L}}\}^{2} = \frac{\left[G_{\mathrm{mix}}(1-\chi)\right]^{2}}{\rho_{\mathrm{L}}} = \frac{\left[1700\times(1-0.185)\right]^{2}}{723.33} = 2621.2\mathrm{kg}/(\mathrm{m}\cdot\mathrm{s}^{2})$$

$$\rho_{\mathrm{v}}\{j_{\mathrm{v}}\}^{2} = \frac{(G_{\mathrm{mix}}\chi)^{2}}{\rho_{\mathrm{v}}} = \frac{(1700\times0.185)^{2}}{39.16} = 2525.8\mathrm{kg}/(\mathrm{m}\cdot\mathrm{s}^{2})$$

由图 6-8 可知,流动处于环状流和弱环状流之间的区域。假如用 Taitel 判别法,在出口处有

$$\frac{\{j_{\mathrm{v}}\}\rho_{\mathrm{v}}^{\frac{1}{2}}}{[\sigma g\,(\rho_{\mathrm{L}}-\rho_{\mathrm{v}})]^{\frac{1}{4}}}=\frac{\sqrt{2525.8}}{[0.0167\times9.8\times(732.33-39.16)]^{\frac{1}{4}}}=15.4>3.1$$

可见出口处已经过渡到环状流了,至于从哪一点开始过渡的,则需要根据流动质量含汽率来确定。

> 知识点:
> - 垂直通道内有哪些两相流的流型?
> - 流型是怎么判别的?

2. 水平通道

对于水平通道,通常把流型按照通道内汽泡的分布与流动情况,分为泡状流、塞状流、层状流、波状流、弹状流和环状流[11](见图 6-10),其中的层状流和波状流,是在垂直通道内不会出现的流型。

针对图 6-10 的流型划分,Mandhane 等人提出了图 6-11 所示的水平通道流型判别图,其参数范围见表 6-1。

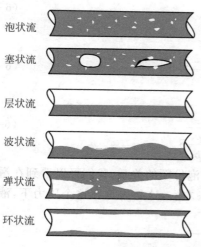

图 6-10　水平通道内两相流流型

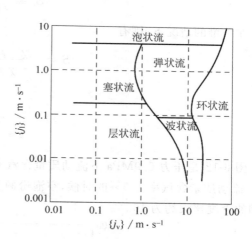

图 6-11　Mandhane 水平通道流型判别图

表 6-1　Mandhane 水平通道流型判别图的参数范围

参　　数	范　　围	单　　位
管子内直径	12.7~165.1	mm
液体密度	705~1009	kg/m³
气体密度	0.80~50.5	kg/m³
液体动力黏度	$3\times10^{-4}\sim9\times10^{-2}$	kg/m·s
气体动力黏度	$10^{-5}\sim2.2\times10^{-5}$	kg/m·s
表面张力	24~103	mN/m
液相体积流密度	0.9~731.1	m/s
气相体积流密度	0.04~171	m/s

6.3.2 两相流分析模型

两相流的计算模型通常有三种,即均匀流模型、漂移流模型和两流体模型,其中前两者都属于混合物流动模型。

均匀流模型把两相流看作是一个具有从每一相物性导出的平均物性的假想单相流。用于分析泡状流,在流速大、压力高时适用性较好。漂移流模型假设两相间处于热力学平衡态,汽液两相流速各自保持不变但不相等,即滑速比不等于1。两流体模型则认为两相间可以处于热力学非平衡态,可以分别对汽相和液相建立守恒方程,再结合相间结构关系式进行求解。

根据滑速比的定义,有

$$S_i \equiv \frac{\{\bar{v}_{v,i}\}_v}{\{\bar{v}_{L,i}\}_L} \tag{6-213}$$

在一维的情况下,则有

$$S = \frac{\chi}{1-\chi} \frac{\rho_L}{\rho_v} \frac{\{1-\alpha\}}{\{\alpha\}} \tag{6-214}$$

或

$$\{\alpha\} = \frac{1}{1 + \dfrac{1-\chi}{\chi} \dfrac{\rho_v}{\rho_L} S} \tag{6-215}$$

图 6-12 是压力 6.9MPa 下流动质量含汽率和空泡份额的关系,我们可以看到在滑速比为 1,流动质量含汽率为 5% 的时候,空泡份额为 50% 左右,这是因为在这个压力下,液相和汽相的密度比大约为 10。

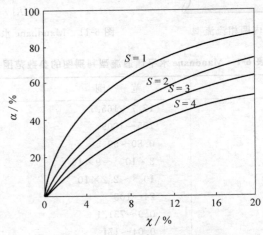

图 6-12　压力 6.9MPa 下流动质量含汽率和空泡份额的关系

对于滑速比等于 1 的情况，就是均匀流模型，有

$$\{\alpha\} = \cfrac{1}{1 + \cfrac{1-\chi}{\chi}\cfrac{\rho_{\mathrm{g}}}{\rho_{\mathrm{f}}}} \tag{6-216}$$

其中下标 g 表示饱和水蒸气，下标 f 表示饱和水。

对于饱和状态下的流动体积含汽率，有

$$\{\beta\} = \cfrac{1}{1 + \cfrac{1-\chi}{\chi}\cfrac{\rho_{\mathrm{g}}}{\rho_{\mathrm{f}}}} \tag{6-217}$$

我们看到，对于均匀流模型，因为 $S = 1$，所以 $\{\alpha\} = \{\beta\}$。

漂移流模型认为汽液两相流速不相等，我们可以把汽相速度分解成两部分，即两相混合物的体积流密度 j 和汽相的漂移速度 v_{s}，得到

$$v_{\mathrm{v}} = j + v_{\mathrm{s}} \tag{6-218}$$

因为对于汽相的体积流密度 j_{v}，有

$$j_{\mathrm{v}} = \alpha v_{\mathrm{v}} = \alpha j + \alpha(v_{\mathrm{v}} - j) \tag{6-219}$$

对上式进行断面平均，有

$$\{j_{\mathrm{v}}\} = \{\alpha j\} + \{\alpha(v_{\mathrm{v}} - j)\} \tag{6-220}$$

或

$$\{j_{\mathrm{v}}\} = C_0\{\alpha\}\{j\} + \{\alpha\}v_{\mathrm{s}} \tag{6-221}$$

其中

$$C_0 \equiv \frac{\{\alpha j\}}{\{\alpha\}\{j\}} \tag{6-222}$$

$$v_{\mathrm{s}} = \frac{\{\alpha(v_{\mathrm{v}} - j)\}}{\{\alpha\}} \tag{6-223}$$

由式（6-221）可以得到

$$\{\alpha\} = \frac{\{j_{\mathrm{v}}\}}{C_0\{j\} + v_{\mathrm{s}}} \tag{6-224}$$

或

$$\frac{\{\alpha\}}{\{\beta\}} = \left[C_0 + \frac{v_{\mathrm{s}}}{\{j\}}\right]^{-1} \tag{6-225}$$

其中的 $v_{\mathrm{s}}/\{j\}$ 是由于汽液相对漂移速度引起的，对于高流量的时候有 $v_{\mathrm{s}} \approx 0$，这时式（6-225）就是 Armand-Treschev[12] 或 Bankoff[4] 关系式

$$\{\alpha\} = K\{\beta\} \tag{6-226}$$

其中，$K = C_0^{-1}$。当漂移速度比较小的情况下，Armand 和 Treschev[12] 建议

$$\frac{1}{C_0} = K = 0.833 + 0.05\ln\left(\frac{p}{10^5}\right) \tag{6-227}$$

而 Bankoff[4] 建议

$$K = 0.71 + \frac{p}{6.8947 \times 10^7} \tag{6-228}$$

其中，压力的单位为 Pa。Dix[13] 则推荐一个通用表达式

$$C_0 = \{\beta\}\left[1 + \left(\frac{1}{\{\beta\}} - 1\right)^b\right] \tag{6-229}$$

其中

$$b = \left(\frac{\rho_v}{\rho_L}\right)^{0.1} \tag{6-230}$$

有时候我们把式(6-224)表述为质量流量和流动质量含汽率的形式，即有

$$\{\alpha\} = \frac{\dfrac{\chi q_m}{\rho_v A}}{C_0 \left(\dfrac{\chi}{\rho_v} + \dfrac{1-\chi}{\rho_L}\right)\dfrac{q_m}{A} + v_s} \tag{6-231}$$

或

$$\{\alpha\} = \left[C_0\left(1 + \frac{1-\chi}{\chi}\frac{\rho_v}{\rho_L}\right) + \frac{v_s\rho_v}{\chi G}\right]^{-1} \tag{6-232}$$

将式(6-232)与滑速比的定义式进行比较，得到

$$S = \left[C_0 + \frac{(C_0-1)\chi\rho_L}{(1-\chi)\rho_v}\right] + \frac{v_s\rho_L}{(1-\chi)G} \tag{6-233}$$

对于空泡份额均匀分布的情况，有 $C_0 = 1$，因此上式右边第一部分是由于空泡份额的不均匀分布引入的滑速比，而第二部分是由于汽相与液相流速不等而引入的。

Zuber 和 Findlay 认为 C_0 和 V_s 都与流型有关。当空泡份额从小到大变化时，C_0 从 $0 \sim 1$ 变化。而

$$v_s = (1 - \{\alpha\})^n v_\infty, \quad 0 < n < 3 \tag{6-234}$$

其中，n 和 v_∞ 见表 6-2。

表 6-2　不同流型的 n 和 v_∞ 值

流　　型	n	v_∞
小汽泡泡状流($d < 0.5\text{cm}$)	3	$\dfrac{g(\rho_L - \rho_v)d^2}{18\mu_L}$
大汽泡泡状流($d < 2\text{cm}$)	1.5	$1.53\left[\dfrac{\sigma g(\rho_L - \rho_v)}{\rho_L^2}\right]^{\frac{1}{4}}$
搅状流	0	$1.53\left[\dfrac{\sigma g(\rho_L - \rho_v)}{\rho_L^2}\right]^{\frac{1}{4}}$
弹状流(管径为 D)	0	$0.35\sqrt{g\left(\dfrac{\rho_L - \rho_v}{\rho_L}\right)D}$

例 6-4　已知某两相流通道内流动质量含汽率为 0.1，考虑 4 种情况：$(1) t_{sat} = 100℃$，$S = 1.0$；$(2) t_{sat} = 100℃$，$S = 2.0$；$(3) t_{sat} = 270℃$，$S = 1.0$；$(4) t_{sat} = 270℃$，$S = 2.0$。试分别计算 4 种情况下的空泡份额 $\{\alpha\}$，并对每种情况用混合物质量流密度 G_m 表示汽相体积流密度 $\{j_v\}$，流动体积含汽率 $\{\beta\}$ 和流体平均密度 $\{\rho\}$。

解　先查水物性骨架表（附录 C 或其他水物性手册），可以得到流体物性数据如下：

$t_{sat} = 100℃$ 时：

$$p_{sat} = 0.1\text{MPa}, \quad \rho_v = 0.5978\text{kg/m}^3, \quad \rho_L = 958.3\text{kg/m}^3$$

$t_{sat} = 270℃$ 时：

$$p_{sat} = 5.5\text{MPa}, \quad \rho_v = 28.06\text{kg/m}^3, \quad \rho_L = 767.9\text{kg/m}^3$$

（1）求解$\{\alpha\}$，即

$$\{\alpha\} = \cfrac{1}{1 + \cfrac{1-\chi}{\chi}\cfrac{\rho_v}{\rho_L}S}$$

得到情况 1：

$$\{\alpha\} = \cfrac{1}{1 + \cfrac{1-0.1}{0.1}\cfrac{0.5978}{958.3} \times 1} = 0.9944$$

情况 2：

$$\{\alpha\} = \cfrac{1}{1 + \cfrac{1-0.1}{0.1}\cfrac{0.5978}{958.3} \times 2} = 0.9889$$

情况 3：

$$\{\alpha\} = \cfrac{1}{1 + \cfrac{1-0.1}{0.1}\cfrac{28.06}{767.9} \times 1} = 0.7525$$

情况 4：

$$\{\alpha\} = \cfrac{1}{1 + \cfrac{1-0.1}{0.1}\cfrac{28.06}{767.9} \times 2} = 0.6032$$

（2）求解汽相体积流密度$\{j_v\}$，即

$$\{j_v\} = \frac{G_{mix}\chi}{\rho_v}$$

得到情况 1 和情况 2：

$$\{j_v\} = \frac{0.1}{0.5978}G_{mix} = 0.1673G_{mix}$$

情况 3 和情况 4：

$$\{j_v\} = \frac{0.1}{28.06}G_{mix} = 0.0036G_{mix}$$

（3）求解流动体积含汽率$\{\beta\}$，即

$$\{\beta\} = \cfrac{1}{1 + \cfrac{1-\chi}{\chi}\cfrac{\rho_v}{\rho_L}}$$

上式就是 $S=1$ 时的$\{\alpha\}$，所以情况 1 和情况 2：

$$\{\beta\} = 0.9944$$

情况 3 和情况 4：

$$\{\beta\} = 0.7525$$

（4）求解流体平均密度$\{\rho\}$，即

$$\rho_{mix} = \{\alpha\rho_v\} + \{(1-\alpha)\rho_L\} = \alpha\rho_v + (1-\alpha)\rho_L$$

得到情况 1：

$$\{\rho\} = 0.9944 \times 0.5978 + (1-0.9944) \times 958.3 = 5.961 \text{kg/m}^3$$

情况 2:

$$\{\rho\} = 0.9889 \times 0.5978 + (1 - 0.9889) \times 958.3 = 11.23 \text{kg/m}^3$$

情况 3:

$$\{\rho\} = 0.7525 \times 28.06 + (1 - 0.7525) \times 767.9 = 211.17 \text{kg/m}^3$$

情况 4:

$$\{\rho\} = 0.6032 \times 28.06 + (1 - 0.6032) \times 767.9 = 321.63 \text{ kg/m}^3$$

知识点:
- 均匀流模型。
- 漂移流模型。
- 漂移速度。
- 不同模型两相流参数的计算。

6.3.3 均匀流模型两相流压降

对于一维流动的情况,汽液混合物的动量方程为

$$\frac{\partial}{\partial t}(G_{\text{mix}} A_z) + \frac{\partial}{\partial z}\left(\frac{G_{\text{mix}}^2}{\rho_{\text{mix}}^+} A_z\right) = -\frac{\partial (pA_z)}{\partial z} - \int_{P_z} \tau_w \mathrm{d}P_z - \rho_{\text{mix}} g\cos\theta A_z \tag{6-235}$$

其中 θ 是流动方向与垂直方向之间的夹角。由此可以得到等截面流动通道内的稳态流动的压降梯度为

$$-\frac{\mathrm{d}p}{\mathrm{d}z} = \frac{\mathrm{d}}{\mathrm{d}z}\left(\frac{G_{\text{mix}}^2}{\rho_{\text{mix}}^+}\right) + \frac{1}{A_z}\int_{P_z} \tau_w \mathrm{d}P_z + \rho_{\text{mix}} g\cos\theta \tag{6-236}$$

这里假设了任一断面上压力分布均匀。上式右边三项分别为加速压降梯度、摩擦压降梯度和重力压降梯度,可以记为

$$-\frac{\mathrm{d}p}{\mathrm{d}z} = \left(\frac{\mathrm{d}p}{\mathrm{d}z}\right)_{\text{acc}} + \left(\frac{\mathrm{d}p}{\mathrm{d}z}\right)_{\text{fric}} + \left(\frac{\mathrm{d}p}{\mathrm{d}z}\right)_{\text{grav}} \tag{6-237}$$

其中

$$\left(\frac{\mathrm{d}p}{\mathrm{d}z}\right)_{\text{acc}} = \frac{\mathrm{d}}{\mathrm{d}z}\left(\frac{G_{\text{mix}}^2}{\rho_{\text{mix}}^+}\right) \tag{6-238}$$

$$\left(\frac{\mathrm{d}p}{\mathrm{d}z}\right)_{\text{fric}} = \frac{1}{A_z}\int_{P_z} \tau_w \mathrm{d}P_z = \frac{\overline{\tau}_w P_z}{A_z} \tag{6-239}$$

$$\left(\frac{\mathrm{d}p}{\mathrm{d}z}\right)_{\text{grav}} = \rho_{\text{mix}} g\cos\theta \tag{6-240}$$

为了得到出入口的压降,需要对上面的压降梯度进行积分,有

$$\Delta p = p_i - p_o = \int_{z_i}^{z_o}\left(-\frac{\mathrm{d}p}{\mathrm{d}z}\right)\mathrm{d}z \tag{6-241}$$

或

$$\Delta p = \Delta p_{\text{acc}} + \Delta p_{\text{fric}} + \Delta p_{\text{grav}} \tag{6-242}$$

其中

$$\Delta p_{\text{acc}} = \left(\frac{G_{\text{mix}}^2}{\rho_{\text{mix}}^+}\right)_o - \left(\frac{G_{\text{mix}}^2}{\rho_{\text{mix}}^+}\right)_i \tag{6-243}$$

$$\Delta p_{\text{fric}} = \int_{z_i}^{z_o} \frac{\overline{\tau}_w P_z}{A_z} \mathrm{d}z \tag{6-244}$$

$$\Delta p_{\text{grav}} = \int_{z_i}^{z_o} \rho_{\text{mix}} g \cos\theta \mathrm{d}z \tag{6-245}$$

分别为加速压降、摩擦压降和重力压降。式(6-243)中的动力密度 ρ_{mix}^+ 为

$$\frac{1}{\rho_{\text{mix}}^+} \equiv \frac{1}{G_{\text{mix}}^2} \{\rho_v \alpha v_{v,z}^2 + \rho_L (1-\alpha) v_{L,z}^2\} \tag{6-246}$$

由于流动质量含汽率 χ 可以表示为

$$\chi G_{\text{mix}} = \{\rho_v \alpha v_v\} \tag{6-247}$$

和

$$(1-\chi)G_{\text{mix}} = \{\rho_L(1-\alpha)v_L\} \tag{6-248}$$

所以有

$$\frac{G_{\text{mix}}^2}{\rho_{\text{mix}}^+} = \frac{\chi^2 G_{\text{mix}}^2}{C_v \{\rho_v \alpha\}} + \frac{(1-\chi)^2 G_{\text{mix}}^2}{C_L \{\rho_L(1-\alpha)\}} \tag{6-249}$$

其中

$$C_v = \frac{\{\rho_v \alpha v_v\}^2}{\{\rho_v \alpha v_v^2\}\{\rho_v \alpha\}} \tag{6-250}$$

$$C_L = \frac{\{\rho_L(1-\alpha)v_v\}^2}{\{\rho_L(1-\alpha)v_L^2\}\{\rho_L(1-\alpha)\}} \tag{6-251}$$

假如每一相的断面速度都均匀,则有 $C_v = C_L = 1.0$,可以得到

$$\frac{1}{\rho_{\text{mix}}^+} = \frac{\chi^2}{\{\rho_v \alpha\}} + \frac{(1-\chi)^2}{\{\rho_L(1-\alpha)\}} \tag{6-252}$$

这样得到的动力密度和式(6-246)比起来,和流体的速度就没有关系了,以便于计算。

对于两相流的摩擦压降梯度,通常利用与达西公式类似的形式,描述成与单相流一致的形式,即

$$\left(\frac{\mathrm{d}p}{\mathrm{d}z}\right)_{\text{fric}} = \frac{\overline{\tau}_w P_z}{A_z} \equiv \frac{f_{\text{TP}}}{D_e} \frac{G_{\text{mix}}^2}{2\rho_{\text{mix}}^+} \tag{6-253}$$

注意密度采用的是两相动力密度。其中,水力直径为

$$D_e = \frac{4A_z}{P_w} \tag{6-254}$$

式(6-253)中的两相流摩擦系数 f_{TP} 通常用单相流的摩擦系数公式计算得到的值乘以一个两相摩擦压降倍率 ϕ^2 的方法得到(由于这个值必然是大于零的,因此习惯上用平方)。计算中既可以用汽相的摩擦系数 f_{vo},也可以用液相的摩擦系数 f_{Lo}。

这样,就有

$$\left(\frac{\mathrm{d}p}{\mathrm{d}z}\right)_{\text{fric}} \equiv \frac{f_{\text{TP}}}{D_e} \frac{G_{\text{mix}}^2}{2\rho_{\text{mix}}^+} = \phi_{\text{Lo}}^2 \left(\frac{\mathrm{d}p}{\mathrm{d}z}\right)_{\text{fric}}^{\text{Lo}} = \phi_{\text{vo}}^2 \left(\frac{\mathrm{d}p}{\mathrm{d}z}\right)_{\text{fric}}^{\text{vo}} \tag{6-255}$$

其中,

$$\phi_{\text{Lo}}^2 = \frac{\rho_L}{\rho_{\text{mix}}^+} \frac{f_{\text{TP}}}{f_{\text{Lo}}} \tag{6-256}$$

$$\phi_{\text{vo}}^2 = \frac{\rho_v}{\rho_{\text{mix}}^+} \frac{f_{\text{TP}}}{f_{\text{vo}}} \tag{6-257}$$

通常,考虑到主流是液还是汽,对于沸腾的通道内习惯用液相的两相摩擦压降倍率,而对于冷凝的通道内则习惯用汽相的两相摩擦压降倍率。因此对于沸腾通道内,式(6-255)可写成

$$\left(\frac{\mathrm{d}p}{\mathrm{d}z}\right)_{\text{fric}}^{\text{TP}} = \phi_{\text{Lo}}^2 \left(\frac{\mathrm{d}p}{\mathrm{d}z}\right)_{\text{fric}}^{\text{Lo}} = \phi_{\text{Lo}}^2 \frac{f_{\text{Lo}}}{D_{\text{e}}} \frac{G_{\text{mix}}^2}{2\rho_{\text{L}}} \tag{6-258}$$

下面来看两相流的加速压降梯度。在均匀流模型情况下,有

$$v_{\text{mix}} = \frac{G_{\text{mix}}}{\rho_{\text{mix}}} = \frac{\{\rho_{\text{g}}\alpha v_{\text{g}} + \rho_{\text{f}}(1-\alpha)v_{\text{f}}\}}{\{\rho_{\text{g}}\alpha + \rho_{\text{f}}(1-\alpha)\}} \tag{6-259}$$

并且

$$v_{\text{g}} = v_{\text{f}} = v_{\text{mix}} \tag{6-260}$$

把式(6-74)、式(6-247)和式(6-248)代入式(6-252),得到

$$\frac{1}{\rho_{\text{mix}}^+} = \frac{\chi\{\rho_{\text{g}}\alpha\}v_{\text{mix}}}{\{\rho_{\text{f}}\alpha\}G_{\text{mix}}} + \frac{(1-\chi)\{\rho_{\text{f}}(1-\alpha)\}v_{\text{mix}}}{\{\rho_{\text{f}}(1-\alpha)\}G_{\text{mix}}} = \frac{v_{\text{mix}}}{G_{\text{mix}}} = \frac{1}{\rho_{\text{mix}}} \tag{6-261}$$

可见对于均匀流模型,有 $\rho_{\text{mix}}^+ = \rho_{\text{mix}}$。我们可以作如下变换,即

$$\frac{1}{\rho_{\text{mix}}^+} = \frac{v_{\text{mix}}}{G_{\text{mix}}} = \frac{\alpha v_{\text{mix}} + (1-\alpha)v_{\text{mix}}}{G_{\text{mix}}} \tag{6-262}$$

写成流动质量含汽率的形式有

$$\frac{1}{\rho_{\text{mix}}^+} = \frac{\dfrac{\chi G_{\text{mix}}}{\rho_{\text{g}}} + \dfrac{(1-\chi)G_{\text{mix}}}{\rho_{\text{f}}}}{G_{\text{mix}}} = \frac{\chi}{\rho_{\text{g}}} + \frac{1-\chi}{\rho_{\text{f}}} \tag{6-263}$$

从而得到两相流的加速压降梯度为

$$\left(\frac{\mathrm{d}p}{\mathrm{d}z}\right)_{\text{acc}} = G_{\text{mix}}^2 \frac{\mathrm{d}}{\mathrm{d}z}\left(\frac{1}{\rho_{\text{f}}} + \left(\frac{1}{\rho_{\text{g}}} - \frac{1}{\rho_{\text{f}}}\right)\chi\right) \tag{6-264}$$

或

$$\left(\frac{\mathrm{d}p}{\mathrm{d}z}\right)_{\text{acc}} = G_{\text{mix}}^2 \left(\frac{\mathrm{d}v_{\text{f}}}{\mathrm{d}z} + \chi\left(\frac{\mathrm{d}v_{\text{g}}}{\mathrm{d}z} - \frac{\mathrm{d}v_{\text{f}}}{\mathrm{d}z}\right) + (v_{\text{g}} - v_{\text{f}})\frac{\mathrm{d}\chi}{\mathrm{d}z}\right) \tag{6-265}$$

假如汽相和液相的比体积 v_{g},v_{f} 都与坐标 z 无关,记 $v_{\text{fg}} = v_{\text{g}} - v_{\text{f}}$,并且认为汽相和液相都是不可压缩流动,则有

$$\left(\frac{\mathrm{d}p}{\mathrm{d}z}\right)_{\text{acc}} = G_{\text{mix}}^2 (v_{\text{g}} - v_{\text{f}})\frac{\mathrm{d}\chi}{\mathrm{d}z} = G_{\text{mix}}^2 v_{\text{fg}}\frac{\mathrm{d}\chi}{\mathrm{d}z} \tag{6-266}$$

进一步忽略液相的可压缩性,而保留汽相的可压缩性,则有

$$\left(\frac{\mathrm{d}p}{\mathrm{d}z}\right)_{\text{acc}} = G_{\text{mix}}^2\left(\chi\frac{\partial v_{\text{g}}}{\partial p}\frac{\mathrm{d}p}{\mathrm{d}z} + v_{\text{fg}}\frac{\mathrm{d}\chi}{\mathrm{d}z}\right) \tag{6-267}$$

考虑到式(6-253)在均匀流模型下为

$$\left(\frac{\mathrm{d}p}{\mathrm{d}z}\right)_{\text{fric}} = \frac{f_{\text{TP}}}{D_{\text{e}}}\frac{G_{\text{mix}}^2}{2\rho_{\text{mix}}} \tag{6-268}$$

这样,把式(6-261)代入式(6-253)后和式(6-240)、式(6-267)一起代入式(6-237)可以得到均匀流模型总的压降梯度,即

$$-\left(\frac{\mathrm{d}p}{\mathrm{d}z}\right) = \frac{\dfrac{f_{\text{TP}}}{D_{\text{e}}}\dfrac{G_{\text{mix}}^2}{2\rho_{\text{mix}}} + G_{\text{mix}}^2 v_{\text{fg}}\dfrac{\mathrm{d}\chi}{\mathrm{d}z} + \rho_{\text{mix}}g\cos\theta}{\left(1 + G_{\text{mix}}^2\chi\dfrac{\partial v_{\text{g}}}{\partial p}\right)} \tag{6-269}$$

为了应用式(6-269)计算两相流道内的压降梯度,还需要确定两相摩擦系数。下面我们来重点讨论如何确定均匀流模型的两相摩擦系数 f_{TP}。通常有两种处理方法,第一种处理方法是用折算成的单相流质量流密度计算单相流公式得到摩擦系数,然后乘以相应的被乘因子,此时

$$f_{TP} = f_{Lo} \tag{6-270}$$

两相倍乘系数为

$$\phi_{Lo}^2 = \frac{\rho_L}{\rho_{mix}} \frac{f_{TP}}{f_{Lo}} = \frac{\rho_L}{\rho_{mix}} \tag{6-271}$$

进一步可以得到

$$\phi_{Lo}^2 = 1 + \chi\left(\frac{\rho_f}{\rho_g} - 1\right) \tag{6-272}$$

第二种处理方法是假设 f_{TP} 和雷诺数 Re 之间建立关系式,即

$$\frac{f_{TP}}{f_{Lo}} = \frac{C_1/Re_{TP}^n}{C_1/Re_{Lo}^n} = \left(\frac{\mu_{TP}}{\mu_f}\right)^n \tag{6-273}$$

对于两相流,一般认为处于湍流区,因此 $C_1 = 0.316, n = 0.25$ 或 $C_1 = 0.184, n = 0.2$。这样只要能够确定出两相混合物的等效动力黏度,就可以计算出两相流的摩擦系数。

以下是几个关于确定两相流等效动力黏度的关系式。

McAdams[14] 的关系式为

$$\frac{\mu_{TP}}{\mu_f} = \left[1 + \chi\left(\frac{\mu_f}{\mu_g} - 1\right)\right]^{-1} \tag{6-274}$$

Cichitti[15] 的关系式是

$$\frac{\mu_{TP}}{\mu_f} = \left[1 + \chi\left(\frac{\mu_g}{\mu_f} - 1\right)\right] \tag{6-275}$$

Dukler[16] 的关系式是

$$\frac{\mu_{TP}}{\mu_f} = \left[1 + \beta\left(\frac{\mu_g}{\mu_f} - 1\right)\right] \tag{6-276}$$

这样若采用 McAdams 关系式,就有

$$\phi_{Lo}^2 = \frac{\rho_L}{\rho_{mix}} \frac{f_{TP}}{f_{Lo}} = \left[1 + \chi\left(\frac{\rho_f}{\rho_g} - 1\right)\right]\left[1 + \chi\left(\frac{\mu_f}{\mu_g} - 1\right)\right]^{-n} \tag{6-277}$$

以上两种方法是均匀流模型的处理方法。

6.3.4 漂移流模型两相流压降

对于把两相看成具有不同流速的漂移流模型,若忽略液相的可压缩性,并且认为断面上

参数均匀,这样把式(6-252)的动力密度代入式(6-238),可得到加速压降梯度为

$$\left(\frac{\mathrm{d}p}{\mathrm{d}z}\right)_{\mathrm{acc}} = G_{\mathrm{mix}}^2 \frac{\mathrm{d}}{\mathrm{d}z}\left[\frac{(1-\chi)^2 v_{\mathrm{f}}}{\{1-\alpha\}} + \frac{\chi^2 v_{\mathrm{g}}}{\{\alpha\}}\right] = G_{\mathrm{mix}}^2\left[-\frac{2(1-\chi)v_{\mathrm{f}}}{\{1-\alpha\}} + \frac{2\chi v_{\mathrm{g}}}{\{\alpha\}}\right]\left(\frac{\mathrm{d}\chi}{\mathrm{d}z}\right) +$$

$$G_{\mathrm{mix}}^2\left[-\frac{(1-\chi)^2 v_{\mathrm{f}}}{\{1-\alpha\}^2} + \frac{\chi^2 v_{\mathrm{g}}}{\{\alpha\}^2}\right]\left(\frac{\mathrm{d}\alpha}{\mathrm{d}z}\right) + G_{\mathrm{mix}}^2 \frac{\chi^2}{\{\alpha\}}\frac{\partial v_{\mathrm{g}}}{\partial p}\left(\frac{\mathrm{d}p}{\mathrm{d}z}\right) \tag{6-278}$$

把式(6-240)的重力压降梯度,式(6-258)的摩擦压降梯度和式(6-278)的加速压降梯度代入式(6-237)并考虑此时液相处于饱和态,可得到漂移流模型总压降梯度,即

$$-\left(\frac{\mathrm{d}p}{\mathrm{d}z}\right) = \left[1 + G_{\mathrm{mix}}^2 \frac{\chi^2}{\{\alpha\}}\frac{\partial v_{\mathrm{g}}}{\partial p}\right]^{-1}\left\{\phi_{\mathrm{Lo}}^2 \frac{f_{\mathrm{Lo}}}{D_{\mathrm{e}}}\left(\frac{G_{\mathrm{mix}}^2}{2\rho_{\mathrm{f}}}\right) + G_{\mathrm{mix}}^2\left[\frac{2\chi v_{\mathrm{g}}}{\{\alpha\}} - \frac{2(1-\chi)v_{\mathrm{f}}}{\{1-\alpha\}}\right]\left(\frac{\mathrm{d}\chi}{\mathrm{d}z}\right) + \right.$$

$$\left. G_{\mathrm{mix}}^2\left[-\frac{(1-\chi)^2 v_{\mathrm{f}}}{\{1-\alpha\}^2} + \frac{\chi^2 v_{\mathrm{g}}}{\{\alpha\}^2}\right]\left(\frac{\mathrm{d}\alpha}{\mathrm{d}z}\right) + \rho_{\mathrm{mix}}g\cos\theta\right\} \tag{6-279}$$

注意到在高压下,汽相的可压缩性有时也可以忽略,这时有

$$G_{\mathrm{mix}}^2 \frac{\chi^2}{\{\alpha\}}\frac{\partial v_{\mathrm{g}}}{\partial p} \ll 1 \tag{6-280}$$

这样,还可以进一步简化式(6-279)。

知识点:
- 漂移流模型的两相压降计算。

下面讨论漂移流模型的两相摩擦压降倍乘系数。

1. Lockhart 和 Martinelli 模型

Lockhart 和 Martinelli[17]假设了单相流的压降计算关系式可以用于两相中的任意一相,其次假设在流动方向上两相的压降梯度处处相等。这样,我们既可以用液相的摩擦压降梯度也可以用汽相的摩擦压降梯度来表示两相的摩擦压降梯度,即有

$$\left(\frac{\mathrm{d}p}{\mathrm{d}z}\right)_{\mathrm{fric}}^{\mathrm{TP}} \equiv \phi_{\mathrm{L}}^2\left(\frac{\mathrm{d}p}{\mathrm{d}z}\right)_{\mathrm{fric}}^{\mathrm{L}} \equiv \phi_{\mathrm{v}}^2\left(\frac{\mathrm{d}p}{\mathrm{d}z}\right)_{\mathrm{fric}}^{\mathrm{v}} \tag{6-281}$$

其中的液相压降梯度和汽相压降梯度与式(6-155)有所不同,分别为

$$\left(\frac{\mathrm{d}p}{\mathrm{d}z}\right)_{\mathrm{fric}}^{\mathrm{L}} = \frac{f_{\mathrm{L}}}{D_{\mathrm{e}}}\frac{G_{\mathrm{mix}}^2 (1-\chi)^2}{2\rho_{\mathrm{L}}} \tag{6-282}$$

$$\left(\frac{\mathrm{d}p}{\mathrm{d}z}\right)_{\mathrm{fric}}^{\mathrm{v}} = \frac{f_{\mathrm{v}}}{D_{\mathrm{e}}}\frac{G_{\mathrm{mix}}^2 \chi^2}{2\rho_{\mathrm{v}}} \tag{6-283}$$

分别为采用每一相的质量流密度计算的摩擦压降梯度(不采用混合物的质量流密度)。因此有

$$\phi_{\mathrm{L}}^2 = \frac{f_{\mathrm{TP}}}{f_{\mathrm{L}}}\frac{\rho_{\mathrm{L}}}{\rho_{\mathrm{mix}}^+}\frac{1}{(1-\chi)^2} \tag{6-284}$$

$$\phi_{\mathrm{v}}^2 = \frac{f_{\mathrm{TP}}}{f_{\mathrm{v}}}\frac{\rho_{\mathrm{v}}}{\rho_{\mathrm{mix}}^+}\frac{1}{\chi^2} \tag{6-285}$$

利用式(6-256),得到

$$\phi_{Lo}^2 = \frac{f_{TP}}{f_{Lo}} \frac{\rho_L}{\rho_{mix}^+} = \phi_L^2 \frac{f_L}{\rho_L} \frac{\rho_L}{f_{Lo}} (1-\chi)^2 \qquad (6\text{-}286)$$

考虑到折算液相 Re_{Lo} 和液相 Re_L 分别为

$$Re_{Lo} = \frac{G_{mix} D_e}{\mu_L} \qquad (6\text{-}287)$$

$$Re_L = \frac{G_{mix}(1-\chi)D_e}{\mu_L} \qquad (6\text{-}288)$$

则有

$$f_L \sim \left(\frac{\mu_L}{D_e G_{mix}(1-\chi)}\right)^n \qquad (6\text{-}289)$$

$$f_v \sim \left(\frac{\mu_v}{D_e G_{mix} \chi}\right)^n \qquad (6\text{-}290)$$

$$f_{Lo} \sim \left(\frac{\mu_L}{D_e G_{mix}}\right)^n \qquad (6\text{-}291)$$

其中,$n=0.25$ 或 $n=0.2$。把这些式子代入式(6-286)中,得到

$$\phi_{Lo}^2 = \phi_L^2 \frac{[G_{mix}(1-\chi)D_e/\mu_L]^{-n}}{[G_{mix}D_e/\mu_L]^{-n}} (1-\chi)^2 = \phi_L^2 (1-\chi)^{2-n} \qquad (6\text{-}292)$$

Lockhart 和 Martinelli[17] 定义了一个参数 X,令

$$X^2 \equiv \frac{\left(\dfrac{dp}{dz}\right)_{fric}^L}{\left(\dfrac{dp}{dz}\right)_{fric}^v} = \frac{\phi_v^2}{\phi_L^2} \qquad (6\text{-}293)$$

当 $n=0.25$ 时,有

$$X^2 = \left(\frac{\mu_f}{\mu_g}\right)^{0.25} \left(\frac{1-\chi}{\chi}\right)^{1.75} \left(\frac{\rho_g}{\rho_f}\right) \qquad (6\text{-}294)$$

当 $n=0.2$ 时,有

$$X^2 = \left(\frac{\mu_f}{\mu_g}\right)^{0.2} \left(\frac{1-\chi}{\chi}\right)^{1.8} \left(\frac{\rho_g}{\rho_f}\right) \qquad (6\text{-}295)$$

定义了参数 X 后,把 ϕ_L、ϕ_v 和 α 表达为 X 的函数如下:

$$\phi_L^2 = 1 + \frac{C}{X} + \frac{1}{X^2} \qquad (6\text{-}296)$$

$$\phi_v^2 = 1 + CX + X^2 \qquad (6\text{-}297)$$

$$1 - \alpha = \frac{X}{\sqrt{X^2 + CX + 1}} \qquad (6\text{-}298)$$

其中,C 是一个常数,其取值取决于各相的流动是层流还是湍流,见表 6-3。表中"湍流—湍流"汽相和液相均处于湍流工况。图 6-13 是 Lockhart 和 Martinelli 得到的两相摩擦压降倍乘系数 ϕ 与 X 之间的关系图,在图中下角标 f 表示饱和液,下角标 g 表示饱和汽,其他下角标参见表 6-3。

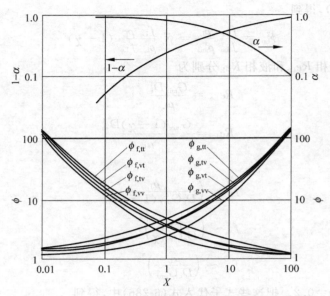

图 6-13　Lockhart-Martinelli 两相摩擦压降倍乘系数

表 6-3　在式(6-298)中的常数 C

汽—液	图 6-13 中下角标	常数 C
湍流—湍流	tt	20
层流—湍流	vt	12
湍流—层流	tv	10
层流—层流	vv	5

不难发现,在式(6-296)和式(6-298)中,隐含了

$$\phi_L^2 = (1-\alpha)^{-2} \tag{6-299}$$

> **知识点:**
> * Lockhart-Martinelli 计算倍乘系数的方法。

2. Martinelli 和 Nelson 模型

Martinelli 和 Nelson[18]认为两相摩擦压降倍乘系数 ϕ_{Lo}^2 可以表示成流动质量含汽率的函数,而与流量没有关系。利用 Lockhart-Martinelli 关系式中两相均是湍流的 X_{tt}(湍流-湍流,$C=20$),得到图 6-14。在计算出入口压降的时候,需要对整个通道进行积分,通常用平均两相摩擦压降倍乘系数来计算(见图 6-15),注意到是对质量含汽率 χ 进行的平均,于是有

$$\overline{\phi_{Lo}^2} = \frac{1}{z} \int_0^\chi \phi_{Lo}^2 \mathrm{d}\chi = \frac{1}{\chi} \int_0^\chi \phi_L^2 (1-\chi)^{1.75} \mathrm{d}\chi \tag{6-300}$$

或

$$\overline{\phi_{Lo}^2} = \frac{1}{z} \int_0^\chi \left(1 + \frac{C}{X} + \frac{1}{X^2}\right)(1-\chi)^{1.75} d\chi \tag{6-301}$$

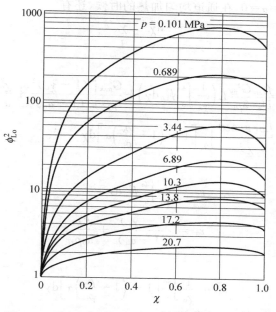

图 6-14　Martinelli-Nelson 两相摩擦压降倍乘系数

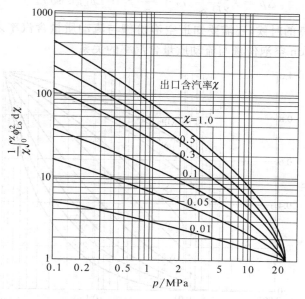

图 6-15　Martinelli-Nelson 平均两相摩擦压降倍乘系数

这样,我们对式(6-279)进行积分,有

$$\Delta p = \frac{f_{Lo}}{D_e} \frac{G_{mix}^2}{2\rho_L} \int_0^L \phi_{Lo}^2 dz + G_{mix}^2 \left[\frac{(1-\chi)^2}{(1-\alpha)\rho_L} + \frac{\chi^2}{\alpha\rho_v}\right]_{\alpha, X_{z=0}}^{\alpha, X_{z=L}} +$$

$$\int_0^L g\cos\theta[\rho_v\alpha + \rho_L(1-\alpha)]dz \tag{6-302}$$

考虑到 $z=0$ 的时候 $\chi=\alpha=0$,在通道均匀加热的时候,还有

$$\frac{d\chi}{dz} = \frac{\chi_o}{L} \tag{6-303}$$

因此有

$$\Delta p = \frac{f_{Lo}}{D_e}\frac{G_{mix}^2}{2\rho_L}L\left(\frac{1}{\chi_o}\int_0^{\chi_o}\phi_{Lo}^2 d\chi\right) + \frac{G_{mix}^2}{\rho_L}\left[\frac{(1-\chi_o)^2}{(1-\alpha_o)} + \frac{\chi_o^2\rho_L}{\alpha_o\rho_v}\right] +$$

$$\frac{L\rho_L g\cos\theta}{\chi_o}\int_0^{\chi_o}\left[1 - \left(1 - \frac{\rho_v}{\rho_L}\right)\alpha\right]d\chi \tag{6-304}$$

引入

$$r_2 = \frac{1}{\chi_o}\int_0^{\chi_o}\phi_{Lo}^2 dx \tag{6-305}$$

$$r_3 = \frac{(1-\chi_o)^2}{(1-\alpha_o)} + \frac{\chi_o^2\rho_L}{\alpha_o\rho_v} \tag{6-306}$$

和

$$r_4 = \frac{1}{\chi_o}\int_0^{\chi_o}\left[1 - \left(1 - \frac{\rho_v}{\rho_L}\right)\alpha\right]d\chi \tag{6-307}$$

代入式(6-307)得到

$$\Delta p = \frac{f_{Lo}G_{mix}^2 L}{2D_e\rho_L}r_3 + \frac{G_{mix}^2}{\rho_L}r_2 + L\rho_L g\cos\theta\, r_4 \tag{6-308}$$

用式(6-308)计算的时候,还需要知道空泡份额与流动质量含汽率之间的关系,图 6-16 就是 Martinelli-Nelson 空泡份额与流动质量含汽率的关系。

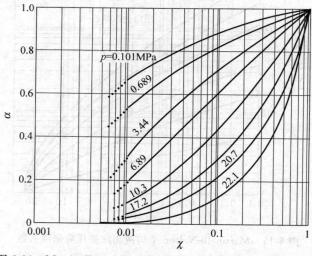

图 6-16　Martinelli-Nelson 空泡份额与流动质量含汽率的关系

知识点:
- Martinelli-Nelson 计算倍乘系数的方法。

3. Thom 模型

值得注意的是，Martinelli-Nelson 模型认为两相摩擦压降倍乘系数与流量没有关系，实际上这是一个近似的假设，实验发现两相摩擦压降倍乘系数不但与流量有关系，而且在高压下还与表面张力有关系。Thom[19]对式(6-308)进行了修正，得到了 r_2，r_3 和 r_4，分别见图 6-17、图 6-18、图 6-19。

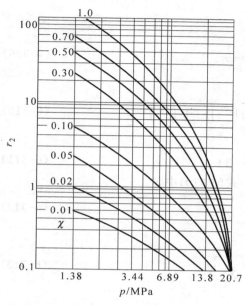

图 6-17 Thom 得到的 r_2

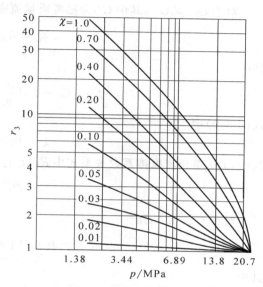

图 6-18 Thom 得到的 r_3

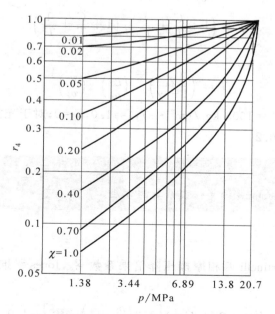

图 6-19 Thom 得到的 r_4

4. Chisholm 和 Sutherland 模型

Chisholm 和 Sutherland[20]建议在压力大于 3MPa 的时候,用以下方法计算两相压降倍乘系数。

对于 $G_{mix} \leqslant G^*$(其中 G^* 为参考质量流密度)

$$\phi_L^2 = 1 + \frac{C}{X} + \frac{1}{X^2} \tag{6-309}$$

其中

$$C = \left[\lambda + (C_2 - \lambda)\left(\frac{v_{fg}}{v_g}\right)^{0.5}\right]\left[\left(\frac{v_f}{v_g}\right)^{0.5} + \left(\frac{v_g}{v_f}\right)^{0.5}\right] \tag{6-310}$$

式(6-310)中

$$\lambda = 0.5(2^{2-n} - 2) \tag{6-311}$$

其中,n 是单相流摩擦系数关系式中 Re 上的幂次。式(6-310)中,

$$C_2 = \frac{G^*}{G_{mix}} \tag{6-312}$$

对于 $G_m > G^*$,用

$$\phi_L^2 = \left[1 + \frac{\overline{C}}{X} + \frac{1}{X^2}\right]\psi \tag{6-313}$$

其中

$$C = \left(\frac{v_f}{v_g}\right)^{0.5} + \left(\frac{v_g}{v_f}\right)^{0.5} \tag{6-314}$$

$$\psi = \left(1 + \frac{C}{T} + \frac{1}{T^2}\right) \Big/ \left(1 + \frac{\overline{C}}{T} + \frac{1}{T^2}\right) \tag{6-315}$$

式(6-315)中

$$T = \left(\frac{\chi}{1-\chi}\right)^{\frac{2-n}{2}}\left(\frac{\mu_f}{\mu_g}\right)^{\frac{n}{2}}\left(\frac{v_f}{v_g}\right)^{\frac{1}{2}} \tag{6-316}$$

对于粗糙管,有 $G^* = 1500$ kg $/(m^2 \cdot s)$,$\lambda = 1.0$,$n = 0$;对于光滑管,有 $G^* = 2000$kg/$(m^2 \cdot s)$,$\lambda = 0.75$,$n = 0.2$。

5. Jones 模型

对于 Lockhart-Martinelli 两相摩擦压降倍乘系数 ϕ_{Lo}^2,Jones[22]推荐(见图 6-20)的关系式,为

$$\phi_{Lo}^2 = \Omega(p, G_{mix})\left[1.2\left(\frac{\rho_L}{\rho_v} - 1\right)\chi^{0.824}\right] + 1.0 \tag{6-317}$$

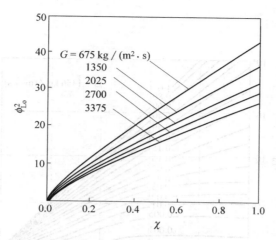

图 6-20　Jones 两相摩擦压降倍乘系数

式(6-317)中，p 的单位用 psi，$1psi = 6894.76Pa$，G 的单位用 $lb/(h \cdot ft^2)$，$1lb = 0.4536kg$，它们都是非 SI 单位。其中的

$$\Omega(p, G_{mix}) = \begin{cases} 1.36 + 0.0005p + 0.1\left(\dfrac{G_{mix}}{10^6}\right) - 0.000714p\left(\dfrac{G_{mix}}{10^6}\right) & \left(\dfrac{G_{mix}}{10^6}\right) \leqslant 0.7 \\ 1.26 - 0.0004p + 0.119\left(\dfrac{G_{mix}}{10^6}\right) + 0.00028p\left(\dfrac{G_{mix}}{10^6}\right) & \left(\dfrac{G_{mix}}{10^6}\right) > 0.7 \end{cases}$$

$$(6-318)$$

知识点：

- Jones 计算倍乘系数的方法。

6. Baroczy 模型

Baroczy[21]把水的方法扩展到诸如液态金属（钾、钠、水银）和制冷剂（氟利昂-22）等流体，导出了一个考虑质量流密度影响的更通用的关系图。Baroczy 的关系图是用两组曲线表示的：第一组是把两相摩擦压降倍率作为流体物性参数的函数，用平衡态含汽率作为参量，并用质量流密度 1356 $kg/(m^2 \cdot s)$ 为基准得到图 6-21。第二组是考虑含汽率、物性参数、质量流密度之间的关系（见图 6-22 和图 6-23），根据这两组曲线就可以得到任意质量流密度下的两相摩擦压降倍率，即有

$$\phi_{Lo}^2(G_{mix}) = \Omega \phi_{Lo}^2(G_{ref}) \tag{6-319}$$

知识点：

- Baroczy 计算倍乘系数的方法。

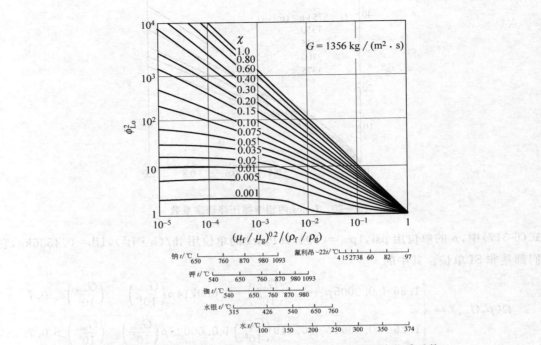

图 6-21　质量流密度为 1356kg/(m² · s)下两相摩擦压降倍乘系数

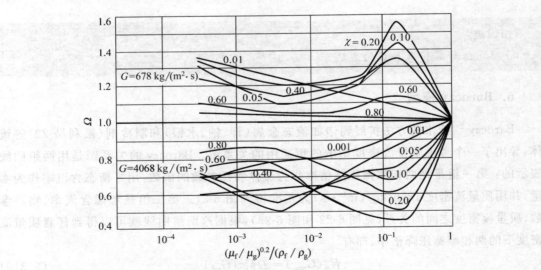

图 6-22　Baroczy 关系式中的 Ω

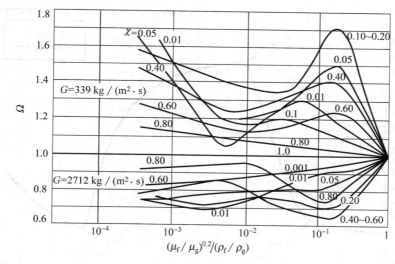

图 6-23　Baroczy 关系式中的 Ω

6.4　两相流传热分析

两相流传热分析在核反应堆热工水力学分析中具有十分重要的地位。在沸水堆中,沸腾传热是堆芯内的主要传热方式;在压水堆中,也允许堆芯内局部可以发生少量沸腾;在重水堆中,压力管内也允许发生沸腾。而且,对于压水堆和重水堆,都采用蒸汽发生器来产生蒸汽,因此蒸汽发生器内的二次侧运行在沸腾工况。对于直流蒸汽发生器,其二次侧会经历从单相液到单相汽的全过程。另一方面,由于沸腾传热自身的特征,存在沸腾危机,因此确定临界热流密度对于核反应堆堆芯的热工设计具有十分重要的意义。

本章的重点是掌握管内沸腾传热分区的方法,各个传热区的换热系数的计算,沸腾临界和临界热流密度的计算。

6.4.1　沸腾曲线与传热分区

类似于前面水力学分析中区分两相流的流型,分析两相流传热也要进行传热分区,以便于对不同的区域采用不同的关系式进行计算。图 6-24 是典型的沸腾曲线,其中的 T_{ONB} 是核态沸腾起始点(onset of nucleate boiling)的壁面过热度($T_w - T_s$),T_{CHF} 是临界热流密度时的壁面过热度(critical heat flux),T_{min} 是膜态沸腾最小壁面过热度。

临界热流密度应该和汽泡的产生速度以及汽泡离开壁面的最大体积流密度有关。Kutateladez[23] 在 1952 年提出汽泡离开壁面的最大体积流密度为

$$j_v = C_1 \left[\frac{\sigma (\rho_f - \rho_g) g}{\rho_g^2} \right]^{\frac{1}{4}}$$

(6-320)

其中,$C_1 = 0.16$,是常数。Zuber[24] 等人认为 $C_1 = 0.13$,Rohsenow[25] 等人则认为 $C_1 = 0.18$。

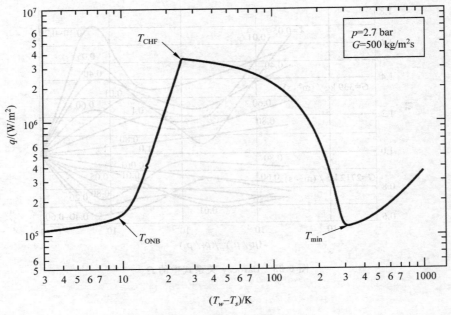

图 6-24 典型的沸腾曲线

有了最大体积流密度后就可以根据能量平衡得到临界热流密度了,即有

$$q_{cr} = \rho_g j_g h_{fg} = C_1 h_{fg} \left[\sigma \rho_g^2 (\rho_f - \rho_g) g \right]^{\frac{1}{4}} \tag{6-321}$$

其中,h_{fg} 是汽化潜热,下角标 f 表示饱和液,g 表示饱和汽。

图 6-25 是 Zuber,Kutateladze 和 Rohsenow 三个系数对应的临界热流密度与压力的关系。从中可以发现,压力在 6MPa 左右时临界热流密度有最大值。可以这样来解释,在压力比较低的时候,随着压力的增大,汽相的密度增大,从式(6-320)中可以看到,临界热流密度会增大。在压力继续增大时,由于汽液相的密度差减小,同时汽化潜热也减小,导致临界热流密度减小。

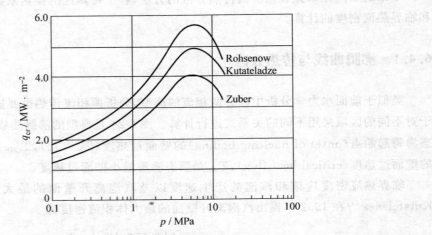

图 6-25 压力对临界热流密度的影响

在图 6-24 中,C 点以后就进入了过渡沸腾区了,过渡沸腾区是不稳定的一个传热区,只有在壁温可以控制的时候才能够出现。假如壁温不能控制,则在图 6-24 中将沿着虚线直接从 C 点跳跃到 C' 点,导致壁温跳跃性升高。在核反应堆里面假如出现这样的情况,通常会导致燃料元件烧毁,因此要求燃料元件表面的热流密度在任何情况下都不能超过临界热流密度。

图 6-24 中的膜态沸腾最小温度点,Berenson[26]认为在这一点有

$$j_g = C_2 \left[\frac{\sigma(\rho_f - \rho_g)g}{(\rho_f + \rho_g)^2} \right]^{\frac{1}{4}} \tag{6-322}$$

其中,$C_2 = 0.09$。

知识点:
- 沸腾曲线和沸腾临界。
- 临界热流密度。
- 稳定膜态沸腾最小温度点。

图 6-26 是 TRACE 程序在沸腾临界点之前的两相流的传热分区逻辑判断流程。

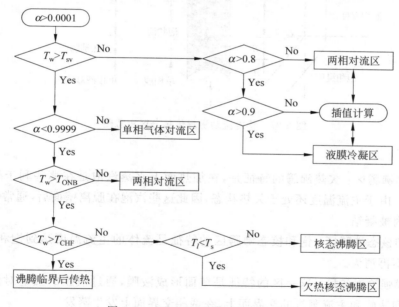

图 6-26　TRACE 程序两相传热分区

由图 6-26 可见,根据不同的壁面温度、流体温度以及空泡份额,两相流的传热分区分为两相对流区、欠热核态沸腾区、核态沸腾区、单相气体对流区、液膜冷凝区、沸腾临界后传热等。

图 6-27 表示的是一垂直放置的均匀加热通道[27],欠热液体从底部进入管内向上流动,图中示出了所遇到的流型和相应的传热分区,在图的左侧给出了壁面温度和流体温度沿高度的变化情况。下面来介绍流动沸腾中的传热分区。

(1) 单相液对流区:流体刚进入通道的时候,假设处于欠热状态,因此是单相对流区。在此区内,液体被加热温度不断升高,流体温度低于饱和温度,壁温也低于产生汽泡所必需

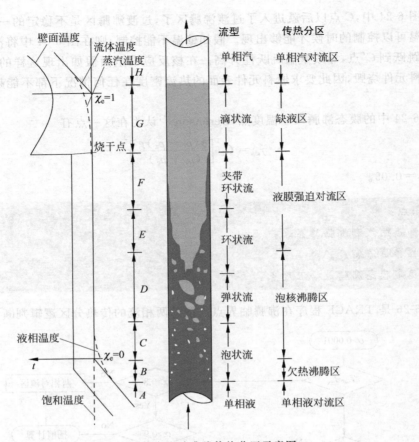

图 6-27　管内流动沸腾传热分区示意图

的温度。

（2）欠热沸腾区：欠热沸腾的特征是，在加热面上水蒸汽泡是在那些利于生成汽泡的点上形成的。由于主流温度还处于欠热状态，因此这些汽泡在脱离壁面后，通常认为它们在欠热的液芯内被凝结。

（3）饱和核态沸腾区：饱和核态沸腾区的特征是流体的主流温度达到饱和温度，产生的水蒸汽泡不再消失。

（4）液膜强迫对流区：这一区的特征是壁面形成液膜，通过液膜的强迫对流把从壁面来的能量传到液膜和主流蒸汽的交界面上，在两相交界面上发生蒸发。

（5）缺液区：在流动质量含汽率达到一定值以后，液膜完全被蒸发，以至烧干，液膜强迫对流区和缺液区的分界点就是烧干点。一般把环状流动时的液膜中断或烧干称为沸腾临界（CHF），有时将这种沸腾临界称为烧干沸腾临界。从烧干点开始到全部变成单相汽的区段称为缺液区。在烧干点，壁面温度跳跃性地升高。

流动沸腾工况中的沸腾临界可以是液体被烧干（CHF工况），也可能是生成的汽泡来不及扩散到主流中去（DNB工况）。DNB沸腾临界是在热流密度很大的情况下壁面生成的汽泡来不及扩散到主流中去的时候，壁面被汽膜覆盖造成传热恶化，壁面温度跳跃性升高的现象，会在含汽率较小的时候发生。图6-28是两种沸腾临界示意图。

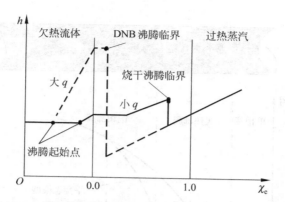

图 6-28 流动沸腾中烧干沸腾临界和 DNB 沸腾临界示意图

（6）单相汽对流区：该区的特征是，流体是单相过热蒸汽，流体温度脱离饱和温度的限制，开始迅速增大，壁面温度也相应增大。

图 6-29 是按照平衡态含汽率和热流密度对流动沸腾两相流的分区[27]。从中也可以看到，在热流密度比较大的时候，不发生烧干沸腾临界，而是发生饱和 DNB 沸腾临界。在热流密度很大时，甚至会发生欠热 DNB 沸腾临界，然后从欠热沸腾区直接进入欠热膜态沸腾区。

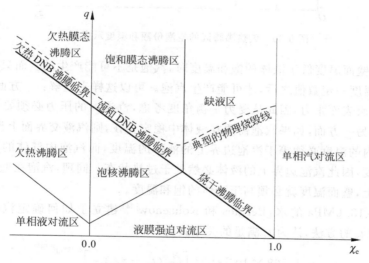

图 6-29 流动沸腾两相流分区图

知识点：
- 传热分区。
- 各个传热区的特点。

6.4.2 两相对流换热

下面我们来看图 6-30 所示的通道内的均匀加热情况。根据汽泡形成的力学和热力学

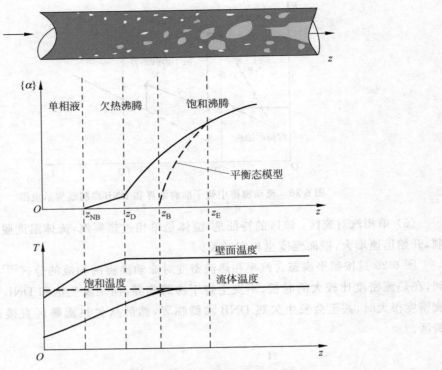

图 6-30　欠热沸腾区的空泡份额和温度示意图

条件,加热面的壁面温度低于液体的饱和温度时,汽泡是不可能产生的。而只有当壁面温度超过液体饱和温度一定数值之后,才可能产生汽泡。可以这样来理解:一方面,汽泡在液体中,由于需要克服表面张力,因此从受力平衡角度考虑,汽泡内的压力必须要比汽泡外液体中的压力稍高;另一方面,如果汽泡需要在液体中稳定存在,则汽液交界面上没有能量交换,也就是说汽泡内的温度必须等于汽泡边界上的液体的温度,而汽泡内气体的温度是对应压力下的饱和温度,因此汽泡边界上的液体必然处于过热状态。同理,汽泡在壁面产生并且稳定附着在壁面上,壁面温度就必须高于液体的饱和温度。

对于 $0.1 \sim 13.6 \mathrm{MPa}$ 的水,Bergles 和 Rohsenow[28] 建立了如何确定汽泡产生点(z_{NB} 点)的壁面温度 t_w 的方法,认为 t_w 满足的关系式为

$$q_{NB} = 1.798 \times 10^{-3} p^{1.156} \left[\frac{9}{5} (t_w - t_{sat})_{NB} \right]^{2.828/p^{0.0234}} \tag{6-323}$$

其中,p 的单位是 Pa,t 的单位是 ℃,q 的单位是 $\mathrm{W/m^2}$。把式(6-323)和单相液强迫对流换热方程 $q = h_c [t_w - t_b(z)]$ 联立求解就可以得到沸腾起始点的位置了。

Chen[29] 提出了一个可用于计算两相沸腾的传热关系式,Chen 关系式把沸腾换热系数分为两部分,其中的两相对流部分采用对 Dittus-Boelter 关系式进行修正得到,有

$$h_c = 0.023 \left(\frac{G(1-\chi)D_e}{\mu_f} \right)^{0.8} Pr_f^{0.4} \frac{k_f}{D_e} F \tag{6-324}$$

其中

$$F = \begin{cases} 1, & \dfrac{1}{X_{tt}} < 0.1 \\ 2.35\left(0.213 + \dfrac{1}{X_{tt}}\right)^{0.736}, & \dfrac{1}{X_{tt}} \geqslant 0.1 \end{cases} \tag{6-325}$$

Chen 关系式添加核态沸腾部分以后,也可以用于核态沸腾区的计算,核态沸腾部分为

$$h_{NB} = \frac{0.00122}{1 + 2.53 \times 10^{-6} Re^{1.17}} \left[\frac{(k^{0.79} c_p^{0.45} \rho^{0.49})_f}{\sigma^{0.5} \mu_f^{0.29} h_{fg}^{0.24} \rho_g^{0.24}}\right] \Delta t_{sat}^{0.24} \Delta p^{0.75} \tag{6-326}$$

其中,$\Delta t_{sat} = t_w - t_{sat}$,$\Delta p = p(t_w) - p(t_{sat})$,$Re = Re_L F^{1.25}$。试验范围: $0.17\text{MPa} < p < 3.5\text{MPa}$,$q < 2.4\text{MW/m}^2$,$0 < \chi < 0.7$。

Collier[38] 将 Chen 关系式推广到欠热沸腾区的时候对流体温度进行了修正,认为有

$$q = h_{NB}(t_w - t_{sat}) + h_c(t_w - t_b) \tag{6-327}$$

例 6-6 已知某堆的蒸汽发生器二次侧压力为 7MPa,其中一个通道的水力直径 25mm,质量流量为 800kg/h,用 Chen 关系式计算壁面温度为 290℃、流动质量含汽率为 0.2 处的热流密度。

解 查附录 C 可得到压力为 7MPa 时的物性数据如下:

$\mu_f = 91 \times 10^{-6} \text{N} \cdot \text{s/m}^2$,$\mu_g = 18.96 \times 10^{-6} \text{N} \cdot \text{s/m}^2$,$c_{p,f} = 5.4 \times 10^3 \text{J/(kg} \cdot \text{K)}$,$\rho_f = 739.7 \text{kg/m}^3$,$\rho_g = 36.5 \text{kg/m}^3$,$\delta = 17.63 \times 10^{-3} \text{N/m}$,$h_{fg} = 1505.1 \times 10^3 \text{J/kg}$,$t_{sat} = 285.83℃$,$k_f = 0.569 \text{W/(m} \cdot \text{K)}$。

所以在 $t_w = 290℃$ 时,有

$$\Delta t_{sat} = t_w - t_{sat} = 290 - 285.83 = 4.17℃$$

再查附录 C,得到温度为 290℃ 时的饱和压力为 7.4449MPa,可得

$$\Delta p = (7.4449 - 7) \times 10^6 = 4.449 \times 10^5 \text{Pa}$$

质量流密度是指单位时间内流过单位面积的流体质量,可以得到

$$G = \frac{q_m}{\frac{\pi}{4} D^2} = \frac{800/3600}{\frac{\pi}{4} \times 0.025^2} = 452.7 \text{ kg/(m}^2 \cdot \text{s)}$$

下面来计算强迫对流部分的传热系数,因为

$$X_{tt} = \sqrt{\left(\frac{\mu_f}{\mu_g}\right)^{0.2} \left(\frac{1-\chi}{\chi}\right)^{1.8} \left(\frac{\rho_g}{\rho_f}\right)} = \sqrt{\left(\frac{91}{18.96}\right)^{0.2} \left(\frac{0.8}{0.2}\right)^{1.8} \left(\frac{36.5}{739.7}\right)} = 0.905$$

$$F = 2.35\left(0.213 + \frac{1}{X_{tt}}\right)^{0.736} = 2.88$$

所以

$$h_c = 0.023 \left[\frac{G(1-\chi)D_e}{\mu_f}\right]^{0.8} Pr_f^{0.4} \frac{k_f}{D_e} F$$

$$= 0.023 \left[\frac{452.7 \times (1-0.2) \times 0.025}{91 \times 10^{-6}}\right]^{0.8} \left(\frac{91 \times 10^{-6} \times 5.4 \times 10^3}{0.569}\right)^{0.4} \frac{0.569}{0.025} \times 2.88$$

$$= 14160 \text{W/(m}^2 \cdot ℃)$$

下面来计算泡核沸腾部分传热系数,先计算 Re,有

$$Re = Re_L F^{1.25} = \frac{452.7 \times (1-0.2) \times 0.025}{91 \times 10^{-6}} \times 2.88^{1.25} = 3.73 \times 10^5$$

所以,有

$$h_{NB} = \frac{0.00122}{1 + 2.53 \times 10^{-6} Re^{1.17}} \times \frac{k_f^{0.79} c_{p,f}^{0.45} \rho_f^{0.49}}{\sigma^{0.5} \mu_f^{0.29} h_{fg}^{0.24} \rho_g^{0.24}} \times \Delta t_{sat}^{0.24} \Delta p^{0.75}$$

$$= \frac{0.00122}{1 + 2.53 \times 10^{-6} \times (3.73 \times 10^5)^{1.17}} \times$$

$$\frac{0.569^{0.79} \times 5400^{0.45} \times 739.7^{0.49}}{(17.63 \times 10^{-3})^{0.5} \times (91 \times 10^{-6})^{0.29} \times (1505.1 \times 10^3)^{0.24} \times 36.5^{0.24}} \times$$

$$4.17^{0.24} \times (4.449 \times 10^5)^{0.75}$$

$$= 3832 W/(m^2 \cdot ℃)$$

最后得到

$$q = (h_c + h_{NB}) \Delta t_{sat} = (14160 + 3832) \times 4.17 = 7.503 \times 10^4 \, W/m^2$$

Chen 关系式用到了 X_{tt},其中的流动含汽率在计算中容易引起震荡,在用 RELAP5 分析 AP600 的时候就出现了这样的震荡。TRACE 程序为了解决这一问题,引入了 Aggour[31] 等人提出的采用空泡份额计算的模型。对于层流,有

$$h_{2\varphi} = 0.0155 Re_l^{0.8} Pr_l^{0.5} \left(\frac{\mu_b}{\mu_w}\right)^{0.33} \frac{k_l}{D_e} (1 - \alpha)^{-0.83} \tag{6-328}$$

对于湍流,有

$$h_{2\varphi} = 1.615 Re_l^{1/3} Pr_l^{1/3} \left(\frac{\mu_b}{\mu_w}\right)^{0.14} \left(\frac{k_l}{D_e}\right)^{2/3} (1 - \alpha)^{-1/3} \tag{6-329}$$

其中

$$Re_l = \frac{\rho_l (1 - \alpha) V_l D_e}{\mu_l} \tag{6-330}$$

该模型认为,气泡产生对换热的强化主要归因于对液体的加速效应,因此 Re 数中的液相速度应该是液相的真实速度,而非表观速度。若把两相流的 Re 定义为

$$Re_{2\varphi} = \frac{\rho_l V_l D_e}{\mu_l} = \frac{G_l D_e}{(1 - \alpha) \mu_l} \tag{6-331}$$

则用单相强迫对流的关系式计算两相区的强迫对流也是可以的,TRACE 程序最终采用了这样的方法。

知识点:
- 沸腾起始点。
- 两相对流区的换热系数计算方法。
- Chen 关系式。

6.4.3　核态沸腾起始点

图 6-30 中的 z_{ONB} 点,又称为核态沸腾起始点。Basu[32] 等人建议核态沸腾起始点的壁面过热度为

$$\Delta T_{ONB} = \frac{1}{F(\phi)} \sqrt{\frac{2\sigma T_s q_{ONB}}{\rho_v h_{fg} k_l}} \tag{6-332}$$

其中,h_{fg} 是汽化潜热。

$$F(\phi) = 1 - e^{(-\phi^3 - 0.5\phi)} \tag{6-333}$$

其中，ϕ 是接触角，弧度。

图 6-31 是两个热流密度下用 Basu 关系式与 Bergles 和 Rohsenow 式(6-323)以及 Davis 和 Anderson 关系式计算得到的壁面过热度的比较。可见计算结果的差别并不大，大约只有 1K 左右。但是只有 Basu 关系式可以考虑壁面材料的影响(接触角)。

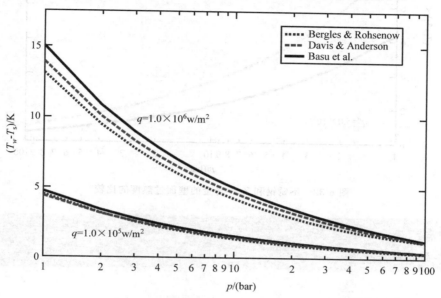

图 6-31　壁面过热度的比较

图 6-32 是不锈钢材料和 Zr-4 合金材料的核态沸腾起始点壁面过热度的比较。可见不同的材料的影响还是十分明显的。

由于在式(6-332)中，壁面过热度和热流密度之间有如下关系

$$q_{ONB} = h(T_{ONB} - T_1) = h(\Delta T_{ONB} + \Delta T_{sub}) \tag{6-334}$$

其中，$\Delta T_{ONB} = T_{ONB} - T_s$，$\Delta T_{sub} = T_s - T_l$。

$$q_{ONB} = \frac{h}{F(\phi)} \sqrt{\frac{2\sigma T_s q_{ONB}}{\rho_v h_{fg} k_1}} + h\Delta T_{sub} \tag{6-335}$$

这是一个一元二次方程，可以求解得到

$$q_{ONB} = \frac{h}{4} \left(\sqrt{\Delta T_{ONB,s}} + \sqrt{\Delta T_{ONB,s} + 4\Delta T_{sub}} \right)^2 \tag{6-336}$$

其中的 $\Delta T_{ONB,s}$ 为假设当流体温度为饱和温度时的壁面过热度，根据式(6-334)，有

$$q_{ONB,s} = h(T_{ONB} - T_s) = h\Delta T_{ONB,s} \tag{6-337}$$

利用式(6-332)，得到的壁面过热度为

$$\Delta T_{ONB,s} = \frac{1}{F(\phi)} \sqrt{\frac{2\sigma T_s h \Delta T_{ONB,s}}{\rho_v h_{fg} k_1}} \tag{6-338}$$

进一步可以求得，

$$\Delta T_{ONB,s} = \frac{2\sigma T_s h}{F^2(\phi) \rho_v h_{fg} k_1} \tag{6-339}$$

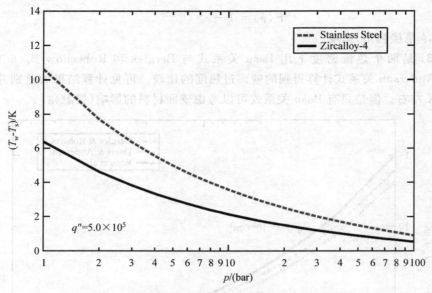

图 6-32　不锈钢和 Zr-4 合金的壁面过热度的比较

> **知识点：**
> • 核态沸腾起始点。

6.4.4　核态沸腾传热

在饱和核态沸腾传热区，主流温度达到所处压力下的饱和温度。很多研究者都认为可以把饱和沸腾传热系数分为两部分，一部分是考虑沸腾产生的汽泡对换热的影响，另一部分是考虑强迫对流对换热的影响，因此传热关系式可以记为

$$q = h_{2\phi}(t_w - t_{sat}) = (h_{NB} + h_c)(t_w - t_{sat}) \tag{6-340}$$

其中的两相传热系数 $h_{2\phi}$ 可以表示为

$$h_{2\phi} = h_{Lo}\left(a\frac{q}{Gh_{fg}} + bX_{tt}^{-c}\right) \tag{6-341}$$

式中的 h_{Lo} 是在同样的质量流密度情况下，用单相流传热系数关系式计算得到的传热系数。在表 6-4 中列出了不同研究者得到的式(6-341)中的系数 a, b, c。在式(6-341)中的 X_{tt} 为

$$X_{tt}^2 = \left(\frac{\mu_f}{\mu_g}\right)^{0.2}\left(\frac{1-\chi}{\chi}\right)^{1.8}\left(\frac{\rho_g}{\rho_f}\right) \tag{6-342}$$

表 6-4　饱和沸腾传热关系式系数

研　究　者	a	b	c
Dengler 和 Addoms(环状流区)[31]	0	3.5	0.5
Bennett(环状流区)[32]	0	2.9	0.66
Schrock 和 Grossman[33]	7400	1.11	0.66
Collier 和 Pulling[34]	6700	2.34	0.66

前文介绍的 Chen 关系式也是可以用于计算核态沸腾传热系数的。Jens 和 Lottes[37] 提出了一个比较简单的计算核态沸腾的传热关系式,即 Jens-Lottes 关系式:

$$q = \left(\frac{t_w - t_{sat}}{25}\right)^4 \exp\left(\frac{4p}{6.2}\right) \tag{6-343}$$

这个关系式的形式和 Bergles-Rohsenow 欠热沸腾关系式(6-323)比较类似。Jens-Lottes 认为在某些情况下,可以把泡核沸腾区和欠热沸腾区合在一起计算(例如在蒸汽发生器传热面积的设计中,经常采用平衡态均匀流模型)。此时 Jens-Lottes 关系式可以覆盖欠热沸腾区和泡核沸腾区的全部区域,计算起来比较方便。式(6-337)中的热流密度 q 的单位是 MW/m^2,压力 p 的单位是 MPa,温度 t 的单位是℃。

Thom[36] 等人也提出了一个类似的关系式:

$$q = \left(\frac{t_w - t_{sat}}{22.7}\right)^2 \exp\left(\frac{2p}{8.7}\right) \tag{6-344}$$

> **知识点:**
> - 饱和核态沸腾区换热系数的计算方法。
> - Jens-Lottes 关系式。
> - Thom 关系式。

6.4.5　沸腾临界点

泡核沸腾区和膜态沸腾区的分界点是沸腾临界点,通常采用临界含汽率来确定沸腾临界点的位置,例如:

$$x_{cr} = 45.1 \left(\frac{3.6}{4.18}q\right)^{-0.125} G^{-\frac{1}{3}} d^{-0.07} e^{\frac{-0.0025p}{9.8 \times 10^4}} \tag{6-345}$$

其中,G 的单位是 $kg/(m^2 \cdot s)$,q 的单位是 W/m^2,d 的单位是 mm,p 的单位是 Pa。

列维坦提出,对于直径为 8mm 的管子,有

$$x_{cr,8} = \left[0.39 + 1.57\frac{p}{98} - 2.04\left(\frac{p}{98}\right)^2 + 0.68\left(\frac{p}{98}\right)^3\right]\left(\frac{G}{1000}\right)^{-0.5} \tag{6-346}$$

其中,p 为饱和压力,bar;G 为质量速度,$kg/(m^2 \cdot s)$;在 $p = 9.8 \sim 166.6$bar,$G = 750 \sim 3000$kg/$(m^2 \cdot s)$ 范围内适用。式(6-344)针对内径为 8mm 的管子,对于其他管子,x_{cr} 的计算可用下式:

$$x_{cr} = x_{cr,8}\left(\frac{d}{8}\right)^{-0.15} \tag{6-347}$$

> **知识点:**
> - 沸腾临界点的确定方法。

6.4.6　临界热流密度

计算临界热流密度,是核反应堆热工水力学分析很重要的一个任务。根据前面对沸腾临界的介绍,存在两种不同类型的沸腾临界。因此计算临界热流密度的关系式可以分成两

大类。一类是计算低含汽率情况下的DNB沸腾临界的公式,另一类是计算高含汽率情况下的烧干沸腾临界的公式。

图6-33(a)与(b)分别是DNB沸腾临界和烧干沸腾临界的机理示意图。由图可见在DNB沸腾临界情况下,大量汽泡在壁面附近产生后来不及扩展到主流中去,导致壁面附近被汽膜包围形成沸腾临界。

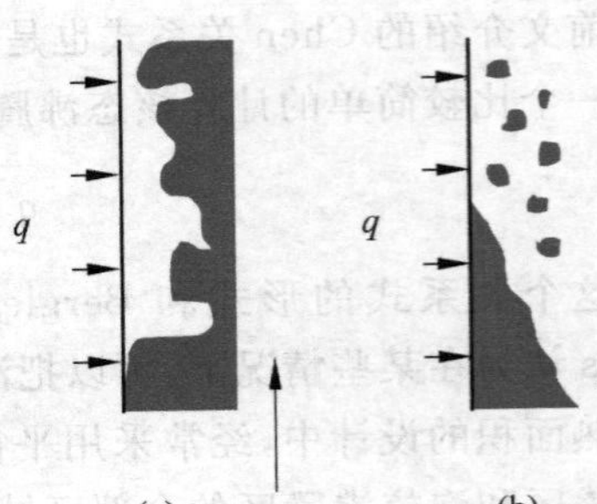

图 6-33 DNB沸腾临界与烧干沸腾临界

1. DNB 沸腾临界

工程上比较关心的是多大的热流密度下会发生DNB沸腾临界。计算DNB临界热流密度最常用的公式是由美国西屋公司Tong[41,42]等人提出的W-3公式。W-3公式是对均匀加热的通道试验得到的,既可以用于圆形通道、矩形通道,也可以用于核反应堆堆芯内的棒束通道。对于不均匀加热的情况,要加以修正。均匀加热情况下的W-3公式为

$$q_{\mathrm{DNB,eu}} = f(p, \chi_e, G, D_h, h_{in}) = \xi(p, \chi_e)\zeta(G, \chi_e)\psi(D_h, h_{in}) \tag{6-348}$$

式中,

$$\begin{aligned}\xi(p, \chi_e) = &(2.022 - 0.06238p) + (0.1722 - 0.001427p)\times \\ &\exp[(18.177 - 0.5987p)\chi_e]\end{aligned} \tag{6-349}$$

$$\begin{aligned}\zeta(G, \chi_e) = &[(0.1484 - 1.596\chi_e + 0.1729\chi_e|\chi_e|)\times 2.326G + 3271]\times \\ &(1.157 - 0.869\chi_e)\end{aligned} \tag{6-350}$$

$$\begin{aligned}\psi(D_h, h_{in}) = &[0.2664 + 0.8357\exp(-124.1D_h)]\times \\ &[0.8258 + 0.0003413(h_f - h_{in})]\end{aligned} \tag{6-351}$$

其中,q的单位是$\mathrm{kW/m^2}$,p的单位是MPa,G的单位是$\mathrm{kg/(m^2 \cdot s)}$,$h$的单位是kJ/kg,$D_h$是热力直径,单位是m,$\chi_e$是计算点处的平衡态含汽率。式中的$h_f$是对应压力下的饱和液体比焓。W-3公式的适用范围如下

$$\begin{aligned}p &= (6.895 \sim 16.55)\mathrm{MPa} \\ G &= (1.36 \sim 6.815)\times 10^3\mathrm{kg/(m^2 \cdot s)} \\ L &= (0.254 \sim 3.668)\mathrm{m} \\ \chi_e &= -0.15 \sim 0.15 \\ D_h &= (0.0051 \sim 0.0178)\mathrm{m}\end{aligned} \tag{6-352}$$

在燃料组件有定位架,并且轴向非均匀加热的情况下,要对临界热流密度进行修正,即有

$$q_{\mathrm{DNB}} = \frac{q_{\mathrm{DNB,eu}}}{F}F_g \tag{6-353}$$

其中

$$F_g = \frac{C\int_0^{z_{\mathrm{DNB}}} q(z)\exp[-C(z_{\mathrm{DNB}} - z)]\mathrm{d}z}{q(z_{\mathrm{DNB}})[1 - \exp(-Cz_{\mathrm{DNB}})]} \tag{6-354}$$

式中,

$$C = \frac{4.23 \times 10^6 \left[1 - \chi_e(z_{DNB}) \right]^{7.9}}{G^{1.72}} \mathrm{m}^{-1} \tag{6-355}$$

其中，z_{DNB} 是由式(6-348)计算得到的 DNB 沸腾临界点与通道入口之间的距离，假如规定通道入口点的 z 坐标为零，则 z_{DNB} 就是发生偏离泡核沸腾点的 z 坐标值。

由燃料组件的定位架引起的对临界热流密度的修正因子 F_g 为

$$F_g = 1.0 + 0.2212 \times 10^{-4} G \left(\frac{C_{TD}}{0.019} \right)^{0.35} \tag{6-356}$$

其中，C_{TD} 是冷却剂热扩散系数，对于单箍型定位架，可取 0.019。

应该指出的是，在 W-3 公式中，平衡态含汽率 χ_e 是计算点处的值，而不是通道入口的值。因此 χ_e 是随着高度而变化的，根据给定的轴向功率分布 $q(z)$，可以得到 $\chi_e(z)$，从而得到轴向每一点处的临界热流密度。

采用上述修正后，计算得到的值和实验测得的值之间还有差别，见图 6-34。图中横坐标是实验值的相对值，纵坐标是计算值的相对值。如果实验值和计算值没有误差，则相应的点落在 45°对角线上。对大量的实验值和计算值进行统计发现，95%的计算值的相对误差在 ±23% 之内，因此由 W-3 公式计算得到的值与实验测得的下限值比为 $1/(1-0.23) =$

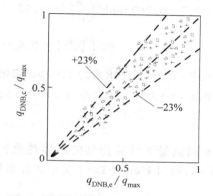

图 6-34　W-3 公式的计算值和实验值的比较

1.3。在热工设计中，为了保证核反应堆的安全，在水堆的设计中，总是要求燃料元件表面的最大热流量小于临界热流量。为了定量地表达这个安全要求，引入了 DNBR，即

$$\mathrm{DNBR} = \frac{q_{DNB}}{q(z)} \tag{6-357}$$

DNBR 值是随着冷却剂通道轴向位置 z 而变化的，其最小值称为 MDNBR，如果临界热流量的计算公式没有误差，则当 MDNBR $=1$ 时，表示燃料元件表面发生 DNB。因此 MDNBR 通常是水堆的一个设计准则。对于稳态工况和预计的事故工况，都要分别定出 MDNBR 的值，其具体值和所选用的计算公式有关。例如选 W-3 公式计算临界热流密度，压水堆稳态额定工况时一般可取 MDNBR $=1.8 \sim 2.2$，而对预计的常见事故工况，则要求 MDNBR$>$1.3。

对于堆运行的不同寿期，会有不同的 MDNBR，在设计时要考虑这一点，保证在堆的整个运行寿期内，在稳态额定工况下的 MDNBR 仍然在设计准则规定的范围内。

知识点：
- DNB 型临界热流密度的计算方法。
- MDNBR。

---

2. 烧干沸腾临界

含汽率比较大的情况下的沸腾临界是烧干沸腾临界。这种形式的沸腾临界通常比较容

易出现在沸水堆的堆芯或者直流蒸汽发生器内。GE 公司根据大量的试验数据整理出的计算烧干沸腾临界热流密度 q_{CHF} 的 Hench-Levy[43] 关系式比较有代表性。在 $\chi_e \leqslant 0.273 - 0.212 \tanh^2(3G/10^6)$ 时,保守地取

$$\left(\frac{q_{CHF}}{10^6}\right) = 1 \tag{6-358}$$

在 $0.273 - 0.212 \tanh^2\left(\frac{3G}{10^6}\right) < \chi_e < 0.5 - 0.269 \tanh^2\left(\frac{3G}{10^6}\right) + 0.0346 \tanh^2\left(\frac{3G}{10^6}\right)$ 时,有

$$\left(\frac{q_{CHF}}{10^6}\right) = 1.9 - 3.3\chi_e - 0.7 \tanh^2\left(\frac{3G}{10^6}\right) \tag{6-359}$$

在 $\chi_e \geqslant 0.5 - 0.269 \tanh^2\left(\frac{3G}{10^6}\right) + 0.0346 \tanh^2\left(\frac{3G}{10^6}\right)$ 时,有

$$\left(\frac{q_{CHF}}{10^6}\right) = 0.6 - 0.7\chi_e - 0.09 \tanh^2\left(\frac{2G}{10^6}\right) \tag{6-360}$$

上述关系式是在压力为 1000psi 的情况下得到的,式中 G 的单位是 lb/(h·ft²),q 的单位是 Btu/(h·ft²)。压力不是 1000psi 的时候,要作如下修正:

$$q_{CHF}(p) = q_{CHF,1000}\left[1.1 - 0.1\left(\frac{p-600}{100}\right)^{1.25}\right] \tag{6-361}$$

不同流量下计算得到的临界热流密度见图 6-35。类似于 MDNBR,我们也可以定义 MCHFR,利用 Hench-Levy 关系式计算最小烧毁比 MCHFR 时,要求 MCHFR>1.9。

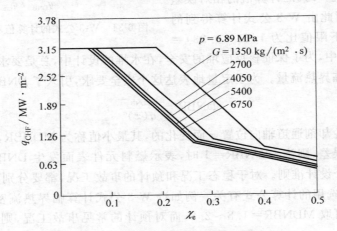

图 6-35 Hench-Levy 关系式的临界热流密度

知识点:
- CHF 型临界热流密度的计算方法。
- MCHFR。

需要说明的是,计算临界热流密度的公式有很多,比如 Janssen-Levy,Biasi,CISE-4,Bowring,Barnett,WRB-1,W-2,B&W 等,还可以像 TRACE 程序那样采用查表的方法来计算,这里就不一一介绍了,有兴趣的读者可以查阅有关文献。

3. 影响临界热流量的因素

临界热流密度 q_{DNB} 是水堆设计的重要参数,因此分析影响 q_{DNB} 的各种因素,从而找到提高 q_{DNB} 的各种途径,是一个十分重要的课题。

(1) 冷却剂质量流密度。对过冷沸腾和低含汽率的饱和沸腾,当冷却剂的质量流密度增大时,流体的扰动增加,汽泡容易脱离加热面,从而 q_{DNB} 增大。质量流密度增大到一定数值后,再继续增加流速对提高 q_{DNB} 的贡献就小了。而在高含汽率饱和沸腾的情况下,如果冷却剂的流型是环状流(通常沸水堆中的工况),这时增加冷却剂质量流密度反而会使加热面上的液膜变薄,从而加速烧干,q_{DNB} 减小。因此质量流密度对临界热流密度的影响如图 6-36 所示。

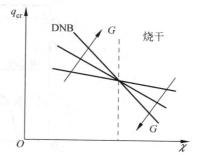

图 6-36　质量流密度对临界热流密度的影响

(2) 进口冷却剂欠热度。进口处的冷却剂欠热度越大,则加热面上形成稳定的汽膜所需的热量越多,q_{DNB} 也增大。但是当欠热度增大到某一数值后,会发生两相流动不稳定性,导致热通道内冷却剂流量减小,从而 q_{DNB} 下降。欠热度小到某一数值时,也会发生两相流动不稳定性。究竟如何确定进口冷却剂的欠热度,要根据系统具体的热工和结构参数确定。

(3) 工作压力。对于加热的流动沸腾系统,压力对 q_{DNB} 的影响,不同研究人员的观点还不太一致。一种观点认为,压力升高,q_{DNB} 会稍有下降。单从 W-3 公式来看,当系统的加热量一定时,压力增加,冷却剂的含汽率也在变化,因而 q_{DNB} 有可能增大。对于池式沸腾,当压力小于 6.68MPa 时,q_{DNB} 随压力的增加而增大,压力大于 6.68MPa 时,压力增大,q_{DNB} 反而减小。

(4) 通道进口段长度。进口段长度的影响通常用 L/d 的值来表示,L/d 的值越小,受进口局部扰动的影响越大,因而 q_{DNB} 增大。L/d 的值小于 50 时,L/d 值的改变对 q_{DNB} 影响较大。此外,随着进口欠热度和质量流密度的增加,L/d 的值对 q_{DNB} 影响相对减小。

(5) 加热表面粗糙度。加热表面粗糙度的影响,只是对新堆才比较明显。表面粗糙度一方面可以增加汽化核心的数目,另一方面又可以增强流体的湍流扰动,在过冷沸腾和低含汽率饱和沸腾的情况下,会使 q_{DNB} 增大。但是在高含汽率的饱和沸腾的环状流情况下,粗糙的表面会加强流体的湍流扰动,使加热面上的一薄层液膜变得更薄,从而加速沸腾临界的到来。运行一段时间后,加热面的粗糙度因受流体冲刷而变小了,对 q_{DNB} 的影响也就小了。

6.4.7　沸腾临界后传热

我们来看图 6-37 中所示的均匀加热通道,加大热流密度或者减小管内流体的流量都可使出口之前出现沸腾临界。

下面我们来分析保持流量不变,加大热流密度直到出口处出现沸腾临界的情况,即图 6-37 中的 A 工况。此时在沸腾临界点的下游,虽然主流中还有液相的水,但是液相的水滴无法湿润壁面,壁面被蒸汽膜所覆盖。因此也称为膜态沸腾。膜态沸腾由于汽膜覆盖了

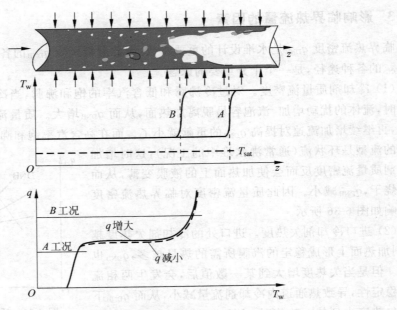

图 6-37 均匀加热情况下的沸腾临界

传热表面,而汽的热导率小,传热会被恶化,若热流密度保持不变,则壁温会急剧升高(燃料棒表面的情形)。若壁温保持大体不变,则热流密度会急剧下降(蒸汽发生器里面的情形)。

如果继续加大热流密度,显然出现沸腾临界的位置会越来越靠上游,即会从 A 工况过渡到 B 工况,这样就可以画出某一点 z 处的壁温随热流密度变化的曲线(见图 6-37)。实验发现,在管内强迫对流的情形下,在热流密度 q 增大和减小过程中,几乎没有滞后,即 q 增大过程的壁温曲线和 q 减小过程的壁温曲线几乎相同。而在池式沸腾的情况,图 6-38 是实验得到的池式沸腾中壁温和热流密度的关系,发现热流密度减小过程中,从膜态沸腾过渡到泡核沸腾的热流密度比相反方向的热流密度要低得多,也就是有了滞后。

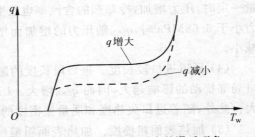

图 6-38 池式沸腾临界中的滞后现象

如果把图 6-37 中的流动系统稍加变化,也同样可以发现滞后现象。若我们把加热段分成 1 和 2 两部分,两部分可以分别控制热流密度 q_1 和 q_2,见图 6-39。

一开始的时候,用均匀的热流密度加热流体,即保持 $q_1 = q_2$,升高热流密度直到出现工况 A(在出口处发生沸腾临界),然后保持第 1 部分的热流密度 q_1 不变,减小第 2 部分的热流密度 q_2,发现第 2 部分的壁温沿着虚线下降,出现了滞后现象,这时候壁面"再湿"需要更低的热流密度。

还需要注意的是,前面提到过,流动沸腾临界有两种,即 DNB 沸腾临界和烧干沸腾临界。烧干沸腾临界在出现沸腾临界前是环状流,如图 6-40(a)所示,流动质量含汽率比较大;而 DNB 沸腾临界在热流密度比较大的情况才出现,在沸腾临界后进入反环状流,如图 6-40(b)所示,可

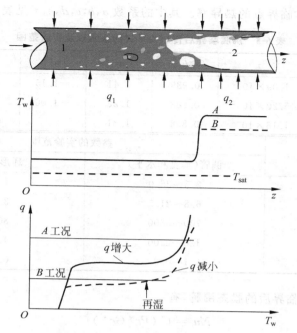

图 6-39 两部分分别控制热流密度

以在流动质量含汽率比较小的情况下出现。

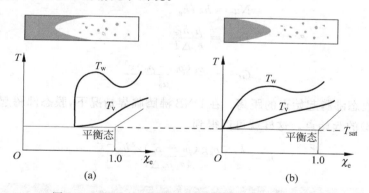

图 6-40 两种方式的沸腾临界(环状流和反环状流)

Groeneveld[42]在对各种几何形状的通道进行水-水蒸气实验后,得到了烧干沸腾临界后的传热关系式,即

$$Nu_{\mathrm{g}} = a \left\{ Re_{\mathrm{g}} \left[\chi + \frac{\rho_{\mathrm{g}}}{\rho_{\mathrm{f}}} (1-\chi) \right] \right\}^b Pr_{\mathrm{g}}^c Y \tag{6-362}$$

其中,$Re_{\mathrm{g}} = Gd/\mu_{\mathrm{g}}$,

$$Y = \left[1 - 0.1 \left(\frac{\rho_{\mathrm{f}} - \rho_{\mathrm{g}}}{\rho_{\mathrm{g}}} \right)^{0.4} (1-\chi)^{0.4} \right]^d \tag{6-363}$$

Slaughterbeck[43]等人对圆管低压的情况下做了修正,推荐

$$Y = (q)^e \left(\frac{k_{\mathrm{g}}}{k_{\mathrm{cr}}} \right)^f \tag{6-364}$$

其中 k_{cr} 是水在热力学临界点的热导率。其中的系数 a,b,c,d,e,f 见表 6-5。

表 6-5　沸腾临界后传热关系式的系数以及实验范围

通道类型	a	b	c	d	e	f
Groeneveld 圆管	1.09×10^{-3}	0.989	1.41	-1.15		
环形通道	5.20×10^{-2}	0.688	1.26	-1.06		
Slaughterbeck 圆管	1.16×10^{-4}	0.838	1.81		0.278	-0.508

实验中选取的参数	参数的实验范围	
	圆管(垂直和水平)	环形通道(垂直)
D_e/mm	$2.5 \sim 25.0$	$1.5 \sim 6.3$
p/MPa	$6.8 \sim 21.5$	$3.4 \sim 10.0$
$G/(kg/(m^2 \cdot s))$	$700 \sim 5300$	$800 \sim 4100$
$q/(kW/m^2)$	$120 \sim 2100$	$450 \sim 2250$
χ	$0.1 \sim 0.9$	$0.1 \sim 0.9$

对于 DNB 沸腾临界后的膜态沸腾,有

$$Nu = C\,(Pr^* Gr^*)^{\frac{1}{4}} \tag{6-365}$$

式中,在汽液交界面不考虑黏性力的时候 $C=0.943$,汽液交界面没有滑移的时候 $C=1/\sqrt{2}$,并且

$$Nu = hz/k_g \tag{6-366}$$

$$Pr^* = \frac{\mu_g h_{fg}}{k_g \Delta T} \tag{6-367}$$

$$Gr^* = \frac{\rho_g (\rho_L - \rho_g) z^3}{\mu_g^2} \tag{6-368}$$

其中 z 是距离膜态沸腾起始点的距离。在 DNB 沸腾临界情况下,膜态沸腾起始点就是偏离泡核沸腾(DNB)的起始点。这样就可以得到

$$h = \frac{k_g}{z} \left[\frac{\rho_g g (\rho_L - \rho_g) z^3 h_{fg}}{4 k_g \mu_g \Delta T} \right]^{\frac{1}{4}} \tag{6-369}$$

> **知识点:**
> - DNB 和 CHF 沸腾临界的差别。
> - 沸腾临界后传热系数的计算方法。
> - 再湿滞后现象。

参考文献

[1] Vernier Ph, Delhay J M. General two-phase flow equations applied to the thermohydraulics of boiling water nuclear reactors[J]. Energie Primaire, 1968, 4: 5-46.

[2] Hewitt G F, Roberts D N. Studies of two phase flow patterns by simultaneous X-ray and flash

photography[R]. AERE-M2159,1969.

[3] Hewitt G F,Wallis G B. Flooding and associated phenomena in falling film flow in a tube[R]. AERE-R4022,1963.

[4] Bankoff S G. A variable density single fluid model for two phase flow with particular reference to steam water flow[J]. J. Heat Transfer,1960,82: 265 .

[5] Wallis G B. One dimensional,Two Phase Flow[M]. New York: McGraW-Hill,1969.

[6] Wallis G B,Kuo J T. The behavior of gas-Liquid interface in vertical tubes[J]. Int. J. Multiphase Flow,1976,2: 521.

[7] Pushkin O L,Sorokin Y L. Breakdown of liquid film motion in vertical tubes[J]. Heat transfer Soviet Res,1969,1: 56.

[8] Taitel Y,Bornea D,Dukler A E. Modeling flow pattern transitions for steady upward gas-Liquid flow in vertical tubes[J]. AIChE J,1980,26: 345.

[9] Harmathy T Z. Velocity of large drops and bubbles in media of infinite or restricted extent[J]. AIChE J,1960,6: 281.

[10] Hinze J V. Fundamentals of the hydrodynamic mechanism of splitting in dispersion processes[J]. AIChE J,1955,1: 289.

[11] Mandhane J M,Gergory G A,Aziz,K. A flow pattern map for gas-Liquid flow inhorizontal pipes[J]. Int. J. Multiphase Flow,1974,1: 537.

[12] Armand A A,Treshchev G G. Investigation of the Resistance during the Movement of Steam-Water Mixtures in Heated Boiler Pipe at High Pressures[R]. AERE Lib/Trans. ,1959,81.

[13] Dix G E. Vapor Void Fractions for Forced Convection with Subcooled Boiling at Low Flow Rates [R]. NEDO-10491. General Electric Company,1971.

[14] McAdams W H. Vaporization inside horizontal tubes. II. Benzene-oil mixtures[J]. Trans. ASME, 1942,64: 193.

[15] Cichitti A. Two-phase cooling experiments- pressure drop,heat transfer and burnout measurements [J]. Energia Nucl. ,1960,7: 407.

[16] Dukler A E. Pressure drop and hold-up in two-phase flow: Part A—A comparison ofexisting correlations. Part B—An approach through similarity analysis[R]. Paper Presented at the AIChE Meeting,Chicago,1962.

[17] Lockhart R W,Martinelli R C. Proposed correlation of data for isothermal two-phase two-component flow in pipes[J]. Chem. Eng. Prog. ,1949,45(39).

[18] Matinelli R C,Nelson D B. Prediction of pressure drop during forced circulation boiling of water[J]. Trans. ASME,1948,70: 695.

[19] Thom J R S. Prediction of pressure drop during forced circulation boiling of water[J]. Int. J. Heat Mass Transfer,1964,7: 709.

[20] Chisholm D,Sutherland L A. Prediction of pressure gradients in pipeline systems during two-phase flow[R]. Presented at Symposium on Fluid Mechanics and Measurements in Two-Phase Flow Systems,University of Leeds,1969.

[21] Baroczy C J. A systematic correlation for two-phase pressure drop[R]. AIChE reprint no. 37. Proc. of 8th National Heat Transfer Conference. Los Angeles,1965.

[22] Jones A B. Hydrodynamic Stability of a Boiling Channel[R]. KAPL-2170,Knolls Atomic Power Lab. ,1961.

[23] Kutateladze S S. Heat Transfer in Condensation and Boiling[R]. AEC-TR-3770,1952.

[24] Zuber N. Hydrodynamic Aspects of Boling Heat Transfer[R]. AECU-4439,1959.

[25] Rohsenow W M. Boiling : Handbook of Heat Transfer Fundamentals[M]. 2nd ed. New York: McGraW-Hill,1985.

[26] Berenson P J. Film boiling heat transfer from a horizontal surface[M]. J. Heat Transfer,1961, 83:351.

[27] Collier J G. Convective Boiling and Condensation[M]. 2nd ed. New York: McGraW-Hill,1981.

[28] Bergles A E,Rohsenow W M. The determination of forced convection surface boiling heat transfer [J]. J. Heat Transfer,1964,86: 363.

[29] Chen J C. A correlation for boiling heat transfer in convection flow. ASME 63-HT-34, 1963.

[30] Collier J G. Heat transfer in post dryout region and during quenching anf reflooding : Handbook of Multiphase Systems. New York: Hemisphere,1982.

[31] Aggour M A,Vijay M M,Sims G E. A Correlation of Mean Heat Transfer Coefficients for Two-Phase Two-Component Flow in a Vertical Tube[J]. Proceedings of the 7th International Heat Transfer Conference,Vol. 5,367-372,1982.

[32] Basu N,Warrier G R,Dhir V K. Onset of Nucleate Boiling and Active Nucleation Site Density During Subcooled Flow Boiling[J]. J. Heat Transfer,124,717-728,2002.

[33] Dengler C E,Addoms J N. Heat transfer mechanism for vaporization of water in a vertical tube[J]. Chem. Eng. Prog. Symp. Ser. ,1956,52: 95.

[34] Bennett J A. Heat transfer to two-phase gas liquid systems. I. Steam/water mixturesin the liquid dispersed region in an annulus[J]. Trans. Inst. Chem. Eng. ,1961,39: 119.

[35] Schrock V E,Grossman L M. Forced convection boiling in tubes[J]. Nucl. Sci. Eng. , 1962, 12: 474.

[36] Collier J G,Pulling D J. Heat Transfer to Two-Phase Gas-Liquid Systems[R]. Part II. Report AERE-R3809. Harwell: UKAEA,1962.

[37] Jens W H,Lottes P A. Analysis of Heat Transfer,Burnout,Pressure Drop and Density Data for High Pressure Water[R]. ANL-4627,1951.

[38] Thom J R S. Boiling in subcooled water during flow in tubes and annuli[J]. Proc. Inst. Mech. Eng. ,1966,180: 226.

[39] Tong L S. Boiling Crisis and Critical Heat Flux. USAEC Critical Review Series[R]. Report TID-25887,1972.

[40] Tong L S. Heat transfer in water cooled nuclear reactors. Nucl. Eng. Design,1967,6: 301.

[41] Healzer J M,Hench. Design Basis for Critical Heat Flux Condition in Boiling Water Reactors. APED-5286. General Electric,1962.

[42] Groeneveld D C. Post Dryout Heat Transfer at Reactor Operating Condition. AECL-4513,1973.

[43] Slaughterback D C. Flow film boiling heat transfer correlation- parametric study with data comparisons. Paper presented at the National Heat Transfer Conference. Atlanta,1973.

习 题

6.1 某沸水堆冷却剂通道,高1.8m,运行压力为4.8MPa,进入通道的水的欠热度为13℃, 通道出口处平衡态含汽率为0.06,如果通道的加热方式是:(1)均匀的;(2)余弦分布的(坐标原点取在通道半高度处),试计算不沸腾段长度(忽略过冷沸腾段和外推长度)。

6.2 已知某通道内汽水混合物的质量流量为 0.29kg/s,流通面积 1.5cm²,流动质量含汽率为 0.15,压力 7.2MPa,分别用均匀流模型和漂移流模型中的 Bankoff 关系式和 Dix 关系式计算空泡份额。(在用 Dix 关系式的时候假设流动是搅状流。)

6.3 设有一个以余弦方式加热的沸腾通道(坐标原点取在通道半高度处),长 3.6m,运行压力 8.3MPa,不饱和沸腾段高度为 1.2m,进口水的欠热度为 15℃,试求该通道的出口平衡态含汽率和空泡份额(忽略过冷沸腾段)。

6.4 某一模拟试验回路的垂直加热通道,在某高度处发生饱和沸腾,已知加热通道的内径 $d=2$cm,冷却水的质量流量为 1.2t/h,系统的运行压力是 10.0MPa,加热通道进口水比焓为 1214kJ/kg,沿通道轴向均匀加热,热流量 $q=6.7\times10^5$W/m²,通道长 2m。试用平衡态模型计算加热通道内流体的饱和沸腾起始点的高度和通道出口处的平衡态含汽率。

6.5 某压水堆运行压力为 15.19MPa,某燃料元件通道水力直径为 12.53mm,均匀发热,质量流密度为 2722kg/(m²·s),入口平衡态含汽率为 $\chi_e=-0.1645$,计算该通道入口处和平衡态含汽率为零处的 DNB 临界热流密度。

6.6 沸水堆运行压力为 7.2MPa,燃料组件出口处的流动质量含汽率为 0.15,质量流量为 17.5kg/s,面积为 0.012m²,滑速比为 1.5,计算
$$\{\alpha\},\{\beta\},\{j_v\},G_v,G_l$$

6.7 一个垂直的管道内的两相流,横截面如图 6-38 所示,已知压力 7.4MPa,质量流密度为 2000kg/m²·s,出口的平衡态含汽率为 0.0693,$D=10$mm。计算出口处的
$$\{v_v\}_v,\{j_v\}_v,\{v_v\}_v-\{v_l\}_l,\{j\}_v-\{j\}_l$$

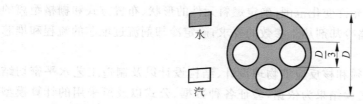

图 6-38 垂直管道内的两相流截面图

6.8 某垂直圆形加热通道运行压力是 10.0MPa,内直径 2cm,冷却水的质量流量为 1.2t/h,入口水温度 275℃,沿通道轴向均匀加热,热流密度 $q=6.7\times10^5$W/m²,通道长 2m。计算 1.5m 处的内壁面温度。

第 7 章

核反应堆稳态热工设计

所谓核反应堆稳态热工设计,是指设计一套能够在额定功率下安全运行的核反应堆热工水力学参数。核反应堆稳态热工水力学设计是核反应堆设计阶段的一项十分重要的工作。本章将着重结合水堆来介绍核反应堆的稳态设计方法。

轻水堆或重水堆的稳态设计主要关心的热工水力学参数有堆芯内燃料芯块中心最高温度以及芯块内温度分布、燃料包壳外表面的最高温度、燃料棒表面的传热系数以及冷却剂的流动状态、流过堆芯的流量以及分配、堆芯最小 DNBR、堆芯冷却剂出口的流动质量含汽率、冷却剂系统在各个部件内的流动压降等。

核反应堆稳态热工设计的任务是要设计一个既安全可靠而又经济的核反应堆系统。核反应堆稳态热工设计所要解决的具体问题是,在堆型和为进行热工设计所必需的条件已经确定的前提下,通过一系列的热工水力计算和一二回路热工参数的最优选择,确定在额定功率下为满足核反应堆安全要求所必需的堆芯燃料元件的总传热面积、燃料元件的几何尺寸以及冷却剂的流速、温度和压力等,使堆芯在热工方面具有较高的技术经济指标。在核反应堆稳态热工设计中要确定核燃料、慢化剂、冷却剂和结构材料;确定核反应堆热功率、堆芯功率分布不均匀系数和水铀比的允许变化范围;确定燃料元件的形状、布置方式和栅格距离的变化范围;确定二回路对一回路冷却剂热工参数的要求;确定冷却剂流过堆芯的流程和堆芯进口处的流量分配情况。

核反应堆稳态热工设计必须和核反应堆物理设计、结构设计以及制造工艺水平密切结合。同时,还必须以热工水力实验结果为依据,验证各种数据、公式以及所采用的计算模型的正确性。

本章首先引入工程上使用很普遍的热通道因子(或热点因子)的概念,并在此基础之上,介绍单通道和子通道分析模型。

7.1 热工设计准则

核反应堆稳态热工设计通常要采用一套设计准则。设计准则是一批数据的限值,热工设计准则的内容不但随堆型的不同而不同,而且随着技术的发展、堆设计与运行经验的积累以及材料性能和加工工艺等的改进而变化。

大部分的反应堆都采用有包壳的燃料元件。对于有燃料包壳的核反应堆,热工设计就要求保证包壳的完整性。但是这样的规定不好操作,因此实际上在工程中,通常是规定了温度限值和热流密度限值来保证包壳的完整性。表 7-1 是几种动力堆关于燃料中心温度、包壳平均温度和燃料表面热流密度的设计准则[1]。其中的燃料表面热流密度准则要求燃料元件外表面不允许发生沸腾临界，即在计算的最大热功率下，堆芯最小 DNBR 不应低于某一限值。至于燃料元件芯块中心最高温度，准则里面通常规定的是低于熔点，在实际的工程中，又通常规定一个限值，对于 UO_2 燃料，大多为 $2200\sim2450\,^\circ\!C$[2]，由于需要考虑燃耗以及不确定性，通常其取值要比其熔点低。另外还要求在稳态额定功率的情况下，不发生流动不稳定性。对于压水堆，只要堆芯最热通道出口附近冷却剂的平衡态含汽率小于某一数值，即不会发生流动不稳定性。

表 7-1　几种动力堆的热工设计准则

设计参数	堆 型		
	PWR	BWR	LMFBR
燃料中心温度	不大于熔点	不大于熔点	不大于熔点
包壳平均温度	大破口事故下 <1204℃	大破口事故下 <1204℃	稳态：<704℃ 瞬态：<870℃
限制表面热流密度的 MDNBR 或 MCHFR	稳态>1.8 常见事故工况>1.3	稳态>1.9 常见事故工况>1.2	

对于高温气冷堆的热工设计，通常要求燃料元件表面最高温度小于限值，燃料元件中心最高温度小于限值，燃料元件和结构材料的热应力小于限值等。

下面我们来看图 7-1 中对核反应堆热工设计限值的考虑。最底下的线是堆芯内某一参数的平均值，比如说是堆芯的平均热流密度。由于堆芯内中子注量率的空间分布不均匀会造成热流密度的空间分布不均匀，因此考虑了径向和轴向的功率分布不均匀，就可以得到稳态情况下堆芯内最热的点处的热流密度——稳态热点值。然后进一步考虑工程安装和制造的误差，就可以得到稳态热点处有可能发生的最大值。再考虑

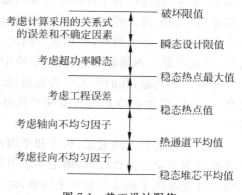

图 7-1　热工设计限值

运行中有可能出现的常见事故瞬态[3]，得到瞬态设计限值。这样，对于热流密度而言，我们就可以规定瞬态设计限值就是临界热流密度，也就是说只要堆芯中实际的最大热流密度小于瞬态设计限值，就不会发生沸腾临界。但是，由于我们采用的计算临界热流密度的公式（例如 W-3 公式）本身是存在误差的，因此还要在此基础上再乘以一个系数，得到最上面的破坏限值。也就是说用 W-3 公式计算得到的 q_{DNB} 还需要除以 1.3，作为瞬态设计限值，即要求 DNBR 不小于 1.3，于是有

$$q(z) \leqslant \frac{q_{DNB}}{1.3} \tag{7-1}$$

在工程上,轴向不均匀因子、径向不均匀因子和工程误差,通常习惯于用热通道因子来考虑,下面我们就来讨论热通道因子。

知识点:
- 设计准则。
- 设计限值。

7.2　热通道因子

压水堆、沸水堆和重水堆的堆芯通常是由燃料组件排列而成的。压水堆和沸水堆比较类似,堆芯内的所有燃料组件排列好后放在一个压力容器内,而 CANDU 型重水堆则采用压力管式结构的堆芯,把燃料组件放入压力管内,然后有很多压力管排列布置构成堆芯。不论对于什么形式的堆芯,我们都可以理解为是用燃料组件按照一定的方式排列起来组成的。对于压水堆、沸水堆和重水堆等水堆,堆芯内必然存在着某一积分功率输出最大的燃料元件冷却剂通道,我们就把这个通道称为热通道(也称为热管)。而对于采用球状燃料元件的高温气冷堆,则不存在这样的热通道,因此其稳态分析原理将与采用棒状燃料元件的堆芯有所不同。

如果不考虑在堆芯进口处冷却剂流量分配的不均匀,也不考虑燃料元件的尺寸、性能等在加工、安装、运行中的工程因素造成的偏差,而单纯从核设计方面考虑,那么堆芯内存在某一积分功率输出最大的燃料元件冷却剂通道,即热通道。同时堆芯内还存在着某一燃料元件表面热流密度最大的点,即热点。因此,通俗一点理解,热通道就是堆内加热功率最大的通道,热点就是堆内最热的点(燃料芯块中心温度最高点或包壳外表面温度最高点)。

相应于热通道,我们引入平均通道(也称为平均管)的概念。平均通道是一个具有设计的名义尺寸、平均的冷却剂流量和平均释热率的假想通道,平均通道反映整个堆芯的平均特性。

那么为何要引入热通道、热点和平均通道呢?因为在已经确定堆的额定功率、传热面积以及冷却剂流量等条件以后,确定堆芯内热工参数的平均值是比较容易的。但是堆芯功率的输出并非取决于热工参数的平均值,而是取决于堆芯内最恶劣的局部热工参数值,要得到局部的热工参数却不是一件容易的事。为了衡量各有关的热工参数的最大值偏离平均值的程度,引进了热通道、热点和平均通道的概念。在此基础上,引入热通道因子(或热点因子)。通常把热通道因子分为核热通道因子和工程热通道因子两大类。另外,还可以分为热流密度热通道因子和比焓升热通道因子两大类。

知识点:
- 热管和热管因子。
- 平均管。

7.2.1 核热通道因子

径向热流密度核热通道因子定义为

$$F_{N,r} = \frac{\bar{q}_h}{\bar{q}_m} \tag{7-2}$$

其中，$\bar{q}_h$ 为热通道的平均表面热流密度，$\bar{q}_m$ 为平均通道的平均表面热流密度。下角标 N 表示只考虑了核因素，下角标 r 表示径向。在这里，平均表面热流密度指的是高度方向上的平均，即

$$\bar{q}_h = \int_0^L q_h(z)\mathrm{d}z/L \tag{7-3}$$

$$\bar{q}_m = \int_0^L q_m(z)\mathrm{d}z/L \tag{7-4}$$

用同样的方式，我们可以定义轴向热流密度核热通道因子

$$F_{N,z} = \frac{q_{h,\max}}{\bar{q}_h} \tag{7-5}$$

这样，得到热流密度核热通道因子

$$F_{N,q} = F_{N,r} \cdot F_{N,z} \cdot F_{N,L} \tag{7-6}$$

即

$$F_{N,q} = \frac{q_{h,\max}}{\bar{q}_m} \cdot F_{N,L} \tag{7-7}$$

其中，$F_{N,L}$ 是与核反应堆的具体结构（例如控制棒、燃料元件等的形式及其布置情况）有关的局部功率峰值核热通道因子。在早期压水堆设计中一般取 1.29，由于技术上的改进，此值已有所下降，目前有些核反应堆的设计中取 1.1。由于表面热流密度与热中子注量率之间存在线性关系，因此有

$$F_{N,q} = \frac{\varphi_0}{\bar{\varphi}} \cdot F_{N,L} \tag{7-8}$$

下面我们以圆柱形堆芯、核燃料均匀装载的压水堆为例，来计算热流密度核热通道因子。对于圆柱形堆芯，中子注量率的空间分布为

$$\varphi(r,z) = \varphi_0 J_0(2.405r/R_e)\cos\left(\frac{\pi z}{L_e}\right) \tag{7-9}$$

对其进行空间积分后得到平均中子注量率为

$$\bar{\varphi} = \frac{1}{\pi R^2 L} \int_0^R \int_{-L/2}^{L/2} \varphi(r,z)(2\pi r)\mathrm{d}r\mathrm{d}z \tag{7-10}$$

于是有

$$\frac{\varphi_0}{\bar{\varphi}} = \frac{2.405R}{2R_e J_1\left(\frac{2.405R}{R_e}\right)} \frac{\pi L}{2L_e \sin\left(\frac{\pi L}{2L_e}\right)} \tag{7-11}$$

当 $R \approx R_e$，$L \approx L_e$ 时，有

$$F_{N,r} \cdot F_{N,z} = \frac{2.405}{2J_1(2.405)} \frac{\pi}{2} = 2.3161 \times 1.5708 = 3.64 \tag{7-12}$$

这就是圆柱形堆芯,核燃料均匀装载的压水堆未考虑局部功率峰值因子情况下的热流密度核热通道因子。对于其他几何形状的堆芯,表7-2列出了未考虑局部功率峰值因子情况下对应的热流密度核热通道因子。

表 7-2　各种核反应堆堆芯的热流密度核热通道因子

堆芯的几何形状	核热通道因子
球形	3.29
直角长方形	3.87
圆柱形	3.64
圆柱形(功率展平,有反射层)	1.57
游泳池式核反应堆(水作反射层)	2.6

核因素引起的热通道和平均通道中的冷却剂比焓升的比值,称为比焓升核热通道因子。如果整个堆芯装载完全相同的燃料元件,又假设热通道和平均通道内冷却剂的流量相等,并忽略其他工程因素的影响,则堆芯冷却剂的比焓升核热通道因子就等于热流密度径向核热通道因子。这是因为

$$F_{\mathrm{N},\Delta h} = \frac{\int_0^L \bar{q}_l F_{\mathrm{N},r} \varphi(z)\mathrm{d}z}{\bar{q}_l L} = \frac{F_{\mathrm{N},r} \int_0^L \varphi(z)\mathrm{d}z}{L} = F_{\mathrm{N},r} \tag{7-13}$$

知识点:
- 核热管因子与功率展平。
- 比焓升热管因子。

7.2.2　工程热通道因子

所谓工程热通道因子,就是由于工程因素引起的热流密度最大点的热流密度与名义值之间的比值。随着核反应堆的设计、建造和运行经验的积累,工程热通道因子的计算方法也在不断发展,先后有两种方法在实际中采用较多,一种是乘积法,另一种是混合法。

1. 乘积法

在核反应堆的热工计算中会看到,影响燃料元件表面热流密度和冷却剂比焓升的工程因素是多方面的,例如加工、安装所产生的误差以及运行中可能产生的燃料棒的弯曲变形等。在核反应堆发展的早期,由于缺乏经验,为了确保核反应堆的安全,通常把所有的工程偏差都看作是非随机性的,因而在综合计算影响热流密度的各个工程偏差的时候,保守地采用了将各个工程偏差相乘的办法,这就是乘积法。乘积法的含义是指所有的有关的最不利的因素都同时集中在热点处,而所谓最不利的因素指的是在综合计算时取对安全不利的方向的最大工程偏差。由此可见,乘积法虽然满足堆内燃料元件的热工设计安全要求,但却降低了核反应堆的经济性。这是因为工程热通道因子的数值大了,为了确保安全,相应地就必须降低燃料元件的平均释热率,从而限制了堆芯功率的输出。下面我们来介绍用乘积法计

算热通道因子的方法。

首先介绍热流密度工程热通道因子。我们知道燃料元件芯块的直径、密度、核燃料的富集度和包壳外径都可能存在加工误差，这些误差影响着燃料元件外表面的热流密度。这些误差彼此是互相独立的，若把这些误差全都看作是非随机误差，那么当知道这些合格产品中的各项最大误差之后，就可以得到热流密度工程热通道因子，即

$$F_{E,q} = \frac{\frac{\pi}{4}d_{u,a}^2}{\frac{\pi}{4}d_{u,n}^2} \frac{e_a}{e_n} \frac{\rho_a}{\rho_n} \frac{d_{cs,a}}{d_{cs,n}} \tag{7-14}$$

其中，d 为直径，e 为核燃料富集度，ρ 为密度。下标 n 表示的是名义值，也就是设计值，下标 a 表示的是加工后的值，取具有最不利误差的值，假如负误差对安全最不利，就取具有负误差的最小值，反之则取正误差的最大值。d_{cs} 是包壳外径，由于外径越小，燃料棒表面面积就越小，从而导致表面热流增大，因此 $d_{cs,a}$ 取的应该是一批产品中的最小值，而其他取的都是最大值。我们可以看到，这样的乘积法把最不利的因素都集中到一点，是偏保守的。

再来分析焓升工程热通道因子。由于核反应堆类型的不同，影响冷却剂比焓升的工程偏差因素也不相同，对于压水堆来说，其焓升工程热通道因子由以下 5 个分因子组成。

（1）燃料芯块加工误差引起的焓升工程热通道分因子。这项分因子为

$$F_{E,\Delta h,1} = \frac{\frac{\pi}{4}\bar{d}_{u,a}^2}{\frac{\pi}{4}d_{u,n}^2} \frac{\bar{e}_a}{e_n} \frac{\bar{\rho}_a}{\rho_n} \tag{7-15}$$

各个加工后的值，要取一批元件全长上平均误差中对安全不利方向的最大值。之所以要取元件全长上的平均误差，是因为热通道内的比焓升反映的是对整个通道长度的积分效果，正负误差会互相抵消。

（2）燃料元件和冷却剂通道尺寸误差引起的焓升工程热通道分因子。冷却剂通道尺寸误差包括燃料元件包壳外直径加工误差、燃料元件栅格距离的安装误差和核反应堆运行后燃料棒弯曲变形而使得堆芯内流道尺寸产生的误差。这些误差会影响到冷却剂的流量，从而影响冷却剂的比焓升，由此引起的焓升工程热通道分因子为

$$F_{E,\Delta h,2} = \frac{\Delta h_{h,max,2}}{\Delta h_{n,max}} = \frac{\int_0^L q_{l,h}(z)\,dz/q_{m,\ h,min,2}}{\int_0^L q_{l,h}(z)\,dz/q_{m,m}} = \frac{q_{m,m}}{q_{m,h,min,2}} \tag{7-16}$$

其中，下标 m 表示平均通道，h 表示热通道，下标中的 min 是表示该值取最小值对安全最不利。功率输出和冷却剂流量是两个互相独立的量，因此当考虑通道尺寸误差引起的冷却剂流量变化的时候，并不影响积分功率的输出，可以把它作为一个不变的量而暂时不考虑，正像在 $F_{E,\Delta h,1}$ 中只考虑发热量而暂时不考虑冷却剂流量变化是同一个道理。

下面来把冷却剂流量比转化为通道的尺寸比，借以引入上面的几个工程误差。

同样，先把与此无关的热工参数设为常量，单纯考虑燃料元件冷却剂通道尺寸的误差，并认为平均通道和热通道的冷却剂流动压降相等，即 $\Delta p_h = \Delta p_m$。为了简化起见，流动压降只考虑沿程摩擦压降，而不考虑定位格架和导流叶片引起的局部压降。这样，根据式(5-258)有

$$f = C\,Re^{-n}$$

因为 $Re = \rho V D_e / \mu$，于是有

$$\Delta p \approx \Delta p_{\text{fric}} = f \frac{\rho V^2 L}{2 D_e} \propto \frac{q_m^{2-n}}{D_e^{1+n} A^{2-n}} \tag{7-17}$$

所以，在 $\Delta p_h = \Delta p_m$ 时，可以得到热通道和平均通道的流量之比

$$\frac{q_{m,h}}{q_{m,m}} = \frac{A_h D_{e,h}^{\frac{1+n}{2-n}}}{A_m D_{e,m}^{\frac{1+n}{2-n}}} \tag{7-18}$$

最后得到焓升工程热通道分因子

$$F_{E,\Delta h,2} = \frac{\Delta h_{h,\max,2}}{\Delta h_{n,\max}} = \frac{q_{m,m}}{q_{m,h,\min,2}} = \left[A D_e^{\frac{1+n}{2-n}} \right]_m \Big/ \left[A D_e^{\frac{1+n}{2-n}} \right]_h$$

$$= \frac{P_n^2 - \frac{\pi}{4} d_{cs,n}^2}{P_{h,\min}^2 - \frac{\pi}{4} \bar{d}_{cs,h,\max}^2} \times \left[\frac{(4 P_n^2 - \pi d_{cs,n}^2)/(\pi d_{cs,n})}{(4 \bar{P}_{h,\min}^2 - \pi \bar{d}_{cs,h,\max}^2)/(\pi \bar{d}_{cs,h,\max})} \right]^{\frac{1+n}{2-n}} \tag{7-19}$$

其中的 $\bar{d}_{cs,h,\max}$ 表示对燃料元件外直径来说，取通道内的平均最大值为最不利的因素。另外，更精确的计算还需要考虑各种局部压降和重力压降，重力压降是因为热通道与平均通道内温度不同造成的冷却剂密度不同引起的。不过这些因素都没法得到理论解的形式，需要实验进行测量。

（3）堆芯下腔室流量分配不均匀引起的焓升工程热通道分因子。由于堆芯下腔室结构上的原因，分配到堆芯各冷却剂通道的流量是不均匀的。这种不均匀程度很难用理论分析求出，一般需从核反应堆本体的水力模拟装置中的实验测出。实测的数据表明，堆芯各燃料元件冷却剂通道的流量与平均通道流量相比，有大有小，但从核反应堆热工设计安全要求出发总是取热通道分配到的流量小于平均通道的流量，于是有

$$F_{E,\Delta h,3} = \frac{\int_0^L q_{l,h}(z)\,\mathrm{d}z / q_{m,h,\min,3}}{\int_0^L q_{l,h}(z)\,\mathrm{d}z / q_{m,m}} = \frac{q_{m,m}}{q_{m,h,\min,3}} \tag{7-20}$$

其中，$q_{m,h,\min,3}$ 为由堆芯下腔室分配到热通道的冷却剂流量，通常由实验测出，一般来说，要小于平均通道的流量，因此取最小值是最不利的因素。

（4）热通道内冷却剂流量再分配引起的焓升工程热通道分因子。热通道内的冷却剂流量再分配指的是由于热通道内产生汽泡而增大流动压降，导致热通道冷却剂流量减少，而多出的这一部分冷却剂就要流到堆芯其他相邻的冷却剂通道上去。所以，

$$F_{E,\Delta h,4} = \frac{\Delta h_{h,\max,4}}{\Delta h_{n,\max,3}} = \frac{\int_0^L q_{l,h}(z)\,\mathrm{d}z / q_{m,h,\min,4}}{\int_0^L q_{l,h}(z)\,\mathrm{d}z / q_{m,h,\min,3}} = \frac{q_{m,h,\min,3}}{q_{m,h,\min,4}} \tag{7-21}$$

其中，$q_{m,h,\min,3}$ 为由堆芯下腔室分配到热通道的冷却剂流量，$q_{m,h,\min,4}$ 为发生流量再分配后的热通道冷却剂流量。

$F_{E,\Delta h,4}$ 的定义与其他几个焓升工程热通道分因子的定义有所不同。$F_{E,\Delta h,4}$ 不是用平均通道流量与热通道流量之比来表示，而是用同一个热通道的两个流量之比来表示。其中一个是只考虑了因堆芯下腔室流量分配不均匀而分配到热通道的流量，另一个是在下腔室流

量分配不均匀的基础之上,又考虑了热通道内因冷却剂沸腾而使流动阻力增加、再分配后的流量。

$q_{m,h,min,4}$ 可以通过使热通道压降与热通道的驱动压头相等来求得。热通道的驱动压头要比平均通道的小一些,这是由于各燃料元件冷却剂通道出口处压力相同,而入口处压力却不同所引起的。

由于堆芯下腔室流量分配不均匀,因此热通道分配到的流量比平均通道的少。若用 δ 来表示这种流量减少的比例,则有

$$\delta = \frac{q_{m,m} - q_{m,h,min,3}}{q_{m,m}} \tag{7-22}$$

从而得到

$$q_{m,h,min,3} = q_{m,m}(1-\delta) \tag{7-23}$$

根据式(7-17),可得热通道的摩擦压降与平均通道的摩擦压降之比为

$$\frac{\Delta p_{fric,h}}{\Delta p_{fric,m}} = (1-\delta)^{2-n} \tag{7-24}$$

由于加速压降和局部压降都与流量的平方成反比,因此可以得到

$$\frac{\Delta p_{acc,h}}{\Delta p_{acc,m}} = (1-\delta)^2 \tag{7-25}$$

$$\frac{\Delta p_{form,h}}{\Delta p_{form,m}} = (1-\delta)^2 \tag{7-26}$$

这样,热通道的压降可以表述为

$$\Delta p_{h,e} = K_{fric,h}\Delta p_{fric,m} + K_{a,h}(\Delta p_{in,m} + \Delta p_{gird,m} + \Delta p_{out,m} + \Delta p_{acc,m}) + \Delta p_{grav,m} \tag{7-27}$$

其中,$K_{fric,h} = (1-\delta)^{2-n}$,$K_{a,h} = (1-\delta)^2$。

由此可见,热通道的驱动压头可以由平均通道的各个压降乘以相应的修正因子得到,而这些修正因子都来源于下腔室流量分配不均匀,因此对重力压降不必作修正,但因热通道的冷却剂密度与平均通道的不同,所以重力压降这一项是带有近似性的。有了热通道的驱动压头,就可以求得热通道内的冷却剂流量了,进而利用式(7-21)计算 $F_{E,\Delta h,4}$。

(5) 相邻通道间冷却剂交混引起的焓升工程热通道分因子。在相邻的冷却剂通道内,冷却剂相互之间进行着横向的动量、质量和热量的交换。热通道中较热的冷却剂与相邻通道中较冷的冷却剂的相互交混,使热通道中的冷却剂比焓升降低。考虑横向交混后,热通道冷却剂的实际最大比焓升就不同于热通道冷却剂名义最大比焓升。这种误差属于非随机性误差,也很难从理论上分析得到,而只能通过实验或者经验关系式确定。由相邻通道间冷却剂交混引起的焓升工程热通道分因子可以表示为

$$F_{E,\Delta h,5} = \frac{\Delta h_{h,max,5}}{\Delta h_{n,max}} \tag{7-28}$$

综合以上 5 项焓升工程热通道分因子,可以得到总的焓升工程热通道因子为

$$F_{E,\Delta h} = F_{E,\Delta h,1} \cdot F_{E,\Delta h,2} \cdot F_{E,\Delta h,3} \cdot F_{E,\Delta h,4} \cdot F_{E,\Delta h,5} \tag{7-29}$$

这就是乘积法得到的焓升工程热通道因子,其中只有 $F_{E,\Delta h,5}$ 是小于 1 的数,其他 4 个分因子都是大于 1 的数,哪些是不利的工程因素在这里就反映出来了。

2. 混合法

混合法是把燃料元件和冷却剂通道的加工、安装及运行中产生的误差分成两大类,一类

是非随机误差,例如由堆芯下腔室流量分配不均匀、流动搅混及流量再分配等因素造成的热通道冷却剂实际比焓升与名义比焓升之间的偏离;另一类是随机误差,如燃料元件及冷却剂通道尺寸的加工、安装误差。在计算焓升工程热通道因子时,由于存在两类不同性质的误差,所以首先分别计算各类误差造成的分因子量,然后逐个相乘得到焓升工程热通道因子。对于非随机误差,用前面介绍的乘积法,而对于随机误差,则用误差分布规律的响应公式计算,这就是混合法。

用随机误差进行计算时,认为所有有关的不利工程因素是按一定的概率作用在热通道和热点上的。与前面的乘积法相比,有几点不同:一是取"不利的工程因素"而非"最不利的工程因素";二是"按一定的概率作用在热通道和热点上",而非"必然同时集中作用在热通道和热点上";三是有一定的可信度而非"绝对安全可靠"。

在详细计算属于随机误差的各个分因子之前,先对随机误差量有关的基本概念作一个简单的回顾。

在大批生产某一产品的过程中,要测定工件的加工误差,以检验产品的质量是否合格。如果对同一种工件,不能逐件测定其误差,那么就只能在批量产品中抽查一定数量的工件,这种检验产品的方式称为抽样检查。抽样检查的工件数应占总生产工件数的百分比,需根据具体情况而定。对大批产品抽样检查后进行统计分析表明,加工误差的出现有如下的规律:

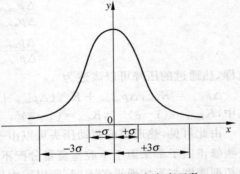

图 7-2　正态分布概率密度函数

对单个产品来说,加工误差的大小与正负带有偶然性,即误差属于随机变量的性质。但按同一图纸大批生产同一工件的时候,加工误差的大小与正负服从高斯分布(正态分布),如图 7-2 所示。加工件数越多,这一结论越正确,而且还具有下述特点:①小误差比大误差出现的概率多;②大小相等、符号相反的正负误差出现的概率近似相等;③极大的误差值,不论正负,其出现的概率都非常小。

正态分布的概率密度为

$$y(x) = \frac{1}{\sqrt{2\pi}\sigma} \exp\left(-\frac{x^2}{2\sigma^2}\right) \tag{7-30}$$

其中,σ 称为均方误差,其定义为

$$\sigma = \sqrt{\frac{x_1^2 + x_2^2 + \cdots + x_N^2}{N}} \tag{7-31}$$

均方误差的意义是指在一批产品中某种零件加工后的实际尺寸与标准尺寸的偏差值平方和的均方根。令

$$x_i = x_{ir} - x_n \tag{7-32}$$

其中,x_n 是工件的标准尺寸,x_{ir} 是第 i 个工件加工后的实际尺寸。式(7-32)说明 x_i 是第 i 个工件加工后的实际尺寸与标准尺寸的差,所以均方误差又称为标准误差。均方误差的 3 倍常称为极限误差,用符号 $[3\sigma]$ 表示。

在 $\pm x$ 范围内，误差出现的概率为

$$p = \int_{-x}^{x} y\,\mathrm{d}x = \frac{1}{\sqrt{\pi}} \int_{-x}^{x} \exp\left(-\frac{x^2}{2\sigma^2}\right)\mathrm{d}\left(\frac{x}{\sqrt{2}\sigma}\right) = \frac{1}{\sqrt{\pi}} \int_{-t}^{t} \mathrm{e}^{-t^2}\,\mathrm{d}t \tag{7-33}$$

其中，$t = \dfrac{x}{\sqrt{2}\sigma}$，用 $x = \pm 3\sigma$ 代入式(7-33)，得到 $p = 99.7\%$。在设计核反应堆的时候，经常取极限误差 $[3\sigma]$ 作为合格产品的容许误差范围。

以上对直接测量的物理量的误差进行了分析，但是有些物理量在某些场合不能或不便于直接测量，那么它们就只能借助于直接测量与这些物理量有关的一些能直接测量的物理量，再进行计算得到。这种测量称为间接测量，间接测量值的误差与直接测量值的误差之间存在一定的关系。

设物理量 C 是直接测量得到的量 $(c_1, c_2, c_3, \cdots, c_n)$ 的任一线性函数，假设 $C = f(c_1, c_2, c_3, \cdots, c_n)$，各个 c_i 的误差 $(\Delta c_1, \Delta c_2, \Delta c_3, \cdots, \Delta c_n)$ 将使 C 产生一个间接误差 ΔC，这就是间接测量误差。如果 $(c_1, c_2, c_3, \cdots, c_n)$ 的误差属于随机误差，且服从正态分布，则 ΔC 也属于随机误差，也服从正态分布。

采用相对误差表示直接测量值的误差更能反映误差的特性。所谓某一物理量的相对误差，是指该物理量误差的绝对值与其名义值的比，而相对均方误差为

$$\sigma_C = \frac{\sigma}{C} \tag{7-34}$$

其中，σ 为物理量 C 的均方误差绝对值。假设物理量 C 为

$$C = (c_1^m c_2^n c_3^p)/(c_4^r c_5^s) \tag{7-35}$$

则 C 的相对标准误差为

$$\sigma_C = \frac{\sigma}{C} = \sqrt{\left(\frac{\partial C}{\partial c_1}\right)^2 \left(\frac{\sigma_{c_1}}{c_1}\right)^2 + \left(\frac{\partial C}{\partial c_2}\right)^2 \left(\frac{\sigma_{c_2}}{c_2}\right)^2 + \cdots + \left(\frac{\partial C}{\partial c_5}\right)^2 \left(\frac{\sigma_{c_5}}{c_5}\right)^2} \tag{7-36}$$

即

$$\sigma_C = \sqrt{\left(\frac{m\sigma_{c_1}}{c_1}\right)^2 + \left(\frac{n\sigma_{c_2}}{c_2}\right)^2 + \cdots + \left(\frac{s\sigma_{c_5}}{c_5}\right)^2} \tag{7-37}$$

下面就根据各项工程热通道因子的性质，先分别计算各分因子的值，然后再综合成总的工程热通道因子。

用混合法计算热流密度工程热通道因子包含四个方面的影响因素，即燃料芯块直径、密度、燃料富集度和燃料包壳外径的加工误差。这些误差都是随机误差，符合正态分布，并且各个影响因素的误差是互不相关的独立变量。这样就可以得到包壳外表面热流量的极限相对误差为

$$\left[\frac{3\sigma_{E,q}}{q_{n,max}}\right] = 3\sqrt{\left(\frac{2\sigma_u}{d_{u,n}}\right)^2 + \left(\frac{\sigma_\rho}{\rho_n}\right)^2 + \left(\frac{\sigma_e}{e_n}\right)^2 + \left(\frac{\sigma_{cs}}{d_{cs,n}}\right)^2} \tag{7-38}$$

其中，$q_{n,max}$ 为燃料元件表面热流量名义最大值；$d_{u,n}$，σ_u 分别为燃料元件芯块直径的名义值和均方误差；ρ_n，σ_ρ 分别为芯块密度的名义值和均方误差；e_n，σ_e 分别为富集度的名义值和均方误差；$d_{cs,n}$，σ_{cs} 分别为包壳外直径的名义值和均方误差。这几项均方误差分别定义为

$$\sigma_u = \sqrt{\frac{\Delta d_{u,1}^2 + \Delta d_{u,2}^2 + \cdots + \Delta d_{u,N}^2}{N}} \tag{7-39}$$

$$\sigma_\rho = \sqrt{\frac{\Delta\rho_1^2 + \Delta\rho_2^2 + \cdots + \Delta\rho_N^2}{N}} \tag{7-40}$$

$$\sigma_e = \sqrt{\frac{\Delta e_1^2 + \Delta e_2^2 + \cdots + \Delta e_N^2}{N}} \tag{7-41}$$

$$\sigma_{cs} = \sqrt{\frac{\Delta d_{cs,1}^2 + \Delta d_{cs,2}^2 + \cdots + \Delta d_{cs,N}^2}{N}} \tag{7-42}$$

其中 N 为抽样检查的工件数。这样可得热流密度工程热通道因子为

$$F_{E,q} = \frac{q_{h,max}}{q_{n,max}} = \frac{q_{n,max} + \Delta q}{q_{n,max}} = 1 + \frac{\Delta q}{q_{n,max}} = 1 + \left[\frac{3\sigma_{E,q}}{q_{n,max}}\right] \tag{7-43}$$

用混合法计算焓升工程热通道因子可以分为两部分：燃料芯块加工误差，燃料元件和冷却剂通道尺寸误差。类似于前面的分析方法，可以得到由燃料芯块直径、密度和燃料富集度的加工误差引起的比焓升极限相对误差为

$$\left[\frac{3\sigma_{E,\Delta h,1}}{\Delta h_{n,max}}\right] = 3\sqrt{\left(\frac{2\sigma_{u,hm}}{d_{u,n}}\right)^2 + \left(\frac{\sigma_{\rho,hm}}{\rho_n}\right)^2 + \left(\frac{\sigma_{e,hm}}{e_n}\right)^2} \tag{7-44}$$

下标 hm 表示计算均方误差时应取热通道全长上的误差的平均值，即

$$\sigma_{u,hm} = \sqrt{\frac{\Delta\bar{d}_{u,1}^2 + \Delta\bar{d}_{u,2}^2 + \cdots + \Delta\bar{d}_{u,N}^2}{N}} \tag{7-45}$$

得到由燃料芯块直径、密度和燃料富集度的加工误差引起的焓升工程热通道分因子为

$$F_{E,\Delta h,1} = 1 + \left[\frac{3\sigma_{E,\Delta h,1}}{\Delta h_{n,max}}\right] \tag{7-46}$$

包壳外径的加工误差与栅格距离的安装误差属随机误差，而元件的弯曲变形所造成的通道尺寸的平均误差，要测量是相当困难的，故从保守角度出发，弯曲变形误差取其最大值，并且作为非随机误差处理。

包壳外径的加工误差为

$$3\left[\frac{\sigma_{cs,hc}}{d_{cs,n}}\right] = 3\sqrt{\frac{\Delta\bar{d}_{cs,1}^2 + \Delta\bar{d}_{cs,2}^2 + \cdots + \Delta\bar{d}_{cs,N}^2}{N}}\Bigg/d_{cs,n} \tag{7-47}$$

$\Delta\bar{d}_{cs,N}^2$ 应取抽样检查中第 N 个燃料元件全长上包壳外径平均误差中的正的最大值。这样相应的焓升工程热通道因子为

$$F_{E,\Delta h,cs} = 1 + \left[\frac{3\sigma_{cs,hm}}{d_{cs,n}}\right] \tag{7-48}$$

栅格距离的安装极限相对误差为

$$\left[\frac{3\sigma_p}{p_n}\right] = 3\sqrt{\frac{\Delta\bar{p}_1^2 + \Delta\bar{p}_2^2 + \cdots + \Delta\bar{p}_{1,N}^2}{N}}\Bigg/p_n \tag{7-49}$$

与此相应的焓升工程热通道分因子为

$$F_{E,\Delta h,p} = 1 - \left[\frac{3\sigma_p}{p_n}\right] \tag{7-50}$$

与元件的弯曲变形相对应的焓升工程热通道分因子为

$$F_{E,\Delta h,b} = p_{min,b}/p_n \tag{7-51}$$

其中，$P_{min,b}$ 为热通道全长上燃料元件棒弯曲变形后的最小栅格距离，p_n 为栅格距离的名义值。于是热通道的流通面积为

$$A_{\mathrm{h}} = (p_{\mathrm{n}} F_{\mathrm{E},\Delta h,p} F_{\mathrm{E},\Delta h,b})^2 - \frac{\pi}{4}(d_{\mathrm{cs},\mathrm{n}} F_{\mathrm{E},\Delta h,\mathrm{cs}})^2 \tag{7-52}$$

由此可得热通道的水力直径为

$$D_{\mathrm{e},\mathrm{h}} = \frac{4A_{\mathrm{h}}}{\pi d_{\mathrm{cs},\mathrm{n}} F_{\mathrm{E},\Delta h,\mathrm{cs}}} \tag{7-53}$$

这样把式(7-53)代入式(7-19)就可以得到

$$F_{\mathrm{E},\Delta h,2} = \frac{(AD_{\mathrm{e}}^{\frac{1+n}{2-n}})_{\mathrm{m}}}{(AD_{\mathrm{e}}^{\frac{1+n}{2-n}})_{\mathrm{h}}} = \frac{(AD_{\mathrm{e}}^{\frac{1+n}{2-n}})_{\mathrm{m}}}{A_{\mathrm{h}}\left(\dfrac{4A_{\mathrm{h}}}{\pi d_{\mathrm{cs},\mathrm{n}} F_{\mathrm{E},\Delta h,\mathrm{cs}}}\right)^{\frac{1+n}{2-n}}} \tag{7-54}$$

至于 $F_{\mathrm{E},\Delta h,3}$，$F_{\mathrm{E},\Delta h,4}$ 和 $F_{\mathrm{E},\Delta h,5}$，因为各影响因素都是非随机性误差，其计算方法和乘积法中介绍的相同。

> **知识点：**
> - 工程热管因子。
> - 乘积法和混合法的异同。

7.2.3　降低热通道因子的途径

热通道因子是影响堆热工设计安全性和技术经济指标的重要因素，因此必须设法降低总的热通道因子的值。热通道因子是由核和工程两方面的不利因素造成的，因而要减小它们的数值也必须从这两方面着手。

最有效的方法是进行功率展平，功率展平的具体办法有：分区装载不同富集度的燃料组件，在堆芯周围设置反射层，合理布置控制棒和可燃毒物棒，长短控制棒相结合等。

合理地确定有关部件的加工和安装误差，进行精细的堆本体水力模拟实验，尽可能改善下腔室流量分配的合理性，增加冷却剂的横向交混，这样可以进一步降低热通道因子。

7.3　单通道分析方法

所谓单通道，通常指从组件中选取的一个具有代表性的通道，它在整个堆芯高度上与相邻通道之间没有冷却剂的动量、质量和能量的交换，被看成是孤立的、封闭的，

单通道分析首先要对通道内冷却剂质量、动量和热量方程进行求解，得到冷却剂流速和轴向冷却剂比焓或温度的分布，然后对燃料元件进行传热计算，得到燃料元件中心最高温度。

单通道模型最适合于分析闭式通道，对于开式通道，由于存在横向交混，就需要用横向交混工程热通道因子来修正比焓升。

7.3.1　一维流动方程

我们来考察被加热流体在垂直的管内向上流动的情况，如图 7-3 所示。

图中 L_1 是加热段之前的长度,L_2 是加热段以后的长度,L_H 是加热段的长度,加热段的热流密度为 q。按照流型也可以分为两个区域,即单相流区域 $L_{1\phi}$ 和两相流区域 $L_{2\phi}$。假设 z 方向任意一点处的流体断面是一个控制面,那么可获得用断面平均参数表述的冷却剂流动方程。简单地说,我们把两相流看作是一个具有平均物性的均匀流,这就是均匀流模型。下面就用均匀流模型来分析图 7-3 所示的管内一维流动。

1. 两相速度不同的情况

下面我们来回顾一下第 6 章内描述的一维流动质量、动量和热量的输运方程。

质量守恒方程式为

$$\frac{\partial}{\partial t}(\rho_{\text{mix}} A_z) + \frac{\partial}{\partial z}(G_{\text{mix}} A_z) = 0 \tag{7-55}$$

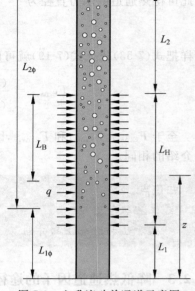

图 7-3　上升流动单通道示意图

其中混合物的密度和质量流密度为断面平均值,分别为

$$\rho_{\text{mix}} = \{\rho_v \alpha\} + \{\rho_L (1-\alpha)\} \tag{7-56}$$

$$G_{\text{mix}} = \{\rho_v \alpha v_{v,z}\} + \{\rho_L (1-\alpha) v_{L,z}\} \tag{7-57}$$

动量守恒方程为

$$\frac{\partial}{\partial t}(G_{\text{mix}} A_z) + \frac{\partial}{\partial z}\left(\frac{G_{\text{mix}}^2}{\rho_{\text{mix}}^+} A_z\right) = -\frac{\partial(p A_z)}{\partial z} - \int_{P_z} \tau_w \mathrm{d}P_z - \rho_{\text{mix}} g A_z \cos\theta \tag{7-58}$$

其中,θ 是与垂直方向之间的夹角,动力密度为

$$\frac{1}{\rho_{\text{mix}}^+} \equiv \frac{1}{G_{\text{mix}}^2}\{\rho_v \alpha v_{v,z}^2 + \rho_L (1-\alpha) v_{L,z}^2\} \tag{7-59}$$

两相混合物的压力为

$$p = p_v \alpha + p_L (1-\alpha) \tag{7-60}$$

壁面摩擦压降梯度为

$$\frac{1}{A_z}\int_{P_z} \tau_w \mathrm{d}P_z = \left(\frac{\mathrm{d}p}{\mathrm{d}z}\right)_{\text{fric}} \tag{7-61}$$

式(7-61)中的两相流摩擦压降梯度为

$$\left(\frac{\mathrm{d}p}{\mathrm{d}z}\right)_{\text{fric}} = \frac{f_{\text{TP}}}{D_e}\frac{G_{\text{mix}}^2}{2\rho_{\text{mix}}} \tag{7-62}$$

能量守恒方程为

$$\frac{\partial}{\partial t}\left[(\rho_{\text{mix}} h_{\text{mix}} - p) A_z\right] + \frac{\partial}{\partial z}(G_{\text{mix}} h_{\text{mix}}^+ A_z) = q_{V,\text{mix}} A_z - q_w P_w + \frac{G_{\text{mix}}}{\rho_{\text{mix}}}\left[\overline{F_{w,z}} + \frac{\partial p}{\partial z}\right] A_z \tag{7-63}$$

其中,h_{mix},h_{mix}^+ 和 $\overline{F_{w,z}}$ 分别为

$$h_{\text{mix}} = \frac{1}{\rho_{\text{mix}}}\{\rho_v \alpha h_v + \rho_L (1-\alpha) h_L\} \tag{7-64}$$

$$h_{\text{mix}}^+ = \frac{1}{G_{\text{mix}}}\{\rho_v \alpha h_v v_{v,z} + \rho_L (1-\alpha) h_L v_{L,z}\} \tag{7-65}$$

$$\overline{F_{\mathrm{w},z}} = \frac{1}{A_z} \int_{P_z} \tau_{\mathrm{w}} \mathrm{d} P_z \tag{7-66}$$

以上质量、动量和能量守恒方程中的所有参数都与时间和轴向位置相关。对于等截面垂直通道,有 $p_{\mathrm{v}} \approx p_{\mathrm{L}} \approx p$,因此,可以得到质量、动量和能量守恒方程分别为

$$\frac{\partial}{\partial t} \rho_{\mathrm{mix}} + \frac{\partial}{\partial z} G_{\mathrm{mix}} = 0 \tag{7-67}$$

$$\frac{\partial G_{\mathrm{mix}}}{\partial t} + \frac{\partial}{\partial z} \left(\frac{G_{\mathrm{mix}}^2}{\rho_{\mathrm{mix}}^+} \right) = -\frac{\partial p}{\partial z} - \frac{f G_{\mathrm{mix}} |G_{\mathrm{mix}}|}{2 D_{\mathrm{e}} \rho_{\mathrm{mix}}} - \rho_{\mathrm{mix}} g \cos\theta \tag{7-68}$$

$$\frac{\partial}{\partial t} (\rho_{\mathrm{mix}} h_{\mathrm{mix}} - p) + \frac{\partial}{\partial z} (G_{\mathrm{mix}} h_{\mathrm{mix}}^+) = \frac{q P_{\mathrm{h}}}{A_z} + \frac{G_{\mathrm{mix}}}{\rho_{\mathrm{mix}}} \left[\frac{\partial p}{\partial z} + \frac{f G_{\mathrm{mix}} |G_{\mathrm{mix}}|}{2 D_{\mathrm{e}} \rho_{\mathrm{mix}}} \right] \tag{7-69}$$

其中,摩擦系数 f 在单相流区域用单相流摩擦系数,在两相流区域用两相流摩擦系数。能量方程(7-69)经整理后为

$$\frac{\partial}{\partial t} (\rho_{\mathrm{mix}} h_{\mathrm{mix}}) + \frac{\partial}{\partial z} (G_{\mathrm{mix}} h_{\mathrm{mix}}^+) = \frac{q P_{\mathrm{h}}}{A_z} + \frac{\partial p}{\partial t} + \frac{G_{\mathrm{mix}}}{\rho_{\mathrm{mix}}} \left[\frac{\partial p}{\partial z} + \frac{f G_{\mathrm{mix}} |G_{\mathrm{mix}}|}{2 D_{\mathrm{e}} \rho_{\mathrm{mix}}} \right] \tag{7-70}$$

这里运用了比焓形式的能量方程,当然也可用比内能代替。

知识点:
- 一维两相流方程体系。

2. 两相速度相等的情况

两相速度相等的情况,也就是滑速比为 1 的情况,这时通过组合各个守恒方程,动量守恒和能量守恒方程还可以进行进一步的简化。首先来看质量方程(7-67),可以写为

$$\frac{\partial}{\partial t} (\rho_{\mathrm{mix}}) + \frac{\partial}{\partial z} (\rho_{\mathrm{mix}} v_{\mathrm{mix}}) = 0 \tag{7-71}$$

其中

$$v_{\mathrm{mix}} = \frac{G_{\mathrm{mix}}}{\rho_{\mathrm{mix}}} \tag{7-72}$$

为混合物的断面平均流速。在这里特别强调的是,我们假设了汽相和液相的流动速度是相等的(如均匀两相流模型),即

$$v_{\mathrm{v}} = v_{\mathrm{L}} = v_{\mathrm{mix}} \tag{7-73}$$

若速度均匀分布,可以得到

$$\rho_{\mathrm{mix}}^+ = \frac{G_{\mathrm{mix}}^2}{G_{\mathrm{v}} v_{\mathrm{v}} + G_{\mathrm{L}} v_{\mathrm{L}}} \tag{7-74}$$

进一步,如果汽相和液相的流动速度相等,则有

$$\rho_{\mathrm{mix}}^+ = \frac{G_{\mathrm{mix}}^2}{(G_{\mathrm{v}} + G_{\mathrm{L}}) v_{\mathrm{mix}}} = \rho_{\mathrm{mix}}$$

这样就可以把动量方程(7-68)的左侧写为

$$\frac{\partial}{\partial t} \rho_{\mathrm{mix}} v_{\mathrm{mix}} + \frac{\partial}{\partial z} (\rho_{\mathrm{mix}} v_{\mathrm{mix}} v_{\mathrm{mix}}) = \rho_{\mathrm{mix}} \frac{\partial v_{\mathrm{mix}}}{\partial t} + v_{\mathrm{mix}} \frac{\partial \rho_{\mathrm{mix}}}{\partial t} + v_{\mathrm{mix}} \frac{\partial \rho_{\mathrm{mix}} v_{\mathrm{mix}}}{\partial z} + \rho_{\mathrm{mix}} v_{\mathrm{mix}} \frac{\partial v_{\mathrm{mix}}}{\partial z}$$

$$= \rho_{\mathrm{mix}} \frac{\partial v_{\mathrm{mix}}}{\partial t} + \rho_{\mathrm{mix}} v_{\mathrm{mix}} \frac{\partial v_{\mathrm{mix}}}{\partial z} \tag{7-75}$$

把式(7-75)代入式(7-68)，得到动量方程

$$\rho_{\text{mix}} \frac{\partial v_{\text{mix}}}{\partial t} + \rho_{\text{mix}} v_{\text{mix}} \frac{\partial v_{\text{mix}}}{\partial z} = -\frac{\partial p}{\partial z} - \frac{f \rho_{\text{mix}} v_{\text{mix}} |v_{\text{mix}}|}{2D_e} - \rho_{\text{mix}} g \cos\theta \tag{7-76}$$

即

$$\rho_{\text{mix}} \frac{\partial v_{\text{mix}}}{\partial t} + G_{\text{mix}} \frac{\partial v_{\text{mix}}}{\partial z} = -\frac{\partial p}{\partial z} - \frac{f G_{\text{mix}} |G_{\text{mix}}|}{2\rho_{\text{mix}} D_e} - \rho_{\text{mix}} g \cos\theta \tag{7-77}$$

同样，两相流速相等时，能量方程(6-69)的左边可写为

$$\frac{\partial}{\partial t}(\rho_{\text{mix}} h_{\text{mix}} - p) + \frac{\partial}{\partial z}(\rho_{\text{mix}} h_{\text{mix}} v_{\text{mix}})$$

$$= \rho_{\text{mix}} \frac{\partial h_{\text{mix}}}{\partial t} - \frac{\partial p}{\partial t} + h_{\text{mix}} \frac{\partial \rho_{\text{mix}}}{\partial t} + h_{\text{mix}} \frac{\partial \rho_{\text{mix}} v_{\text{mix}}}{\partial z} + \rho_{\text{mix}} v_{\text{mix}} \frac{\partial h_{\text{mix}}}{\partial z} \tag{7-78}$$

把式(7-78)代入式(6-69)可得

$$\rho_{\text{mix}} \frac{\partial h_{\text{mix}}}{\partial t} + \rho_{\text{mix}} v_{\text{mix}} \frac{\partial h_{\text{mix}}}{\partial z} - \frac{\partial p}{\partial t} = q \frac{P_h}{A_z} + v_{\text{mix}} \left[\frac{\partial p}{\partial z} + \frac{f G_{\text{mix}} |G_{\text{mix}}|}{2D_e \rho_{\text{mix}}} \right] \tag{7-79}$$

即

$$\rho_{\text{mix}} \frac{\partial h_{\text{mix}}}{\partial t} + G_{\text{mix}} \frac{\partial h_{\text{mix}}}{\partial z} = \frac{q P_h}{A_z} + \frac{\partial p}{\partial t} + \frac{G_{\text{mix}}}{\rho_{\text{mix}}} \left[\frac{\partial p}{\partial z} + \frac{f G_{\text{mix}} |G_{\text{mix}}|}{2D_e \rho_{\text{mix}}} \right] \tag{7-80}$$

在求解上面得到的质量、动量和能量守恒方程之前，考察一下流体的动力学特征，将有利于为进一步简化方程做出必要的假设。

首先，要考察一下流动是否是充分发展的定型流动。在通道入口段，流动边界层的厚度从零开始不断增长，此后主流继续发展，直到变成稳定流动，即定型流动为止。对于单相流，定型流动是在 z 大于通道水力直径的 $10 \sim 100$ 倍长度以后。一般在湍流时，若满足 $z/D_e >$ 50，可以不考虑入口效应，认为已经是定型流动了。而在层流时，若 $z/D_e > 0.05 RePr$，可以不考虑入口效应。而对于热通道中有可能发生的两相流，由于沿轴向方向流体的含汽率不断变化，因此不会达到"完全"状态的定型流动。

其次，由通道内流体的密度变化引起的浮升力也会对流动产生影响。在强迫对流条件下，这种影响很小，可以忽略。而在自然对流和介于自然对流与强迫对流之间混合对流条件下，这种影响就不能忽略了。

为了求解一维的质量、动量和能量守恒方程，需要一定的边界条件才能够定解。通常有这样三种边界条件：其一是出口和入口的压力边界条件，其二是入口流量和出口压力边界条件，其三是入口压力和出口流量边界条件。第一种情况，由于给定的是出入口的压力边界条件，因此可能有多个流量能够满足守恒方程组，尤其是在通道内出现沸腾的情况下，关于这一点我们稍后进行详细介绍。对于后两种情况的边界条件，未知的出口或者入口压力可以被边界条件唯一确定。

> **知识点：**
> - 一维两相流方程体系在滑速比为 1 和不为 1 的异同。

7.3.2　加热通道内单相流

考虑一个上升垂直通道，如图 7-3 所示。在稳态的单相液流动条件下，式(7-68)可写为

$$\frac{\mathrm{d}}{\mathrm{d}z}\left(\frac{G^2}{\rho_L}\right) = -\frac{\mathrm{d}p}{\mathrm{d}z} - f\frac{G\,|G|}{2D_e\rho_L} - \rho_L g \tag{7-81}$$

注意到式(7-68)的偏微分关系在这里已经变为全微分关系了,这是因为稳定流动的速度与时间 t 无关。

动量方程(7-81)的求解需要确定流体所有的属性,例如密度 ρ 和动力黏度 μ,这样压降就可以由式(7-81)积分得到,整理后可得

$$p_i - p_o = \left[\left(\frac{G^2}{\rho_L}\right)_o - \left(\frac{G^2}{\rho_L}\right)_i\right] + \int_{z_i}^{z_o}\frac{fG\,|G|}{2D_e\rho_L}\mathrm{d}z + \int_{z_i}^{z_o}\rho_L g\,\mathrm{d}z \tag{7-82}$$

其中,右侧分别为加速压降、摩擦压降和重力压降。加速压降仅依赖于出入口条件,而摩擦压降和重力压降却取决于流动过程。

1. 单相流压降

对于单相流,密度变化一般不太大,因而在式(7-82)中可以把密度从积分号中取出来。进一步,如果流动区域内的流量沿轴向(z 方向)不发生变化,即质量流密度 G 为常数,那么加速压降可以忽略不计。这样式(7-82)可以写为

$$p_i - p_o = +\frac{fG\,|G|}{2D_e\rho_L}(z_o - z_i) + \Delta p_{form} + \rho_L g(z_o - z_i) \tag{7-83}$$

在实际计算中,密度 ρ 通常用通道中心点处的平均密度,其他物性参数也一样。而对于气体流动和两相流,由于流体物性的径向变化不可忽视,因此要用相应的断面平均参数。如果流动面积沿轴向发生变化,则 G 不为常数,式(7-83)中的右边第一项不为零。如果考虑出入口的局部阻力,那么入口和出口处局部压力损失可以加入到式(7-83)的右边。

例 7-1 考虑一个 PWR 燃料组件,假设可忽略定位格架与出入口压力损失等,又假设流体均匀地通过堆芯并且没有沸腾。PWR 的热功率为 3411MW,参数如下:压力 15.5MPa,入口温度 286℃,出口温度 324℃,平均线功率(在堆芯中心点处的径向平均) 17.8kW/m,燃料棒数 50952 根,堆芯流量 17.4Mg/s,燃料包壳外直径 9.5mm,包壳厚度 0.57mm,气隙 0.08mm,栅距 12.6mm,棒长 4.0m,活性区高度 3.66m。试求从入口到出口压降。

解 堆芯中流体平均温度为

$$\frac{286 + 324}{2} = 305℃$$

查水物性骨架表得到

$$\rho_L = \frac{1}{1.3968 \times 10^{-3}} = 715.9\text{kg/m}^3$$

$$c_p = 5.60\text{kJ/(kg·K)}$$

$$\mu = 86.6\mu\text{Pa·s}$$

假设流体均匀流过堆芯,则每根燃料棒平均质量流速为

$$q_m = \frac{17.4\text{Mg/s}}{50592} = 0.341\text{kg/s}$$

要获得质量流密度 G 就必须首先获得通道的面积,由图 7-4 所示的燃料组件内通道示意图,可知通道面积为

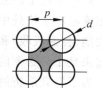

图 7-4 PWR 燃料组件
内典型通道

$$A_z = p^2 - \frac{\pi}{4}d^2 = 12.6^2 - \frac{\pi}{4} \times 9.5^2 = 87.88 \text{mm}^2$$

这样可得

$$G = \frac{q_m}{A_z} = \frac{0.341}{87.88 \times 10^{-6}} = 3880.4 \text{kg/(m}^2 \cdot \text{s)}$$

为了计算摩擦系数 f，必须首先求雷诺数 Re，Re 与通道水力直径 D_e 有关，

$$D_e = \frac{4A_f}{P_w} = \frac{4 \times 87.88}{\pi \times 9.5} = 11.8 \text{mm}$$

这样可得

$$Re = GD_e/\mu = 3880.4 \times 0.0118/(86.6 \times 10^{-6}) = 5.27 \times 10^5$$

对光滑棒，可以得到摩擦系数为

$$f = 0.184Re^{-0.2} = 0.0132$$

暂时不考虑局部压降 Δp_{form}，得到总压降为

$$\begin{aligned}
p_i - p_o &= +\frac{fG|G|}{2D_e\rho_L}(z_o - z_i) + \rho_L g(z_o - z_i) \\
&= \frac{0.0132 \times 3880.4^2}{2 \times 0.0118 \times 715.9} \times 4 + 715.9 \times 9.8 \times 4 \\
&= 47057 + 28063 = 75120 \text{Pa}
\end{aligned}$$

知识点:
- 加热通道内单相流压降的计算。

2. 单相流传热

稳态单相液流动工况下，通道内冷却剂轴向质量流量为常数的情况下能量方程可化简为

$$G\frac{\mathrm{d}}{\mathrm{d}z}h_L = \frac{qP_h}{A_z} + \frac{G}{\rho_L}\left[\frac{\partial p}{\partial z} + \frac{fG|G|}{2D_e\rho_L}\right] \tag{7-84}$$

进一步忽略上述方程中压力梯度和摩擦力的影响，就可得到

$$GA_z\frac{\mathrm{d}h_L}{\mathrm{d}z} = qP_h \tag{7-85}$$

或

$$q_m\frac{\mathrm{d}h_L}{\mathrm{d}z} = q_l(z) \tag{7-86}$$

对一个给定的质量流量，冷却剂比焓升取决于线功率密度。在核反应堆中局部的线功率密度取决于该处中子注量率及易裂变材料的空间分布，而中子注量率又受到慢化剂密度、吸收剂(控制吸收)和局部易裂变物质密集度的影响，因此把中子慢化和热工水力学分析联系起来是十分必要的。

为了得到解析解，考虑中子注量率轴向分布的一些基本特征，我们有以下简单的假设: ①轴向释热率余弦分布; ②忽略冷却剂、燃料或包壳的所有物理变化; ③假设冷却剂始终保持为液相; ④假设轴向线功率密度为

$$q_l(z) = q_{l,0} \cos \frac{\pi z}{L_e} \tag{7-87}$$

其中，$q_{l,0}$ 为最大线功率密度，L_e 是中子注量率为零处的扩展长度，如图 7-5 所示。

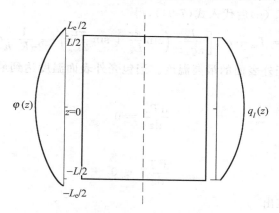

图 7-5　轴向中子注量率和释热率分布

在均匀堆里面，如果中子吸收体以及由于慢化剂温度沿轴向不同引起的中子注量率变化可以忽略，则轴向释热率分布与中子注量率分布一样，近似为余弦分布。在一个实际的核反应堆中，轴向中子注量率分布通常并不能由一个简单的分析表达式表示出来，而且其峰值会小于余弦分布的峰值。另外还要注意中子注量率有展宽 L_e，而释热率却受到实际加热长度 L 的限制。

由于冷却剂、燃料或包壳的所有物理变化都可以忽略，因而对流传热系数、冷却剂比定压热容、燃料热导率及包壳热导率等物性均为常数，而与 z 无关。

(1) 冷却剂温度。把式(7-86)沿轴向积分得到

$$q_m \int_{h_i}^{h_L(z)} dh_L = q_{l,0} \int_{-L/2}^{z} \cos\left(\frac{\pi z}{L_e}\right) dz \tag{7-88}$$

对于单相流而言，式(7-88)可写为

$$q_m c_p \int_{T_i}^{T_m(z)} dT = q_{l,0} \int_{-L/2}^{z} \cos\left(\frac{\pi z}{L_e}\right) dz \tag{7-89}$$

根据单相流的特性以及物性都是常数的假设，式(7-89)可写成

$$T_m(z) - T_i = \frac{q_{l,0}}{q_m c_p} \frac{L_e}{\pi} \left(\sin \frac{\pi z}{L_e} + \sin \frac{\pi L}{2L_e} \right) \tag{7-90}$$

此方程式说明堆中冷却剂温度与高度的关系，把出口处 $z = L/2$ 代入式(7-90)可以得到堆芯出口处冷却剂的温度

$$T_o = T_m\left(\frac{L}{2}\right) = T_i + \left(\frac{q_{l,0}}{q_m c_p}\right)\left(\frac{2L_e}{\pi}\right) \sin \frac{\pi L}{2L_e} \tag{7-91}$$

如果中子外推高度 L_e 可由堆芯本身高度 L 来近似，则式(7-91)可以进一步简化为

$$T_o = T_i + \frac{2q_{l,0}L}{\pi q_m c_p} \tag{7-92}$$

(2) 包壳温度。包壳外表面温度 T_{co} 沿轴向的变化可通过包壳外表面对流关系式得到

$$h\left[T_{co}(z) - T_m(z)\right] = q(z) = \frac{q_l(z)}{P_h} \tag{7-93}$$

其中 h 为单相水强迫对流传热系数，并且 $P_h = 2\pi R_{co}$。结合式(7-87)，可以得到

$$T_{co}(z) = T_m(z) + \frac{q_{l,0}}{2\pi R_{co}h}\cos\frac{\pi z}{L_e} \tag{7-94}$$

由式(7-90)计算得到 $T_m(z)$ 后代入式(7-94)，得

$$T_{co}(z) = T_{in} + q_{l,0}\left[\frac{L_e}{\pi q_m c_p}\left(\sin\frac{\pi z}{L_e} + \sin\frac{\pi L}{2L_e}\right) + \frac{1}{2\pi R_{co}h}\cos\frac{\pi z}{L_e}\right] \tag{7-95}$$

下面我们来看包壳外表面的最高温度。当包壳外表面温度达到最大时，根据极值条件，应该满足

$$\frac{\mathrm{d}T_{co}}{\mathrm{d}z} = 0 \tag{7-96}$$

和

$$\frac{\mathrm{d}^2 T_{co}}{\mathrm{d}z^2} < 0 \tag{7-97}$$

由式(7-96)的条件可推出

$$\tan\frac{\pi z_c}{L_e} = \frac{2\pi R_{co}L_e h}{\pi q_m c_p} \tag{7-98}$$

或

$$z_c = \frac{L_e}{\pi}\arctan\left(\frac{2\pi R_{co}L_e h}{\pi q_m c_p}\right) \tag{7-99}$$

由于反正切函数里所有的值均为正，故 z_c 有正值。而

$$\frac{\mathrm{d}^2 T_{co}}{\mathrm{d}z^2} = -q_{l,0}\left[\frac{\pi}{L_e q_m c_p}\left(\sin\frac{\pi z}{L_e}\right) + \frac{\pi^2}{L_e^2}\frac{1}{2\pi R_{co}h}\cos\frac{\pi z}{L_e}\right] \tag{7-100}$$

在 $z > 0$ 的时候，式(7-100)有负值，满足式(7-97)的条件。

（3）燃料芯块中心温度。同样可以用上述方法计算燃料棒中心的最大温度 $T_{cl,max}$，首先根据式(4-65)和式(7-90)，有

$$T_{cl}(z) = T_i + q_{l,0}\frac{L_e}{\pi q_m c_p}\left(\sin\frac{\pi z}{L_e} + \sin\frac{\pi L}{2L_e}\right) +$$

$$q_{l,0}\left(\frac{1}{2\pi R_{co}h} + \frac{1}{2\pi k_c}\ln\frac{R_{co}}{R_{ci}} + \frac{1}{2\pi R_g h_g} + \frac{1}{4\pi \bar{k}_u}\right)\cos\frac{\pi z}{L_e} \tag{7-101}$$

其中，$\bar{k}_u$ 是燃料的平均热导率，k_c 为包壳的热导率；h_g 为包壳与芯块间气隙的等效传热系数；R_{co} 和 R_{ci} 分别为包壳外表面和内表面处的半径。分析式(7-101)可得燃料最大温度的位置

$$z_f = \frac{L_e}{\pi}\arctan\left\{L_e\left[\pi q_m c_p\left(\frac{1}{2\pi R_{co}h} + \frac{1}{2\pi k_c}\ln\frac{R_{co}}{R_{ci}} + \frac{1}{2\pi R_g h_g} + \frac{1}{4\pi \bar{k}_u}\right)\right]^{-1}\right\} \tag{7-102}$$

将 $z = z_f$ 代入式(7-101)可得到燃料芯块内的最大温度。注意，z_f 为一个大于零的实数，轴向各个温度的分布如图7-6所示。

例 7-2 对于例 7-1 所描述的压水堆，计算平均通道的冷却剂沿高度方向的温度分布以及最大温度，并计算燃料和包壳的最大温度。计算时忽略外推高度，并假设对流传热系数和热导率保持为如下常数：燃料热导率 $k_u = 2.163\mathrm{W/(m \cdot ℃)}$，包壳热导率 $k_c = 13.85\mathrm{W/(m \cdot ℃)}$，对流传热系数 $h = 34.0\mathrm{kW/(m^2 \cdot ℃)}$，气隙等效传热系数 $h_g = 5.7\mathrm{kW/(m^2 \cdot ℃)}$。

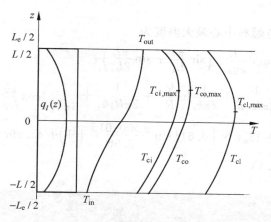

图 7-6 轴向各个温度分布

解 给出沿堆高度 $L = 3.66\text{m}$ 的释热率余弦分布后,把例 7-1 中得到的值代入式(7-90)中,从而获得冷却剂温度 $T_m(z)$,即

$$T_m(z) = T_i + \frac{q_{l,0}}{q_m c_p} \frac{L_e}{\pi} \left(\sin \frac{\pi z}{L_e} + \sin \frac{\pi L}{2L_e} \right)$$

$$= 286 + \frac{17.8 \times 1.74}{0.341 \times 5.60} \frac{3.66}{\pi} \left(\sin \frac{\pi z}{3.66} + 1 \right)$$

$$= 296.9 + 10.9 \times \sin \frac{\pi z}{3.66}$$

包壳最大温度的位置为

$$z_c = \frac{L}{\pi} \arctan \left(\frac{\pi D L h}{\pi q_m c_p} \right) = \frac{3.66}{\pi} \arctan \left(\frac{34.0 \times 9.5 \times 10^{-3} \times 3.66}{5.60 \times 0.341} \right) = 0.65\text{m}$$

得平均通道包壳表面最大温度为

$$T_{co}(z) = T_i + q_{l,0} \left[\frac{L_e}{\pi q_m c_p} \left(\sin \frac{\pi z}{L_e} + \sin \frac{\pi L}{2L_e} \right) + \frac{1}{2\pi R_{co} h} \cos \frac{\pi z}{L_e} \right]$$

$$= 286 + 17.8 \times \left[\frac{3.66 \left(\sin \frac{\pi \times 0.65}{3.66} + 1 \right)}{\pi \times 0.341 \times 5.60} + \frac{\cos \frac{\pi \times 0.65}{3.66}}{\pi \times 9.5 \times 10^{-3} \times 34} \right]$$

$$= 286 + 17.8 \times (0.933 + 0.836) = 317.5\text{°C}$$

为了计算平均通道燃料中心最大温度,需要先确定最大温度发生的位置,我们先来确定燃料元件芯块半径和气隙平均半径,即有

$$R_u = 0.5 \times 9.5 - 0.57 - 0.08 = 4.1\text{mm}$$

$$R_g = \frac{1.18 + 4.1}{2} = 4.14\text{mm}$$

代入式(7-102)可得

$$z_f = \frac{3.66}{\pi} \arctan \left(\frac{\dfrac{3.66}{\pi \times 0.341 \times 5.60}}{\dfrac{10^3}{2\pi \times 4.75 \times 34} + \dfrac{\ln \dfrac{4.75}{4.18}}{2\pi \times 0.01385} + \dfrac{10^3}{2\pi \times 4.14 \times 5.7} + \dfrac{1}{4\pi \times 0.002163}} \right)$$

$$= 0.015\text{m}$$

这样,可以得到平均通道燃料中心最大温度为

$$T_{cl}(z) = T_i + q_{l,0}\frac{L_e}{\pi q_m c_p}\Big(\sin\frac{\pi z}{L_e} + \sin\frac{\pi L}{2L_e}\Big) +$$

$$q_{l,0}\Big(\frac{1}{2\pi R_{co}h} + \frac{1}{2\pi k_c}\ln\frac{R_{co}}{R_{ci}} + \frac{1}{2\pi R_g h_g} + \frac{1}{4\pi \bar{k}_u}\Big)\cos\frac{\pi z}{L_e}$$

$$= 286 + 17.8 \times \Big[0.61\Big(\sin\frac{\pi \times 0.015}{3.66} + 1\Big) + 45.99\cos\frac{\pi \times 0.015}{3.66}\Big]$$

$$= 1116.3\text{℃}$$

知识点:
- 加热通道内单相流传热的计算。
- 包壳外表面最高温度。
- 芯块中心最高温度。

7.3.3 加热通道内的两相流分析

液态冷却剂在加热通道中流动时,在稳态条件下也有可能达到沸腾,例如在沸水堆中就是这种情况。在一定的轴向高度处,冷却剂从液态过渡转变为汽态,这样通道的起始段为单相流区域,对此前面已经有所分析。对于发生沸腾以后的沸腾段如图 7-7 所示,则需要用两相流方程组来求解。

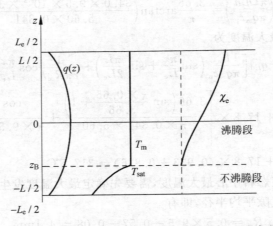

图 7-7 单通道内余弦加热情况下冷却剂温度和含汽率分布

1. 能量方程的解

第一步需要做的就是要确定通道内沸腾段的长度,也就是要确定在哪里开始发生了沸腾,即确定沸腾起始点。根据能量守恒,有

$$h(z) - h_i = \frac{P_h}{GA_z}\int_{-L/2}^{z} q(z)\mathrm{d}z \tag{7-103}$$

如果能够确定发生沸腾点的冷却剂的比焓,就不难确定沸腾起始点的位置了,我们这里假设沸腾起始点的冷却剂比焓达到对应压力下的饱和比焓,那么在轴线方向发热功率余弦分布的情况下,把 $h(z) = h_f$ 代入式(7-103)可得

$$h_f - h_i = \frac{P_h q_0 L}{G A_z \pi}\left(\sin\frac{\pi z_B}{L} + 1\right) \tag{7-104}$$

进一步,由于

$$\frac{2}{\pi}q_0 P_h L = \frac{2}{\pi}q_{l,0}L = \Phi \tag{7-105}$$

和

$$G A_z = q_m \tag{7-106}$$

其中 Φ 为通道的总加热功率。根据式(7-104)可得

$$h_f - h_i = \frac{\Phi}{2q_m}\left(\sin\frac{\pi z_B}{L} + 1\right) \tag{7-107}$$

于是可以得到沸腾起始点的位置

$$z_B = \frac{L}{\pi}\arcsin\left[-1 + \frac{2q_m}{\Phi}(h_f - h_i)\right] \tag{7-108}$$

考虑到出入口比焓差为

$$h_o - h_i = \frac{P_h q_0}{G A_z}\int_{-L/2}^{L/2}\cos\frac{\pi z}{L}\mathrm{d}z = \frac{P_h q_0}{G A_z}\frac{2L}{\pi} = \frac{\Phi}{q_m} \tag{7-109}$$

由式(7-108)可得

$$z_B = \frac{L}{\pi}\arcsin\left[-1 + 2\left(\frac{h_f - h_i}{h_o - h_i}\right)\right] \tag{7-110}$$

对两相流来说,通常需要用平均参数来表达流动状态,平均密度定义为

$$\rho_{mix} = \rho_f + \alpha\rho_{fg} = \frac{1}{v_f + \chi_e v_{fg}} \tag{7-111}$$

汽液混合物平均比焓为

$$h_{mix} = h_f + \chi_e h_{fg} \tag{7-112}$$

其中 χ_e 是平衡态含汽率。因此在轴向位置 z 处的平衡态含汽率为

$$\chi_e(z) = \chi_{e,i} + \frac{P_h}{G A_z h_{fg}}\int_{-L/2}^{z}q(z)\mathrm{d}z \tag{7-113}$$

或

$$\chi_e(z) = \chi_{e,i} + \frac{\Phi}{2q_m h_{fg}}\left(\sin\frac{\pi z}{L} + 1\right) \tag{7-114}$$

注意:平衡态含汽率是有可能取负值的。一旦确定了轴向位置平衡态含汽率的分布,假设流体处于热平衡,即流动质量含汽率等于平衡态含汽率,那么可以得到空泡份额为

$$\alpha = \frac{1}{1 + \dfrac{1-\chi}{\chi}\dfrac{\rho_v v_v}{\rho_L v_L}} = \frac{1}{1 + \dfrac{1-\chi}{\chi}\dfrac{\rho_v}{\rho_L}S} \tag{7-115}$$

例 7-3　假设一个 BWR,堆芯出口流动质量含汽率为 14.6%,设计参数如下:额定热功率为 3576MW,入口温度 278℃,压力 7.2MPa(此压力下饱和温度为 288℃),燃料棒高度为

3.81m。在平衡态并且加热为余弦分布的情况下,计算确定冷却剂流动速度、混合物比焓的轴向分布 $h_{mix}(z)$ 和平衡态含汽率的轴向分布 $\chi_e(z)$,计算时忽略中子流外推高度的影响。已知在饱和压力 7.2MPa 时水物性参数如下: $h_f = 1277.2kJ/kg$,$h_{fg} = 1492.2kJ/kg$,$c_p = 5.307kJ/(kg \cdot K)$。

解 出口和入口比焓为

$$h_i = h_f - c_p(T_f - T_i) = 1277.2 - 5.307 \times 10 = 1224.1kJ/kg$$

$$h_o = h_f + \chi_{e,o}h_{fg} = 1277.2 + 0.146 \times 1492.2 = 1495.1kJ/kg$$

沸腾起始点为

$$z_B = \frac{3.81}{\pi}\arcsin\left[-1 + 2\left(\frac{1277.2 - 1224.1}{1495.1 - 1224.1}\right)\right] = -0.793m$$

把 $z = z_B = -0.793m$ 代入式(7-107),得

$$\frac{\Phi}{q_m} = \frac{2(h_f - h_i)}{\left(\sin\dfrac{\pi z_B}{L} + 1\right)} = h_o - h_{in} = 1495.1 - 1224.1 = 271kW \cdot s/kg$$

由此可得

$$h(z) = h_i + \frac{\Phi}{2q_m}\left(\sin\frac{\pi z}{L} + 1\right) = 1224.1 + \frac{271}{2}\left(\sin\frac{\pi z}{L} + 1\right)$$

$$= 1359.6 + 135.5\sin\frac{\pi z}{3.81}$$

可得平衡态含汽率为

$$\chi_e(z) = \chi_{e,i} + \frac{\Phi}{2q_m h_{fg}}\left(\sin\frac{\pi z}{L} + 1\right)$$

$$= \frac{1224.1 - 1277.2}{1492.2} + \frac{135.5}{1492.2}\left(\sin\frac{\pi z}{3.81} + 1\right)$$

$$= -0.0356 + 0.0908\left(\sin\frac{\pi z}{3.81} + 1\right)$$

$$= 0.0552 + 0.0908\sin\frac{\pi z}{3.81}$$

2. 平衡态模型两相压降

假如沸腾起始点为 z_B,则沿通道的压降为

$$p_i - p_o = \left(\frac{G^2}{\rho_{mix}^+}\right)_o - \left(\frac{G^2}{\rho_{mix}^+}\right)_i + \int_{z_i}^{z_B}\rho_L g dz + \int_{z_B}^{z_o}\rho_{mix} g dz + \frac{f_{Lo}G|G|(z_B - z_i)}{2D_e\rho_L} +$$

$$\frac{\overline{\phi_{Lo}^2}f_{Lo}G|G|(z_o - z_B)}{2D_e\rho_L} + \sum_i\left(\phi_{Lo}^2 K\frac{G|G|}{2\rho_L}\right)_i \tag{7-116}$$

注意:质量流密度是处处相等的。其中摩擦压降系数依赖于流体含汽率、系统压力和流速的轴向变化。特别是当式(7-116)中计算摩擦压降的时候 ρ_L 被用于单相区和两相区,这是因为其沿通道轴向并未显著地发生变化。为了估算沸腾段高度和两相摩擦系数倍乘因子,通常需先求解能量方程。式(7-116)通常写成如下形式:

$$\Delta p = \Delta p_{acc} + \Delta p_{grav} + \Delta p_{fric} + \Delta p_{form} \tag{7-117}$$

其中

$$\Delta p = p_i - \Delta p_o \tag{7-118}$$

$$\Delta p_{acc} = \left(\frac{G^2}{\overset{+}{\rho_{mix}}}\right)_o - \left(\frac{G^2}{\overset{+}{\rho_{mix}}}\right)_i \tag{7-119}$$

$$\Delta p_{grav} = \int_{z_i}^{z_B} \rho_L g \, dz + \int_{z_B}^{z_o} \rho_{mix} g \, dz \tag{7-120}$$

$$\Delta p_{fric} = \left[(z_B - z_i) + \overline{\phi_{Lo}^2} (z_o - z_B) \right] \frac{f_{Lo} G |G|}{2 D_e \rho_L} \tag{7-121}$$

$$\Delta p_{form} = \sum_i \left(\phi_{Lo}^2 K \frac{G |G|}{2 \rho_L} \right)_i \tag{7-122}$$

下面我们来计算余弦释热分布时的各项压降。

（1）加速压降。根据式（7-119）有

$$\Delta p_{acc} = \left[\left(\frac{(1-\chi)^2}{(1-\alpha)\rho_f} + \frac{\chi^2}{\alpha \rho_g} \right)_o - \frac{1}{\rho_L} \right] G^2 \tag{7-123}$$

在流量较大并且没有发生沸腾时，$(\rho_{mix}^+)_o \approx \rho_L$，因此加速压降近似为零。而在流量比较小的时候，出现两相流，此时加速压降大于零。我们注意到，在平衡态模型中，平衡态含汽率等于流动质量含汽率，因此不难得到高度为 z 处的流动质量含汽率为

$$\chi = \chi_i + \frac{q}{2 q_m h_{fg}} + \frac{q}{2 q_m h_{fg}} \sin \frac{\pi z}{L} = \chi_i + \frac{\chi_o - \chi_i}{2} + \frac{\chi_o - \chi_i}{2} \sin \frac{\pi z}{L}$$

$$= \frac{\chi_o + \chi_i}{2} + \frac{\chi_o - \chi_i}{2} \sin \frac{\pi z}{L} = \bar{\chi} + \frac{\Delta \chi}{2} \sin \frac{\pi z}{L} \tag{7-124}$$

其中

$$\bar{\chi} \equiv \frac{\chi_o + \chi_i}{2} \tag{7-125}$$

$$\Delta \chi \equiv \frac{\chi_o - \chi_i}{2} \tag{7-126}$$

由此可得空泡份额为

$$\alpha = \frac{\chi}{\chi + (1-\chi)\frac{\rho_g}{\rho_L} S} \tag{7-127}$$

假设滑速比 $S = 1$，可得

$$\alpha = \frac{\bar{\chi} + \Delta \chi \sin \frac{\pi z}{L}}{\left(1 - \frac{\rho_g}{\rho_L}\right)\left(\bar{\chi} + \Delta \chi \sin \frac{\pi z}{L}\right) + \frac{\rho_g}{\rho_L}} \tag{7-128}$$

或

$$\alpha = \frac{\bar{\chi} + \Delta \chi \sin \frac{\pi z}{L}}{\chi' + \chi'' \sin \frac{\pi z}{L}} \tag{7-129}$$

其中

$$\chi' \equiv \bar{\chi} + \frac{\rho_g}{\rho_L}(1 - \bar{\chi}) \tag{7-130}$$

$$\chi'' \equiv \left(1 - \frac{\rho_g}{\rho_L}\right)\Delta\chi \tag{7-131}$$

(2) 重力压降。根据式(7-120)和式(7-129),可得

$$\Delta p_{grav} = \rho_L g(z_B - z_i) + \int_{z_B}^{z_o} [\rho_L - \alpha(\rho_L - \rho_g)]g\,\mathrm{d}z$$

$$= \rho_L g(z_o - z_i) - (\rho_L - \rho_g)g\int_{z_B}^{z_o} \frac{\bar{\chi} + \Delta\chi\sin\frac{\pi z}{L}}{\chi' + \chi''\sin\frac{\pi z}{L}}\mathrm{d}z \tag{7-132}$$

在压力比较低的时候,$|\chi''| > |\chi'|$,考虑到 $z_o - z_i = L$,由式(7-132)可得

$$\Delta p_{grav} = \rho_L gL - (\rho_L - \rho_g)g\frac{\Delta\chi(z_o - z_B)}{\chi''} -$$

$$(\rho_L - \rho_g)g\frac{L}{\pi}\frac{\left(\bar{\chi} - \frac{\Delta\chi\chi'}{\chi''}\right)}{\sqrt{\chi''^2 - \chi'^2}}\left[\ln\frac{\chi'\tan\left(\frac{\pi z}{2L}\right) + \chi'' - \sqrt{\chi''^2 - \chi'^2}}{\chi'\tan\left(\frac{\pi z}{2L}\right) + \chi'' + \sqrt{\chi''^2 - \chi'^2}}\right]_{z_B}^{z_o} \tag{7-133}$$

而在 BWR 的典型压力(7.0MPa)下,$|\chi''| < |\chi'|$,则有

$$\Delta p_{grav} = \rho_L gL - (\rho_L - \rho_g)g\frac{\Delta\chi(z_o - z_B)}{\chi''} -$$

$$(\rho_L - \rho_g)g\frac{L}{\pi}\frac{\left(\bar{\chi} - \frac{\Delta x\chi'}{\chi''}\right)}{\sqrt{\chi''^2 - \chi'^2}}\left[\arctan\frac{\chi'\tan\left(\frac{\pi z}{2L}\right) + \chi''}{\sqrt{\chi''^2 - \chi'^2}}\right]_{z_B}^{z_o} \tag{7-134}$$

(3) 摩擦压降。均匀流模型两相摩擦压降倍率为

$$\phi_{Lo}^2 = \left(\frac{\rho_L}{\rho_g} - 1\right)\chi + 1.0 \tag{7-135}$$

则由式(7-121)可得

$$\Delta p_{fric} = \frac{f_{Lo}G|G|}{2D_e\rho_L} \times \left\{(z_B - z_i) + \int_{z_B}^{z_o}[(\rho_L/\rho_g - 1)\chi + 1]\mathrm{d}z\right\}$$

$$= \frac{f_{Lo}G|G|}{2D_e\rho_L} \times \left\{(z_o - z_i) + (\rho_L/\rho_g - 1)\int_{z_B}^{z_o}\left(\bar{\chi} + \Delta x\sin\frac{\pi z}{L}\right)\mathrm{d}z\right\} \tag{7-136}$$

由式(7-136)可得

$$\Delta p_{fric} = \frac{f_{Lo}G|G|}{2D_e\rho_L} \times$$

$$\left\{L + \left(\frac{\rho_L}{\rho_g} - 1\right)\left[\bar{\chi}(z_o - z_B) + \frac{\Delta\chi L}{\pi}\left(\cos\frac{\pi z_B}{L} - \cos\frac{\pi z_o}{L}\right)\right]\right\} \tag{7-137}$$

(4) 局部压降。由式(7-122)可知,由于通道截面发生变化或者各种阻力件引起的局部

压降为

$$\Delta p_{\text{form}} = \sum_i \frac{G^2 K_i}{2\rho_{\text{L}}} \Big[1 + \Big(\frac{\rho_{\text{L}}}{\rho_{\text{g}}} - 1 \Big) \chi_i \Big] \tag{7-138}$$

其中，K_i 为第 i 个阻力件的形阻系数。

例 7-4　计算例 7-3 中的沸水堆燃料组件中的加速压降、摩擦压降和重力压降。已知总热功率为 3579MW，入口温度 278℃，饱和温度为 288℃，压力 7.2MPa，出口含汽率 14.6%，轴向释热分布为余弦。又知 8×8 的燃料组件栅距 16.2mm，燃料棒直径 12.27mm，流量 0.29kg/s，燃料棒总长 4.1m，活性区高度 3.81m（可以忽略不加热段，只考虑活性区 3.81m）。

解　根据组件栅距和燃料棒直径可得通道流通面积为

$$A_z = P^2 - \frac{\pi}{4}d^2 = (16.2 \times 10^{-3})^2 - \frac{\pi}{4}(12.272 \times 10^{-3})^2 = 1.442 \times 10^{-4}\,\text{m}^2$$

得到质量流密度为

$$G = \frac{0.29}{1.442 \times 10^{-4}} = 2.011 \times 10^3\,\text{kg}/(\text{m}^2 \cdot \text{s})$$

查水物性骨架表可得压力为 7.2MPa 下饱和水的动力黏度为 $\mu = 96.93 \times 10^{-6}\,\text{Pa} \cdot \text{s}$，饱和水蒸气密度为 37.71kg/m³，饱和水的密度为 736.49kg/m³，所以

$$Re = \frac{GD_e}{\mu} = \frac{2.011 \times 10^3 \times \dfrac{4 \times 1.442 \times 10^{-4}}{\pi \times 12.27 \times 10^{-3}}}{96.93 \times 10^{-6}} = 3.105 \times 10^5$$

得到摩擦系数为

$$f = 0.184 Re^{-0.2} = 0.01467$$

假设滑速比为 1，则

$$\alpha = \frac{\chi}{\chi + (1-\chi)\dfrac{\rho_{\text{g}}}{\rho_{\text{f}}}} = \frac{1}{1 + \dfrac{1 - 0.146}{0.146}\dfrac{37.71}{736.49}} = 0.77$$

入口流体密度为 752.56kg/m³，入口平衡态含汽率为 $\chi_{\text{e,i}} = -0.0356$，所以加速压降为

$$\Delta p_{\text{acc}} = \Big[\Big(\frac{(1-\chi)^2}{(1-\alpha)\rho_{\text{f}}} + \frac{\chi^2}{\alpha \rho_{\text{g}}} \Big)_{\text{o}} - \Big(\frac{1}{\rho_{\text{L}}} \Big)_{\text{i}} \Big] G^2$$

$$= \Big[\Big(\frac{(1-0.146)^2}{(1-0.77) \times 736.49} + \frac{0.146^2}{0.77 \times 37.71} \Big) - \frac{1}{752.56} \Big] \times (2.0111 \times 10^3)^2\,\text{Pa}$$

$$= 15000\,\text{Pa}$$

下面来计算摩擦压降，因为

$$\bar{\chi} = \frac{\chi_{\text{o}} + \chi_{\text{i}}}{2} = \frac{-0.0356 + 0.146}{2} = 0.0552$$

$$\Delta \chi = \frac{\chi_{\text{o}} - \chi_{\text{i}}}{2} = \frac{0.146 - (-0.0356)}{2} = 0.0908$$

所以

$$\bar{\chi}(z_{\text{o}} - z_{\text{B}}) + \Delta \chi \frac{L}{\pi} \Big(\cos \frac{\pi z_{\text{B}}}{L} - \cos \frac{\pi z_{\text{o}}}{L} \Big)$$

$$= 0.0552(1.905 + 0.793) + 0.0908 \frac{3.81}{\pi} \times \Big(\cos \frac{-0.793\pi}{3.81} - \cos \frac{1.905\pi}{3.81} \Big)$$

$$= 0.1489 + 0.1101 \times (0.794 - 0) = 0.2363$$

得到摩擦压降为

$$\Delta p_{\text{fric}} = \frac{f_{\text{Lo}} G |G|}{2 D_e \rho_L} \left\{ L + \left(\frac{\rho_L}{\rho_g} - 1 \right) \left[\bar{\chi} (z_o - z_B) + \Delta \chi \frac{L}{\pi} \left(\cos \frac{\pi z_B}{L} - \cos \frac{\pi z_o}{L} \right) \right] \right\}$$

$$= \frac{0.01467 \times 2011^2}{2 \times 0.01496 \times 736.49} \left\{ 3.81 + \left(\frac{736.49}{37.71} - 1 \right) \times 0.2363 \right\}$$

$$= 22047 \text{Pa}$$

下面来计算重力压降,因为

$$\chi' = 0.0552 + \frac{37.71}{736.49} (1 - 0.0552) = 0.1036$$

$$\chi'' = \left(1 - \frac{37.71}{736.49} \right) \times 0.0908 = 0.0862$$

所以 $\chi' > \chi''$,要用式(7-134)计算重力压降,先计算

$$\left[\arctan \frac{\chi' \tan \left(\frac{\pi z}{2L} \right) + \chi''}{\sqrt{\chi''^2 - \chi'^2}} \right]_{z_B}^{z_o} = \arctan \frac{0.1036 \tan \left(\frac{1.905\pi}{2 \times 3.81} \right) + 0.0862}{\sqrt{0.1036^2 - 0.0862^2}} -$$

$$\arctan \frac{0.1036 \tan \left(\frac{-0.794\pi}{2 \times 3.81} \right) + 0.0862}{\sqrt{0.1036^2 - 0.0862^2}} = 0.551$$

得到重力压降为

$$\Delta p_{\text{grav}} = \rho_L g L - (\rho_L - \rho_g) g \frac{\Delta \chi (z_o - z_B)}{\chi''} -$$

$$(\rho_L - \rho_g) g \frac{L}{\pi} \frac{\left(\bar{\chi} - \frac{\Delta x \chi'}{\chi''} \right)}{\sqrt{\chi''^2 - \chi'^2}} \left[\arctan \frac{\chi' \tan \left(\frac{\pi z}{2L} \right) + \chi''}{\sqrt{\chi''^2 - \chi'^2}} \right]_{z_B}^{z_o}$$

$$= 736.49 \times 9.81 \times 3.81 - (736.49 - 37.71) \times 9.81 \times \frac{0.0908 \times (1.905 - 0.793)}{0.0862} +$$

$$\frac{(736.49 - 37.71) \times 9.81 \times 3.81 \times \left(0.0552 - \frac{0.0908 \times 0.1036}{0.0862} \right)}{\pi \times \sqrt{0.1036^2 - 0.0862^2}} \times 0.551$$

$$= 27527 - 6855 \times (2.8420 - 1.1362 \times 0.551)$$

$$= 12337 \text{Pa}$$

3. 考虑欠热沸腾的两相压降计算

在流动通道的整个长度上大体存在四个
流动区域(见图 7-8)。这些流动区域是否出现
取决于元件棒表面的热流密度和流体的入口
条件。流动可能经历单相液、欠热沸腾、泡核
沸腾,也可能在通道出口前就已经将水全部蒸

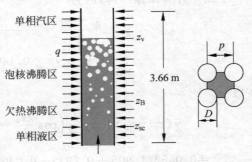

图 7-8 流动区域示意图

干而进入单相蒸汽流。

总压降可由轴向各压降之和获得,即

$$\Delta p_{\mathrm{T}} = \Delta p_{1\phi,\mathrm{l}} + \Delta p_{\mathrm{sc,B}} + \Delta p_{\mathrm{B,B}} + \Delta p_{1\phi,\mathrm{v}} \tag{7-139}$$

等号右边四项分别为单项液区、欠热沸腾区、泡核沸腾区和单项汽区的流动压降。若管道内到达某一点处液体全部蒸发干,即出现图 7-8 中的 z_{v} 点,则 $\Delta p_{1\phi,\mathrm{v}}$ 项不为零。同样,$\Delta p_{\mathrm{B,B}}$ 是否为零取决于图 7-8 中 z_{B} 点是否出现,$\Delta p_{\mathrm{sc,B}}$ 是否为零取决于图 7-8 中 z_{sc} 点是否出现。

1) 流动区域分割点的位置

现在让我们估计过渡点的位置。为了简化计算,假设有一直径等于 D_{e} 的圆管来代替棒束通道。对于一个圆管,热力直径 D_{h} 等于水力直径 D_{e},而对于棒束通道,热力直径和水力直径一般是不同的。此外,假设轴向热流密度取均匀值。

(1) 单相液到欠热沸腾的过渡点(z_{sc})。此点为汽泡分离点,依据 Saha 和 Zuber[4] 划分方法,令

$$(\Delta T_{\mathrm{sub}})_{\mathrm{sc}} = T_{\mathrm{sat}} - T_{\mathrm{m}}(z_{\mathrm{sc}}) \tag{7-140}$$

则有

$$\begin{cases} (\Delta T_{\mathrm{sub}})_{\mathrm{sc}} = 0.0022\left(\dfrac{qD_{\mathrm{e}}}{k_{\mathrm{L}}}\right), & Pe \leqslant 70000 \\[2mm] (\Delta T_{\mathrm{sub}})_{\mathrm{sc}} = 153.8\left(\dfrac{q}{G\,c_{\mathrm{p}}}\right), & Pe > 70000 \end{cases} \tag{7-141}$$

其中,Pe 为贝克来(Peclet)数,$Pe = GD_{\mathrm{e}}c_{\mathrm{p}}/k_{\mathrm{L}}$,$c_{\mathrm{p}}$ 是比定压热容,k_{L} 是液相的热导率,T_{m} 是流体平均温度。根据能量平衡,可以得到

$$z_{\mathrm{sc}} = \frac{G\,D_{\mathrm{e}}^{2}\,c_{\mathrm{p}}\left[T_{\mathrm{m}}(z_{\mathrm{sc}}) - T_{\mathrm{i}}\right]}{4qD_{\mathrm{h}}} \tag{7-142}$$

这是一个非线性方程,通常需要迭代求解。

(2) 从欠热沸腾到饱和沸腾的过渡点(z_{B})。在这点开始液体饱和,由能量平衡得

$$z_{\mathrm{B}} = \frac{q_{\mathrm{m}}(h_{\mathrm{f}} - h_{\mathrm{i}})}{\pi D_{\mathrm{h}} q} \tag{7-143}$$

(3) 从饱和沸腾到单相蒸汽流的过渡点(z_{v})。同样,由能量平衡可以得到

$$z_{\mathrm{v}} = \frac{q_{\mathrm{m}}(h_{\mathrm{g}} - h_{\mathrm{i}})}{\pi D_{\mathrm{h}} q} \tag{7-144}$$

2) 分割点的含汽率

为了计算每一个流动区域的压降,需要计算其流动含汽率。我们可以采用 Levy[5] 提出的经验公式,即

$$\chi(z) = \chi_{\mathrm{e}}(z) - \chi_{\mathrm{e}}(z_{\mathrm{sc}})\exp\left[\frac{\chi_{\mathrm{e}}(z)}{\chi_{\mathrm{e}}(z_{\mathrm{sc}})} - 1\right] \tag{7-145}$$

其中,χ_{e} 是平衡态含汽率,在汽泡脱离点的平衡态含汽率 $\chi_{\mathrm{e}}(z_{\mathrm{sc}})$ 是负值,有

$$\chi_{\mathrm{e}}(z_{\mathrm{sc}}) = -\left(\frac{c_{\mathrm{p,f}}\,(\Delta T_{\mathrm{sub}})_{\mathrm{sc}}}{h_{\mathrm{fg}}}\right) \tag{7-146}$$

其中,$(\Delta T_{\mathrm{sub}})_{\mathrm{sc}}$ 可由前面的式(7-141)计算得到。

在 z_{sc} 点,流动含汽率为零,即

$$\chi(z_{sc}) = 0 \tag{7-147}$$

由 z_B 点的平衡态含汽率为零,可以得到流动含汽率为

$$\chi(z_B) = 0 - \chi_e(z_{sc})\exp(0-1) = -\chi_e(z_{sc})\exp(-1) \tag{7-148}$$

z_v 点以后的流动含汽率可通过临界热流关系获得。

现在我们继续计算通道内的总体压降中的重力压降、加速压降和摩擦压降。

3) 重力压降

由定义,垂直通道内的重力压降为

$$\Delta p_{grav} = \int \rho_{mix} g \, dz \tag{7-149}$$

在单相液区,有

$$\rho_{mix} = \rho_L \tag{7-150}$$

在欠热沸腾区,平均密度可以取温度为平均温度 $\overline{T}$ 时的密度,而

$$\overline{T} = \frac{1}{2}(T_{sc} + T_B) \tag{7-151}$$

在泡核沸腾区,有

$$\rho_{mix} = (1-\alpha)\rho_f + \alpha\rho_g \tag{7-152}$$

式中空泡份额可以由修正的 Martinelli 关系式求得,即有

$$\alpha = 1 - \frac{X_{tt}}{\sqrt{X_{tt}^2 + 20X_{tt} + 1}} \tag{7-153}$$

其中

$$X_{tt} = \left(\frac{\mu_f}{\mu_g}\right)^{0.1}\left(\frac{1-\chi}{\chi}\right)^{0.9}\left(\frac{\rho_g}{\rho_f}\right)^{0.5} \tag{7-154}$$

在单相汽区,流体密度取蒸汽密度。

4) 加速压降

两相流的加速压降可以描述为

$$\Delta p_{acc} = \frac{G^2}{\rho_f} r_2 \tag{7-155}$$

其中,对于不同的流动区域,具有不同的压降系数 r_2,下面分别来讨论。

在单相液区域,压降系数为

$$r_2 = \left(\frac{1}{\rho_{sc}} - \frac{1}{\rho_i}\right)\rho_f \tag{7-156}$$

在欠热沸腾区域,也可类似地得到压降系数

$$r_2 = \left(\frac{1}{\rho_B} - \frac{1}{\rho_{sc}}\right)\rho_f \tag{7-157}$$

在整个泡核沸腾区域存在两相流,压降系数比较复杂,为

$$r_2 = \left\{\left[\frac{(1-\chi)}{(1-\alpha)\rho_f} + \frac{\chi}{\alpha\rho_g}\right]_{z_v} - \left[\frac{(1-\chi)}{(1-\alpha)\rho_f} + \frac{\chi}{\alpha\rho_g}\right]_B\right\}\rho_f \tag{7-158}$$

如果通道在蒸汽变干之前已经结束,z_v 项可在出口处估算,即 $z_v = L$。

在单相蒸汽流动区域,有

$$r_2 = \left(\frac{1}{\rho_o} - \frac{1}{\rho_{z_v}} \right) \rho_f \tag{7-159}$$

5）摩擦压降

计算摩擦压降的关系式为

$$\Delta p_{fric} = \int \frac{f G_{mix}^2}{2 \rho_{mix} D_e} dz \tag{7-160}$$

在单相液区域，$\rho_{mix} = \rho_L$，f 为

$$f = 0.316 Re^{-0.25} \tag{7-161}$$

在欠热沸腾区域，两相摩擦压降的计算要用两相摩擦压降倍乘系数。假设等温流动下的摩擦系数为 f_{iso}，则

$$\Delta p_{fric} = \frac{G_{mix}^2}{2 D_e} \int_{z_{SC}}^{z_B} f_{iso} \left(\frac{f}{f_{iso}} \right) \frac{1}{\rho_{mix}} dz \tag{7-162}$$

如果 $T_m > T_{LB}^*$，则

$$\frac{f}{f_{iso}} = 1 + \frac{T_m - T_{LB}^*}{T_{sat} - T_{LB}^*} \left[\left(\frac{f}{f_{iso}} \right)_{sat} - 1 \right] \tag{7-163}$$

其中 T_{LB}^* 是英制单位下的量，定义为

$$T_{LB}^* = T_{sat} + \frac{60}{\exp\left(\frac{p}{900} \right)} \left(\frac{q}{10^6} \right) - \frac{0.766q}{h_0} \tag{7-164}$$

式中，q 的单位是 $Btu/(h \cdot ft^2)$；p 的单位是 psi；T 的单位是 ℉，它们都是非 SI 单位。

如果 $T_m < T_{LB}^*$，则

$$\frac{f}{f_{iso}} = 1 - 0.001 \Delta T_m = 1 - 0.001 \frac{q}{h_0} \tag{7-165}$$

其中

$$h_0 = 0.023 \left(\frac{k_f}{D_e} \right) Re^{0.8} Pr^{0.4} \tag{7-166}$$

在泡核沸腾区域，有

$$\Delta p_{fric} = \frac{G_{mix}^2 f_{Lo}}{2 \rho_f D_e} \int_{z_B}^{z_v} (\phi_{Lo}^2) dz \tag{7-167}$$

利用 Martinelli 和 Nelson 两相摩擦倍数，我们得到

$$\Delta p_{fric} = \frac{G_m^2 f_{Lo} (z_v - z_B)}{2 \rho_f D_e} \left\{ \Omega \frac{1.2}{1.824} \left[\left(\frac{\rho_f}{\rho_g} \right) - 1 \right] \chi_{zv}^{0.824} + 1 \right\} \tag{7-168}$$

其中 f_{Lo} 是按单相液计算的摩擦系数。

在单相流蒸汽区摩擦压降的计算与单相液区的类似。

6）总压降

不包括局部压降时的总压降可以表示为

$$\Delta p_T = \sum_{i=0}^{3} \left[\int_{z_i}^{z_{i+1}} \rho g dz + \frac{G_{mix}^2}{\rho_f} (r_2)_{z_i}^{z_{i+1}} + \int_{z_i}^{z_{i+1}} \frac{\phi_{Lo}^2 f_{Lo} G_{mix}^2}{2 \rho_f D_e} dz \right] \tag{7-169}$$

其中每一个数字角标 i 表示各个过渡点，包括入口和出口。

7.4　子通道分析方法简介

前面介绍的单通道分析方法,是对全堆芯内选取一个有典型代表性的通道,可以是平均通道,也可以是热通道进行计算。而不考虑堆芯内不同的通道之间可能还会有质量、能量和动量的交换。核反应堆的堆芯通常是由燃料棒按照一定的布置排列起来的,如图7-9所示,其中冷却剂在燃料棒之间流动以冷却发热的燃料棒。压水堆的燃料棒通常采用正方形的排列方式。因此通道之间是存在横向的交换的,例如在这种情形下,质量流密度在不同的 z 处就不是不变的了。

图 7-9　堆芯内燃料棒排列布置

为了更详细地分析堆芯内不同通道内的参数,从事核反应堆工程设计的科学家们在多孔介质法的理论基础上,发展出了子通道分析方法,比较好地解决了反应堆堆芯热工水力设计问题。

子通道方法的核心是简化了横向流动的计算,这在堆芯内轴向流动占主要地位的情况下是一种很好的近似。堆芯内燃料通道的子通道划分可以有如图7-10所示的两种方案。

子通道划分的两种方案中,通常用的比较多的是以冷却剂为中心的方案,从原理上来看,以燃料元件为中心的方案,也是同样可行的,只是需要采用不同的结构关系式来封闭守恒方程。考虑到绝大部分实验关系式都是采用以冷却剂为中心的子通道的情况下得到的,下面本文介绍的内容采用以冷却剂为中心的子通道划分方法,这样的子通道控制体如图7-11所示。

对于横流动量控制体,采用交错网格技术,横向两个方向的动量控制体的划分如图7-12所示。棒间隙 s_{ij} 是一个很关键的几何参数,因为它和轴向的 Δz 的乘积就是动量控制体的最小流通面积 $S_{ij}=s_{ij}\Delta z$。棒间隙 s_{ij}^x 和 s_{ij}^y 可以是不同的,特别是在燃料棒已经发生变形的情况下,一般的子通道分析程序均能处理这样的情况。

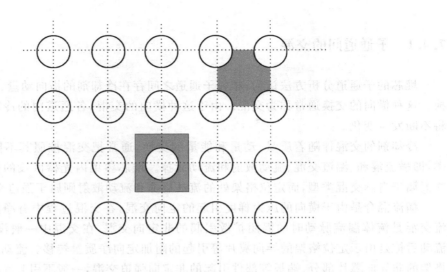

图 7-10 子通道划分的两种方案

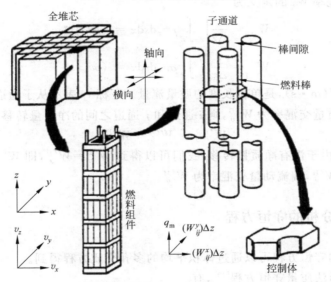

图 7-11 子通道方法的控制体

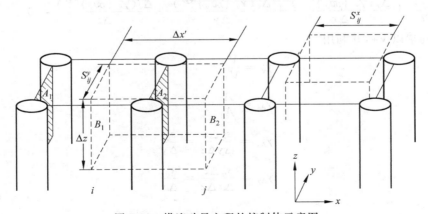

图 7-12 横流动量方程的控制体示意图

7.4.1　子通道间的交混

堆芯的子通道分析方法认为,相邻子通道之间存在冷却剂的横向动量、质量和能量的交换。这种横向的交换通常称为交混。由于这种横向的交混,各通道内的冷却剂流量沿轴向将不断发生变化。

冷却剂的交混伴随着质量、动量和能量的交换,通常把交混按照其不同的机理分成四类,即横流混和、湍流交混、流动散射和流动后掠。堆芯棒束内光棒区段的横流交混和湍流交混属于自然交混类型,而定位格架处的流动后掠和流动散射则属于强迫交混类型。

横流混合是由于横向的压力梯度引起的定向交混,在交混过程中有净质量的转移。湍流交混是流体湍流脉动时的涡团扩散引起的非定向交混,在交混中一般没有净质量转移。流动后掠是由于定位格架的导向翼片等引起的附加定向净质量转移。流动散射是由于定位格架的非导向翼片部分、端板等部件引起的非定向强迫交混,一般不引起净质量的转移。

横流质量交混率 W_{ij} 的定义为

$$W_{ij}^x = \frac{1}{\Delta z} \int_{\Delta x} \int_{s_{ij}^y} \rho v_x \mathrm{d}s\mathrm{d}z = \{\rho v_x\} s_{ij}^y \tag{7-170}$$

$$W_{ij}^y = \frac{1}{\Delta z} \int_{\Delta x} \int_{s_{ij}^x} \rho v_y \mathrm{d}s\mathrm{d}z = \{\rho v_y\} s_{ij}^x \tag{7-171}$$

注意其量纲是 kg/(m·s),是单位长度的质量流量。下标 ij 表示从子通道 i 流向子通道 j。

我们记湍流质量交混率为 $W_{ij}'^D$,则 i 通道和 j 通道之间的净质量转移为

$$W_{i\leftrightarrow j}'^D = W_{ij}'^D - W_{ji}'^D \tag{7-172}$$

对于单相流,由于没有净质量转移,我们可以得到 $W_{ij}'^D = W_{ji}'^D$,即 $W_{i\leftrightarrow j}'^D = 0$。我们记湍流能量交混率为 $W_{ij}'^H$,湍流动量交混率为 $W_{ij}'^M$。

7.4.2　子通道分析的守恒方程

子通道分析的守恒方程可以通过体积平均的多孔介质方程得到。

根据多孔介质法质量守恒方程[10],有

$$\gamma_v \frac{\partial \langle \rho \rangle^i}{\partial t} + \frac{\Delta_x (\gamma_x \{\rho v_x\}^{i(x)})}{\Delta x} + \frac{\Delta_y (\gamma_y \{\rho v_y\}^{i(y)})}{\Delta y} + \frac{\Delta_z (\gamma_z \{\rho v_z\}^{i(z)})}{\Delta z} = 0 \tag{7-173}$$

两侧同乘以 V_T,并利用

$$\gamma_v = \frac{V_f}{V_T} \tag{7-174}$$

$$\gamma_{Az} = \frac{A_f}{A_T} \tag{7-175}$$

$$\gamma_{Ax} = \frac{s_{ij}^y \Delta z}{\Delta y \Delta z} = \frac{s_{ij}^y}{\Delta y} \tag{7-176}$$

$$\gamma_{Ay} = \frac{s_{ij}^x \Delta z}{\Delta x \Delta z} = \frac{s_{ij}^x}{\Delta x} \tag{7-177}$$

可以得到子通道控制体内的质量守恒方程为

$$V_{\rm f}\frac{\partial\langle\rho\rangle}{\partial t}+\Delta_x\left(\{\rho v_x\}s_{ij}^y\Delta z\right)+\Delta_y\left(\{\rho v_y\}s_{ij}^x\Delta z\right)+\Delta_z\left(\{\rho v_z\}A_{\rm f}\right)=0 \qquad (7\text{-}178)$$

代入前面得到的横流质量交混率 W_{ij} 的定义,可得

$$A_{\rm fi}\frac{\partial\langle\rho_i\rangle}{\partial t}+\frac{\Delta q_{{\rm m},i}}{\Delta z}=-\sum_{j=1}^{J}\left(W_{ij}+W'^D_{i\leftrightarrow j}\right) \qquad (7\text{-}179)$$

其中 J 是所有与 i 通道相邻的通道,质量守恒方程的示意图如图 7-13 所示。

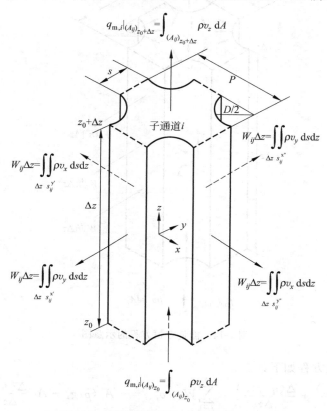

图 7-13 子通道控制体质量守恒示意图

能量守恒方程,作以下合理假设:忽略流体内的轴向导热;流体内无内热源;忽略黏性耗散,并且认为

$$\frac{\{\rho h v_z\}}{\{\rho v_z\}}\approx\frac{\langle\rho h v_z\rangle}{\langle\rho v_z\rangle}=h_i \qquad (7\text{-}180)$$

则可以得到子通道控制体的能量守恒方程为

$$A_{\rm fi}\frac{\partial\langle(\rho h)_i\rangle}{\partial t}+\frac{\Delta(q_{{\rm m},i}h_i)}{\Delta z}=\langle q_{l,i}\rangle_{\rm rb}-\sum_{j=1}^{J}\left(W'^H_{ij}h_i-W'^H_{ji}h_j\right)-$$

$$\sum_{j=1}^{J}W_{ij}\{h^*\}+A_{\rm fi}\left\langle\frac{{\rm d}p_i}{{\rm d}t}\right\rangle \qquad (7\text{-}181)$$

其中,$\langle q_{l,i}\rangle_{\rm rb}$ 是子通道的线功率密度,横流交混质量流量所携带的有效比焓为

$$\{h_x^*\} = \frac{\{\rho v_x h\}}{\{\rho v_x\}} \tag{7-182}$$

能量守恒方程的示意图如图 7-14 所示。

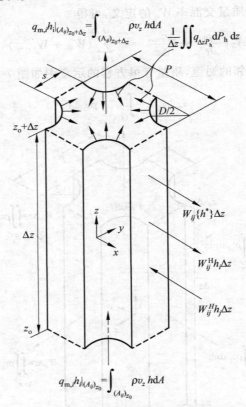

图 7-14　能量守恒方程的示意图

轴向动量守恒方程如下：

$$\frac{\partial \langle q_{m,i}\rangle}{\partial t} + \frac{\Delta(q_{m,i}v_{zi})}{\Delta z} + \sum_{j=1}^{J} W_{ij}\{v_z^*\} = -A_{fi}\langle\rho\rangle g_z - A_{fi}\frac{\Delta\{p\}}{\Delta z} -$$

$$\sum_{j=1}^{J} W_{ij}^{M}\{v_{zi} - v_{zj}\} - \left\{\frac{F_{iz}}{\Delta z}\right\} \tag{7-183}$$

其中

$$\{v_z^*\} = \frac{\{\rho v_x v_z\}}{\{\rho v_x\}} \tag{7-184}$$

是横流交混质量流量所携带的有效速度。轴向动量守恒方程的示意图如图 7-15 所示。

横向 x 方向的动量方程可以写成

$$\frac{\partial(W_{ij}^x)}{\partial t} + \frac{\Delta(W_{ij}^x\{v_x\})}{\Delta x'} + \frac{\Delta(W_{ij}^x\{v_z\})}{\Delta z} = -\left(s_{ij}^y \frac{\Delta\{p\}}{\Delta x'}\right) - \left\{\frac{F_{ix}}{\Delta x'\Delta z}\right\} \tag{7-185}$$

横向 x 方向的动量方程的示意图如图 7-16 所示。

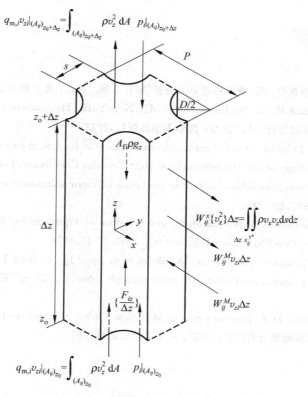

图 7-15　轴向动量守恒方程的示意图

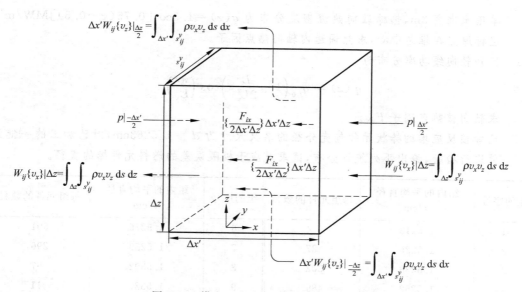

图 7-16　横向 x 方向的动量方程的示意图

参考文献

[1] 于平安,朱瑞安,喻真烷,等. 核反应堆热工分析[M]. 2 版. 北京:原子能出版社,1985.

[2] Todreas N E,Kazimi M. S. Nuclear systems[M]. New York:Hemisphere Pub. Corp. ,1990.

[3] 俞冀阳. 核电厂事故分析[M]. 北京:清华大学出版社,2012.

[4] Saha P,Zuber N. Point of net vapor generation and vapor void fraction in subcooled boiling[R]. Paper B4. 7. In:Proceedings of the 5th International Heat Transfer Conference,Tokyo,1974.

[5] Levy S. Forced convection subcooled boiling prediction of vapor volumetric fraction[J]. Int. J. Heat Mass Transfer,1967,10:247.

[6] Ishii M. One-Dimensional Drift Flux Model and Constitutive Equations for Relative Motion between Phases in Various Two-Phase Flow Regimes[R]. ANL-77-47,1977.

[7] Noody F J. Maximum two-phase vessel blowdown from pipes[J]. J. Heat Transfer,1966,88:285.

[8] Fauske H K. The discharge of saturated water through tubes[J]. Chem. Eng. Sym. Series,1965,61:210.

[9] Todreas N E,Kazimi M S. Nuclear systems[M]. New York :Hemisphere Pub. Corp. ,1990.

[10] 俞冀阳. 热工流体数值计算[M]. 北京:清华大学出版社,2013.

习 题

7.1 某压水堆高 3m,热棒轴向热流密度分布为 $q(z)=1.3\cos[0.75(z-0.5)]\mathrm{MW/m^2}$. 坐标原点在堆芯中心,求热通道内轴向热点因子。

7.2 已知轴向线功率分布为

$$q_l(z)=q_{l,0}\left(1-\frac{L}{2L_e^2}z\right)\cos\left(\frac{\pi z}{L_e}\right)$$

求轴向核热点因子 F_{zN}。

7.3 已知核反应堆的棒状元件包壳外径的名义尺寸为 $d=1.5263\mathrm{cm}$,对已加工的一批元件进行检验,给出下列统计分布,试求对应于极限误差的燃料元件棒的直径。

组的序号	组内的平均直径 d/cm	每组元件的数目	组的序号	组内的平均直径 d/cm	每组元件的数目
1	1.5213	4	6	1.5276	501
2	1.5225	87	7	1.5289	296
3	1.5238	302	8	1.5302	97
4	1.5252	489	9	1.5327	11
5	1.5263	1013			

7.4 已知某燃料元件的参数如下,试比较乘积法和混合法求热流量工程热通道因子的差异。

物理量	名义值	最大误差	均方误差
芯块直径/mm	8.43	±0.03	±0.005
U^{235}富集度/%	3	±0.04	±0.01
UO$_2$密度/%	95	±2.7	±0.7
包壳外径/mm	10	±0.04	±0.012

7.5　已知压水核反应堆的热功率为 2727.27MW；燃料元件包壳外径 10mm，包壳内径 8.6mm，芯块直径 8.43mm；燃料组件采用 15×15 正方形排列，每个组件内有 20 个控制棒套管和 1 个中子注量率测量管，燃料棒的中心栅距 13.3mm，组件间水隙 1mm。系统工作压力 15.48MPa，冷却剂平均温度 302℃，堆芯冷却剂平均温升 39.64℃，冷却剂旁流系数 9%，堆下腔室流量不均匀系数 0.05，燃料元件包壳外表面平均热流密度 652.76kW/m^2，$F_q^N=2.3$，$F_R^N=1.438$，$F_{\Delta h}^E=1.08$，$F_q^E=1.03$。又假设在燃料元件内释热份额占总发热量的 97.4%，堆芯高度取 3.29m，并近似认为燃料元件表面最大热流量、元件表面最高温度和元件中心最高温度都发生在元件半高处。已知元件包壳的热导率 $k_c=0.00547(1.8t_{cs}+32)+13.8W/(m\cdot℃)$，试用单通道模型求燃料元件中心最高温度。

7.6　核反应堆回路如图 7-17 所示，试证明当主循环泵停止转动时系统的自然循环驱动压头为 $\Delta p_d=(\rho_1-\rho_2)gL$，其中 ρ_1，ρ_2 分别为进出核反应堆的冷却剂密度，L 为核反应堆半高处至蒸汽发生器半高处的距离（即冷热源中心的高差），并且假设密度 ρ 随温度的变化是线性的。

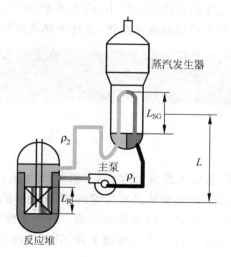

图 7-17　习题 7.6 用图

第 8 章

一些特殊的热工水力现象

8.1 临界流

临界流是一种特殊的水力学现象。任一密闭的流动系统(例如反应堆里面的一回路系统)的放空速率,取决于流体从出口流出的质量流量。当流体自系统中流出的速率不再受到下游压力的影响时,这种流动就称为临界流(或称为阻塞流、拥塞流),对应的流量称为临界流量。

因此临界流量是可压缩流体从高压区往低压区流动时所能达到的最大流量。对于不可压缩流体而言,流量随着低压区的压力(也称为背压)下降而增大,没有上限。但真实流体都是具有可压缩性的,随着背压的下降会有一个流量最大值,即临界流量。到达临界流量后,进一步降低背压,流量不会再随之增大了。对于单相气体流动和两相流均会出现这样的情况。而对于单相液体流动,流体的可压缩性很小,临界流量会非常大,或几乎不存在。但是如果由于背压的降低,使得管子出口处液体汽化,也会出现流量较低的临界流。

> **知识点:**
> - 临界流与临界流量。

8.1.1 现象

图 8-1 是临界流示意图,假设上游压力为 p_0,下游背压为 p_b,随着下游压力(背压)的下降,管子的出口流速开始增加。因为流体是可压缩的,因此流体的比体积沿着管道长度方向会不断增大,因此流速随着管子长度方向也是增大的。背压下降到图中的位置 3 所示的压力时,管子出口流量达到最大值。以后背压继续下降,管子的出口流量不再增大,这时达到了临界流。

临界流现象在单相系统和两相系统里面都得到了广泛的研究。在核反应堆系统中,由于各种破口事故必然伴随着临界流,因此对临界流进行了比较深入的研究。

> **知识点:**
> - 若流体是不可压缩的,存在临界流现象吗?

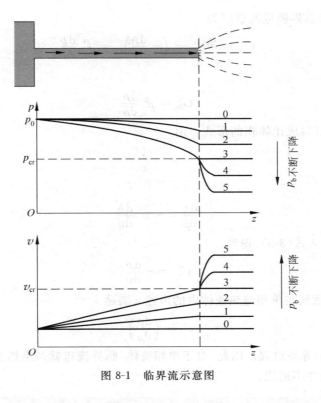

图 8-1　临界流示意图

8.1.2　分析方法

我们先来看一下一维情况下的单相临界流。若忽略局部压降和重力压降,此时质量和动量守恒方程分别为

$$q_{\mathrm{m}} = \rho v A \qquad (8\text{-}1)$$

$$\frac{q_{\mathrm{m}}}{A} \frac{\mathrm{d}v}{\mathrm{d}z} = -\frac{\mathrm{d}p}{\mathrm{d}z} - \left(\frac{\mathrm{d}p}{\mathrm{d}z}\right)_{\mathrm{fric}} \qquad (8\text{-}2)$$

如果管道内没有内热源,并且忽略摩擦力做功引起的能量状态变化,流动就是理想的绝热流动,因为临界流意味着流量达到最大值,即

$$\frac{\mathrm{d}q_{\mathrm{m}}}{\mathrm{d}p} = 0 \qquad (8\text{-}3)$$

又根据质量守恒方程可得到

$$\frac{\mathrm{d}q_{\mathrm{m}}}{\mathrm{d}p} = v A \frac{\mathrm{d}\rho}{\mathrm{d}p} + \rho A \frac{\mathrm{d}v}{\mathrm{d}p} \qquad (8\text{-}4)$$

所以在临界流条件下,有

$$\left(\frac{\mathrm{d}v}{\mathrm{d}p}\right)_{\mathrm{cr}} = -\frac{v}{\rho} \frac{\mathrm{d}\rho}{\mathrm{d}p} \qquad (8\text{-}5)$$

若忽略摩擦压降,则由动量守恒方程可以得到

$$\frac{\mathrm{d}v}{\mathrm{d}p} = -\frac{A}{q_{\mathrm{m}}} \qquad (8\text{-}6)$$

因此可以得到临界质量流密度为

$$G_{cr} = \frac{q_{m,cr}}{A} = \left(-\frac{dp}{dv}\right)_{cr} = \frac{\rho}{v}\frac{dp}{d\rho} \qquad (8\text{-}7)$$

或者

$$G_{cr}^2 = \rho^2 \frac{dp}{d\rho} \qquad (8\text{-}8)$$

式(8-8)还可以写成比体积的形式。由

$$\rho = \frac{1}{v} \qquad (8\text{-}9)$$

得

$$\frac{dp}{d\rho} = -v^2 \frac{dp}{dv} \qquad (8\text{-}10)$$

将式(8-10)代入式(8-8),得到

$$G_{cr}^2 = -\frac{dp}{dv} \qquad (8\text{-}11)$$

另外,我们注意到在单相绝热流体内的声速 c 满足

$$c^2 = \left(\frac{dp}{d\rho}\right)_s \qquad (8\text{-}12)$$

其中,下角标 s 表示等熵过程。因此,对于单相流体,临界流速就是绝热条件下的声速,但这个结论对于两相流并不适用。

> **知识点:**
> - 通过质量守恒和动量守恒计算临界质量流密度。
> - 临界流速等于绝热条件下的声速。

在工程实际中,使用式(8-8)和式(8-12)并不方便,因为它们都需要管子出口处的流体温度和压力。在实际工程中,流体的上游压力和温度通常是知道的,而且上游的容器通常都很大,因此管道入口处的流体比焓就是上游流体的滞止比焓,这样在绝热并且不考虑管壁摩擦的条件下,根据能量守恒,就有

$$h_0^0 = h_0 = h + \frac{v^2}{2} \qquad (8\text{-}13)$$

其中下角标 0 表示上游。根据上式可得到

$$G = \rho v = \rho \sqrt{2(h_0 - h)} \qquad (8\text{-}14)$$

对于理想气体的绝热膨胀,有

$$\frac{\rho}{\rho_0} = \left(\frac{p}{p_0}\right)^{\frac{1}{\gamma}} \qquad (8\text{-}15)$$

和

$$\frac{T}{T_0} = \left(\frac{p}{p_0}\right)^{\frac{\gamma-1}{\gamma}} \qquad (8\text{-}16)$$

其中,$\gamma = \frac{c_p}{c_V}$,对于理想气体,有 $dh = c_p dT$,运用式(8-15)及式(8-16)可以得到

$$G = \rho_0 \sqrt{2 c_p T_0 \left(1 - \frac{T}{T_0}\right) \left(\frac{p}{p_0}\right)^{\frac{2}{\gamma}}} \tag{8-17}$$

和

$$G = \rho_0 \sqrt{2 c_p T_0 \left[\left(\frac{p}{p_0}\right)^{\frac{2}{\gamma}} - \left(\frac{p}{p_0}\right)^{\frac{\gamma+1}{\gamma}}\right]} \tag{8-18}$$

在发生临界流之前(即 $p > p_{cr}$ 的时候),上式中的 p 为下游压力 p_b,质量流密度随着 p_b 的变化而变化。而压力下降到临界压力 p_{cr} 之后,质量流密度不再随 p_b 的变化而变化,此时上式中的 p 为临界压力 p_{cr}。临界质量流密度可以通过微分方法得到,根据极值条件,在临界质量流密度处有

$$\frac{\partial G}{\partial p} = 0 \tag{8-19}$$

发生临界流时有

$$\left(\frac{p}{p_0}\right)_{cr} = \left(\frac{2}{\gamma+1}\right) \frac{\gamma}{\gamma-1} \tag{8-20}$$

将式(8-20)代入式(8-18)就得到临界质量流密度了。

> **知识点:**
> * 通过能量守恒确定临界质量流密度。

下面我们来看两相流的情况,两相流若要达到临界流,则要求混合物的动量方程中的 $\partial\{p\}/\partial z$ 趋于无穷大。我们来看均匀流模型的总压降梯度,即

$$-\left(\frac{dp}{dz}\right) = \frac{\dfrac{f_{TP}}{D_e}\left[\dfrac{G_m^2}{2\rho_m}\right] + G_m^2 v_{fg} \dfrac{d\chi}{dz} + \rho_m g \cos\theta}{\left(1 + G_m^2 \chi \dfrac{\partial v_g}{\partial p}\right)} \tag{8-21}$$

$\partial\{p\}/\partial z$ 趋于无穷大就要求右边的分母为零,即

$$(G_m^2)_{cr} = -\frac{1}{\chi} \frac{dp}{dv_g} \tag{8-22}$$

其中下角标 g 表示饱和气。同样,对于漂移流模型,有

$$(G_m^2)_{cr} = -\frac{\{\alpha\}}{\chi^2} \frac{dp}{dv_g} \tag{8-23}$$

> **知识点:**
> * 利用两相流压降计算关系式确定临界质量流密度。

8.1.3　临界流模型

对于两相流来说,两相之间温度和速度的不平衡对临界流量的影响很大。实验发现,在流体从上游高压容器一边放出来一边散蒸成蒸汽的情况下,需要一段长度(称松弛长度)才能够建立两相之间的平衡态。在没有不可凝气体的时候,这段距离大约是 0.1m,见表 8-1[6]。

对于长度小于0.1m的短管道喷放,两相之间的不平衡加大了临界流量,这是因为混合物中液相的份额比平衡态要多。图8-2是临界压力比与通道长度的关系。当$L/D > 12$时,可以认为已经建立两相之间的平衡态了,这就是长通道中的临界流。

表 8-1 不同的临界流实验中发现的松弛长度

实 验 者	D/mm	L/mm	L/D
Fauske(水)	6.35	~100	~16
Sozzi 和 Sutherland(水)	12.7	~127	~10
Flinta(水)	35	~100	~3
Uchida 和 Nariai(水)	4	~100	~25
Fletvher(氟利昂11)	3.2	~105	~33
Van Den Akker 等人(氟利昂12)	4	~90	~22
Marviken data(水)	500	<166	>0.33

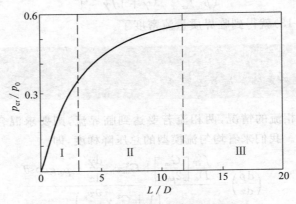

图 8-2 临界压力比与通道长度的关系

知识点:
• 两相非平衡对临界质量流密度的影响。

在平衡态下,在绝热膨胀过程中,混合物的比焓为

$$h_0 = \chi h_g + (1-\chi)h_f + \chi \frac{v_g^2}{2} + (1-\chi)\frac{v_f^2}{2} \tag{8-24}$$

其中,下角标f表示饱和液,χ是平衡态下的流动质量含汽率。此时混合物的比熵为

$$s_0 = \chi s_g + (1-\chi)s_f \tag{8-25}$$

所以有

$$\chi = \frac{s_0 - s_f}{s_g - s_f} \tag{8-26}$$

利用式(8-24)可以建立质量流密度与比焓之间的关系式,即有

$$G = \rho^* \sqrt{2\left[h_0 - \chi h_g - (1-\chi)h_f\right]} \tag{8-27}$$

式中

$$\rho^{*} = \left\{ \left[\frac{\chi}{\rho_{g}} + \frac{(1-\chi)S}{\rho_{f}} \right] \left[\chi + \frac{1-\chi}{S^{2}} \right]^{\frac{1}{2}} \right\}^{-1} \tag{8-28}$$

其中滑速比 $S = v_g / v_f$。

知识点：
- 两相临界质量流密度的计算方法。

我们知道，对于非饱和态，由两个状态参数就可以唯一确定流体的状态，因此由 p_0 和 h_0 就可以确定 s_0。而对于饱和态，由于温度和压力之间存在了一一对应的关系，所以由一个状态参数压力就可以确定水的状态。假设发生临界流处的压力为 p_{cr}，则 $s_f, s_g, h_f, h_g, \rho_f$ 和 ρ_g 都可以被确定了。这样质量含汽率可以通过式(8-26)得到，这样利用式(8-27)计算临界质量流密度唯一还没有确定的就剩下滑速比 S 了。

对于滑速比 S，有以下 3 种模型，分别为

均匀流模型：

$$S = 1.0 \tag{8-29}$$

Moody[7] 模型：

$$S = (\rho_f / \rho_g)^{\frac{1}{3}} \tag{8-30}$$

Fauske[8] 模型：

$$S = (\rho_f / \rho_g)^{\frac{1}{2}} \tag{8-31}$$

其中，Moody 模型是基于混合物动能最大化得到滑速比，即

$$\frac{\partial}{\partial S} \left[\frac{\chi v_g^2}{2} + \frac{(1-\chi)v_f^2}{2} \right] = 0 \tag{8-32}$$

而 Fauske 模型是基于混合物动量最大化得到滑速比，即

$$\frac{\partial}{\partial S} \left[\chi v_g - (1-\chi) v_f \right] = 0 \tag{8-33}$$

图 8-3 是在各种上游压力和比熵的情况下用 Fauske[9] 模型的滑速比得到的两相临界流质量流密度。

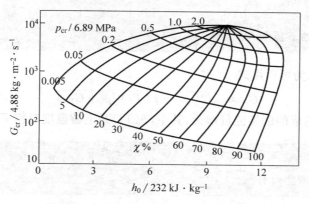

图 8-3 Fauske 模型下的临界质量流密度

对于非平衡态,当 $L/D=0$ 时,就是孔板射流,实验表明临界质量流密度为

$$G_{cr} = 0.61\sqrt{2\rho_f(p_0 - p_b)} \tag{8-34}$$

对于图 8-2 中的 I 区($0 < L/D < 3$)和 III 区($12 < L/D < 40$),可以用

$$G_{cr} = 0.61\sqrt{2\rho_f(p_0 - p_{cr})} \tag{8-35}$$

但对于图 8-2 中的 II 区($3 < L/D < 12$),式(8-35)是不适用的。在忽略摩擦力的情况下,Fauske 推荐了一个可用于计算这种情况下两相临界流的关系式,即

$$G_{cr} = \frac{h_{fg}}{v_{fg}}\sqrt{\frac{1}{NTc_{p,f}}} \tag{8-36}$$

其中,h_{fg} 是饱和汽和饱和液的比焓差,也称为汽化潜热,单位是 J/kg;v_{fg} 是饱和汽和饱和液的比体积差,单位是 m^3/kg;T 是热力学温度,单位为 K;$c_{p,f}$ 是液相的比定压热容,单位为 J/(kg·K);N 是反映非平衡态的一个参数,有

$$N = \frac{h_{fg}^2}{2\Delta p\rho_f K^2 v_{fg}^2 T c_f} + 10L \tag{8-37}$$

其中,$\Delta p = p_0 - p_b$,单位为 Pa;K 为排放系数,对于孔板射流,$K = 0.61$。L 为管子长度,$0 < L < 0.1m$,对于 $L > 0.1m$ 的情况,式(8-37)中的 $N = 1$,这时有

$$G_{cr} = \frac{h_{fg}}{v_{fg}}\sqrt{\frac{1}{Tc_{p,f}}} \tag{8-38}$$

假如所有物性参数取上游压力 p_0 时的参数,那么这时候得到的临界流量称为 ERM 流量。从图 8-4 中可以看到 ERM 模型和均匀流模型(HEM)的结果吻合得比较好。

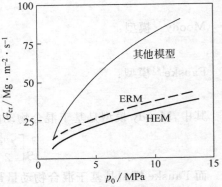

图 8-4 ERM 和 HEM 模型比较

另外,Fauske 认为可以用式

$$G_{cr} \approx \sqrt{2[p_0 - p(T_0)]\rho_f + G_{ERM}^2} \tag{8-39}$$

考虑流体欠热造成的临界流量增大,其中,$p(T_0)$ 是上游温度对应下的饱和压力。

例 8-1 已知上游压力为 5MPa,喷射管子直径 509mm,长度 1580mm,计算上游温度为

饱和温度以及欠热度为 20℃ 两种情况下的临界质量流密度。

解 由于 $L/D=1580/509=3.1$，因此需要考虑非平衡态。

1）上游饱和的情况

根据图 8-25，得到 $p_{cr}=0.37 \times p_0=1.85\text{MPa}$，查附表 C-1 得到 $p=5\text{MPa}$ 的情况下饱和水的比焓为 $h_0=1154\text{kJ/kg}$，再查图 8-26，得到

$$G_{cr} \approx 17070 \text{ kg/(m}^2 \cdot \text{s)}$$

下面我们再用 Fauske 模型式（8-38）来计算。查附录 C 可以得到压力为 5MPa 时，有 $h_f=1154.0 \text{ kJ/kg}, h_g=2794.1 \text{ kJ/kg}$，进一步得到

$$h_{fg} = h_g - h_f = 1640.1\text{kJ/kg}$$

有 $v_f=0.00105 \text{ m}^3/\text{kg}, v_g=0.0392 \text{ m}^3/\text{kg}$，进一步得到

$$v_{fg} = v_g - v_f = 0.03815\text{m}^3/\text{kg}$$

$$T_{sat} = 537.14\text{K}, \quad c_{p,f} = 5.0 \text{ kJ/(kg} \cdot \text{K)}$$

利用式（8-38），有

$$G_{cr} = \frac{h_{fg}}{v_{fg}} \sqrt{\frac{1}{T_{sat}c_f}} = \frac{1640.1 \times 10^3}{0.0385} \sqrt{\frac{1}{537.14 \times 5.0 \times 10^3}} = 26233\text{kg/(m}^2 \cdot \text{s)}$$

2）上游欠热度为 20℃ 的情况

$$T_0 = T_{sat} - 20 = 537.14 - 20 = 517.14\text{K}$$

查附表 C-1 得到该温度下对应的饱和压力为 $p(T_0)=3.585\text{MPa}$，饱和水密度为 $\rho_f=809.4 \text{ kg/m}^3$。

用式（8-39）得到

$$G_{cr} \approx \sqrt{2[p_0 - p(T_0)]\rho_f + G_{ERM}^2}$$

$$= \sqrt{2 \times (5.0 - 3.585) \times 10^6 \times 809.4 + 26233^2} = 54578\text{kg/m}^2 \cdot \text{s}$$

8.2 自然循环

8.2.1 现象

自然循环是指在闭合回路内依靠热段（向上流动）和冷段（向下流动）中的流体密度差所产生的驱动压头来实现的流动循环。对于核能系统来说，如果堆芯结构和管道系统设计得合理，就能够利用这种驱动压头来推动冷却剂在一回路中循环起来，并带出堆内产生的热量。在核能系统中，可以充分利用各种各样的自然循环过程，实现非能动的安全。

8.2.2 自然循环流量

图 8-5 是一个沸水堆堆芯内的自然循环回路示意图，它由下降段 AB，上升段 CE 以及连接它们的上腔室和下腔室组成。其中，上升段由加热段 CD 和一个在它上面不加热的吸力腔组成。

下面我们来分析 $ABCDE$ 构成的自然循环流动。沿着环路的压降为

$$\Delta p_{T} = \Delta p_{acc} + \Delta p_{grav} + \Delta p_{fric} + \Delta p_{form} \tag{8-40}$$

在 $ABCDE$ 构成的回路中,有

$$\sum_i \Delta p_{T,i} = 0 \tag{8-41}$$

从而得到

$$-\sum_i \Delta p_{grav,i} = \sum_i \Delta p_{acc,i} + \sum_i \Delta p_{fric,i} + \sum_i \Delta p_{form,i} \tag{8-42}$$

我们把式(8-42)等号的左侧(上升段 CE 和下降段 EAB 两部分重力压降的负值之和)称为驱动压头,即有

$$\Delta p_{d} = -\sum_i \Delta p_{grav,i} \tag{8-43}$$

而把式(8-42)右侧的各种压力损失的总和,称为阻力压降,即

$$\Delta p_{r} = \sum_i \Delta p_{acc,i} + \sum_i \Delta p_{fric,i} + \sum_i \Delta p_{form,i} \tag{8-44}$$

这样就得到自然循环平衡方程式

$$\Delta p_{d} = \Delta p_{r} \tag{8-45}$$

一般来说,自然循环计算的目的就是在给定的核反应堆功率和堆芯结构条件下,计算自然循环的流量。式(8-45)就是用来确定回路内的自然循环流量的基本方程式。

至于计算得到的自然循环流量能不能满足热工设计准则的要求,则需要通过传热计算才能确定。如果算出的流量不能满足设计准则要求,则需要调整核反应堆的热工参数或修改结构参数(例如增大吸力段的长度,加大流动面积等),然后再重新计算自然循环的流量,直到满足热工设计准则的要求。

用式(8-45)计算自然循环流量的过程是复杂的,这是因为阻力压降的各个组成部分都与各种流动参数密切相关,通常需要计算机程序来进行计算。在初步的设计中,也可以采用图表法进行计算。图表法是先假设几个流量(例如图 8-6 中的 q_{m1},q_{m2},q_{m3},q_{m4}),分别计算出给定流量下的 4 个驱动压头点和 4 个阻力压降点,然后根据得到的点分别画出驱动压头线 Δp_{d} 和阻力压降线 Δp_{r},两条线的交点处的流量 q_{m0} 就是自然循环流量。

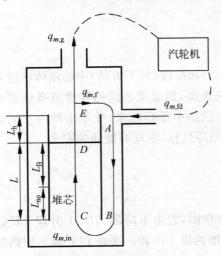

图 8-5　沸水堆堆芯自然循环回路

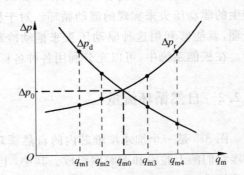

图 8-6　图表法计算自然循环流量

从图 8-6 中我们看到,驱动压头随着流量的增大而减小。这是因为在堆芯发热功率一定的情况下,流量增大,则图 8-5 中的出口含汽率减小,对于不沸腾的系统,提升段和下降段的温差将减小,最终会导致驱动压头下降。从图 8-6 中还可以看到,阻力压降随着流量增大而增大。但在沸腾系统中,在流量增大过程中有可能导致阻力压降减小,在两相流 *BC* 段,随着流量的增大,阻力压降反而会减小,这在后面的两相流不稳定性里面会进行详细讨论。

> **知识点:**
> * 自然循环。
> * 自然循环流量的计算。

8.3　流动不稳定性

8.3.1　概述

“流动不稳定性”是指恒振幅或变振幅的流动振荡,广义地说,还包含零频率的流量漂移。沸腾流道因含汽率变化,常易因浮力或者流体容积发生变化,导致两相流动振荡。这类振荡与机械系统中的振动相似,质量流速、压降和空泡(汽泡)相似于机械系统中的质量、激发力和弹簧。按此比拟可知,流量与压降之间的关系,对流动稳定性起着重要作用。任何沸腾、冷凝或其他两相流动过程都不希望出现流体动力不稳定性现象。因为流动振荡会引起沸腾危机、控制困难或引起机械性破坏。

早在 20 世纪 30 年代,人们就发现,在一定条件下,汽水两相混合物会发生流动不稳定性现象,这种不稳定性,对设备和其安全均有有害影响,成为日益受到重视的一个研究课题。对于锅炉、蒸汽发生器、热交换器、水冷反应堆,以及任何其他汽水两相流动设备来说,流动不稳定性不仅会降低它们的运行性能,还会危害安全,因为:①部件可能遭受有害的强迫机械振动,机械振动和局部热应力周期性变化会导致疲劳破坏;②会引起控制问题。对于液体冷却的反应堆,当冷却剂兼作慢化剂时尤为重要;③会影响局部传热特性,或者可能使沸腾危机提前出现,即降低临界热流密度。

严格地说,对于稳定流动,其参数效应仅仅是空间变量的函数,与时间变量无关。实际上,在两相流动系统中,参数往往因湍流、成核汽化或弹状流动而发车小的起伏或脉动。这种脉动,在一定条件下可能是触发某些不稳定性的驱动因素,因此必须恰当地定义稳定流动条件。

当系统受到瞬时扰动,进入新的运行工况,可渐渐地回复到原来的运行状态,便称为稳定流动。反之,若无法回到原来的稳定状态,而是稳定于某一新的运行状态,则称为静态流动不稳定性。当两相流动系统受封一瞬时扰动,如果在流动惯性和其他反馈效应作用下,产生了流动振荡,称为动态流动不稳定性。

图 8-7 是稳定流动和不稳定流动在受到扰动后的流量响应情况。在两相流中,常见两种类型的不稳定性:①流量漂移或 Ledinegg 不稳定性,属于静态不稳定性,发生在水动力曲线的负斜率区;②密度波不稳定性,属于动态不稳定性,特征为自持的流量压降振荡。

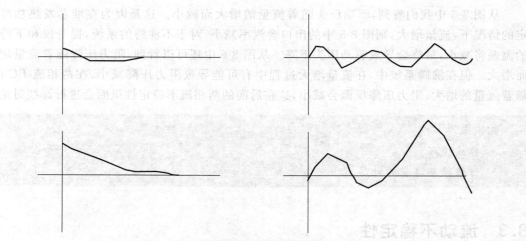

图 8-7　稳定流动和不稳定流动特性示例

对系统的稳定性分析通常有两类方法——频域法和时域法。频域法基于小扰动原理导出，不考虑扰动的具体形态和幅度，因而适合用于研究线性系统的稳定性和非线性系统在选定初始状态下施加任意极限小扰动时的稳定性（称为"静态稳定性"）。时域法从预设形态和幅度的扰动出发，在选定的初始状态下，求解系统的控制方程，得到各项参数随时间的变化关系，观察系统是否稳定，因而适合用于研究非线性系统中受扰动形态和幅度影响的稳定性（称为"动态稳定性"）。

对于频域方法，计算工作量少，可以简单地估算稳定边界，但是，对于偏离稳定边界的时间发展行为，如极限环振荡、拟周期和混沌振荡等模态，无法分析；同样，对于较大扰动的系统响应，基于线性的频域方法也是无法分析的。因此，通常采用基于原始非线性守恒方程的时域计算机仿真方法来实现。

从描述流体流动系统物理状态的数学模型来说，任何一个系统内的流动动态行为可以运用有关的物理规律（即基本守恒律和描绘流体特性的结构律）和在边界上对系统施加各种作用的具有动态或稳态特征的边界条件来确定。一般有四种边界条件：①压力边界条件，常常施加于系统的一定区域；②流体动力边界条件，它提供流体流动的驱动力；③系统入口处的热力边界条件，常指入口焓值；④壁面处的热边界条件，即壁面热流密度分布。上述任一种边界条件受到扰动，便会影响到运行参数及系统响应，可能会引起不同的不稳定性。

> **知识点：**
> - 流动不稳定性的概念及其分类。
> - 频域法和时域法。

8.3.2　静态不稳定性

最常见的静态不稳定性有流量漂移、沸腾危机、流型过渡、碰撞声、喷泉声或爆炸声、冷凝爆炸等六类。

1. 流量漂移

　　流量漂移又称 Ledinegg 不稳定性,其特征是受到扰动后的流动离开原来的流体动力平衡工况后在新的流量值下重新稳定运行。这种不稳定性一般出现在沸腾流道的压降-流量特征曲线(又称流道内部特征曲线)具有随流量增加,压降反而减少的区域,只有当流量变化时,流道摩擦损失的变化大于系统外加压头变化(通常是泵的压头或自然循环压头)时,才会发生这种不稳定性。

　　我们来考察一下两相流压降计算式。在整个流速范围内,通道流动压降和冷却剂流量并不是一个简单的线性关系,在有些范围内,同样的出入口压力差 $p_{in} - p_{out}$ 的情况下,可能存在多个质量流密度 G_m 满足方程,这样就会引起流动不稳定。我们先来看摩擦压降占主导地位时通道流动压降和流量的关系。

　　对于一个总发热功率不变的垂直向上流动通道,摩擦压降占主导地位时的特性曲线如图 8-8 所示。对于不同的热流密度情况下的压降特性见图 8-9,图 8-9 中两条线分别是不同线功率密度下的压降特性曲线。在图 8-8 和图 8-9 中,A—B 区域是单相流。当流量减小到 B 点的流量的时候,出现了两相流。在摩擦压降占主导地位的时候,单相流压降是流量的 $2-b$ 次方关系,即有

$$\Delta p \propto \frac{q_m{}^{2-b}}{D_e^{1+b} A^{2-b}} \tag{8-46}$$

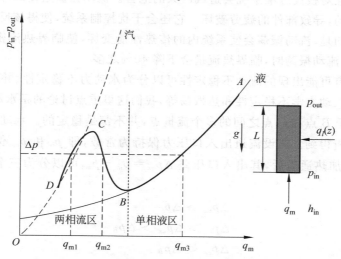

图 8-8　加热通道内压降和流量的特性曲线

　　在图 8-8 和图 8-9 中并没有表示出其他因素对压降的影响,例如密度、黏度等随温度的变化,摩擦系数在流型发生变化的时候出现的变化等。

　　在图 8-8 和图 8-9 中的 B 点,通道里开始沸腾。流量小于 B 点的流量时,因为产生大量的蒸汽,而导致压降随着流量的下降而上升。在 C 点,流量足够小,通道内形成蒸汽流动,此时,C—D 区域是单相蒸汽的压降特性曲线,根据式(8-46)可知,以 $2-b$ 次方减少。

　　在图 8-8 中我们可以看到,在出入口压差介于 B 点和 C 点之间的时候,对于同一个压差 Δp,通道内可能具有 3 个流量 q_{m1}、q_{m2} 和 q_{m3},即出现了流动不稳定现象。这里所说的流

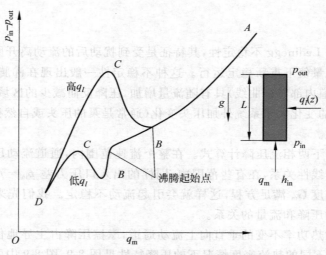

图 8-9　不同热功率下的两相流的压降特性

动不稳定是指，在一个质量流密度、压降特性和空泡份额之间存在着热力学与流体动力学相联系的两相流系统中，流体受到一个微小的扰动后所发生的流量漂移或者以某一频率的恒定振幅或变化振幅进行流量振荡。

流动不稳定性对核反应堆系统会造成巨大的危害。流动振荡会使部件产生有害的机械振动和热应力振动，导致部件的疲劳破坏。它还会干扰控制系统，使得核反应堆失去正常的控制。更为严重的是，流动振荡会使系统内的传热性能变坏，使临界热流密度大幅度下降，实验证明，当出现流动振荡时，临界热流量会下降 40％ 之多。

核能系统中有可能出现的流动不稳定性可以分为水动力不稳定性、并联通道的管间脉动、流型不稳定性、动力学不稳定性和热振荡等，我们这里重点讨论的是水动力不稳定性。

图 8-8 中介于 B 点和 C 点之间的多个流量点，并不都是稳定的。水动力稳定性准则可由下面的微扰分析得到。假设流道出入口压力保持为常数，即 p_{in} 和 p_{out} 保持不变，则流体流过长度为 L 的加热通道后，其出入口压差 $\Delta p_{ex} = p_{in} - p_{out}$ 可以分为三个区域，如图 8-10 所示，即有

$$\Delta p_{ex} > \Delta p_C \tag{8-47}$$

$$\Delta p_C > \Delta p_{ex} > \Delta p_B \tag{8-48}$$

$$\Delta p_{ex} < \Delta p_B \tag{8-49}$$

通道内流体的流量随时间的变化可以由出入口压差和流体的压降（大部分为摩擦压降）决定，于是有

$$I \frac{dq_m}{dt} = \Delta p_{ex} - \Delta p_{fric} \tag{8-50}$$

其中，I 由通道的几何结构决定，称为通道内流体的几何惯量。速度变化很小时式（8-50）的扰动方程为

$$I \frac{\partial \Delta q_m}{\partial t} = \frac{\partial(\Delta p_{ex})}{\partial q_m} \Delta q_m - \frac{\partial(\Delta p_{fric})}{\partial q_m} \Delta q_m \tag{8-51}$$

引入微扰表达式

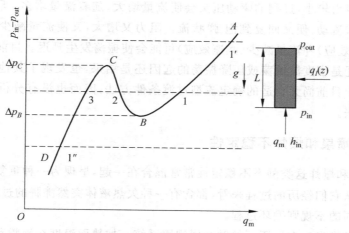

图 8-10　给定压力边界条件下的稳定区和不稳定区

$$\Delta q_{\mathrm{m}} = \varepsilon \mathrm{e}^{\omega t} \tag{8-52}$$

并结合式(8-51)可得

$$\omega = \frac{\dfrac{\partial(\Delta p_{\mathrm{ex}})}{\partial q_{\mathrm{m}}} - \dfrac{\partial(\Delta p_{\mathrm{fric}})}{\partial q_{\mathrm{m}}}}{I} \tag{8-53}$$

稳定准则要求微扰 Δq_{m} 不随时间增长,因此 ω 应该为 0 或负值,从而由式(8-53)得到以下准则:

$$\frac{\partial(\Delta p_{\mathrm{ex}})}{\partial q_{\mathrm{m}}} \leqslant \frac{\partial(\Delta p_{\mathrm{f}})}{\partial q_{\mathrm{m}}} \tag{8-54}$$

我们已假设流道出入口压力保持常数不变,所以式(8-54)的左侧为零。因而满足稳定准则式(8-54)的运行条件仅仅存在于图 8-10 中摩擦压降特性曲线斜率为正的区域内,即 A—B 和 C—D 区域。这样我们可断定点 2 为非稳定点,而 $1'$,1,3 和 $1''$ 都是稳定点。

点 2 的特性可通过考虑该点的微小扰动来进行物理解释。假设流量减小,那么摩擦压降增加,这又将导致流量进一步减小,从而引起向点 3 的转变。在点 3,摩擦压降又一次与入口压降平衡。这种不稳定,在系统压力不太高的时候比较明显,因为这时候水蒸气和水的密度差比较大。

由于点 2 为非稳定点,使得在同一个通道的出入口压差下,流量会在点 1 和点 3 之间进行漂移或者振荡,对系统造成破坏。

知识点:
- 静态流量漂移的分析方法。
- 流量漂移的判别准则。

2. 流型变迁不稳定性

通常,当流动处于泡状流和环状流之间的过渡区域内时会发生流型变迁不稳定性。处在泡-弹状流工况下的流动,若汽泡量因流量随机减少而增多,会使流型转变为环状流动。

环状流的流动阻力较小,过剩的驱动压头会使流量增大,随着流量增多,所产生的蒸汽量又不足以维持环状流动,便又回复到泡-弹状流。阻力又增大,又使流量减少,循环重新开始。流量增大(加速效应)和流量减少(减速效应)可能会使振荡发生延迟。目前尚不清楚这种周期性的流型变迁是密度波振荡或压降振荡的起因还是结果,也发现了其他流型间过渡不稳定性现象。由于目前尚无合适的确定流型过渡条件方法,因而也没有分析这类不稳定性的适用模型和方法。

3. 碰撞、喷泉和爆炸不稳定性

碰撞、喷泉和爆炸这类静态不稳定性常常混合在一起,呈现为一种重复的却不一定呈周期性的行为。从它们经历的过程来看,都含有一种欠热液体突然沸腾的过程,因工作条件不同而表现为不同的不规则循环过程。

碰撞现象常常发生在低压下的碱金属沸腾系统。加热面温度在沸腾和自然对流之间不规则地循环变化,沸腾和自然对流在加热面上交替进行,导致汽泡间歇性地生长和破裂,形成撞击效应,当压力升高或热流密度增加后,这类现象便消失,人们用加热面上某些空穴含有气体导致这类不稳定性进行解释。

喷泉现象是指加热流道内重复地喷出气流或液流的过程,曾观察到多种工况,受底部加热且底部封闭的垂直液柱,若热流密度足够大,底部开始沸腾。在低压系统内,伴随静压头降低,到一定值时,会由于沸腾液柱内蒸发量突然集聚增加,往往自流道内喷出蒸汽流。而后,液体又重新充满流道,回复到初始欠热沸腾工况,循环重新开始。

爆炸不稳定性是指加热流道周期性地喷射冷却剂的循环现象,或者表现为简单的进出口流量周期性变化,或者表现为流道两端同时喷射大量冷却剂。常包含孕育、核化、喷射和流体回流四个过程。在两端喷射情况下,回流阶段,液块进入流道相互碰撞而使汽泡破裂。

4. 冷凝爆炸

将蒸汽直接通入水池,与欠热水发生直接接触冷凝,汽泡破裂伴随的爆炸过程称为冷凝爆炸。其机理尚未研究清楚。

> **知识点:**
> - 流型不稳定性。
> - 冷凝爆炸。

8.3.3 动态不稳定性

两相流动混合物相交界面之间的热力-流体动力相互作用形成相界面波传播,可粗略地将这种界面波分为两类:即压力波(或声波)和密度波(或空泡波)。任何一个两相流动实用系统中,这两类波往往同时存在与相互作用。一般说来,它们的传播速度差1~2个数量级,可用传播速度来区别这两种不同的波造成的动态不稳定性现象。

1. 声波不稳定性

在研究流动不稳定性时,习惯上将属于声频范围的压力波传播引起的流动不稳定性称为声波振荡或声波不稳定性。流体系统受到压力扰动导致流量振荡。压力扰动以压力波的形式在系统中传播,其特征为振荡频率高,其流量振荡周期与压力波通过流道所需的时间为同一量级。实验观察到声波振荡发生在欠热沸腾区、整体沸腾区和膜态沸腾区。亚临界或超临界条件下的受迫流动低温流体被加热到膜态沸腾,或低温系统受到迅速加热等工况,均观察到了声波频率的流量振荡。

这种振荡是因蒸汽膜受到压力波扰动引起的。当压力波的压缩波通过加热面时,汽膜厚度受到压缩,汽膜热导改善,传入热量增加,使蒸汽产生率增大。反之,当压力波的膨胀波通过加热表面时,汽膜膨胀,汽膜热导减少,传热率降低,蒸汽产生率也随着减少。这一过程反复循环,导致不稳定性发生。见诸报导的声波振荡,频率大于 5Hz。在高欠热沸腾下,振荡频率处于 10～100Hz,压降的振荡幅度较大。

一般来说,声波不稳定性不会形成破坏性压力脉动或流动脉动。然而,不希望系统持久运行在高频率的压力振荡条件下。目前,虽有一些分析声波不稳定性的方法,但由于受到测量限制,实测与预测不很一致,需进一步工作。

2. 密度波不稳定性

沸腾流道受到扰动后,若蒸发率发生周期性变化,即空泡份额发生周期性变化,导致两相混合物的密度发生周期性变化。随着流体流动,密度周期性变化的两相混合物形成密度波动传播,空泡的传播就是密度波的传播。沸腾流道内空泡份额变化,影响到重力、加速和摩擦压降以及传热性能。不变的外加驱动压头影响流道进口流量形成反馈作用。流量、空泡(或流体的密度)和压降三者配合不当便会引起流量、密度和压降振荡,这种振荡称为密度波(或空泡波)不稳定性,也有称之为流量-空泡反馈不稳定性。一般发生在沸腾流道的内部特性曲线的正斜率区和入口液体密度与出口两相混合物密度相差较大的工况。

密度波不稳定性的频率通常小于 1Hz。密度时间之间的差异,有可能使加热流道的压降与入口流量间的振荡变化发生延迟效应和时间滞后效应。在一定的边界条件(即一定的流道几何条件,加热壁物性,流量,入口流体焓和加热热流密度)下,可使加热流道入口流量发生振荡。

3. 热力振荡

固定的压降反馈效应导致热力振荡。是指流动膜态沸腾工况下,当流体受到扰动时,壁面蒸汽膜的传热性能发生变化,使壁面温度发生周期性变化。低温制冷系统受到快速加热时的膜态沸腾区可能发生这种热力振荡,加热壁有可能交替处于过渡沸腾和膜态沸腾工况,壁面温度发生大幅度振荡。受恒加热热流的沸腾流道工作在膜态沸腾工况下,传热性能差,壁温高,受扰动后转变为过渡沸腾,传热性能好,流体接受热量增加,壁温降低。热力振荡循环必然伴有密度波振荡,但密度波振荡不一定会引起这种产生大幅度壁面温度变化的热力振荡。

4. 沸水堆不稳定性

沸水堆固有空泡反应性-功率反馈效应,因此,它的热力-流体动力不稳定性复杂化,当流动振荡的时间常数和反应性变化与燃料元件温度变化的时间常数幅值相当时,反馈效应更为显著。

5. 并行流道不稳定性

对于许多并联的加热平行通道两端分别与共同的联箱连接的系统,在总流量不变和联箱两端压降不变的前提下,部分通道间可能因流体密度彼此不同而引起周期性的流量波动。这种现象称为并行通道的流动不稳定性。

当一部分通道的流量增大时,与之并联的另一部分通道的流量则减少,两部分之间的流量脉动恰成 $180°$ 相位差。同时,流量小的通道,其出口蒸汽量大,流量大的通道,出口蒸汽量小,进口流量最小时,出口蒸汽量最大。

6. 抑压水池凝结振荡

抑压水池凝结振荡是指蒸汽注入水池后发生直接接触凝结过程中形成的压力振荡。伸入沸水堆抑压水池的下降管出口处,高蒸汽流量与低欠热度池水相遇,在出口处周围的气-液相界面运动状态与蒸汽流量、池水欠热度等有关,若蒸汽突然凝结,便导致池内压力振荡。

7. 压降振荡

出现这种不稳定性的流体系统,其加热流道上游一般具有可压缩体积(例如波动箱),以及加热流道运行在压降-流量内部特性曲线的负斜率区。波动箱的压力变化与加热流道的流量呈三次曲线。若波动箱和加热流道系统的外加压头不变,如果没有波动箱,则当流道运行在负斜率区时,一旦受到扰动,就有可能发生流量漂移,出现 Ledinegg 不稳定性。现在加热流道的入口上游处布置了波动箱,当加热段入口流量因扰动而减少,则蒸发率增加,两相摩擦增大,流量会继续减少,由于总动压头不变,迫使部分流量进入波动箱;波动箱内气体容积受压缩,压力升高,按波动箱压力与加热流道流量的三次曲线变化。与此同时,由于阻力增大,系统总流量也有所减少,但其减少量低于加热流道流量的减少量,且其响应发生延迟,两者之间无法平衡,产生动态相互作用。一旦低密度的两相混合物离开加热流道后,流动阻力减小在波动箱压力和外加驱动压头联合作用下,大量流体进入加热流道,流动漂移到 N 形曲线的右正斜率区,流量突然增高,阻力增大,流量又沿该曲线下降,接着发生与上述相反的过程,于是出现压降振荡。

> **知识点:**
> - 动态流型不稳定性的类型。

8.3.4 流动不稳定性分析方法

广义来说,只要有了系统的数学模型及其边界条件便可分析研究流动不稳定性问题,用以预测不稳定性现象。由于实际的两相流动中,包含的不稳定性现象非常复杂,无法提出一种通用而可靠的分析模型。这里介绍常用的分析模型方法以及一些稳定性准则。

1. 描述系统动态特性的基本方程

Tong 广泛地评论过这一领域的研究工作,提出有滑移的一维流动方程讨论垂直流道内的热流体动力特性。其连续方程、能量方程和动量方程分别为

$$\frac{\partial}{\partial t}\big[\rho_f(1-\alpha)+\rho_g\alpha\big]+\frac{\partial}{\partial z}\big[\rho_f(1-\alpha)v_f+\rho_g\alpha v_g\big]=0 \tag{8-55}$$

$$\frac{\partial}{\partial t}\big[\rho_f(1-\alpha)h_f+\rho_g\alpha h_g\big]+\frac{\partial}{\partial z}\big[\rho_f(1-\alpha)v_f h_f+\rho_g\alpha v_g h_g\big]=q_{v,f} \tag{8-56}$$

$$\frac{\partial}{\partial t}\big[\rho_f(1-\alpha)v_f+\rho_g\alpha v_g\big]+\frac{\partial}{\partial z}\big[\rho_f(1-\alpha)v_f^2+\rho_g\alpha v_g^2\big]+$$

$$\frac{\partial p}{\partial z}+F\pm\big[\rho_f(1-\alpha)+\rho_g\alpha\big]g=0 \tag{8-57}$$

式中正号表示垂直向上流动,负号表示向下流动,F 代表单位流体体积所受的摩擦力。式中 $q_{v,f}$ 表示流体单位体积吸收的热量,忽略了动能和耗散损失。

若通道尺寸小,系统工作在低含汽率的泡状流,例如压水堆堆芯工作条件。则在高压下,可以忽略滑移影响,因为随着流动振荡,从加速到减速交替变动,空泡分布趋于均匀分布。可应用均相流混合物模型研究流动振荡。描述系统的热流体动力特性方程组是一组非线性偏微分方程。在经典控制稳定性理论中,常设法使方程组线性化,研究线性化后的稳态特性。

2. 线性系统动态方程稳定特性

假设线性系统的动态微分方程为

$$\sum_{i=1}^{n}A_i\frac{\mathrm{d}^i y(t)}{\mathrm{d}t}+A_0 y(t)=\sum_{j=1}^{m}B_j\frac{\mathrm{d}^j x(t)}{\mathrm{d}t}+B_0 x(t) \tag{8-58}$$

式中,A、B 为常系数,右边为扰动项。研究以此式为代表的线性系统稳定性问题,等价于研究去掉右边扰动项后的齐次方程的特性,齐次式的特征方程为

$$\sum_{i=1}^{n}A_i\lambda^n+\lambda_0=0 \tag{8-59}$$

这个方程的解的一般形式为

$$y(t)=\sum_{i=1}^{n}C_i e^{\lambda_i t} \tag{8-60}$$

其中,C_i 是由初始条件决定的积分常数,λ 是特征方程式的特征根。这些根可能是实根,也可能是复根。若其中有 k 个实根,则解为

$$y(t)=\sum_{i=1}^{k}C_i e^{\lambda_i t}+\sum_{i=1}^{k}e^{\delta_i t}\big[A_i\cos(\omega_i t)+B_i\sin(\omega_i t)\big] \tag{8-61}$$

若特征值取负值,则当时间趋于无限时,y 趋于零,系统稳定。反之,系统不稳定。因而线性系统稳定的充要条件是系统的特征方程式的根全部位于复平面虚轴的左边。只要有一个根分布在虚轴右边,系统就变成不稳定。这一特性与外界扰动的形式和条件无关,完全取

决于系统本身的特性。若根的实部为零,则解的形式为

$$y(t) = \sum_{i=1}^{k} \left[A_i \cos(\omega_i t) + B_i \sin(\omega_i t) \right] \tag{8-62}$$

由于根全部落在虚轴上,系统呈现持续振荡,这是系统理论中指出的,振荡的出现是由于系统储能元件,而储存的能量彼此可以相互转移,振荡环节的特征方程为

$$T^2 s^2 + 2\xi T s + 1 = 0 \tag{8-63}$$

这里 T 为振荡环节的时间常数,s 是一个复变量。当阻尼系数为 $0 \sim 1$ 时,式(8-63)有一对复特征根,才可能发生振荡。若阻尼系数大于1,方程有负实根,不发生振荡。

> 知识点:
> - 动态流型不稳定性的分析方法。

3. 热力系统稳定性研究的基本方法和稳定性准则

研究两相流动系统动态稳定性的常用基本方法有直接解微分方程组、小扰动原理和动量积分方法等。

小扰动原理需要先得到线性传递函数,需要把微分方程线性化。

通常运用微小偏差法(小扰动法)或切线法使微分方程线性化。微小偏差法是将原有方程中的各个变量用它们的偏差值表示,将原来的热流体动力方程变为热流体动力方程的增量方程。这种线性化的基本假设是:整个系统的所有变量与其稳定值间仅发生足够小的偏差。对于非线性系统,函数的变量可以用泰勒公式在稳定值附近展开,略去高于一阶微分增量的各项,便导出线性化的增量方程式。

一般线性化的步骤如下:

(1) 确定稳定工作点,写出静态方程式。

(2) 将热流体动力方程中的瞬时值用稳定值与增量之和表示。

(3) 将演化后的方程式与静态方程式相减便得增量方程。

对于线性微分方程,直接将原方程中的瞬时值变换成增量,便得到用对应增量表示的微分方程式。对于非线性方程,应先将方程线性化,然后运用上述步骤得到增量方程。若令 f 为非线性函数,则其展开式应为

$$f(x) \approx f(x_0) + \left(\frac{\mathrm{d}f}{\mathrm{d}x} \right)_0 \Delta x = f(x_0) + \Delta f \tag{8-64}$$

守恒方程在平衡态附近,变量发生微小变动,可表示为

$$G(z,t) = G(z,0) + \Delta G(z,t) \tag{8-65}$$

$$h(z,t) = h(z,0) + \Delta h(z,t) \tag{8-66}$$

$$\rho(z,t) = \rho(z,0) + \Delta \rho(z,t) \tag{8-67}$$

$$q_{V,f}(z,t) = q_{V,f}(z,0) + \Delta q_{V,f}(z,t) \tag{8-68}$$

代入守恒方程组,注意其中非线性函数的变换,忽略二次微量项后得增量方程:

$$\frac{\partial \Delta G}{\partial t} = - \frac{\partial \Delta \rho}{\partial t} \tag{8-69}$$

$$\Delta q_{V,f} = G \frac{\partial \Delta h}{\partial t} + \Delta G \frac{\partial h}{\partial z} + \rho \frac{\partial \Delta h}{\partial t} + \Delta \rho \frac{\partial h}{\partial t} \tag{8-70}$$

$$\left[\frac{\partial \Delta G}{\partial t}+\frac{\partial}{\partial z}\left(\frac{2G\Delta G}{\rho}-\frac{G^2}{\rho^2}\Delta\rho\right)\right]+\frac{\partial \Delta p L}{\partial z}+\Delta\rho g+\frac{fG}{D_e\rho}\Delta G-\frac{fG^2}{2D_e\rho^2}\Delta\rho=0 \quad (8\text{-}71)$$

将此方程进行 Laplace 变换,获得进口流量随输入热量变化而变化的传递函数为

$$GF(s)=\frac{\Delta G(s)}{\Delta q_{v,f}(s)}=\frac{as^2+bs+c}{s^2+ds+\omega_0^2} \quad (8\text{-}72)$$

式中各系数 a、b、c、d 包含了系统各个参数。传递函数 $GF(s)$ 的分母等于零便是系统的特征方程,其特征根 s 若是复根,便会产生振荡。

4. 动量积分原理

通常用动量积分原理分析并行流道稳定性问题。若在外加驱动压头作用下,所有流道的总流量保持在一定值。可以沿每一个通道计算动量积分,结合能量方程和状态方程,解出所有通道的联合积分方程式。

若系统压力不随时间变化,不计流体压缩性,则

$$-\frac{dG(0,t)}{dt}=\frac{\Delta p+\int_0^L F dz\pm\int_0^L \rho g dz+\Delta(v_{mix}G^2)+G(0,t)\int_0^L\frac{d\phi}{dt}dz}{\int_0^L\phi dz} \quad (8\text{-}73)$$

各个通道的流量之和为

$$\sum_{i=1}^n A_i G_i(0,t)=w(t) \quad (8\text{-}74)$$

其中,

$$w(t)=\sum_{i=1}^n q_{m,i}(t) \quad (8\text{-}75)$$

得到

$$\Delta p=\frac{\dfrac{dw}{dt}-\sum_{i=1}^n A_i B_i}{\sum_{i=1}^n C_i A_i} \quad (8\text{-}76)$$

由此可得到一个时间步长的计算方法:

(1) 用初始估计的 dw/dt 值,计算 Δp;

(2) 据此 Δp 求出每个通道的流量,求出每一流道之 G,得到流道的总进口流量;

(3) 用对应于入口的流量积分的 G,求得新的 Δp。将此值与初始值比较,直到满足收敛要求。

知识点:
- 动态流型不稳定性的判别方法。
- 动量积分原理。

附录 A 核燃料的热物性

燃　料	密度/ ($10^3 \times kg/m^3$)	熔点/ ℃	热导率/ (W/(m·℃))	体膨胀系数/ (10^{-6}/℃)	比定压热容/ (J/(kg·℃))
金属铀	19.05/93℃ 18.87/204℃ 18.33/649℃	1133	27.34/93℃ 30.28/316℃ 35.05/538℃ 38.08/760℃	61.65/25～650℃	116.39/93℃ 171.66/538℃ 194.27/649℃
U-Zr(2% 质量)	18.3/室温	1127	21.98/35℃ 27.00/300℃ 37.00/600℃ 48.11/900℃	14.4/40～500℃	120.16/93℃
U-Si(3.8% 质量)	15.57/室温	985	415.0/25℃ 17.48/65℃	13.81/100～400℃	
U-Mo(12% 质量)	16.9/室温	1150	13.48/室温	13.176/100～400℃	133.98/300℃ 150.72/400℃
Zr-U(14% 质量)	7.16	1782	11.00/20℃ 11.61/100℃ 12.32/200℃ 13.02/300℃ 18.00/700℃	6.80/105～330℃ 6.912/350～550℃	282.19/93℃
UO_2	10.98	2849	4.33/499℃ 2.60/1093℃ 2.16/1699℃ 4.33/2204℃	11.02/24～2799℃	237.40/32℃ 316.10/732℃ 376.81/1732℃ 494.04/2232℃
UO_2-PuO_2	11.08	2780	3.50/499℃ 1.80/1998℃	11.02/24～2799℃	近似于 UO_2
ThO_2	10.01	3299	12.6/93℃ 9.24/204℃ 6.21/371℃ 4.64/538℃ 3.58/790℃ 2.91/1316℃		229.02/32℃ 291.40/732℃ 324.48/1732℃ 343.32/2232℃
UC	13.6	2371	21.98/199℃ 23.02/982℃	10.8/21～982℃	
UN	14.32	2843	15.92/327℃ 20.60/732℃ 24.40/1121℃	0.936/16～1024℃	

注：斜杆后面的数指的是对应温度下测量到的数据。

附录 B　包壳材料的热物性

燃　料	密度/ ($10^3 \times 10$kg/m³)	熔点/ ℃	热导率/ (W/(m·℃))	体膨胀系数/ (10^{-6}/℃)	比定压热容/ (J/(kg·℃))
Zr-2	6.57	1849	11.80/38℃ 11.92/93℃ 12.31/204℃ 12.76/316℃ 13.22/427℃ 13.45/482℃	8.32/25~800℃（扎制方向） 12.3/25~800℃（横向）	303.54/93℃ 319.87/204℃ 330.33/316℃ 339.13/427℃ 347.92/538℃ 375.13/649℃
347 不锈钢	8.03	1399~ 1427	14.88/38℃ 15.58/93℃ 16.96/204℃ 18.35/316℃ 19.90/427℃ 21.46/538℃	16.29/20~38℃ 16.65/20~93℃ 17.19/20~204℃ 17.64/20~316℃ 18.00/20~427℃ 18.45/20~538℃	502.42/0~100℃
1Cr18Ni9Ti	7.9		16.33/100℃ 18.84/300℃ 22.19/500℃ 23.45/600℃	16.1/20~100℃ 17.2/20~300℃ 17.9/20~500℃ 18.6/20~700℃	502.42/20℃
因科洛依 800	8.02		17.72/21℃ 12.98/93℃ 14.65/204℃ 16.75/316℃ 18.42/427℃ 20.00/538℃ 21.77/649℃ 23.86/760℃ 25.96/871℃ 30.98/982℃	14.4/20~100℃ 15.8/20~200℃ 16.1/20~300℃ 16.5/20~400℃ 16.8/20~500℃ 17.1/20~600℃ 17.5/20~700℃ 18.0/20~800℃ 18.5/20~900℃ 19.0/20~1000℃	502.42/20℃
因科镍 600	8.42		14.65/21℃ 15.91/93℃ 17.58/204℃ 19.26/316℃ 20.93/427℃ 22.61/538℃ 24.70/649℃ 26.80/760℃ 28.89/871℃	13.4/20~100℃ 13.8/20~200℃ 14.1/20~300℃ 14.5/20~400℃ 14.9/20~500℃ 15.3/20~600℃ 15.7/20~700℃ 16.1/20~800℃ 16.8/20~1000℃	460.55/21℃ 460.55/93℃ 502.42/204℃ 502.42/316℃ 544.28/427℃ 544.28/538℃ 586.15/649℃ 628.02/760℃ 628.02/871℃
哈斯特洛依 N	8.93		12/149℃ 14/302℃ 16/441℃ 18/529℃ 20/629℃ 24/802℃	12.60/100~400℃ 15.12/400~800℃ 17.82/600~1000℃ 15.48/100~1000℃	

注：斜杆后面的数指的是对应温度下测量到的数据。

附录 C 冷却剂的热物性

附表 C-1 饱和水热物性

温度 t/ ℃	压力 p/ MPa	比体积 v×10³/ (m³/kg)	比焓 h/ (kJ/kg)	比定压热容 c_p/(kJ/ (kg·℃))	表面张力 σ×10³/ (N/m)	动力黏度 μ×10⁶/ (N·s/m²)	运动黏度 ν×10⁶/ (m²·s)	热导率 k/(W/ (m·℃))	贝克来数 Pr
10	0.001 227 1	1.0004	41.99	4.194	74.24	1304	1.305	0.587	9.32
20	0.002 336 8	1.0018	83.86	4.182	72.78	1002	1.004	0.603	6.95
30	0.004 241 8	1.0044	125.7	4.179	71.23	798.3	0.802	0.618	5.40
40	0.007 375 0	1.0079	167.5	4.179	69.61	653.9	0.659	0.631	4.33
50	0.012 335	1.0121	209.3	4.181	67.93	547.8	0.554	0.643	3.56
60	0.019 919	1.0171	251.1	4.185	66.19	467.3	0.473	0.653	2.99
70	0.031 161	1.0228	293.0	4.191	64.40	404.8	0.414	0.662	2.56
80	0.047 358	1.0290	334.9	4.198	62.57	355.4	0.366	0.670	2.23
90	0.070 109	1.0359	376.9	4.207	60.69	315.6	0.327	0.676	1.96
100	0.101 325	1.0435	419.1	4.218	58.78	283.1	0.295	0.681	1.75
110	0.143 27	1.0515	461.3	4.230	56.83	254.8	0.268	0.684	1.58
120	0.198 54	1.0603	503.7	4.244	54.85	231.0	0.245	0.687	1.43
130	0.270 11	1.0697	546.3	4.262	52.83	210.9	0.226	0.688	1.31
140	0.361 36	1.0798	589.1	4.282	50.79	194.1	0.210	0.688	1.21
150	0.475 97	1.0906	632.2	4.306	48.70	179.8	0.196	0.687	1.13
160	0.618 04	1.1021	675.5	4.334	46.59	167.7	0.185	0.684	1.06
170	0.792 02	1.1144	719.0	4.366	44.44	157.4	0.175	0.681	1.01
180	1.0027	1.1275	763.1	4.403	42.26	148.5	0.167	0.677	0.967
190	1.2553	1.1415	807.5	4.446	40.05	140.7	0.161	0.671	0.932
200	1.5550	1.1565	852.4	4.494	37.81	133.9	0.155	0.664	0.906
210	1.9080	1.1726	897.7	4.550	35.53	127.9	0.150	0.657	0.886
220	2.3202	1.1900	943.7	4.613	33.23	122.4	0.146	0.648	0.871
230	2.7979	1.2087	990.3	4.685	30.90	117.5	0.142	0.639	0.861
240	3.3480	1.2291	1038	4.769	28.56	112.9	0.139	0.628	0.850
250	3.9776	1.2512	1086	4.866	26.19	108.7	0.136	0.616	0.859
260	4.6941	1.2755	1135	4.985	23.82	104.8	0.134	0.603	0.866
270	5.5052	1.3023	1185	5.134	21.44	101.1	0.132	0.589	0.882
280	6.4191	1.3321	1237	5.307	19.07	97.5	0.130	0.574	0.902
290	7.4449	1.3655	1290	5.520	16.71	94.1	0.128	0.558	0.932
300	8.5917	1.4036	1345	5.794	14.39	90.7	0.127	0.541	0.970
310	9.8694	1.4475	1402	6.143	12.11	87.2	0.126	0.523	1.024
320	11.289	1.4992	1462	6.604	9.89	83.5	0.125	0.503	1.11
330	12.864	1.562	1526	7.241	7.75	79.5	0.124	0.482	1.20
340	14.608	1.639	1596	8.225	5.71	75.4	0.123	0.460	1.35
350	16.537	1.741	1672	10.07	3.79	69.4	0.121	0.434	1.61
360	18.674	1.894	1762	15.0	2.03	62.1	0.118	0.397	2.34
370	21.053	2.22	1892	55	0.47	51.8	0.116	0.340	8.37

附表 C-2　饱和水蒸气热物性

温度 $t/$ ℃	压力 $p/$ MPa	比体积 $v/$ (m³/kg)	比焓 $h/$ (kJ/kg)	比定压热容 $c_p/$(kJ/ (kg·℃))	动力黏度 $\mu \times 10^6/$ (N·s/m²)	运动黏度 $\nu \times 10^6/$ (m²·s)	热导率 $k/(10^{-3}$W/ (m·℃))	贝克来数 Pr
10	0.001 227 1	106.422	2519	1.870	8.504	905	18.2	0.873
20	0.002 336 8	57.836	2538	1.880	8.903	515	18.8	0.888
30	0.004 241 8	32.929	2556	1.890	9.305	306	19.5	0.901
40	0.007 375 0	19.546	2574	1.900	9.701	190	20.2	0.912
50	0.012 335	12.045	2596	1.912	10.10	121	20.9	0.924
60	0.019 919	7.6776	2609	1.924	10.50	80.6	21.6	0.934
70	0.031 161	5.0453	2626	1.946	10.89	54.9	22.4	0.946
80	0.047 358	3.4083	2643	1.970	11.29	38.5	23.2	0.959
90	0.070 109	2.3609	2660	1.999	11.67	27.6	24.0	0.973
100	0.101 325	1.6730	2676	2.034	12.06	20.2	24.9	0.987
110	0.143 27	1.2101	2691	2.076	12.45	15.1	25.8	1.00
120	0.198 54	0.891 71	2706	0.125	12.83	11.4	26.7	1.02
130	0.270 11	0.668 32	2720	2.180	13.20	8.82	27.8	1.03
140	0.361 36	0.508 66	2734	2.245	13.57	6.90	28.9	1.05
150	0.475 97	0.392 57	2747	2.320	13.94	5.47	30.0	1.08
160	0.618 04	0.306 85	2758	2.406	14.30	4.39	31.3	1.10
170	0.792 02	0.242 62	2769	2.504	14.66	3.55	32.6	1.13
180	1.0027	0.193 85	2778	2.615	15.02	2.91	34.1	1.15
190	1.2553	0.156 35	2786	2.741	15.37	2.40	35.7	1.18
200	1.5550	0.129 19	2793	2.882	15.72	2.00	37.4	1.21
210	1.9080	0.104 265	2798	3.043	16.07	1.68	39.4	1.24
220	2.3202	0.086 062	2802	3.223	16.42	1.41	41.5	1.28
230	2.7979	0.071 472	2803	3.426	16.78	1.20	43.9	1.31
240	3.3480	0.059 674	2803	3.656	17.14	1.02	46.5	1.35
250	3.9776	0.050 056	2801	3.918	17.51	0.876	49.5	1.39
260	4.6941	0.042 149	2796	4.221	17.90	0.755	52.8	1.43
270	5.5052	0.035 599	2790	4.575	18.31	0.652	56.6	1.48
280	6.4191	0.030 133	2780	4.996	18.74	0.565	60.9	1.54
290	7.4449	0.025 537	2766	5.509	19.21	0.491	66.0	1.61
300	8.5917	0.021 643	2749	6.148	19.73	0.427	71.9	1.69
310	9.8694	0.018 316	2727	6.968	20.30	0.372	79.1	1.79
320	11.289	0.015 451	2700	8.060	20.95	0.324	87.8	1.92
330	12.864	0.012 967	2666	9.580	21.70	0.281	99.0	2.10
340	14.608	0.010 779	2623	11.87	22.71	0.245	114	2.36
350	16.537	0.008 805	2565	15.8	24.15	0.213	134	2.84
360	18.674	0.006 943	2481	27.0	26.45	0.184	162	4.40
370	21.053	0.004 93	2331	107	30.6	0.150	199	16.4

附表 C-3 水和水蒸气在不同压力和温度下的比焓 h

kJ/kg

p/MPa t/℃	0.1	1	3	5	7	9	11	13	15	17
0	0.1	1.0	3.0	5.1	7.1	9.1	11.1	13.1	15.1	17.1
10	42.1	43.0	44.9	46.9	48.8	50.7	52.7	54.6	56.5	58.4
20	84.0	84.8	86.7	88.6	90.4	92.3	94.2	96.0	97.9	99.7
30	125.8	126.6	128.4	130.2	132.0	133.8	134.7	137.5	139.3	141.1
40	167.5	168.3	170.1	171.9	173.6	175.4	177.2	178.9	180.7	182.4
50	209.3	210.1	211.8	213.5	215.3	217.0	218.7	220.4	222.1	223.8
60	251.2	251.9	253.6	255.3	256.9	258.6	260.3	262.0	263.6	265.3
70	293.0	293.8	295.4	297.0	298.7	300.3	301.9	303.6	305.2	306.8
80	335.0	335.7	337.3	338.8	340.4	342.0	343.6	345.2	346.8	348.4
90	<u>377.0</u>	377.7	379.2	380.7	382.3	383.8	385.4	386.9	388.5	390.0
100	2676.2	419.7	421.2	422.7	424.2	425.7	427.3	428.8	430.3	431.8
110	2696.4	461.9	463.4	464.9	466.3	467.8	469.2	470.7	472.2	473.6
120	2716.5	504.3	505.7	507.1	508.5	509.9	511.3	512.8	514.2	515.6
130	2736.5	546.8	548.2	549.5	550.9	552.2	553.6	555.0	556.4	557.7
140	2756.4	589.5	590.8	592.1	593.4	594.7	596.1	597.4	598.7	600.0
150	2776.3	632.5	633.7	635.0	636.2	637.5	638.7	640.0	641.3	642.5
160	2796.2	675.7	676.9	678.1	679.2	680.4	681.6	682.8	684.0	685.3
170	2816.0	<u>719.2</u>	720.3	721.4	722.6	723.7	724.8	725.9	727.1	728.2
180	2835.8	2776.5	764.1	765.2	766.2	767.2	768.3	769.4	770.4	771.5
190	2855.6	2802.0	808.3	809.3	810.2	811.1	812.1	813.1	814.1	815.1
200	2875.4	2826.8	853.0	853.8	854.6	855.5	856.4	857.2	858.1	859.0
210	2895.2	2851.0	898.1	898.8	899.5	900.3	901.0	901.8	902.6	903.4
220	2915.0	2874.6	943.9	955.5	945.0	945.6	946.3	946.9	947.6	948.3
230	2934.8	2897.8	<u>990.3</u>	990.7	991.1	991.6	992.0	992.6	993.1	993.6
240	2954.6	2920.6	2822.9	1037.8	1038.0	1038.3	1038.6	1038.9	1039.2	1039.6
250	2974.5	2943.0	2854.8	1085.8	1085.8	1085.8	1085.9	1086.0	1086.2	1086.4
260	2994.4	2965.2	2885.1	<u>1134.9</u>	1134.6	1134.3	1134.2	1134.0	1133.9	1133.9
270	3014.4	2987.2	2914.1	2818.9	1184.7	1184.1	1183.6	1183.2	1182.8	1182.5
280	3034.0	3009.0	2942.0	2856.9	<u>1236.5</u>	1235.5	1234.5	1233.7	1232.9	1232.3
290	3054.4	3030.6	2968.9	2892.2	2794.1	1288.7	1287.2	1285.8	1284.6	1283.5
300	3074.5	3052.1	2995.1	2925.5	2839.4	<u>1344.5</u>	1342.2	1340.1	1338.2	1336.5
310	3094.6	3073.5	3020.5	2957.0	2880.5	2783.2	<u>1400.5</u>	1397.3	1394.5	1392.0
320	3114.8	3094.9	3045.4	2987.2	2918.3	2834.3	2723.5	<u>1458.5</u>	1454.3	1450.5
330	3135.0	3116.1	3069.9	3016.1	2953.6	2879.7	2787.4	<u>1526.0</u>	1519.4	1513.7
340	3155.0	3137.4	3093.9	3044.1	2987.0	2920.9	2841.7	2740.6	<u>1593.3</u>	1583.8
350	3175.6	3158.5	3117.5	3071.2	3018.7	2959.0	2889.6	2805.0	2694.8	<u>1667.7</u>
360	3196.0	3179.7	3140.9	3097.6	3049.1	2994.7	2932.8	2860.2	2770.8	2625.4
370	3216.5	3200.9	3164.1	3123.4	3078.4	3028.4	2972.5	2908.8	2833.6	2740.7

注：表中划黑线处表明此处是液相和汽相的分界。

附表 C-4 水和水蒸气在不同压力和温度下的比体积 $v \times 10^3$

m³/kg

p/MPa t/℃	0.1	1	3	5	7	9	11	13	15	17
0	1.0002	0.9997	0.9987	0.9977	0.9967	0.9958	0.9948	0.9938	0.9928	0.9919
10	1.0002	0.9998	0.9988	0.9979	0.9970	0.9960	0.9951	0.9942	0.9938	0.9924
20	1.0017	1.0013	1.0004	0.9995	0.0986	0.9977	0.9968	0.9959	0.9955	0.9942
30	1.0043	1.0039	1.0030	1.0021	1.0012	1.0003	0.9995	0.9986	0.9982	0.9969
40	1.0078	1.0074	1.0065	1.0056	1.0047	1.0039	1.0030	1.0021	1.0013	1.0004
50	1.0121	1.0117	1.0108	1.0099	1.0090	1.0081	1.0073	1.0064	1.0055	1.0047
60	1.0171	1.0167	1.0158	1.0149	1.0140	1.0131	1.0122	1.0113	1.0105	1.0096
70	1.0228	1.0224	1.0215	1.0205	1.0196	1.0187	1.0178	1.0169	1.0160	1.0151
80	1.0292	1.0287	1.0278	1.0268	1.0259	1.0249	1.0240	1.0231	1.0221	1.0212
90	<u>1.0361</u>	1.0357	1.0347	1.0337	1.0327	1.0317	1.0308	1.0298	1.0289	1.0279
100	1696	1.0432	1.0422	1.0412	1.0401	1.0391	1.0381	1.0371	1.0361	1.0351
110	1744	1.0514	1.0503	1.0492	1.0481	1.0471	1.0460	1.0450	1.0439	1.0429
120	1793	1.0602	1.0590	1.0579	1.0567	1.0556	1.0545	1.0534	1.0523	1.0513
130	1841	1.0696	1.0684	1.0671	1.0660	1.0648	1.0636	1.0624	1.0613	1.0602
140	1889	1.0796	1.0783	1.0771	1.0758	1.0745	1.0733	1.0721	1.0709	1.0697
150	1936	1.0904	1.1890	1.0877	1.0863	1.0850	1.0837	1.0824	1.0811	1.0798
160	1984	1.1019	1.1005	1.0990	1.0976	1.0961	1.0947	1.0933	1.0919	1.0906
170	2031	<u>1.1143</u>	1.1127	1.1111	1.1096	1.1080	1.1065	1.1050	1.1035	1.1021
180	2078	194.4	1.1258	1.1241	1.1224	1.1207	1.1191	1.1175	1.1159	1.1143
190	2125	200.2	1.1399	1.1380	1.1362	1.1344	1.1326	1.1308	1.1291	1.1274
200	2172	205.9	1.1550	1.1530	1.1510	1.1490	1.1470	1.1451	1.1433	1.1414
210	2219	211.5	1.1714	1.1691	1.1669	1.1647	1.1626	1.1605	1.1584	1.1564
220	2266	216.9	1.1891	1.1866	1.1841	1.1817	1.1793	1.1770	1.1748	1.1725
230	2313	222.3	<u>1.2084</u>	1.2056	1.2028	1.2001	1.1975	1.1949	1.1924	1.1899
240	2359	227.6	68.16	1.2264	1.2233	1.2203	1.2173	1.2144	1.2115	1.2088
250	2406	232.7	70.55	1.2494	1.2458	1.2423	1.2389	1.2356	1.2324	1.2293
260	2453	237.9	72.83	<u>1.2750</u>	1.2708	1.2667	1.2628	1.2590	1.2553	1.2517
270	2499	243.0	75.01	40.53	1.2988	1.2940	1.2894	1.2850	1.2807	1.2765
280	2546	248.0	77.12	4222	<u>1.3307</u>	1.3249	1.3194	1.3141	1.3090	1.3041
290	2592	253.0	79.17	4380	28.02	1.3604	1.3536	1.3472	1.3411	1.3352
300	2639	258.0	81.16	4530	29.46	<u>1.4022</u>	1.3936	1.3855	1.3779	1.3707
310	2685	262.9	83.10	4673	30.76	21.43	<u>1.4416</u>	1.4310	1.4212	1.4121
320	2732	267.8	85.00	4810	31.98	22.69	16.28	1.4870	1.4736	1.4615
330	2778	272.7	86.87	4942	33.12	23.81	17.55	<u>1.5600</u>	1.5402	1.5229
340	2824	277.6	88.71	5070	34.20	24.84	18.64	14.01	<u>1.6324</u>	1.6042
350	2871	282.4	90.53	5194	35.23	25.79	19.61	15.10	11.46	<u>1.7283</u>
360	2917	287.3	92.32	5316	36.23	26.69	20.49	16.04	12.56	9.584
370	2964	292.1	94.09	5435	37.19	27.55	21.31	16.88	13.48	10.69

附表 C-5　水和水蒸气在不同压力和温度下的比定压热容 c_p

kJ/kg · ℃

p/MPa　 t/ ℃	0	50	100	120	160	200	240	280	320	360
0.01	4.217	1.893	1.903	1.909	1.924	1.943	1.964	1.987	2.011	2.036
0.1	4.217	4.181	2.026	2.005	1.983	1.979	1.986	2.001	2.020	2.043
0.5	4.215	4.180	4.215	4.244	2.291	2.161	2.097	2.071	2.066	2.074
1.0	4.212	4.179	4.214	4.243	4.337	2.446	2.263	2.170	2.129	2.116
2.0	4.207	4.177	4.211	4.240	4.334	4.494	2.694	2.419	2.279	2.116
2.5	4.204	4.175	4.210	4.239	4.332	4.491	2.966	2.569	2.367	2.213
3.0	4.201	4.174	4.209	4.238	4.330	4.488	3.282	2.738	2.464	2.267
4.0	4.196	4.172	4.207	4.235	4.327	4.483	4.761	3.139	2.686	2.326
5.0	4.191	4.170	4.205	4.233	4.323	4.477	4.750	3.659	2.949	2.459
6.0	4.180	4.167	4.203	4.230	4.320	4.471	4.739	4.375	3.264	2.261
7.0	4.181	4.165	4.200	4.228	4.317	4.466	4.729	5.274	3.879	2.784
7.5	4.178	4.164	4.199	4.227	4.315	4.463	4.724	5.260	4.141	2.980
8.0	4.175	4.163	4.198	4.226	4.313	4.461	4.718	5.247	4.739	3.088
9.0	4.170	4.161	4.196	4.223	4.310	4.455	4.708	5.221	5.693	3.461
10.0	4.165	4.158	4.194	4.221	4.307	4.450	4.698	5.196	7.083	3.765
11.0	4.160	4.156	4.192	4.218	4.303	4.445	4.689	5.172	6.486	4.132
12.0	4.155	4.154	4.190	4.216	4.300	4.440	4.679	5.137	6.433	4.585
12.5	4.153	4.153	4.189	4.215	4.299	4.437	4.674	5.126	6.383	4.853
13.0	4.151	4.152	4.188	4.214	4.297	4.435	4.670	5.105	6.291	5.155
14.0	4.146	4.150	4.185	4.212	4.294	4.430	4.661	5.084	6.206	5.885
15.0	4.141	4.148	4.183	4.209	4.291	4.425	4.652	5.064	6.128	6.841
16.0	4.136	4.145	4.181	4.207	4.288	4.420	4.643	5.044	6.056	8.156
17.0	4.131	4.143	4.179	4.205	4.285	4.415	4.634	5.035	6.022	10.212
17.5	4.129	4.142	4.178	4.204	4.283	4.413	4.630	5.026	5.989	11.905
18.0	4.127	4.141	4.177	4.205	4.282	4.411	4.626	5.007	5.927	15.646
19.0	4.122	4.139	4.175	4.200	4.279	4.306	4.618	4.990	5.869	13.406
20.0	4.117	4.137	4.173	4.198	4.276	4.301	4.509	4.973	5.814	11.233

附表 C-6 水和水蒸气在不同压力和温度下的动力黏度 $\mu \times 10^6$

Pa·s

$t/℃$ p/MPa	0	25	50	75	100	150	200	250	300	350
0.1	1791	890.9	547.1	377.3	12.42	14.29	16.20	18.30	20.36	22.43
0.5	1790	891.2	546.7	378.0	281.7	182.3	16.05	18.16	20.25	22.32
1.0	1789	891.1	546.8	378.2	281.9	182.4	15.92	18.09	20.21	22.29
2.5	1786	890.8	547.1	378.5	282.3	182.8	134.6	17.85	20.07	22.22
5.0	1780	890.3	547.7	379.2	283.1	183.4	135.2	106.5	19.88	22.15
7.5	1774	889.8	548.3	379.8	283.8	184.1	135.9	107.2	19.75	22.12
10.0	1768	889.4	548.7	380.4	284.7	184.7	136.4	107.8	87.1	22.16
12.5	1762	889.1	549.1	381.0	285.3	185.3	137.0	108.5	88.0	22.35
15.0	1756	888.7	549.5	381.6	286.0	186.0	137.6	109.1	89.0	22.84
17.5	1750	888.5	550.0	382.3	286.7	186.6	138.2	109.8	89.9	67.3
20.0	1744	888.2	550.4	382.9	287.4	187.3	138.8	110.4	90.8	69.5
22.5	1738	887.9	550.9	383.5	288.0	187.9	139.4	111.1	91.6	71.4

附表 C-7 水和水蒸气在不同压力和温度下的热导率 $k \times 10^3$

W/m·℃

$t/℃$ p/MPa	0	25	50	75	100	150	200	250	300	350
0.1	563.0	610.0	643.2	664.0	25.0	28.9	33.3	38.1	43.3	49.0
0.5	563.4	610.5	643.2	664.3	680.3	687.6	34.1	38.7	43.7	49.1
1.0	563.7	610.8	643.3	665.5	680.9	687.7	35.9	39.5	44.3	49.5
2.5	565.6	611.1	643.7	666.2	682.4	690.3	668.5	43.8	46.5	50.9
5.0	567.0	612.6	645.2	667.2	683.4	691.2	671.4	625.0	52.7	54.1
7.5	570.0	613.8	646.6	668.8	684.7	694.1	673.0	628.5	63.6	59.6
10.0	570.9	614.8	648.4	669.3	686.2	695.1	674.8	631.3	557.4	68.2
12.5	571.3	616.3	649.1	671.6	687.4	697.2	678.0	634.0	561.6	81.2
15.0	572.7	616.5	650.4	672.9	689.3	699.7	680.0	638.3	565.8	112.8
17.5	572.7	618.1	651.4	674.3	690.6	700.9	682.3	639.1	570.5	452.5
20.0	573.8	619.1	652.9	675.8	691.1	703.2	683.7	640.9	575.5	465.0
22.5	574.1	620.5	653.8	677.9	692.4	705.3	685.8	645.8	581.2	476.1

附录 D 一些固体材料的热物性

材料	密度/ ($10^3 \times kg/m^3$)	熔点/ ℃	热导率/ (W/(m·℃))	体膨胀系数/ ($10^{-6}/℃$)	比定压热容/ (J/(kg·℃))
石墨	2.26(理论值) 1.8～1.7(实际值)	3049 升华	103.88～176.53(纵向/室温) 83.08～129.80(横向/室温) 62%室温值/399℃ 40%室温值/820℃ 30%室温值/1760℃	1.44(纵向) 2.7(横向)	712/27℃ 1214/229℃ 1800/732℃ 2010/1232℃
铍	1.8477/25℃ 1.7560/1000℃	1280	150.72/0℃ 142.35/100℃ 133.98/200℃ 125.60/300℃ 117.23/400℃ 108.86/500℃ 87.92/600℃	11.5/25～100℃ 13.4/25～200℃ 14.4/25～300℃ 16.0/25～500℃ 17.2/25～700℃ 18.0/25～900℃ 18.8/25～1000℃	1758/0℃ 2135/100℃ 2386/200℃ 2679/400℃ 2888/600℃ 3098/800℃
氧化铍	3.025(单晶) 2.8～2.95(热压制品)	2550	79.55/200℃(密度为 2.87 Mg/m³) 54.43/400℃(密度为 2.87 Mg/m³) 39.77/600℃(密度为 2.87 Mg/m³) 29.73/800℃(密度为 2.87 Mg/m³) 23.03/1000℃(密度为 2.87 Mg/m³) 18.00/1200℃(密度为 2.87 Mg/m³)	5.5/25～100℃ 8.0/25～300℃ 9.6/25～600℃ 10.3/25～800℃ 10.8/25～1000℃	920/0℃ 1290/100℃ 1760/400℃ 2060/800℃